惯性导航技术

付兴建　主编

侯　明　参编

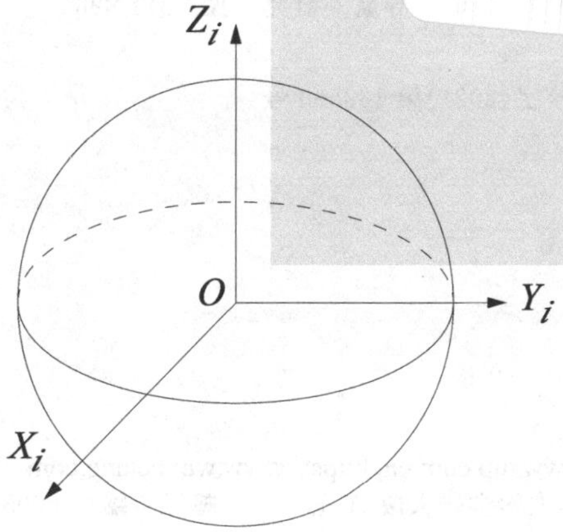

清华大学出版社

北京

内 容 简 介

本书主要讲授惯性导航技术的基本概念、原理、应用等基础知识。

全书分为9章。主要内容包括惯性导航技术的基础理论知识，力学陀螺仪、光学陀螺仪、微机电陀螺仪的基本理论、运动特性、数学模型，加速度计的结构原理、数学模型，陀螺稳定平台与定向装置动力学分析和控制系统分析，平台式惯性导航系统的机械编排、误差方程、初始对准等基本原理，捷联式惯性导航系统的姿态矩阵更新、误差分析、初始对准及动基座传递对准等的原理和设计，并介绍了惯性导航技术的应用。最后列出了惯性器件的特性及捷联式惯性导航系统的基本应用等几个实验。

本书主要面向自动化和导航、制导与控制等专业的本科生、研究生，也可供相关专业的研究人员和工程技术人员参考。

图书在版编目(CIP)数据

惯性导航技术/付兴建主编. —北京：清华大学出版社，2021.10(2024.6重印)
ISBN 978-7-302-58586-2

Ⅰ.①惯…　Ⅱ.①付…　Ⅲ.①惯性导航－研究　Ⅳ.①TN96

中国版本图书馆CIP数据核字(2021)第133500号

责任编辑：王一玲
封面设计：傅瑞学
责任校对：刘玉霞
责任印制：刘海龙

出版发行：清华大学出版社
网　　址：https://www.tup.com.cn, https://www.wqxuetang.com
地　　址：北京清华大学学研大厦A座　　**邮　　编**：100084
社 总 机：010-83470000　　**邮　　购**：010-62786544
投稿与读者服务：010-62776969，c-service@tup.tsinghua.edu.cn
质量反馈：010-62772015，zhiliang@tup.tsinghua.edu.cn
课件下载：https://www.tup.com.cn，010-83470236
印 装 者：三河市君旺印务有限公司
经　　销：全国新华书店
开　　本：185mm×260mm　　**印　　张**：17　　**字　　数**：414千字
版　　次：2021年11月第1版　　**印　　次**：2024年6月第2次印刷
印　　数：1501～1800
定　　价：49.00元

产品编号：087642-01

前言 Foreword

惯性导航技术是用来实现运动物体姿态和运动轨迹控制的一门技术，它是惯性仪表、惯性稳定、惯性系统、惯性制导与惯性测量等及其相关技术的总称。惯性导航技术涉及物理、数学、力学、光学、材料学、精密机械学、电子技术、计算机技术、控制技术、测试技术、仿真技术、加工制造及工艺技术等，是一门多学科交叉的技术。随着国民经济建设与国防建设的发展，惯性导航技术的应用日益广泛。

本书主要讲授惯性导航技术的基本概念、原理和应用等基础知识。全书分为 9 章。

第 1 章绪论，主要讲述惯性导航技术的基本概念、惯性导航技术的发展，简单介绍了几种导航系统以及相关的主要历史人物。

第 2 章惯性导航的基础知识，主要讲述惯性导航基本原理和分类，运动体空间位置和运动相关的地球的特性、惯性技术的运动学和动力学基础等。

第 3 章陀螺仪，主要以机械转子陀螺仪为对象，阐述陀螺仪的基本理论，包括动量矩定理、欧拉动力学方程、陀螺仪的运动特性、陀螺仪的数学模型、陀螺仪的分类及技术指标，并讲述了光学陀螺仪和微机电陀螺仪等。

第 4 章加速度计，主要讲述摆式加速度计的结构原理、数学模型等。

第 5 章陀螺稳定平台与定向装置，主要对一维稳定器、三维稳定平台和陀螺垂直仪、寻北仪进行动力学分析和控制系统分析。

第 6 章平台式惯性导航系统，主要讲述平台式惯性导航系统的机械编排、误差方程、初始对准等基本原理和应用设计。

第 7 章捷联式惯性导航系统，主要讲述捷联式惯性导航系统的工作原理和应用设计，包括姿态矩阵更新、误差分析、初始对准及动基座传递对准等。

第 8 章惯性导航技术的应用，主要讲述了惯性导航技术的几种应用。

第 9 章惯性导航技术实验，给出了惯性导航技术的几个实验，主要包括关键惯性器件的特性及捷联式惯性导航系统的基本应用等。

本书主要面向自动化、导航制导与控制等专业的本科生、研究生，也可供相关专业的研究和工程技术人员参考。

本书第 1 章～第 8 章主要由付兴建编写，第 9 章主要由侯明编写。

由于水平有限，本书难免存在错误与不足，恳请阅读本书的老师、研究生以及工程技术人员批评指正。

编　者

2021 年 1 月

目录 Contents

第1章 Chapter 1

绪论

惯性导航技术是用来实现运动物体姿态和运动轨迹控制的一门技术，它是惯性仪表、惯性稳定、惯性系统、惯性制导与惯性测量等及其相关技术的总称。惯性导航技术涉及物理、数学、力学、光学、材料学、精密机械学、电子技术、计算机技术、控制技术、测试技术、仿真技术、加工制造及工艺技术等，是一门多学科交叉的技术，属于国防尖端技术中的关键支撑技术，是衡量一个国家科学技术水平和国防实力的重要标志之一。

惯性导航技术主要研究惯性仪表和惯性系统的理论、设计、制造、试验、应用、维护等，它广泛应用于航空、航天、航海、陆地导航、大地测量、钻井开隧道、地质勘探、机器人、车辆、医疗设备以及照相机、手机、玩具等领域。

总之，敏感物体运动姿态和轨迹、定位定向都需要惯性导航技术。

1.1 基本概念

1. 惯性

物体保持静止状态或匀速直线运动状态的性质，称为惯性(Inertia)。惯性是物体的一种固有属性，表现为物体对其运动状态变化的一种阻抗程度。当作用在物体上的外力为零时，惯性表现为物体保持其运动状态不变，即保持静止或匀速直线运动；当作用在物体上的外力不为零时，惯性表现为外力改变物体运动状态的难易程度。在同样的外力作用下，相同加速度的物体质量越大惯性越大，相同质量的物体加速度越大惯性越大。所以物体的惯性，在任何时候(受外力作用或不受外力作用)、任何情况下(静止或运动)，都不会改变，更不会消失。惯性是物质自身的一种属性。

2. 惯性敏感器

惯性敏感器是指利用惯性原理敏感运动物体的位置和姿态变化的装置。陀螺仪和加速度计是惯性导航(或制导)系统中的两个关键部件。陀螺仪用以敏感运动物体姿态的变化。加速度计用以敏感运动物体位置的变化。

陀螺仪是感测旋转的一种装置，其作用是为加速度计的测量提供一个参考坐标系，以便把重力加速度和载体加速度区分开，并可为惯性系统、火力控制系统、飞行控制系统等提供载体的角位移或角速率。随着科学技术的发展，人们已发现有一百种以上的物理现象，可被用来感测载体相对于惯性空间的旋转。从工作机理来看，陀螺仪可被分为两大类，一类是以经典力学为基础的陀螺仪（通常称为机械陀螺），另一类是以非经典力学为基础的陀螺仪（振动陀螺、光学陀螺、硅微陀螺等）。

加速度计又称比力敏感器，它是以牛顿惯性定律作为理论基础的，在运动体上安装加速度计的目的是用它来敏感和测量运动体沿一定方向的比力（即运动体的惯性力和重力之差），然后经过计算（一次积分和二次积分）求得运动体的速度和所行距离。测量加速度的方法很多，有机械的、电磁的、光学的、放射线的等。按照作用原理和结构的不同，惯性系统使用的加速度计又可分为两类，即机械加速度计和固态加速度计。

惯性导航和制导系统对陀螺仪和加速度计的精度要求很高，如加速度计分辨率通常为 $0.0001g \sim 0.00001g$，陀螺仪随机漂移率为 $0.01°/h$ 甚至更低，并且要求有很大的测量范围，如军用飞机所要求的测速范围应达到 $0.01°/h \sim 400°/s$。因此陀螺仪和加速度计属于精密仪表范畴。

3. 导航

导航（Navigation），顾名思义就是引导航行的意思，也就是正确地引导运载体沿着预定的航线以要求的精度，在指定的时间内将运载体引导至目的地。要使飞机、舰船等成功地完成所预定的航行任务，除了起始点和目标的位置以外，还需要随时知道运载体的即时位置、航行速度、运载体的姿态航向等参数，这些参数通常称为导航参数。其中最主要的就是必须知道运载体所处的即时位置，因为只有确定了即时位置才能考虑怎样到达下一个目的地，如果连自己已经到了什么地方，下一个该到什么地方都不知道，那就无从谈起如何完成预定的航行任务。由此可见，导航问题对运载体来说是极为重要的。导航工作一般是由领航员完成，但是随着科学技术的发展，越来越多的使用导航仪器替代领航员的工作，从而自动地执行导航任务。能实现导航功能的仪器仪表系统叫作导航系统，当导航系统作为独立装置并由运载体带着一起任意运动时，其任务就是为驾驶人员提供即时位置信息和航向信息，对于运载体的作用就是操作人员按需驾驶飞机或舰船，使之到达预定的目的地。

以航空为例，测量飞机的位置、速度、姿态等导航参数，通过驾驶人员或飞行自动控制系统，引导其按照预定航线航行的整套设备称为飞机的导航系统。导航系统只提供各种导航参数，不直接参与对运载体的控制，因此它是一个开环系统。在一定意义上，也可以说导航系统是一个信息处理系统，即把导航仪表所测量的航行信息处理成所需要的各种导航参数。

导航的分类方法有很多，按导航方式可分为自主式和非自主式两大类。自主式是指只利用安装在飞行器上的自动控制导航设备，如惯性导航、多普勒导航和天文导航等方法。非自主式是指由地面导航设备通过无线电等遥控手段对飞行器进行导引的方法，如无线电导航、卫星导航、雷达导航等。

4. 惯性导航系统

惯性导航就是利用惯性敏感元件来测量运载体本身的加速度,经过积分和运算得到速度和位置,从而达到对运载体导航定位的目的。组成惯性导航系统的设备都安装在运载体内,和外界不发生任何光电联系,隐蔽性好,工作不受气象条件的限制,是一种自主式导航系统。惯性导航这一独特的优点,使其成为航天、航空和航海领域中的一种广泛应用的主要导航方法。

惯性导航系统(Inertial Navigation System,INS)也常称为惯导系统,通常由惯性测量装置、计算机、控制显示器等组成。惯性测量装置包括加速度计和陀螺仪,又称惯性测量单元。三个自由度陀螺仪用来测量运载体的三个转动运动;三个加速度计用来测量运载体的三个平移运动的加速度。计算机根据测得的加速度信号计算出运载体的速度和位置数据。控制显示器显示各种导航参数。按照惯性测量单元在运载体上的安装方式,分为平台式惯性导航系统(惯性测量单元安装在惯性平台的台体上)和捷联式惯性导航系统(惯性测量单元直接安装在运载体上)。

惯性导航系统的导航精度与地球参数的精度密切相关。高精度的惯性导航系统须用参考椭球来提供地球形状和重力的参数。由于地壳密度不均匀、地形变化等因素,地球各点的参数实际值与参考椭球求得的计算值之间往往有差异,并且这种差异还带有随机性,这种现象称为重力异常。正在研制的重力梯度仪能够对重力场进行实时测量,提供地球参数,解决重力异常问题。

惯性导航系统属于一种推算导航方式,即从一已知点的位置根据连续测得的运载体航向角和速度推算出其下一点的位置,因而可连续测出运动体的当前位置。惯性导航系统中的陀螺仪用来形成一个导航坐标系使加速度计的测量轴稳定在该坐标系中并给出航向和姿态角;加速度计用来测量运动体的加速度经过对时间的一次积分得到速度,速度再经过对时间的一次积分即可得到距离。

惯性导航系统有如下主要优点:

(1) 由于它是不依赖于任何外部信息,也不向外部辐射能量的自主式系统,故隐蔽性好且不受外界电磁干扰的影响;

(2) 可全天候、全球、全时间地工作于空中、地球表面乃至水下;

(3) 能提供位置、速度、航向和姿态角数据,所产生的导航信息连续性好而且噪声低;

(4) 数据更新率高、短期精度和稳定性好。

其缺点是:

(1) 由于导航信息经过积分而产生,定位误差随时间而增大,长期精度差;

(2) 每次使用之前需要较长的初始对准时间;

(3) 设备的价格较昂贵;

(4) 不能给出时间信息。

5. 组合导航

组合导航是指综合各种导航设备,由监视器和计算机进行控制的导航系统。大多数组合导航系统以惯性导航系统为主，其原因主要是由于惯性导航能够提供比较多的导航参数，还能够提供全姿态信息参数，这是其他导航系统所不能比拟的。

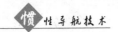

相比较单一导航系统，组合导航系统具有以下优点：

(1) 能有效利用各导航子系统的导航信息，提高组合系统定位精度。例如，INS/GPS组合导航系统能有效利用INS短时的精度保持特性，以及全球定位系统GPS(Global Positioning System)长时的精度保持特性，其输出信息特性均优于INS和GPS作为单一系统的导航特性。

(2) 允许在导航子系统工作模式间进行自动切换，从而进一步提高系统工作可靠性。由于各导航子系统均能输出舰船的运动信息，因此组合导航系统有足够的量测冗余度，当量测信息的某一部分出现故障，系统可以自动切换到另一种组合模式继续工作。

(3) 可实现对各导航子系统及其元器件误差的校准，从而放宽了对导航子系统技术指标的要求。例如，INS和GPS采用松耦合模式进行组合时，组合输出的位置、速度和姿态将反馈到INS和GPS，对INS和GPS的相应误差量进行校准。

6. 制导

所谓制导(Guidance)，则是控制引导的意思，是指按选定的规律对运载体进行引导和控制，调整其运动航迹，直至以允许误差命中目标或到达目的地，例如弹道导弹、人造卫星的运载火箭等，为了击中目标或将目标送上一定的轨道，就必须根据测量仪器所测得的信息，使运载体准确的按时间或按所达到的预定高度、速度及要求保持的方位关掉发动机，此后，运载体受引力的作用继续飞行。

制导系统主要有导引系统和控制系统两部分组成。导引系统一般包括探测设备和计算机交换设备，其功能是测量运载体与目标的相对位置或速度，计算出运载体的实际运动轨迹与理论轨迹的偏差，并给出消除偏差的指令。控制系统则是由敏感设备、综合设备、放大变换设备和执行机构组成。其功能是根据导引系统给出的制导指令和运载体的姿态参数，形成综合控制信号，再由执行机构调整控制运载体的运动或姿态，直至命中目标或到达目的地。

7. 惯性制导

惯性制导(Inertial Guidance)是利用运载体内部的惯性敏感器测量信息，按制导规律控制运载体飞向目标的技术。惯性制导的原理是利用惯性测量装置测出导弹的运动参数，形成制导指令，通过控制发动机推力的方向、大小和作用时间，把导弹自动引导到目标区。惯性制导是以自主方式工作的，不与外界发生联系，所以抗干扰性强和隐蔽性好。现代的地对地战术导弹、战略导弹和运载火箭都采用惯性制导。惯性制导的最大优点是不受无线电干扰，因而为世界各国弹道导弹所采用。惯性制导的最大缺点是精确度不高。

宇宙中的一切物体处于运动之中，人们要观察和控制物体的运动，了解物体所处的位置变化、物体的运动方向、运动速度的大小及物体姿态的变化等，就需要导航与制导技术。惯性技术完全不依赖于外部的声、光、电、磁传播的信号，自主式地进行定位导航，因而不受地域的限制,不受自然环境和人为的干扰和影响,不论太空、空间、地面、地下、水面及水下都能全天候地可靠工作,成为能神奇地为物体导航、定位的“魔杖”。

随着科学技术的发展,导航逐渐发展成为一门专门研究导航原理、方法和导航技术装置的学科。在舰船、飞机、导弹、宇宙飞行器等运载体上,导航系统是必不可少的重要设备。导航的主要工作就是定位、定向、授时和测速,由于能够测得上述导航参数乃至完成导航任务的物理原理和技术方法很多。因此,便出现了各种类型的导航系统,例如惯性导航系统、无线电导航系统、卫星导航系统、天文导航系统,还有地标导航灯、灯光导航、红外线导航、激光导航、地磁导航系统等。

1.2 惯性导航发展

17世纪,牛顿研究了高速旋转刚体的力学问题。牛顿力学定律是惯性导航的理论基础。1852年傅科称这种刚体为陀螺,后来制成供姿态测量用的陀螺仪。1906年安休茨制成陀螺方向仪,其自转轴能指向固定的方向。1907年他又在方向仪上增加摆性,制成陀螺罗盘。这些成果成为惯性导航系统的先导。1923年舒勒发表“舒勒摆”理论,解决了在运动载体上建立垂线的问题,使加速度计的误差不致引起惯性导航系统误差的发散,为工程上实现惯性导航提供了理论依据。

1942年10月3日,德国“V-2”弹道导弹的控制系统用两个二自由度位置陀螺仪控制弹体的姿态和航向,用一个陀螺加速度计测量沿弹体纵轴方向的加速度,当飞行速度达到1380m/s时(飞行70s),接通火箭发动机熄火装置,关闭发动机,使弹体按自由弹道飞行,实现了轨道和落点控制,精度为5km,是世界上付诸实用的第一个惯性制导系统。

1954年,惯性导航系统在飞机上试飞成功。

中国从1956年开始研制惯性导航系统,自1970年以来,在多次发射的人造地球卫星和火箭上,以及各种飞机上,都采用了本国研制的惯性导航系统。

1958年,美国“鹦鹉螺”号核潜艇装备液浮陀螺平台惯性导航系统的核潜艇,从珍珠港附近潜入冰层以下的深海进行远程航行,潜航96h顺利穿过北极点,到达欧洲波斯兰港此次航行历时21天,航程1830nmile,露出水面时,其实际位置和计算位置仅差几海里。

1960年,世界上第一套飞机惯性导航系统(LN-3)出厂,当时美国空军把它装在了一架F-104军用飞机上,试飞结果非常满意。自此以后,美国和西方发达国家的空军开始在各类军用机上装备惯性导航系统。

1949年,兰宁(J. H. Laning)发表名为“The vector analysis of finite rotations and angles”的报告,建立了捷联式惯性导航的理论基础;同时,美国麻省理工学院德雷珀(C. S. Draper)教授验证了平台式惯性导航系统的可行性。

早期框架式平台惯性导航系统,由稳定平台(物理平台)将敏感器与运载体的角运动隔离,从而建立加速度计的一个参考系。这些功能简化了计算量,同时大大减小了陀螺必须适应的动态范围、减小了陀螺和加速度计的环境干扰。但平台惯性导航框架系统加工、装配复杂。20世纪60年代末,开始进行从平台惯性导航系统到捷联惯性导航系统的过渡研究。捷联惯性导航系统将惯性敏感器与载体固联,由计算机构建数学平台,没有框架式的平台结构,降低了重量、复杂性和成本,同时提高了可靠性。

惯性导航技术从最初的原理探究到如今的大量产品研发和应用,经历了漫长的发展历程,取得了迅速发展。以陀螺为例:从传统的浮子式陀螺发展到挠性陀螺、静电陀螺、激光陀螺、光纤陀螺、微机电陀螺等多个类型,在军、民两类市场的引导下,向着"缩减成本、减小体积、满足需求"的方向不断发展;利用卫星、星光、景象、地形、重力、地磁等外部信息,实现多传感器的智能信息融合,进一步提高了导航系统的精度,也使得惯性技术和产品在更多的领域得到应用和推广。

惯性导航技术发展大约有以下几个阶段。

第一代,基于牛顿经典力学原理。自1687年牛顿三大定律的建立,到1910年的舒勒调谐原理,第一代惯性技术奠定了整个惯性导航发展的基础。典型代表为三浮陀螺、静电陀螺以及动力调谐陀螺等。特点是种类多、精度高、体积质量大、系统组成结构复杂、性能受机械结构复杂和极限精度制约,产品制造维护成本昂贵,典型产品有MX洲际导弹用三浮仪表平台系统。

第二代,基于萨格奈克(Sagnac)效应。典型代表是激光和光纤陀螺。其特点是反应时间短、动态范围大、可靠性高、环境适应性强、易维护、寿命长。典型产品是诺格斯佩里公司研制成功的Mk39系列和Mk49型激光陀螺捷联式舰船惯性导航系统、霍尼韦尔公司的激光捷联惯性导航系统。光学陀螺的出现有力地推动了捷联惯性导航系统发展。

第三代,基于哥氏振动效应和微米/纳米技术。典型代表是微机械(Micro Electro Mechanical Systems,MEMS)陀螺、MEMS加速度计及相应系统。其特点是体积小、成本低、中低精度、环境适应性强、易于大批量生产和产业化。典型产品为霍尼韦尔公司HG1900、HG1930系列。MEMS惯性仪表的出现,使得惯性导航系统应用领域大为扩展,惯性技术已不仅用于军用装备,更广泛用于各类民用应用中。

第四代,基于现代量子力学技术。典型代表为核磁共振陀螺、原子干涉陀螺。其目标是实现高精度、高可靠、小型化和更广泛应用领域的导航系统。其特点是高精度、高可靠性、微小型、环境适应性强。目前,DARPA公司研制的核磁共振陀螺精度能达到$0.01°/h$的水平,斯坦福大学开发的原子陀螺精度可达$6\times10^{-5}°/h$水平。

20世纪是惯性导航技术飞速发展的时期,它从古典的力学理论发展成为综合性的高新科技,从力学和精密机械学科发展成为集材料科学、精密制造、精密仪表、传感器、微电子、光电子、自动控制、计算机技术等于一体的综合性学科。随着光学陀螺仪和建立在纳米技术基础上的硅微惯性仪表技术的发展,以小型化、高可靠性、低成本的发展优势,展示了惯性导航技术在21世纪中,将以更加诱人的前景在军事和各种民用领域得到广泛的应用,成为真正的军民两用技术,为高科技的发展发挥更重要的作用。

惯性导航系统由于其工作的完全自主性,以及所提供信息的多样性(位置、速度及姿态),已成为当前各种航行体上应用的一种主要导航设备;并且,在现已得到应用的组合导航系统中,绝大部分是以惯性为基础的组合系统,其中惯性与GPS两者组合的导航系统是组合导航技术发展的一个重要方向。

1.3 其他导航系统简介

1. 无线电导航系统

利用无线电技术对飞机、船舶或其他运动载体进行导航和定位的系统。无线电导航系统利用了无线电波传播的基本原理。无线电信号在自由空间中用直线方式以光速传播，只要确定了无线电波从发射机到接收机之间的传播时间，便可以确定收发机间的距离为光速与传播时间之积。同时，无线电信号中振幅、角频率、相位和时间都可作为导航参量使用。赋予无线电波以导航信息的方法很多，但都是利用无线电波传播的直线性及其恒定的传播速度两种特性。无线电导航的基准点可以设在地面、空间或卫星上。

无线电导航系统优点是不受时间、天气限制，精度高，定位时间短，设备简单等。缺点是必须辐射和接收无线电波而易被发现和干扰，需要载体外的导航台支持，一旦导航台失效，与之对应的导航设备无法使用。

2. 卫星导航系统

卫星导航系统是继惯性导航之后导航技术的又一重大发展，可以说，卫星导航是天文导航与无线电导航的结合物，只不过是把无线电导航台放在人造卫星上罢了。20 世纪 60 年代初，旨在服务于美国海军舰只的第一代卫星导航系统子午仪卫星导航系统出现了，它的全称为“海军导航卫星系统”，该系统用 5～6 颗卫星组成的星网工作，每颗卫星以 150MHz 和 400MHz 两个频率发射 1～5W 的连续电磁波信号。导航接收机利用测量卫星信号多普勒频移的方法，可以使舰船或陆上设备的定位精度达到 500m（单频）和 25m（双频）。

当前，全球共有四大卫星导航系统：美国全球定位系统（GPS）、俄罗斯格洛纳斯卫星定位系统（GLONASS）、中国的北斗卫星导航系统（BDS）以及欧洲的伽利略卫星定位系统（Galileo）。

1）美国全球定位系统（GPS）

全球定位系统是 20 世纪 70 年代由美国陆海空三军联合研制的新一代空间卫星导航定位系统。其主要目的是为陆、海、空三大领域提供实时、全天候和全球性的导航服务，并用于情报收集、核爆监测和应急通信等一些军事目的。

GPS 导航系统是以全球 24 颗定位人造卫星为基础，向全球各地全天候地提供三维位置、三维速度等信息的一种无线电导航定位系统。它由三部分构成，一是地面控制部分，由主控站、地面天线、监测站及通信辅助系统组成。二是空间部分，由 24 颗卫星组成，分布在 6 个轨道平面。三是用户装置部分，由 GPS 接收机和卫星天线组成。民用的定位精度可达 10m 内。

24 颗 GPS 卫星在离地面 1.2 万 km 的高空上，以 12h 的周期环绕地球运行，使得在任意时刻，在地面上的任意一点都可以同时观测到 4 颗以上的卫星。

由于卫星运行轨道、卫星时钟存在误差，大气对流层、电离层对信号的影响，以及人为的保护政策,使得民用GPS的定位精度只有10m。为提高定位精度,普遍采用差分技术,建立基准站(差分台)进行GPS观测,利用已知的基准站精确坐标,与观测值进行比较,从而得出一修正数,并对外发布。接收机收到该修正数后,与自身的观测值进行比较,消去大部分误差,得到一个比较准确的位置。实验表明,利用差分GPS,定位精度可提高到5m。

2) 格洛纳斯卫星定位系统(GLONASS)

格洛纳斯全球导航卫星系统是由苏联(现由俄罗斯)国防部独立研制和控制的第二代军用卫星导航系统,与美国的GPS相似,该系统也开设民用窗口。

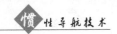

GLONASS技术,可为全球海陆空以及近地空间的各种军、民用户全天候、连续地提供高精度的三维位置、三维速度和时间信息。该系统最早开发于苏联时期,后由俄罗斯继续该计划。俄罗斯1993年开始独自建立本国的全球卫星导航系统。该系统于2007年开始运营,当时只开放俄罗斯境内卫星定位及导航服务。到2009年,其服务范围已经拓展到全球。该系统主要服务内容包括确定陆地、海上及空中目标的坐标及运动速度信息等。

俄罗斯GLONASS卫星定位系统拥有工作卫星21颗,分布在三个轨道平面上,同时有三颗备份星。每颗卫星都在1.91万km高的轨道上运行,周期为11h15min。GLONASS的精度要比GPS系统的精度低。

3) 北斗卫星导航系统(BDS)

北斗卫星导航系统是中国自行研制的全球卫星导航系统,也是继GPS、GLONASS之后的第三个成熟的卫星导航系统。

北斗卫星导航系统可在全球范围内全天候、全天时为各类用户提供高精度、高可靠定位、导航、授时服务,并具短报文通信能力,已经具备区域导航、定位和授时能力,定位精度10m,测速精度0.2m/s,授时精度10ns。

北斗卫星导航系统由空间段、地面段和用户段三部分组成。空间段由若干地球静止轨道卫星、倾斜地球同步轨道卫星和中圆地球轨道卫星组成。地面段包括主控站、时间同步/注入站和监测站等若干地面站,以及星间链路运行管理设施。用户段包括北斗及兼容其他卫星导航系统的芯片、模块、天线等基础产品,以及终端设备、应用系统与应用服务等。

中国高度重视北斗系统建设发展,自20世纪80年代开始探索适合国情的卫星导航系统发展道路,形成了“三步走”发展战略:

第一步,建设“北斗一号”系统。1994年,启动“北斗一号”系统工程建设;2000年,发射两颗地球静止轨道卫星,建成系统并投入使用,采用有源定位体制,为中国用户提供定位、授时、广域差分和短报文通信服务;2003年,发射第三颗地球静止轨道卫星,进一步增强系统性能。

第二步,建设“北斗二号”系统。2004年,启动“北斗二号”系统工程建设;2012年年底,完成14颗卫星(5颗地球静止轨道卫星、5颗倾斜地球同步轨道卫星和4颗中圆地球轨道卫星)发射组网。“北斗二号”系统在兼容“北斗一号”系统技术体制基础上,增加无源定位体制,为亚太地区用户提供定位、测速、授时和短报文通信服务。

第三步，建设“北斗三号”系统。2009 年，启动“北斗三号”系统建设；2018 年年底，完成 19 颗卫星发射组网，完成基本系统建设，向全球提供服务；计划 2020 年年底前，完成 30 颗卫星发射组网，全面建成“北斗三号”系统。“北斗三号”系统继承北斗有源服务和无源服务两种技术体制，能够为全球用户提供基本导航(定位、测速、授时)、全球短报文通信、国际搜救服务，中国及周边地区用户还可享有区域短报文通信、星基增强、精密单点定位等服务。

2020 年 6 月，我国在西昌卫星发射中心用长征三号乙运载火箭，成功发射北斗系统第 55 颗导航卫星，暨“北斗三号”系统最后一颗全球组网卫星，至此“北斗三号”全球卫星导航系统星座部署全面完成。

4) 伽利略卫星定位系统(Galileo)

伽利略计划是欧洲于 1999 年年初正式推出的旨在独立于 GPS 和 GLONASS 的全球卫星导航系统。为了建立欧洲自己控制的民用全球导航定位系统，欧洲人决定实施“伽利略”计划。伽利略计划，是世界上第一个专门为民用目的设计的全球性卫星导航定位系统。它的总体思路具有四大特点：自成独立体系；能与其他的 GNSS 系统兼容互动；具备先进性和竞争能力；公开进行国际合作。

伽利略系统耗资超过 30 亿欧元。系统由两个地面控制中心和 30 颗卫星组成，其中 27 颗为工作卫星，3 颗为备用卫星。卫星轨道高度约 24000km，位于三个倾角为 56°的轨道平面内。

3. 天文导航

天文导航是利用光学敏感器测得的以太阳、月球、行星和恒星等自然天体的信息，以天体的地平坐标(方位或高度)作为观测量，进而确定测量点地理位置(或空间位置)及方位基准的一种定位导航方法。天文导航和惯性导航技术一样同属于自主导航技术。

天文导航是在航天、航海和航空领域正在得到广泛应用的自主定位导航技术。尤其对登月、载人航天和远洋航海是必不可少的关键技术，还是卫星和远程导弹和运载火箭、高空远程侦察机等的重要辅助导航手段。

天文导航按照观测星体数目多少，分为单星导航和多星导航。单星导航也称为跟踪式导航，需要星跟踪器有伺服转台保持对星体的跟踪；多星导航也称星图匹配式导航，需要在星敏感器视场中观测到三个以上的星体。各星体之间的方位角差最好在 60°～90°之间(越接近 90°越好)，高度(俯仰角)最好在 6°～15°之间，星图匹配式导航的精度要优于跟踪式导航。

天文导航具有以下特点：

(1) 属于自主导航技术。所谓自主导航技术是指不与外界进行信息的传输和交换，不依赖于地面设备的定位导航技术。天文导航是利用光学敏感器测得的天体(恒星、近天体)的信息进行载体位置的计算。天文导航和惯性导航技术一样同属于自主导航技术。

(2) 定位精度比较高，误差不积累，其精度取决于光学敏感器的精度。相比其他导航方法来说，天文导航的精度比较高，并且不像惯性导航存在误差随时间积累的问题，这一点对长时间运行的载体来说是非常重要的。

(3) 抗干扰能力强,可靠性高。天体辐射覆盖了 X 射线、紫外线、可见光和红外线整个电磁波段,具有极强的抗干扰能力。此外,天体的空间运动不受人为干扰,保证了以天体为导航信标的天文导航信息的完备和可靠。

(4) 可同时提供位置和姿态信息。天文导航不仅可以提供载体的位置、速度信息,还可以提供姿态信息,而且通常不需要增加软硬件成本。

但天文导航也存在不足之处,在某些情况下受外界环境的影响,比如气候条件;还有就是存在输出信息不连续的问题。

随着微电子与计算机技术、光电探测技术的不断发展以及军事领域和太空探索的更高需求,天文导航技术今后的发展趋势是:

(1) 发展多波段、小型、高精度、全自动、全天候光电天文导航系统;

(2) 向自主导航方向发展,主要解决高精度水平基准问题;

(3) 提高天文导航系统的导航数据输出率、可靠性和方便性;

(4) 研制新型的红外波段(主要是 0.85～3μm 波段)和毫米波光电探测器件,向高精度、多波段组合光电导航模式发展;

(5) 未来的天文定位系统的精度可能达到 1″(角秒),定位精度达到 30m,从而在激烈的战争环境下可替代 GPS 设备。

4. 地磁导航

在古代中国,人们就知道了利用地磁场指北的特性来辨别方向和指引道路,史书中记载的最早应用的导航仪是指南针,这是我国古代的四大发明之一。在 12 世纪,欧洲人将原始的指南针改制成简单的船用罗经,并绘制出了地中海的地图,使欧洲的历史进入航海时代,但这只是地磁导航最简单的应用。进入现代社会,随着科技的发展,地磁导航技术发生了根本性的变革,借用大地测量技术的进步,利用地球物理特征的无源自主导航方法得到了国内外学者的关注。基于重力场测量、地磁场测量等自主导航方法重新激起了人们的研究热情。随着地磁理论的不断完善以及敏感器、微处理器和导航算法的日趋成熟,地磁导航技术获得了快速的发展,并以其隐蔽性好、成本低和精度适中等优点成为当前导航研究领域的热点。

1965 年,卡安等人利用实测地磁场数据,推算出了第一代国际地磁参考场模型 IGRF,该模型于 1968 年被国际地磁与超高层大气物理学协会(IAGA)采纳。以后 IAGA 每五年对 IGRF 模型做一次修正。国际上另一个主要的地磁场模型为由英国地质调查局(BGS)和美国地质调查局(USGS)联合制作的世界地磁场模型(WMM),该模型也是每五年修正一次。我国也十分重视此方面的研究,每十年绘制一次中国地磁图。

现代地磁导航技术基于地磁场是一个矢量场,其强度大小和方向是位置的函数,同时地磁场具有丰富的特征,例如矢量强度、磁倾角、磁偏角和强度梯度等,为地磁匹配提供了充足的匹配信息。因此,可以把地磁场当作一个天然的坐标系,利用地磁场的测量信息来实现对飞行器或水面、水下航行器等的导航定位。

地磁导航首先要测量地磁特征,实际的应用对象例如巡航导弹对测磁仪器的响应速度、分辨率、环境适应性和抗干扰性等均有很高的要求。另外，由于地磁场的频谱范围很宽，地磁场探测很容易受到例如弹体、载体电子仪器等产生的磁场干扰。随着未来导航理论、地磁场理论和弱磁场精确测量技术的不断进步，同时也随着大规模的地磁勘测工程的展开而能够获得全天时、全天候、全方位、高密度和高精度的地磁模型或地磁图，地磁导航技术必将得到极大的发展和广泛的应用，从而建立基于地磁场测量的全球导航系统将成为可能。

5. 组合导航

现有的导航系统没有完美的，比如天文导航系统，位置精度高，但受观测星体可见度的影响；地磁导航系统，简便易用，但受环境影响；卫星导航的精度高，容易做到全球、全天候导航，但需要接收设备，尤其重要的是，卫星导航在战时将受到导航星发射国家的制约；惯性导航具有自主性、非常好的短期精度和稳定性，但导航定位误差随时间的增长而变大。

综合各种导航设备，将两种或两种以上导航系统以适当方式组合为一种导航系统，以达到提高系统精度和改善系统可靠性等目的，这种系统被称为组合(或综合)导航系统。大多数组合导航系统以惯性导航系统为主，其原因主要是由于惯性导航能够提供比较多的导航参数，还能够提供全姿态信息参数，这是其他导航系统所不能比拟的。

目前，推动组合导航发展的关键技术主要有：

(1) 将多种系统集成在一起，以构成广义组合能力的数据融合技术；

(2) 以惯性为基组合导航系统识别欺骗性干扰和抗干扰的技术；

(3) 将 GPS 载波相位引入惯性组合系统的技术；

(4) 利用分散估计理论或联邦滤波器/多模态滤波器进行组合的技术；

(5) 组合导航系统中惯性系统空中快速对准技术；

(6) 卡尔曼滤波器的工程化应用，以及有关组合系统可靠性、多维余度、容错能力等的理论与方法的研究。

1.4 相关历史人物简介

1. 哥白尼

哥白尼(1473—1543)，文艺复兴时期的波兰天文学家、数学家(图 1-1)。16 世纪 40 年代，他提出了“日心说”，否定了教会的权威，改变了人类对自然对自身的看法。当时罗马天主教廷认为他的日心说违反《圣经》，哥白尼仍坚信日心说，并认为“日心说”与其并无矛盾，并经过长年的观察和计算完成他的伟大著作《天体运行论》。哥白尼的“日心说”更正了人们的宇宙观，摆正了地球绕太阳转动的正确关系。

图 1-1 哥白尼

2. 布鲁诺

布鲁诺(1548—1600)，文艺复兴时期意大利思想家、自然科

图 1-2　布鲁诺

学家、哲学家和文学家(图 1-2)。作为思想自由的象征,他鼓舞了16 世纪欧洲的自由运动,成为西方思想史上重要人物之一。捍卫和发展了哥白尼的太阳中心说,并把它传遍欧洲,被世人誉为是反教会的无畏战士。由于批判经院哲学和神学,反对地心说,宣传日心说和宇宙观、宗教哲学,1592 年被捕入狱,最后被宗教裁判所判为“异端”烧死在罗马广场。1992 年,罗马教皇宣布为布鲁诺平反。

3. 伽利略

图 1-3　伽利略

伽利略(1564—1642),意大利天文学家,物理学家和工程师(图 1-3)。伽利略被称为“观测天文学之父”。伽利略第一次提出了惯性概念,提出了惯性和加速度这个全新的概念,为牛顿力学理论体系的建立奠定了基础。伽利略研究了速度和加速度,重力和自由落体,惯性,弹丸运动原理,并从事应用科学和技术的研究,描述了摆的性质,发明了温度计和各种军事罗盘,并使用用于天体科学观测的望远镜。他对观测天文学的贡献包括对金星的观测,对木星卫星的观测,对土星环的观测和黑子的分析等。

4. 牛顿

牛顿(1643—1727),英国皇家学会会长,英国著名的物理学家,百科全书式的“全才”(图 1-4),著有《自然哲学的数学原理》《光学》。

图 1-4　牛顿

他在 1687 年发表的论文《自然定律》里,对万有引力和三大运动定律进行了描述。这些描述奠定了此后三个世纪里物理世界的科学观点,并成为现代工程学的基础。他通过论证开普勒行星运动定律与他的引力理论间的一致性,展示了地面物体与天体的运动都遵循着相同的自然定律;为太阳中心说提供了强有力的理论支持,并推动了科学革命。

在力学上,牛顿阐明了动量和动量矩守恒的原理,提出牛顿运动定律。在光学上,他发明了反射望远镜,并基于对三棱镜将白光发散成可见光谱的观察,发展出了颜色理论。他还系统地表述了冷却定律,并研究了声速。

在数学上,牛顿与威廉·莱布尼茨分享了发展出微积分学的荣誉。他也证明了广义二项式定理,提出了“牛顿法”以趋近函数的零点,并为幂级数的研究做出了贡献。

在经济学上,牛顿提出金本位制度。

5. 欧拉

欧拉(1707—1783),瑞士数学家、自然科学家(图 1-5)。1707 年 4 月 15 日出生于瑞士的巴塞尔,1783 年 9 月 18 日于俄国圣彼得堡去世。13 岁时入读巴塞尔大学,15 岁大学毕业，16岁获得硕士学位。欧拉是18世纪数学界最杰出的人物之一，他不但为数学界做出贡献，更把整个数学推至物理的领域。他是数学史上最多产的数学家，平均每年写出八百多页的论文，还写了大量的力学、分析学、几何学、变分法等的课本，《无穷小分析引论》《微分学原理》《积分学原理》等都成为数学界中的经典著作。

图1-5 欧拉

欧拉将数学分析方法用于力学，在力学各个领域中都有突出贡献，他是刚体动力学和流体力学的奠基者。在1736年出版的两卷集《力学或运动科学的分析解说》中，他考虑了自由质点和受约束质点的运动微分方程及其解。在研究刚体运动学和刚体动力学中，他得出最基本的结果，其中有：刚体定点有限转动等价于绕过定点某一轴的转动，刚体定点运动可用三个角度（称为欧拉角）的变化来描述；刚体定点转动时角速度变化和外力矩的关系；定点刚体在不受外力矩时的运动规律（称为定点运动的欧拉情况，这一成果1834年由L.潘索作出几何解释），以及自由刚体的运动微分方程等。这些成果均载于他的专著《刚体运动理论》（1765）一书中。

6. 傅科

傅科（1819—1868），法国物理学家（图1-6）。傅科早年学习外科和显微医学，后转向照相术和物理学方面的实验研究。1853年因为光速的测定获物理学博士学位，并被拿破仑三世委任为巴黎天文台物理学教授。因为他博学多才，有多项发明创造，因此受各国科学界垂青，1864年当选为英国皇家学会会员，以及柏林科学院、圣彼得堡科学院院士。1868年被选为巴黎科学院院士。

图1-6 傅科

地球在不停地自转，这已是尽人皆知的常识。然而19世纪以前，不少学者曾为此学说的成立呕心沥血，甚至付出了生命的代价。1851年，傅科进行了著名的傅科摆实验。他根据地球自转的理论，提出除地球赤道以外的其他地方，单摆的振动面会发生旋转的现象，并付诸实验。他选用直径为30cm、重28kg的摆锤，摆长为67m，将它悬挂在巴黎万神殿圆屋顶的中央，使它可以在任何方向自由摆动。下面放有直径6m的沙盘和启动栓。如果地球没有自转，则摆的振动面将保持不变；如果地球在不停地自转，则摆的振动面在地球上的人看来将发生转动。当人们亲眼看到摆每振动一次（周期为16.5s），摆尖在沙盘边沿画出的路线移动约3mm，每小时偏转11°20′（即31h47min回到原处）时，许多教徒目瞪口呆，有人甚至在久久凝视以后说：“确实觉得自己脚底下的地球在转动！”这一实验又曾移到巴黎天文台重做，结论相同。后又在不同地点进行实验，发现摆的振动面的旋转周期随地点而异，其周期正比于单摆所处地点的纬度的正弦，在两极的旋转周期为24h。振动面旋转方向，北半球为顺时针，南半球为逆时针。以上实验就是著名的傅科摆实验，它是地球自转的最好证明，他用科学实验的方法，证明了这个已经争论了两个多世纪的难题。由此，傅科被授予荣誉骑士五级勋章。

1852年,傅科利用高速旋转刚体的空间稳定性,设计了一个仪表装置,并按"转动"和"观察"的希腊文给它取名为Gyroscope,这就是实用陀螺仪的"鼻祖",而且"陀螺仪"这个术语也一直沿用至今。傅科的陀螺仪实验在理论上是正确的,他将陀螺用于实践的思想对后来陀螺仪的发展影响很大。可以说,傅科陀螺仪使惯性导航事业的发展跨出了第一步。

7. 安休茨

海尔曼·安休茨(1872—1931)于1905年制作出世界上第一台陀螺罗经样机,但试航时的结果却令人失望。原因是当舰船加速时,装在船上的陀螺罗经所产生的误差大到令仪器不能使用的程度。后来经过3年的努力,借用了当时刚刚出现的异步电机和滚珠轴承技术,安休茨终于在1908年制造出了世界上第一台能自动找北并稳定指示船舶航向的陀螺罗经,开创了陀螺仪在航海史上应用的新纪元。这种不依靠任何外界信息,自动建立子午线方向的精密航海仪器,是陀螺技术应用中最精巧也是最重大的成就之一。从1912年开始,安休茨罗经逐渐占据了国际航海罗经大半个市场,时间长达半个多世纪,直至电控罗经的出现。

8. 舒勒

舒勒(生卒年不详),德国科学家。在陀螺罗经、陀螺稳定平台、惯性导航、惯性制导等系统设计方面,做出了卓有成效的贡献。年轻的科学家舒勒参加了其表弟安休茨博士的陀螺罗经设计工作,与安休茨合作设计了巧妙的带有液体阻尼器的液浮摆式罗经。

舒勒发现,当振动周期等于84.4min时,陀螺罗经不会产生机动误差。进一步的研究又发现,这一结论具有更广泛的概括性,即任何摆和机械仪器,只要具有84.4min的振动周期,就可避免由于载体加速度对陀螺仪、摆和机械仪器的影响。舒勒发明不受环境影响的陀螺罗经,使得定向技术获得重大发展。1916年舒勒提出一个大胆设想,如果将单摆的摆长加大到地球半径,则摆锤永位于地心,不管小车怎样运动,单摆将永指地垂线。具有这种性质的摆称为舒勒摆,舒勒摆的振动周期是84.4min。因此84.4min也称为舒勒周期。1923年,舒勒发表了《运输工具的加速度对于摆和陀螺仪的干扰》的重要论文。

9. 冯·布劳恩

冯·布劳恩(1912—1977),德裔美国著名火箭专家(图1-7),是20世纪航天事业的先驱之一,被誉为20世纪最伟大的火箭专家,是著名的V-1和V-2火箭总设计师。1912年3月23日,布劳恩出生于德国维尔西茨的一个贵族家庭。13岁时,他在柏林豪华的使馆区进行了他的第一次火箭实验。1932年春天,布劳恩从夏洛滕堡工学院毕业,获得航空工程学士学位,接着他转入柏林大学学习。在那里他建立起了自己的实验小组。第二次世界大战

图1-7 冯·布劳恩

后移居美国，布劳恩先后研制成功“红石”“丘比特”和“潘兴”式导弹。其中，“丘比特”C型火箭是美国第一颗人造卫星发射成功的关键保障。

1961年5月，美国宣布实施“阿波罗”载人登月计划，冯·布劳恩在美国国家航空航天局(NASA)内任总统空间事务科学顾问，并直接主持设计“阿波罗11号”登月宇宙飞船的运载火箭“土星5号”——人类有史以来推力最大的火箭。1969年7月20日，“阿波罗11号”登月成功，他的事业也达到了巅峰。

第2章 Chapter 2

惯性导航的基础知识

本章讲述惯性导航基本原理和分类，并在假设运动体为刚体的前提下，讲述与运动体空间位置和运动相关的地球的特性、惯性技术的运动学和动力学基础等。

2.1 惯性导航基本原理和分类

导航的主要任务是测量并利用载体的即时位置、航行速度、航行方位和通过距离等基本信息，通过物理学和数学技术手段，借助于导航传感器将载体从一个位置正确引导到预定的位置。

2.1.1 惯性导航基本原理

惯性导航是一种典型的自主式导航方法，也是最重要、最主要的现代导航方法之一。目前几乎所有先进组合导航方法都是以惯性导航为基础的。

惯性导航基于惯性原理，即利用牛顿运动第二定律 $F=ma$。在导航中，它通过惯性测量元件加速度计和陀螺仪自主的测量载体相对于惯性空间的加速度和角速度参数，并在给定载体运动初始条件及选定的导航坐标系下，由导航计算机计算出载体的速度、距离、位置（经度、纬度）和姿态与航向。也就是利用一组加速度计连续测量加速度信息，通过一次积分运算，可得到载体瞬时速度 t_k 信息

$$V(t_k)=V(t_0)+\int_{t_0}^{t_k} a(t)\mathrm{d}t \tag{2-1}$$

式中，$V(t_0)$为载体初始运动速度。

瞬时位置信息等于对速度的再次积分，即

$$r(t_k)=r(t_0)+\int_{t_0}^{t_k} V(t)\mathrm{d}t \tag{2-2}$$

式中 $r(t_0)$为载体初始位置。

通常，加速度计为一组三轴加速度计，被安置在稳定平台上，保证三轴始终指向东、北、天方向，分别测得东向加速度 a_e、北向加速度 a_n 和垂直加速度 a_ξ，对这三个加速度进行积分，可以得到载体沿 3 个轴的速度分量为

$$\begin{cases} V_e(t_k)=V_e(t_0)+\int_{t_0}^{t_k} a_e(t)\mathrm{d}t \\ V_n(t_k)=V_n(t_0)+\int_{t_0}^{t_k} a_n(t)\mathrm{d}t \\ V_\xi(t_k)=V_\xi(t_0)+\int_{t_0}^{t_k} a_\xi(t)\mathrm{d}t \end{cases} \tag{2-3}$$

一般地，载体在地球上的位置通过经度 λ、纬度 ϕ 和高程 H 来表示，也可以通过对速度的积分得到，即

$$\begin{cases} \lambda=\lambda_0+\int_{t_0}^{t_k} \dot{\lambda}\mathrm{d}t \\ \phi=\phi_0+\int_{t_0}^{t_k} \dot{\phi}\mathrm{d}t \\ H=H_0+\int_{t_0}^{t_k} \dot{H}\mathrm{d}t \end{cases} \tag{2-4}$$

式中，λ_0,ϕ_0,H_0 分别为载体的初始经度、纬度及高程；$\dot{\lambda},\dot{\phi},\dot{H}$ 分别为经度、纬度和高程的时间变化率，即

$$\begin{cases} \dot{\lambda}=\dfrac{V_e}{(R_n+H)\cos\phi} \\ \dot{\phi}=\dfrac{V_n}{R_m+H} \\ \dot{H}=V_n \end{cases} \tag{2-5}$$

将式(2-5)代入式(2-4)，可得到以经度、纬度和高程表示的瞬时位置为

$$\begin{cases} \lambda=\lambda_0+\int_{t_0}^{t_k} \dfrac{V_e}{(R_n+H)\cos\phi}\mathrm{d}t \\ \phi=\phi_0+\int_{t_0}^{t_k} \dfrac{V_n}{R_m+H}\mathrm{d}t \\ H=H_0+\int_{t_0}^{t_k} V_n\mathrm{d}t \end{cases} \tag{2-6}$$

式中，R_m,R_n 分别为地球椭球的子午圈、卯酉圈曲率半径。若视地球为半径为 R 的球体，则 $R_m=R_n=R$。这就是惯性导航的基本原理。

2.1.2 惯性导航系统分类

惯性导航系统通常由惯性测量装置、计算机、控制显示器等组成。惯性测量装置包括加速度计和陀螺仪，又称惯性导航组合。3个自由度陀螺仪用来测量飞行器的3个转动运动；3个加速度计用来测量飞行器的3个平移运动的加速度。计算机根据测得的加速度信号计算出飞行器的速度和位置数据。控制显示器显示各种导航参数，实现功能。

按照惯性导航组合在飞行器上的安装方式，可分为平台式惯性导航系统（惯性导航组合安装在惯性平台的台体上）和捷联式惯性导航系统（惯性导航组合直接安装在飞行

器上)。

1. 平台式惯性导航系统

根据建立的坐标系不同,又分为空间稳定和本地水平两种工作方式。空间稳定平台式惯性导航系统的台体相对惯性空间稳定,用以建立惯性坐标系。地球自转、重力加速度等影响由计算机加以补偿。这种系统多用于运载火箭的主动段和一些航天器上。本地水平平台式惯性导航系统的特点是台体上的两个加速度计输入轴所构成的基准平面能够始终跟踪飞行器所在点的水平面(利用加速度计与陀螺仪组成舒勒回路来保证),因此加速度计不受重力加速度的影响。这种系统多用于沿地球表面作等速运动的飞行器(如飞机、巡航导弹等)。在平台式惯性导航系统中,框架能隔离飞行器的角振动,仪表工作条件较好。平台能直接建立导航坐标系,计算量小,容易补偿和修正仪表的输出,但结构复杂、尺寸大。平台式惯性导航系统的原理示意图如图 2-1 所示。

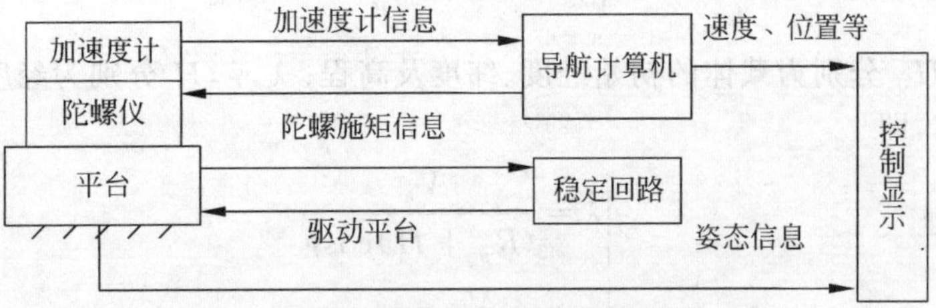

图 2-1　平台式惯性导航系统的原理示意图

2. 捷联式惯性导航系统

根据所用陀螺仪的不同,分为速率型捷联式惯性导航系统和位置型捷联式惯性导航系统。前者用速率陀螺仪,输出瞬时平均角速度矢量信号;后者用自由陀螺仪,输出角位移信号。捷联式惯性导航系统省去了平台,所以结构简单、体积小、维护方便,但陀螺仪和加速度计直接装在飞行器上,工作条件不佳,会降低仪表的精度。这种系统的加速度计输出的是机体坐标系的加速度分量,需要经计算机转换成导航坐标系的加速度分量,计算量较大。图 2-2 是捷联式惯性导航系统示意图。

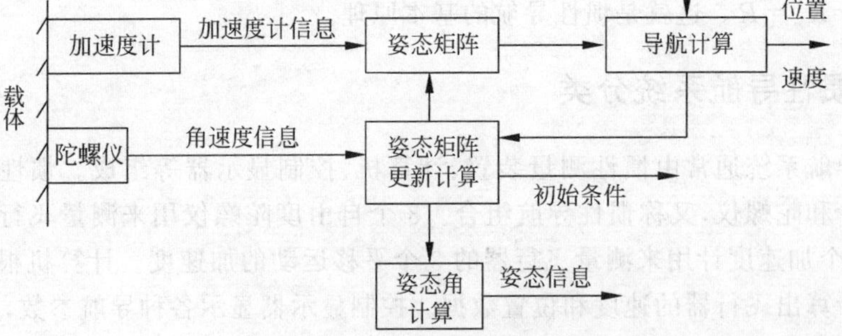

图 2-2　捷联式惯性导航系统示意图

为了得到飞行器的位置数据，须对惯性导航系统每个测量通道的输出积分。陀螺仪的漂移将使测角误差随时间成正比地增大，而加速度计的常值误差又将引起与时间平方成正比的位置误差。这是一种发散的误差(随时间不断增大)，可通过组成舒勒回路、陀螺罗盘回路和傅科回路三个负反馈回路的方法来修正这种误差以获得准确的位置数据。

舒勒回路、陀螺罗盘回路和傅科回路都具有无阻尼周期振荡的特性。所以惯性导航系统常与无线电、多普勒和天文等导航系统组合，构成高精度的组合导航系统，使系统既有阻尼又能修正误差。

2.2 地球参考椭球和地球重力场特性

在近地惯性导航中，运载体是相对地球来定位的，在地球重力场中的运动物体都和地球发生联系。因此，必须对地球的形状及其重力场特性有一定的了解。

2.2.1 地球参考椭球

地球表面形状是不规则的(图 2-3)。在描述其形状的时候，采用海平面作为基准，把“平静”的海平面延伸到全部陆地所形成的表面称为“大地水准面”。大地水准面所包围的几何体称作“大地体”或“地球体”。

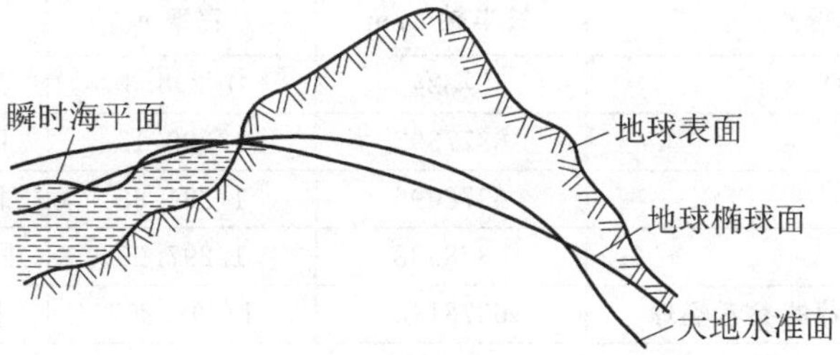

图 2-3 大地水准面

大地体的表面是地球重力场的一个等位面。由于地球内部质量分布不均匀，致使大地水准面成为一个有微小起伏的复杂曲面。

人类赖以生存的地球，实际上是一个质量非均匀分布、形状不规则的几何体。对于一般的工程应用，通常采用一种最简单的近似，即把地球视为一个圆球体。数学上可用如下的球面方程来描述

$$x^2+y^2+z^2=R_e^2 \tag{2-7}$$

式中，R_e 为地球平均半径，可取 $R_e=(6371.02\pm0.05)\text{km}$。这是 1964 年国际天文学会确定的数据。

进一步精确近似地球为一个旋转椭球体(称为参考椭球)。数学上可用旋转椭球面方程式(2-8)来描述：

$$\frac{x^2+y^2}{a^2}+\frac{z^2}{b^2}=1 \tag{2-8}$$

长半轴 a 在赤道平面内，短半轴 b 和自转轴重合，如图 2-4 所示。长半轴 a（赤道半径）为 6378.14km，短半轴 b（极半径）为 6356.76km。

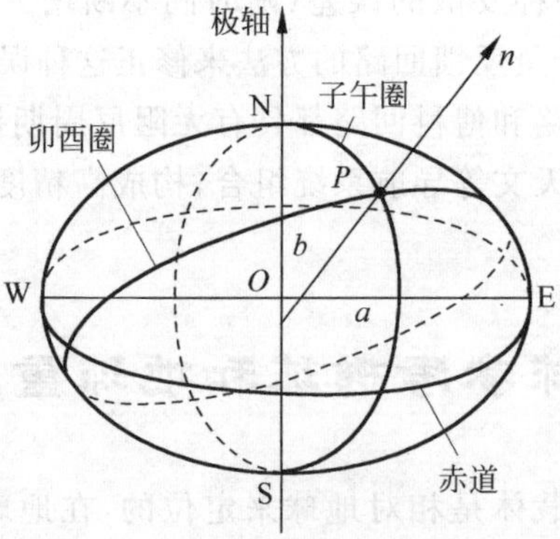

图 2-4 地球椭球体

选取参考椭球的基本原则是使测定出的大地水准面的局部或全部与参考椭球之间的贴合最好，即差异最小。目前不同国家和地区根据各自不同的地理条件选择不同的参数旋转椭球体。几种主要参考椭球的基本数据如表 2-1 所示。

表 2-1 几种主要参考椭球基本数据

名称（年份）	长半轴 a/m	扁率 e	使用国家或地区
克拉索夫斯基(1940)	6378245	1/298.3	苏联，中国
贝塞尔(1841)	6377397	1/299.15	日本及中国台湾省
克拉克(1866)	6378096	1/294.98	北美
海福特(1909)	6378388	1/297.00	欧洲、北美及中东
1975 年国际会议推荐的参考椭球	6378140	1/298.257	中国
WGS-84(1984)	6378137	1/298.257	全球

注：① 我国在 1954 年前采用过美国海福特椭球，中华人民共和国成立后很长一段时间采用的是 1954 年北京坐标系，是基于苏联克拉索夫斯基参考椭球的。1980 年开始使用 1975 年国际大地测量与地球物理联合会第 16 届大会推荐的参考椭球。

② WGS-84(1984)是美国国防部地图局于 1984 年制定的全球大地坐标系，考虑了大地测量、多普勒雷达、卫星等的测量数据。

在表 2-1 中，e 为地球扁率，计算公式为

$$e=\frac{a-b}{a} \tag{2-9}$$

2.2.2 垂线、纬度和高程

经度、纬度和高程(λ,ϕ,H)是近地航行运载体的位置参数。在导航计算中，纬度是十分重要的参数。地球表面某点的纬度，是指该点的垂线方向和赤道平面之间的夹角。因为地球本身是一个椭球体，形状、质量分布又极不规则，所以纬度的定义比较复杂。地

球表面某点常用的垂线和纬度分别有以下几种，如图 2-5 所示。

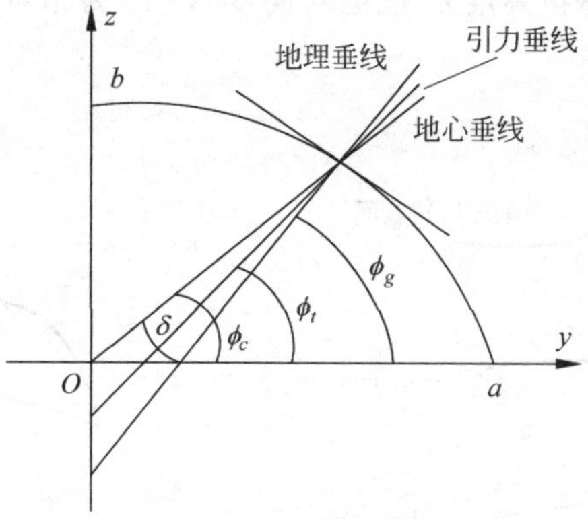

图 2-5　垂线和纬度

1. 垂线的定义

地心垂线（几何垂线）：从地心通过所在点的径向矢量。

地理垂线（椭球法线）：沿大地水准面法线方向的直线。

天文垂线（重力垂线，铅垂线）：沿重力 G 方向的直线。

引力垂线（质量引力垂线）：任一等势面的法线方向。

通常人们比较关心的是地理垂线和天文垂线，它们之间的偏差一般不超过半个角分（30″）。在导航时可以忽略，并把地理垂线和天文垂线看作重合的。

2. 纬度的定义

地球纬度的定义有如下 4 种（分别对应以上的 4 种垂线）：

地心纬度：地心垂线与赤道平面之间的夹角 ϕ_c 称为地心纬度。

地理纬度：地理垂线与赤道平面之间的夹角 ϕ_g 称为地理纬度。

天文纬度：天文垂线（重力方向）和赤道平面之间的夹角称为天文纬度。

引力纬度：引力垂线和赤道平面之间的夹角 ϕ_t 称为引力纬度。

因为地理垂线和天文垂线之间的偏差很小，所以地理纬度和天文纬度通常可以看成是近似的。往往把这两种纬度统称为地理纬度。通常说的纬度 ϕ 是指地理纬度。

地心纬度 ϕ_c 和地理纬度 ϕ_g 之间存在一个角度差，称为地球表面的垂线偏差，如图 2-6 所示，即

$$\delta = e\sin 2\phi_g \tag{2-10}$$

通常导航中使用地理纬度，而在理论计算中，又常常以地心纬度来计算，在使用中需要对二者进行必要的换算。

3. 高程的定义

假设空中载体在 P 点（图 2-7），该点对应于参考椭球体的法线与参考椭球体交于 M

点。设 PM 交大地水准线于 P' 点，交地球真实地形线于 P'' 点。那么称 PM 为飞行高度 H（简称高程），PP' 称为海拔高度 h（或绝对高度），PP'' 为相对高度，$P'P''$ 为当地的海拔高度，MP' 为大地起伏。

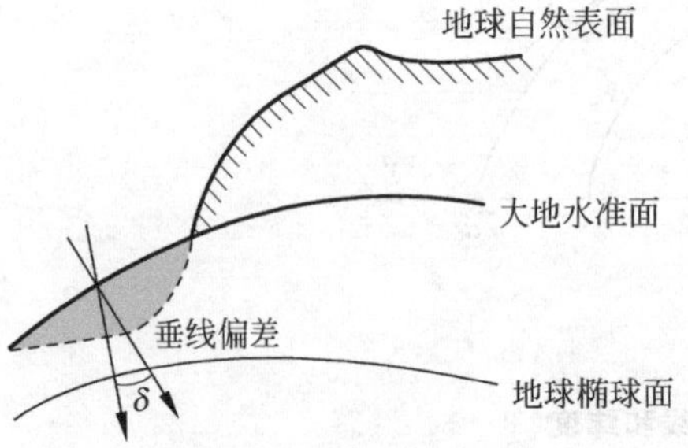

图 2-6　垂线偏差

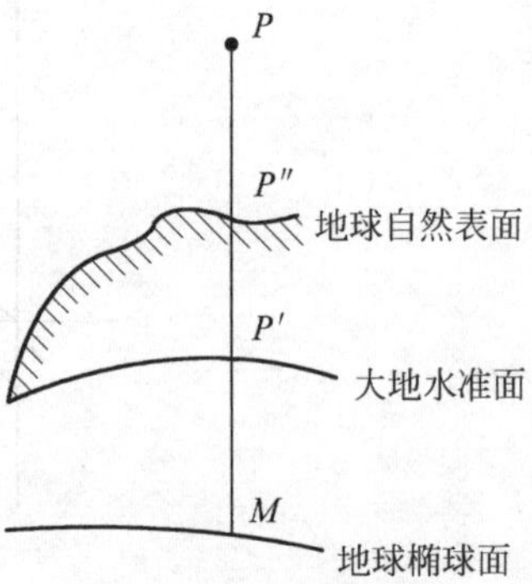

图 2-7　高程的定义

严格讲，无论哪种高度，指的都是当地大地水准面法线方向的长度。而为了描述方便，通常用参考椭球面上的法线来代替大地水准面法线进行测量计算。

2.2.3　地球参考椭球的曲率半径

当把地球视为旋转椭球来研究导航定位问题时，经常需要从载体相对地球的位移或速度来求取经度、纬度或相对地球的角速度，需要应用椭球的曲率半径等参数。由于地球是一个旋转椭球体，所以在地球表面不同地点其曲率半径也不相同。

参看图 2-4，即使在同一点 P，它的子午圈曲率半径 R_m 与卯酉圈曲率半径 R_n 也不相同。

P 点子午圈曲率半径，是指过极轴和 P 点的平面与椭球表面的交线上 P 点的曲率半径。

P 点卯酉圈，是指过 P 点和子午面垂直的法线平面与椭球表面的交线，而 P 点卯酉圈曲率半径，是指该交线上 P 点的曲率半径。

地球椭球的第一偏心率 e_1 为

$$e_1 = \frac{a^2 - b^2}{a^2} \tag{2-11}$$

子午圈曲率半径为

$$R_m = \frac{a(1-e_1^2)}{(1-e_1^2\sin^2\phi)^{3/2}} \approx R_e(1-2e+3e\sin^2\phi) \tag{2-12}$$

在赤道上，纬度 $\phi=0$，子午圈曲率半径 R_m 最小，$R_m=R_e(1-2e)$，它比地心到赤道的距离约小 42km。在地球南北极，纬度为 $\phi=\pm 90°$ 时，子午圈曲率半径最大，$R_m=R_e(1+e)$，它比地心到南北极的距离约大 42km。

若已知载体的北向速度为 v_N，则根据子午圈的曲率半径可求出载体纬度的变化

率为

$$\frac{d\phi}{dt}=\frac{v_N}{R_m} \tag{2-13}$$

同时,可确定载体绕东向轴的转动角速度为

$$\omega_e=-\frac{v_N}{R_m} \tag{2-14}$$

卯酉圈曲率半径为

$$R_n=\frac{a}{(1-e_1^2\sin^2\phi)^{1/2}}\approx R_e(1+e\sin^2\phi) \tag{2-15}$$

在地球赤道上,卯酉圈就是赤道圆,此时卯酉圈的曲率半径最小。在南北极,卯酉圈就是子午圈,此时卯酉圈曲率半径最大。

若已知载体的东向速度为 v_e,可求出载体经度的变化率为

$$\frac{d\lambda}{dt}=\frac{v_e}{R_n\cos\phi} \tag{2-16}$$

同时,可确定载体绕北向轴的转动角速度为

$$\omega_N=\frac{v_e}{R_n} \tag{2-17}$$

比较式(2-12)和式(2-15)可以看出,$R_n>R_m$。

此外,由于地球是一个旋转椭球体,所以地球表面不同的点至地心的直线距离也不相同。地球表面任意一点至地心的直线距离按下式计算

$$R=a\left(1-e\sin^2\phi-\frac{3}{8}e^2\sin^2\phi-\cdots\right)\approx a(1-e\sin^2\phi) \tag{2-18}$$

2.2.4 地球的重力场

由于地球的吸引而使物体受到的力叫重力。地球表面 A 点单位质量在重力场的作用下所获得的加速度为重力加速度,通常用符号"g"来表示。

地球的重力 $\boldsymbol{G}$ 是地心引力 $\boldsymbol{G}_1$ 和地球自转产生的离心力 $\boldsymbol{F}$ 的合力,如图 2-8 所示,即

$$\boldsymbol{G}=\boldsymbol{G}_1+\boldsymbol{F} \tag{2-19}$$

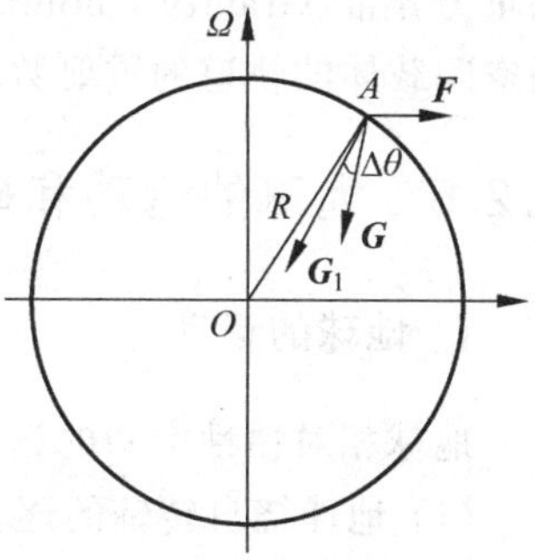

图 2-8 重力矢量图

式中,$\boldsymbol{G}$ 为重力矢量;地心引力矢量为 $\boldsymbol{G}_1$;地球自转产生的离心力矢量为 $\boldsymbol{F}$,$\boldsymbol{F}=-\omega\times(\omega\times R)$,$\omega$ 为地球转动角速度。重力加速度 g 的方向一般并不指向地心,只有在地球两极和赤道时例外。还可以看出地心引力加速度的大小,随着所在点的地理纬度而变化,同时还随着所在点至地心的距离而变化。因此,重力加速度 g 的大小是所在点地理纬度和高度的函数。

离心力 $\boldsymbol{F}$ 比重力 $\boldsymbol{G}$ 小得多,$\Delta\theta$ 最多有几个角分,例如当纬度 $\phi=45°$时,$\Delta\theta$ 约为 $9'$。

当考虑地球为椭球体时,巴罗氏通过复杂的推导得出任一纬度下重力加速度的表达

式为

$$g = g_0(1 + 0.0052884\sin^2\phi - 0.0000059\sin^2 2\phi) \tag{2-20}$$

其中，$g_0 = 9.78049\text{cm/s}^2$。

地球上随着纬度和高度的变化，重力加速度 g 的大小和方向也要变化，其大小通用表达式为

$$g = g_0(1 + 0.0052884\sin^2\phi - 0.0000059\sin^2 2\phi) - (0.00000030855 + 0.000000022\cos 2\phi)h + 0.000000072(h/10^3)^2 \tag{2-21}$$

h 的单位为 m。

通常重力加速度数值还可以取为

$$g = g_0 \frac{R^2}{(R+H)^2} \approx g_0\left(1 - 2\frac{H}{R}\right) \tag{2-22}$$

我国一些城市的重力加速度参考值如表 2-2 所示。

表 2-2　我国一些城市的重力加速度参考值

城市名称	重力加速度/(m/s^2)	城市名称	重力加速度/(m/s^2)
北京	9.80147	哈尔滨	9.80655
上海	9.79460	重庆	9.79136
天津	9.80106	兰州	9.79255
广州	9.78834	拉萨	9.79990
南京	9.79495	乌鲁木齐	9.80146
西安	9.79441	齐齐哈尔	9.80803
沈阳	9.80349	福州	9.78910

按照万有引力定律，地球各处的重力加速度应该相等。但是由于地球的自转和地球形状的不规则，造成各处的重力加速度有所差异，与海拔高度、纬度以及地壳成分、地幔深度密切相关。由于地球质量分布不规则等造成的重力加速度实测值和计算值之差称为重力异常(Gravity Anomaly)。它是研究地球形状、地球内部结构和重力勘探，以及修正空间载体的轨道的重要数据。

2.2.5　地球的运动和磁场

1. 地球的运动

地球相对惯性空间的运动是由多种运动形式组成，主要有：

(1) 地球绕自转轴的逐日旋转(自转)。地球绕自转轴自西向东的转动，从北极点上空看呈逆时针旋转，从南极点上空看呈顺时针旋转。

(2) 相对太阳的旋转(公转)。无论从北极还是南极上看，公转方向都是自西向东，和看的角度无关。因为地球公转轨道是以太阳系为平面的，方向自西向东，可以说是固有的性质，方向不会改变的，是一个绝对的概念。

(3) 进动和章动。

(4) 极点的漂移(指的是地磁极点,不是地理极点)。

(5) 随银河系的一起运动。

地球相对惯性空间的旋转角速度为 $\omega=15.04107°/h$。通常把地球相对太阳自转的时间称为平太阳时,平太阳时 24h,则地球相对太阳自转一周。把地球相对惯性空间的自转时间称为恒星时,恒星时 23h56min4.1s,地球则相对惯性空间自转一周。

2. 地球的磁场

地球磁场是地球的固有物理场。地球表面上磁场强度最大的地方,称为地磁极。地磁极有两个(磁北极和磁南极),其位置与地理两极接近,但不重合。现代地球的磁极其地理坐标分别是北纬 76°1′,西经 100°和南纬 65°8′,东经 139°。

实际上地球的磁场方向并不是指向正南北的。地球的磁场并非亘古不变,它的南北磁极曾经对换过位置,即地磁的北极变化成地磁的南极,而地磁的南极变成了地磁的北极,这就是所谓的"磁极倒转"。

在最近几百万年的时间里,地球的磁极已经发生过多次颠倒。从 69 万年前至今,地球的方向一直保持着相同的方向,为正向期;从 235 万年前至 69 万年前,地球磁场的方向与现在相反,为反向期;从 332 万年前到 235 万年前,地球磁场为正向期;从 450 万年前至 332 万年前,地球磁场为反向期。

欧洲空间局的卫星阵列 Swarm 的观测显示,地磁场强度在 10 年间减弱了 5%,而之前的研究预计,磁场强度减弱 5%需要约 100 年。也就是说,地磁场强度实际的衰减速率,比预计的要快 10 倍。地磁场减弱的趋势,很可能暗示了磁极倒转将再次发生。

使用指南针航海时,必须区分地磁北极和地理北极的不同,指南针的指针指的是地磁北极,不是地理北极。

地球磁场由基本磁场与变化磁场两部分组成。基本磁场是地磁场的主要部分,起源于地球内部,比较稳定,变化非常缓慢;变化磁场包括地磁场的各种短期变化,与电离层的变化和太阳活动等有关,并且很微弱。地球上的每个地点的地磁场矢量都是与其所在的空间位置基本上是一一对应的关系(地磁定位)。

在研究地磁场时,了解地磁场的分布和变化情况,首先需要建立地磁场及长期变化分布的数学解析模式,即地磁场的数学模型。最简单的地球磁场解析模式是均匀磁化球体的一级近似模式。

作为对地磁场的一级近似,是把地磁场看作一个均匀磁化球体,如图 2-9 所示。在近似条件下,若不考虑磁轴和地球自转轴的偏离问题,地磁强度分量可用解析式(2-23)来描述

$$\begin{cases} B_{\mathrm{H}}=B_{\mathrm{N}}=\mu_0 M \dfrac{\cos\varphi}{4\pi R_e^3} \\ B_{\mathrm{E}}=0 \\ B_{\mathrm{Z}}=2\mu_0 M \dfrac{\sin\varphi}{4\pi R_e^3} \end{cases} \tag{2-23}$$

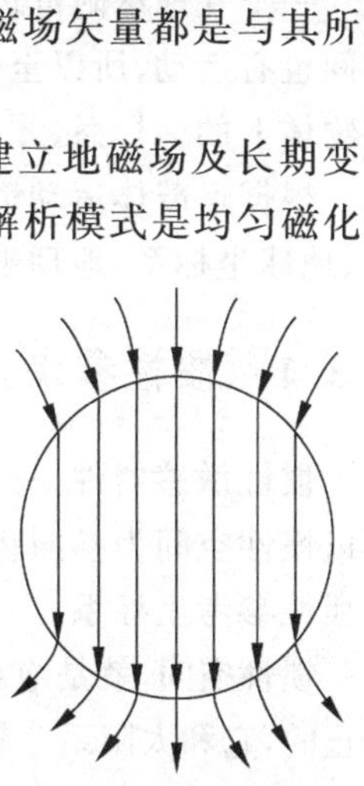

图 2-9 均匀磁化球体的磁场分布

式中,μ_0 为真空磁导率,φ 为磁纬度,M 地球磁场磁矩,R_e 为

等效均匀磁化球体的等效半径，B_H 为地磁水平分量，B_N 为地磁北向分量，B_E 为地磁东向分量，B_Z 为地磁垂直分量。

由式(2-23)可得总磁场强度为

$$T=\sqrt{B_Z^2+B_H^2}=\sqrt{\left(\frac{\mu_0 M}{4\pi R_e^3}\right)^2(1+3\sin^2\varphi)} \tag{2-24}$$

研究表明，由上述近似公式计算的结果与实际观测值相比基本变化规律相符，只有个别地方有较大的差异。因此，用均匀磁化球体的磁场来描述地球磁场，是可以作为一级近似值的。

2.3 惯性导航常用坐标系

宇宙间的物体都在不断运动，但对单个物体来讲是无运动而言的，只有在相对意义下才可以讲运动。一个物体在空间的位置只能相对于另一个物体来确定，或者说，一个坐标系在空间的位置，只能相对于另一个坐标系来确定。其中一套坐标系与被研究对象相联系，另一套坐标系与所选定的参考空间相联系，后者构成了前者运动的参考坐标系。

由此可见，在导航计算中，坐标系是十分重要的概念，它是导航计算的基础，只有建立在一定的导航坐标系的基础上，导航计算才能得以实现。因此，在导航计算之前必须先引入并建立合适的导航坐标系。

导航坐标系通常分为惯性坐标系和非惯性坐标系两大类，因为陀螺仪和加速度计两个惯性元件是根据牛顿力学定律设计的，陀螺仪测量物体相对惯性空间的角运动，加速度计测量物体相对于惯性空间的线运动。将这两种惯性元件装在运载体上，那么它们所测出的角运动和线运动的合成就是运载体相对惯性空间的运动，从而运载体相对惯性空间的位置和运动便可知晓。

一个在地球附近运动的物体，一方面物体对于地球有相对运动，同时地球对于惯性空间也有运动，所以至少需要三套坐标系，即惯性坐标系、固定在地球上的坐标系、固定在物体上的坐标系，才能完整地描述物体对于地球和惯性空间的运动。

根据运载体运动情况和不同的导航需求，导航中常用的坐标系主要有惯性参考坐标系、地球坐标系、地理坐标系、地平坐标系、载体坐标系等。

2.3.1 惯性参考坐标系

惯性敏感器件——陀螺仪和加速度计，都是以牛顿定律为基础工作的，它们的运动都以惯性空间为参照物。因此，需要用一个坐标系来代表这个惯性空间，这个坐标系就是惯性参考坐标系。

惯性空间，就是绝对不动的空间，但绝对不动的空间实际上是不存在的。太阳也不是静止的，它和太阳系一起还绕银河系运动，由于这种运动很慢，对惯性导航系统的研究不会产生影响，因此在研究惯性敏感器件和惯性导航系统的力学问题时，通常将相对恒星所确定的参考系称为惯性空间，空间中静止或匀速直线运动的参考坐标系为惯性参考坐标系。

当载体在宇宙运动时，常把日心坐标系作为惯性系，称为日心惯性系。

当载体在地球附近运动时，多采用地心惯性坐标系(Geocentric Inertial Coordinate System，i 系)$Ox_iy_iz_i$ 作为惯性参考坐标系。

如图 2-10 所示，地心惯性坐标系的原点取在地球中心，Oz_i 轴沿地球自转轴，而 Ox_i 和 Oy_i 轴在地球赤道平面内和 Oz_i 轴组成右手笛卡儿坐标系。

地心惯性坐标系不参与地球的自转运动。

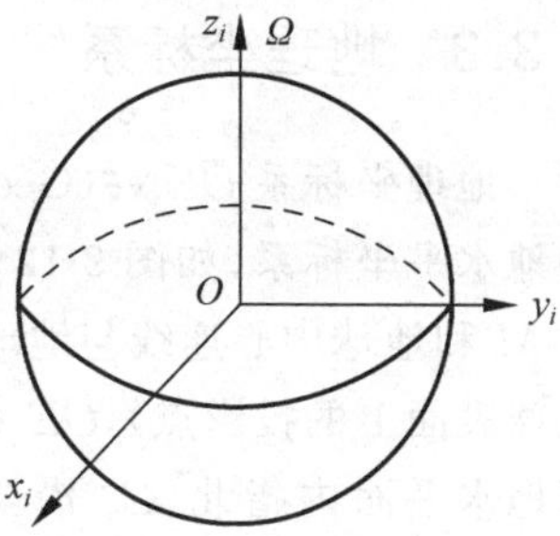

图 2-10　地心惯性坐标系

2.3.2　地球坐标系

地球坐标系 $Ox_ey_ez_e$(Earth Coordinates System，e 系)，如图 2-11 所示，坐标原点在地心，与地球固联，随地球一起转动。Oz_e 轴沿地球自转轴且指向北极，Ox_e 轴与 Oy_e 轴在地球赤道平面内，Ox_e 轴在参考子午面内指向零子午线(格林尼治子午线)，Oy_e 轴指向东经 90°方向。地球坐标系也称为地心地球固联坐标系。

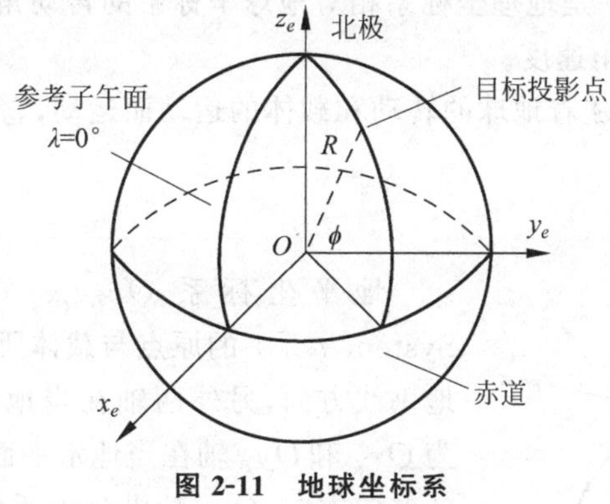

图 2-11　地球坐标系

载体在该坐标系内的定位多采用经度 λ、纬度 ϕ 和距地面高程 H 来标定。

经度 λ 是载体所在的 P 点与地心的连线和极轴构成的平面与格林尼治子午面的夹角。经度由格林尼治子午面向东和向西各 180°，称为东经和西经。

纬度 ϕ 是 P 点地垂线与地球赤道平面的夹角。ϕ 从赤道向北 0°～90°，称为北纬，记为正。由赤道向南 0°～90°，称为南纬，记为负。

经纬高坐标(λ,ϕ,H)是导航定位中经常用也是最重要的坐标。

常常需要将经纬高坐标(λ,ϕ,H)转换成空间笛卡儿坐标(x_e,y_e,z_e)，转换关系为

$$\begin{bmatrix} x_e \\ y_e \\ z_e \end{bmatrix} = \begin{bmatrix} (R_n+H)\cos\phi\cos\lambda \\ (R_n+H)\cos\phi\sin\lambda \\ [R_n(1-e^2)+H]\sin\phi \end{bmatrix} \tag{2-25}$$

式中，e 为地球扁率，R_n 为卯酉面内曲率半径。

2.3.3 地理坐标系

地理坐标系 $OEN\xi$(Geographic Coordinate System, g 系)，又称东北天坐标系，也叫当地水平坐标系，如图 2-12 所示。坐标系的原点取在载体 M 和地球中心连线与地球表面交点 O(或取载体 M 在地球表面上的投影点)，OE 在当地水平面内指东，ON 在当地水平面内指北，$O\xi$ 沿当地地垂线方向并且指向天顶，与 OE、ON 组成右手坐标系，即通常所说的 3 个坐标轴按“东、北、天”为顺序构成右手笛卡儿坐标系。

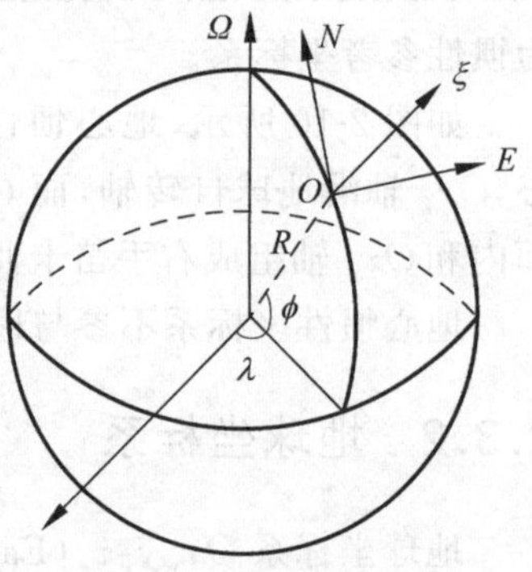

图 2-12 地理坐标系

除此之外，还常有按“北、东、地”或“北、西、天”为顺序构成右手笛卡儿坐标系。

当载体在地球上航行时，载体相对地球的位置不断发生改变，而地球不同地点的地理坐标系，其相对地球坐标系的角位置是不相同的。也就是说，载体相对地球运动将引起地理坐标系相对地球坐标系转动。这时地理坐标系相对惯性参考系的转动角速度应包括两个部分：一是地理坐标系相对地球坐标系的转动角速度；二是地球坐标系相对惯性参考系的转动角速度。

地理坐标系 $OEN\xi$ 随着地球的转动和载体的运动而运动，它是水平和方位的基准。

2.3.4 地平坐标系

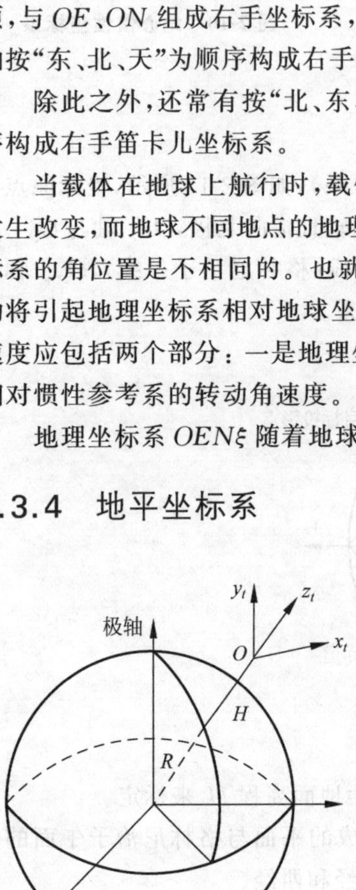

图 2-13 地平坐标系

地平坐标系 $Ox_ty_tz_t$ (Terrestrial Coordinate System, t 系) 的原点与载体所在的点重合。一轴为当地垂线方向，另外两轴在当地水平面内，图 2-13 所示为 Ox_t 和 Oy_t 轴在当地水平面内，并且 Oy_t 轴沿载体的航向方向，Oz_t 轴沿当地垂线向上。三轴构成右手笛卡儿系。因水平轴的取向与载体的航迹有关，又称航迹坐标系。

当运载体在地球上航行时，将引起地平坐标系相对地球坐标系转动，这时地平坐标系相对惯性参考系的转动角速度包括两个部分：一是地平坐标系相对地球坐标系的转动角速度；另一是地球坐标系相对惯性参考系的转动角速度。

2.3.5 载体坐标系

1. 载体坐标系(Body Coordinate System, *b* 系)

载体坐标系 $Ox_by_bz_b$ 是用来表示载体对称轴的坐标系。载体坐标系定义不唯一，通

常取重心 O 为原点，三个轴分别为纵、横、竖，组成右手笛卡儿坐标系。飞机等巡航式载体、弹道导弹等弹道式载体、陆地载体的载体坐标系的选取习惯如图 2-14 所示。

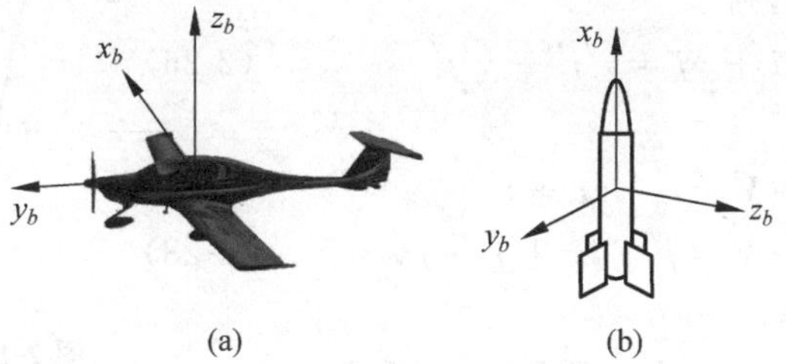

图 2-14　载体坐标系

2. 陀螺坐标系(Gyro Set Coordinate System)*Oxyz*

陀螺坐标系 $Oxyz$ 用来表示陀螺本身输出的坐标系。其原点取在陀螺的支点上，Oz 轴沿转子轴但不随转子转动，Oy 轴沿陀螺内环轴并固联于内环，随内环转动，Ox 轴垂直于 Oy 轴 Oz 轴，符合右手定则。

在实际使用中，陀螺坐标系一般与载体坐标系重合。

3. 平台坐标系(Platform Coordinate System，*p* 系)

平台坐标系 $Ox_py_pz_p$，原点取在载体的重心。Ox_p、Oy_p 两轴总在水平面内，且互相垂直，Oz_p 垂直于水平面。可以与地理坐标系重合，也可以在水平面内与地理坐标系成一定夹角。惯性导航系统的分类就是根据实际平台所模拟的坐标系而划分的，比如平台系和地理坐标系完全重合，称为北方位惯性导航系统；平台方位与地理坐标系相差一个游动角 α，称为游动自由方位惯性导航系统。

4. 计算坐标系(Computed Coordinates System，*c* 系)

计算坐标系泛指惯性导航系统力学编排计算所在的坐标系。它可以是上述前几种坐标系的任意一种。

2.4　定点转动刚体的角位置描述

2.4.1　平面坐标系的旋转关系

刚体在空间的角位置用与运动固联的坐标系相对于所选用的参考坐标系的角度关系来描述，通常采用方向余弦法和欧拉角法。

两个重合的坐标系，当一个坐标系相对另一个坐标系做一次或多次旋转后可得另外一个新的坐标系，前者往往被称为参考坐标系或固定坐标系，后者被称为动坐标。它们之间的相互关系可用方向余弦表(阵)来表示。

在研究两坐标系运动特性时，方向余弦表用矩阵的形式表示，也称为旋转矩阵，在某些应用场合称为姿态矩阵。

设二维动坐标系 $OX'Y'$ 相对固定坐标系 OXY 有一个 α 转角，如图 2-15 所示。设有一个矢量 $\boldsymbol{V}$ 和坐标系 OXY 中有分量 x 和 y，在 $OX'Y'$ 坐标系中有分量 x' 和 y'，则

$$\boldsymbol{V}=xi+yj=x'i'+y'j' \tag{2-26}$$

同时乘以 i' 或 j'，有

$$x'=i'\cdot\boldsymbol{V}=i'\cdot ix+i'\cdot jy \tag{2-27}$$

$$y'=j'\cdot\boldsymbol{V}=j'\cdot ix+j'\cdot jy \tag{2-28}$$

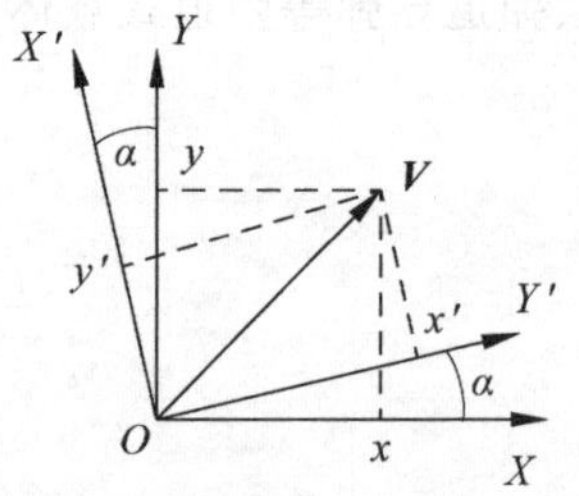

图 2-15　坐标系之间的关系

用矩阵形式来表示，得

$$\begin{bmatrix}x'\\y'\end{bmatrix}=\begin{bmatrix}i'\cdot i & i'\cdot j\\j'\cdot i & j'\cdot j\end{bmatrix}\begin{bmatrix}x\\y\end{bmatrix}=\boldsymbol{C}\begin{bmatrix}x\\y\end{bmatrix} \tag{2-29}$$

矩阵 $\boldsymbol{C}$ 称为"方向余弦矩阵"，其元素是两组坐标系单位矢量之间夹角余弦值。按矢量乘法定义有

$$\begin{cases}i'\cdot i=\cos\alpha\\i'\cdot j=\cos(90°-\alpha)=\sin\alpha\\j'\cdot i=\cos(90°+\alpha)=-\sin\alpha\\j'\cdot j=\cos\alpha\end{cases} \tag{2-30}$$

所以

$$\boldsymbol{C}=\begin{bmatrix}\cos\alpha & \sin\alpha\\-\sin\alpha & \cos\alpha\end{bmatrix} \tag{2-31}$$

当 α 很小时，可取如下近似等式，即

$$\boldsymbol{C}=\begin{bmatrix}1 & \alpha\\-\alpha & 1\end{bmatrix} \tag{2-32}$$

2.4.2　用欧拉角描述定点转动刚体的角位置

按上述办法，可以写出两个正交笛卡儿三维坐标系之间的方向余弦矩阵。两个正交笛卡儿三维坐标系之间的方向余弦矩阵涉及 3 个独立的转角，这 3 个独立的转角可描述定点转动刚体的三维空间角位置。

选用 3 个独立的角度来表示具有一个固定点的刚体的相对位置，最早是欧拉在 1776 年提出来的，所以将这 3 个角称为欧拉角。

图 2-16 表示了共原点 O 的两个坐标系 $OX_nY_nZ_n$ 和 $OX_bY_bZ_b$ 的相对位置。这一相对位置，可以看成是通过以下的转动过程而最后形成的。最初 $OX_nY_nZ_n$ 与 $OX_bY_bZ_b$ 完全重合，而后顺序经过 3 次简单的转动达到图示的位置，这 3 次简单的转动如下：

第一次绕 Z_n 轴转一个 ψ 角，使 $OX_bY_bZ_b$ 由最初与 $OX_nY_nZ_n$ 重合的位置转到 $OX_1Y_1Z_1$ 的位置，如图 2-17 所示，这样 $OX_nY_nZ_n$ 与 $OX_1Y_1Z_1$ 之间的方向余弦矩阵可写成

$$\boldsymbol{C}_n^1=\begin{bmatrix}\cos\psi & \sin\psi & 0\\-\sin\psi & \cos\psi & 0\\0 & 0 & 1\end{bmatrix} \tag{2-33}$$

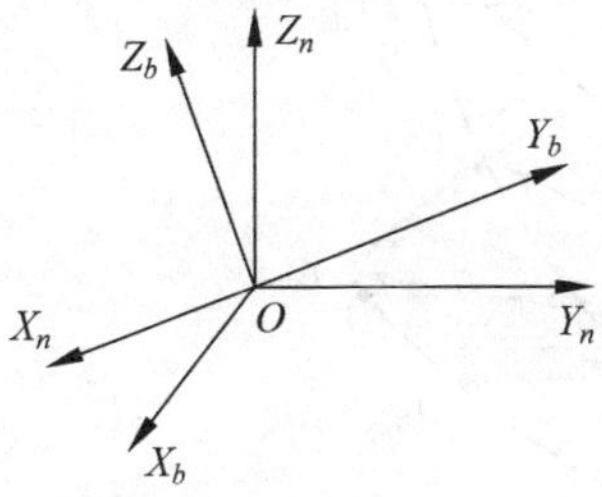

图 2-16 坐标轴相对位置

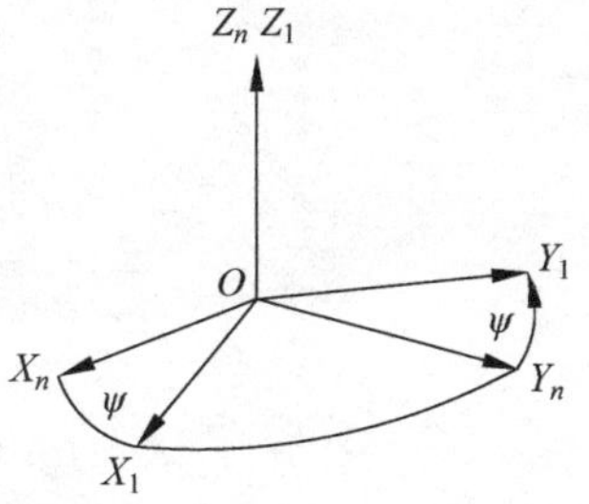

图 2-17 第一次转动后的位置

第二次绕 X_1 轴转 θ 角，使 $OX_1Y_1Z_1$ 达到新的 $OX_2Y_2Z_2$ 位置，如图 2-18 所示，这样 $OX_1Y_1Z_1$ 与 $OX_2Y_2Z_2$ 之间的方向余弦矩阵可表示成

$$\boldsymbol{C}_1^2=\begin{bmatrix}1 & 0 & 0\\ 0 & \cos\theta & \sin\theta\\ 0 & -\sin\theta & \cos\theta\end{bmatrix} \tag{2-34}$$

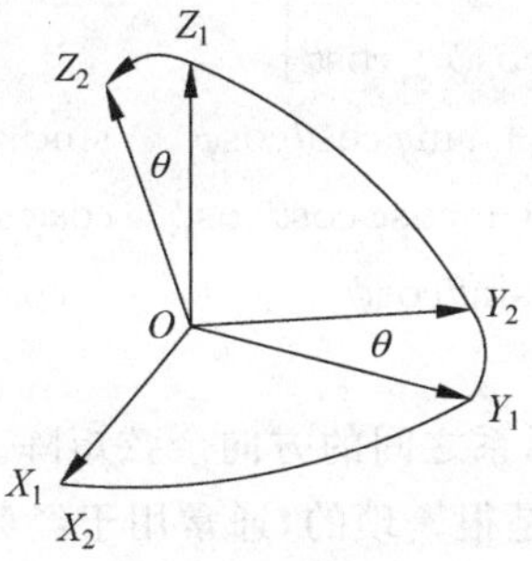

图 2-18 第二次转动后的位置

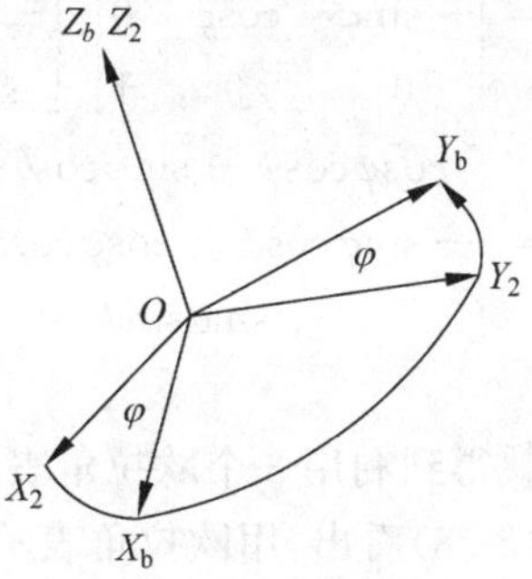

图 2-19 第三次转动后的位置

第三次绕 Z_2 轴转 φ 角，使 $OX_2Y_2Z_2$ 达到 $OX_bY_bZ_b$ 最终位置，如图 2-19 所示，这样 $OX_2Y_2Z_2$ 与 $OX_bY_bZ_b$ 之间的方向余弦矩阵可表示成

$$\boldsymbol{C}_2^b=\begin{bmatrix}\cos\varphi & \sin\varphi & 0\\ -\sin\varphi & \cos\varphi & 0\\ 0 & 0 & 1\end{bmatrix} \tag{2-35}$$

3 次转动角度 ψ,θ,φ 为欧拉角。将 3 个简单转动的图 2-17、图 2-18、图 2-19 合成叠加画在一起，就得到用 3 个欧拉角表示两个坐标系相对位置的综合图，如图 2-20 所示。其中

$$\begin{bmatrix}X_b\\ Y_b\\ Z_b\end{bmatrix}=\boldsymbol{C}_n^b\begin{bmatrix}X_n\\ Y_n\\ Z_n\end{bmatrix} \tag{2-36}$$

利用坐标变换的基本公式

$$\boldsymbol{C}_n^b=\boldsymbol{C}_2^b\boldsymbol{C}_1^2\boldsymbol{C}_n^1 \tag{2-37}$$

将式(2-33)～式(2-35)的结果代入式(2-37)，得

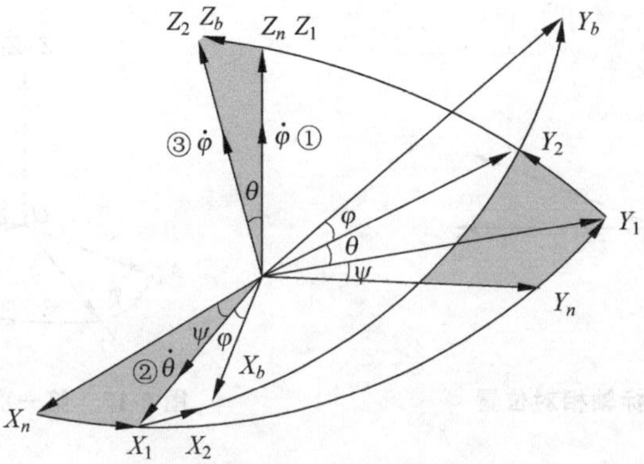

图 2-20 坐标系相对位置综合图

$$
\begin{aligned}
\boldsymbol{C}_n^b &= \begin{bmatrix} \cos\varphi & \sin\varphi & 0 \\ -\sin\varphi & \cos\varphi & 0 \\ 0 & 0 & 1 \end{bmatrix} \begin{bmatrix} 1 & 0 & 0 \\ 0 & \cos\theta & \sin\theta \\ 0 & -\sin\theta & \cos\theta \end{bmatrix} \begin{bmatrix} \cos\psi & \sin\psi & 0 \\ -\sin\psi & \cos\psi & 0 \\ 0 & 0 & 1 \end{bmatrix} \\
&= \begin{bmatrix} \cos\varphi & \sin\varphi & 0 \\ -\sin\varphi & \cos\varphi & 0 \\ 0 & 0 & 1 \end{bmatrix} \begin{bmatrix} \cos\psi & \sin\psi & 0 \\ -\cos\theta\sin\psi & \cos\theta\cos\psi & \sin\theta \\ \sin\theta\sin\psi & -\sin\theta\cos\psi & \cos\theta \end{bmatrix} \\
&= \begin{bmatrix} \cos\varphi\cos\psi-\sin\varphi\cos\theta\sin\psi & \cos\varphi\sin\psi+\sin\varphi\cos\theta\cos\psi & \sin\varphi\sin\theta \\ -\sin\varphi\cos\psi-\cos\varphi\cos\theta\sin\psi & -\sin\varphi\sin\psi+\cos\varphi\cos\theta\cos\psi & \cos\varphi\sin\theta \\ \sin\theta\sin\psi & -\sin\theta\cos\psi & \cos\theta \end{bmatrix}
\end{aligned} \tag{2-38}
$$

这样就得到利用 3 个欧拉角表示的任意两个坐标系之间的方向余弦矩阵。

从式(2-38)看出，用欧拉角表示的方向余弦矩阵是很繁琐的，通常用于经典刚体动力学，其中欧拉角 ψ,θ,φ 为有限角位移。但对于由于高速旋转具有稳定性的陀螺仪，这些角位移只是小角位移，这样就可以进行线性化处理，以避开式(2-38)中繁琐的三角函数运算，即把 ψ,θ,φ 看成小量，并略去二阶以上小量时，式(2-38)变为

$$
\boldsymbol{C}_n^b = \begin{bmatrix} 1 & \psi+\varphi & 0 \\ -(\psi+\varphi) & 1 & \theta \\ 0 & -\theta & 1 \end{bmatrix} \tag{2-39}
$$

式(2-39)形式简单，但实际上不能用。因为式中的元素 $\psi+\varphi$ 正好合二而一，故矩阵中 9 个元素只有两个独立参数，少于必要的 3 个参数，丧失单值性，即用两个参数不能唯一地确定刚体的相对位置。因此，上述欧拉角仅仅适用于有限角位移，而不能表示小位移时刚体的相对运动。而后者却正是陀螺仪表技术和载体姿态稳定控制中最感兴趣的，为此下面介绍称为卡尔丹角的另外 3 个角。

卡尔丹角的出现与框架式陀螺仪广泛使用卡尔丹环密切相关，因为它们由卡尔丹环架各部件之间的夹角来确定，故称为卡尔丹角。用卡尔丹角研究框架式陀螺仪主轴的运动很方便。下面介绍卡尔丹角是怎样引出来的。

前面讲的欧拉角是先绕 Z_n 轴，再绕 X_1 轴，最后绕 Z_2 轴得到的，那么简单一点，转动的顺序可以表示为 $Z\rightarrow X\rightarrow Z$。

现在改变一下转动顺序，如图 2-21 所示，相应的转角用 α,β,γ 以区别于 ψ,θ,φ。这个顺序也可简单表示为 $X\to Y\to Z$。第一次从 $OX_nY_nZ_n$ 开始，绕 X_n 正向转一个角 α，第二次绕 Y_1 轴正向(也可负向)转 β 角，第三次绕 Z_2 轴转 γ 角到达 $OX_bY_bZ_b$。它的特点是 X,Y,Z 按顺序各出现一次。

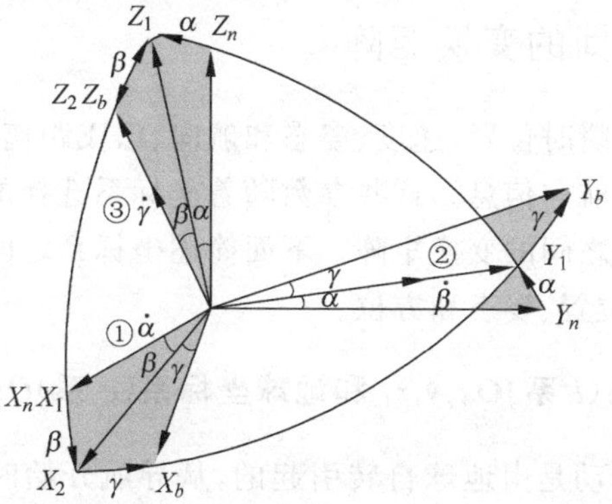

图 2-21 卡尔丹角表示的 3 次转动综合图

仍利用坐标变换的基本公式，得到用 α,β,γ 角表示的方向余弦矩阵为

$$\boldsymbol{C}_n^b=\begin{bmatrix}\cos\gamma & \sin\gamma & 0\\ -\sin\gamma & \cos\gamma & 0\\ 0 & 0 & 1\end{bmatrix}\begin{bmatrix}\cos\beta & 0 & -\sin\beta\\ 0 & 1 & 0\\ \sin\beta & 0 & \cos\beta\end{bmatrix}\begin{bmatrix}1 & 0 & 0\\ 0 & \cos\alpha & \sin\alpha\\ 0 & -\sin\alpha & \cos\alpha\end{bmatrix}$$

$$=\begin{bmatrix}\cos\beta\cos\gamma & \sin\alpha\sin\beta\cos\gamma+\cos\alpha\sin\gamma & -\cos\alpha\sin\beta\cos\gamma+\sin\alpha\sin\gamma\\ -\cos\beta\sin\gamma & -\sin\alpha\sin\beta\sin\gamma+\cos\alpha\cos\gamma & \cos\alpha\sin\beta\sin\gamma+\sin\alpha\cos\gamma\\ \sin\beta & -\sin\alpha\cos\beta & \cos\alpha\cos\beta\end{bmatrix} \tag{2-40}$$

按这样的顺序转动，得到的 α,β,γ 称为卡尔丹角，实际上只是转动顺序和转动轴的不同选择得到的，与欧拉角没有本质的差别，所以有时称之为广义欧拉角。它的好处是卡尔丹角可以用于小角位移情况，这里只要略去 α,β,γ 二阶以上的小量，式(2-40)简化为

$$\boldsymbol{C}_n^b=\begin{bmatrix}1 & \gamma & -\beta\\ -\gamma & 1 & \alpha\\ \beta & -\alpha & 1\end{bmatrix} \tag{2-41}$$

这个经过线性处理以后的矩阵显然与式(2-39)不同，它的 9 个元素仍然包括了 3 个独立的参数。故仍在小角位移的情况下，单值地表示刚体的相对位置。同样也可以用卡尔丹角表示的 3 次转动综合在一起，如图 2-21 所示。

综上所述，不管是欧拉角或卡尔丹角，它们都是选择不同轴和不同的转动顺序做有限的角位移形成的。可以发现，不管是用欧拉角，或者是用卡尔丹角，如果选择不同轴和不同的转动顺序，所得结果是不一样的。这是为什么呢？

因为总共要做 3 次转动，第一次可以以 3 根坐标轴中的任意根为转轴，第二次可选用第一次未用的两个坐标轴之一，第三次又可任意选用第二次未用的两个轴之一。因此，这样连续 3 次转动的不同组合共有 $3\times2\times2=12$ 种之多。但在这些不同组合中，有两种是最基本的形式。

这两种基本形式的差别在于：在做最后一次转动时，是用第一次转动用过的轴，还是用前两次转动未用过的轴。例如，第一次形式是按照 $Z\to X\to Z, X\to Y\to X, Y\to Z\to Y$ 这种顺序来进行的，而第二种则是按 $Z\to X\to Y, X\to Y\to Z, Y\to X\to Z$ 这种顺序来进行转动。第一种形成欧拉角，第二种形成卡尔丹角。

2.4.3 常用坐标系间的变换矩阵

导航参数有很多，如瞬时位置、速度、姿态和航向、已飞距离、待飞距离等。其中最基本的是地理位置、姿态和航向信息。这些参数随着坐标系选择的不同而不同。在解算参数时，常常要用到坐标系之间的变换矩阵。下面简述坐标系之间的变换矩阵及利用坐标系之间的关系确定载体位置、姿态和方位。

1. 地心惯性坐标系(i 系)$Ox_iy_iz_i$ 和地球坐标系(e 系)$Ox_ey_ez_e$ 之间的关系

e 系和 i 系之间的转动是由地球自转引起的，从导航开始时刻，e 系绕 z_e 轴转过 Ωt(图 2-22)，i 系到 e 系的变换矩阵为

$$\boldsymbol{C}_i^e=\begin{bmatrix}\cos\Omega t & \sin\Omega t & 0\\ -\sin\Omega t & \cos\Omega t & 0\\ 0 & 0 & 1\end{bmatrix} \tag{2-42}$$

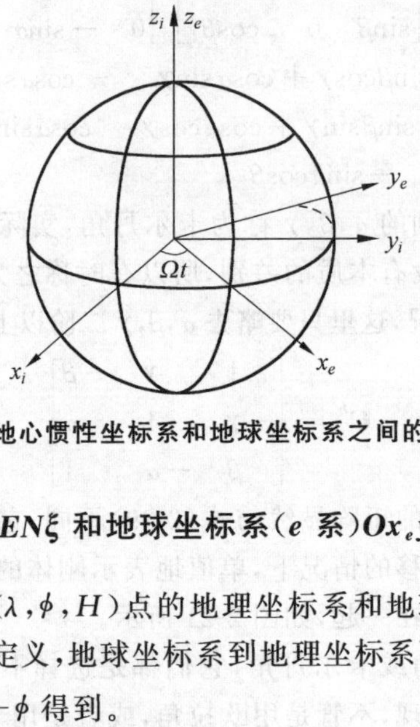

图 2-22 地心惯性坐标系和地球坐标系之间的角度关系

2. 地理坐标系(g 系)$OEN\xi$ 和地球坐标系(e 系)$Ox_ey_ez_e$ 之间的关系

对于在地球上经纬高为(λ,ϕ,H)点的地理坐标系和地球坐标系之间的转动可由经纬度来表示。根据经纬度的定义，地球坐标系到地理坐标系可通过绕 z_e 转动 $90°+\lambda$，再绕所得坐标系的 x 轴转 $90°-\phi$ 得到。

地球坐标 e 系到地理坐标 g 系的变换矩阵为

$$\boldsymbol{C}_e^g=\begin{bmatrix}-\sin\lambda & \cos\lambda & 0\\ \sin\phi\cos\lambda & -\sin\phi\sin\lambda & \cos\phi\\ \cos\phi\cos\lambda & \cos\phi\sin\lambda & \sin\phi\end{bmatrix} \tag{2-43}$$

地球坐标系和地理坐标系之间的关系确定了载体的地理位置，所以地球坐标系到地

理坐标系的变换矩阵，叫载体的位置矩阵。

3. 载体坐标系 $Ox_by_bz_b$ 和地理坐标系 $OEN\xi$ 之间的关系

运载体的俯仰(纵摇)角、横滚(横摇)角和航向(偏航)角统称为姿态角。载体姿态和航向就是载体坐标系相对地理坐标系或地平坐标系之间的方位关系。

飞机和舰船等巡航式运载体的姿态角是相对地理坐标系而确定的。以飞机姿态角为例，载体坐标系和地理坐标系之间的变换见图 2-23。图中航向角 ψ、俯仰角 θ 和横滚角 γ 称为巡航式载体的姿态角。假设初始时机体坐标系与地理坐标系对应各轴重合。机体坐标系按图 2-23 中所示的 3 个角速度 $\dot{\psi},\dot{\theta},\dot{\gamma}$ 依次相对地理坐标系转动，这样所得的 3 个角度 ψ,θ,γ 分别是飞机的航向角、俯仰角和横滚角。按照上述规则转动出来的 3 个角度，可以说是欧拉角选取的一个实例。地理坐标系和载体坐标系的变换矩阵为

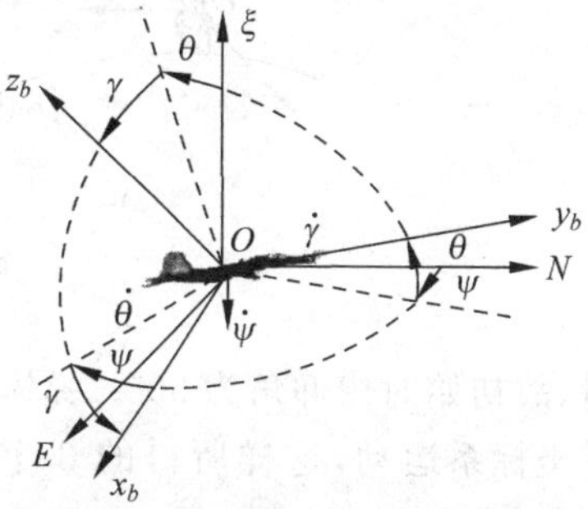

图 2-23 载体坐标系和地理坐标系之间的关系

$$
\boldsymbol{C}_g^b=\begin{bmatrix}\cos\gamma & 0 & -\sin\gamma\\ 0 & 1 & 0\\ \sin\gamma & 0 & \cos\gamma\end{bmatrix}\begin{bmatrix}1 & 0 & 0\\ 0 & \cos\theta & \sin\theta\\ 0 & -\sin\theta & \cos\theta\end{bmatrix}\begin{bmatrix}\cos\psi & -\sin\psi & 0\\ \sin\psi & \cos\psi & 0\\ 0 & 0 & 1\end{bmatrix}
$$

$$
=\begin{bmatrix}\sin\psi\sin\theta\sin\gamma+\cos\psi\cos\gamma & \cos\psi\sin\theta\sin\gamma-\sin\psi\cos\gamma & -\cos\theta\sin\gamma\\ \sin\psi\cos\theta & \cos\psi\cos\theta & \sin\theta\\ -\sin\psi\sin\theta\cos\gamma+\cos\psi\sin\gamma & -\cos\psi\sin\theta\cos\gamma-\sin\psi\sin\gamma & \cos\theta\cos\gamma\end{bmatrix} \tag{2-44}
$$

即

$$
\begin{bmatrix}x_b\\ y_b\\ z_b\end{bmatrix}=\begin{bmatrix}\sin\psi\sin\theta\sin\gamma+\cos\psi\cos\gamma & \cos\psi\sin\theta\sin\gamma-\sin\psi\cos\gamma & -\cos\theta\sin\gamma\\ \sin\psi\cos\theta & \cos\psi\cos\theta & \sin\theta\\ -\sin\psi\sin\theta\cos\gamma+\cos\psi\sin\gamma & -\cos\psi\sin\theta\cos\gamma-\sin\psi\sin\gamma & \cos\theta\cos\gamma\end{bmatrix}\begin{bmatrix}x_g\\ y_g\\ z_g\end{bmatrix} \tag{2-45}
$$

航向角 ψ 的定义域为 0°～360°，俯仰角 θ 的定义域为 −90°～+90°，横滚角 γ 的定义域为 0°～±180°。可见，载体的姿态和航向角就是 b 系和 g 系之间的方位关系，故 $\boldsymbol{C}_g^b$ 称为"姿态矩阵"。

而弹道导弹等弹道式运动体姿态角是相对地平坐标系(t 系)确定的。这里选取的地平坐标系如图 2-24 所示。其原点取在导弹的发射点，Oy_t 轴在当地水平面内并指向发射目标；Oz_t 轴沿当地垂线指上，Oy_t 轴与 Oz_t 轴构成发射平面(弹道平面)，Ox_t 轴垂直于发射平面，并与 Oy_t、Oz_t 轴构成右手直角坐标系。该地平坐标系又称发射点坐标系。

弹道导弹的姿态角如图 2-24(b)所示，设初始时弹体坐标系 $Ox_by_bz_b$ 与地平坐标系 $Ox_ty_tz_t$ 对应各轴重合(其中，Oy_b 轴与 Oy_t 轴的负向重合)。弹道导弹通常为垂直发

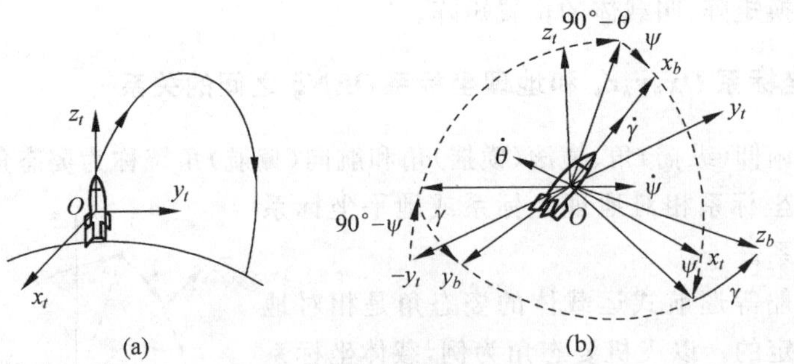

图 2-24 弹道导弹的姿态角

射，故初始时俯仰角为 90°。弹体坐标系按图 2-24 所示的 3 个角速度 $\dot{\psi},\dot{\theta},\dot{\gamma}$ 依次相对地平坐标系运动，这样所得的 3 个角度 ψ，$90°-\theta$，γ 分别是导弹的俯仰角、偏航角和横滚角。

2.5 哥氏加速度、绝对加速度、比力

要解释陀螺的基本特性，就有必要说明哥氏(Coriolis)加速度的概念；要说明加速度计所感测的量就要推导绝对加速度、比力方程等。

2.5.1 哥氏加速度

从运动学可知，当动点对某一动参考系做相对运动，同时这个动参考系又在做牵连转动时，该动点将具有哥氏加速度。

现以图 2-25 所示的运动情况为例，说明哥氏加速度的形成原因。设有一直杆绕定轴以角速度$\boldsymbol{\omega}$ 做匀速转动。直杆上有一小球以速度 v_r 沿直杆做匀速移动。这里的直杆可看成动参考系，小球可看成动点；小球在直杆上的移动可看成动点对动参考系做相对运动，而直杆绕定轴的转动可看成动参考系在做牵连转动。小球的相对速度就是它在直杆上的移动速度。小球的牵连速度就是直杆上与小球相重合的那个点的速度；在这里，直杆绕定轴转动使牵连点具有切向速度，即为小球的牵连速度。

设在某一瞬间 t，直杆处于 OA_1 位置，小球在直杆上处于 B_1 位置。这时，小球的相对速度用 $\boldsymbol{v}_r$ 表示，其大小为 v_r，方向沿 OA_1 方向；小球的牵连速度用 $\boldsymbol{v}_e$ 表示，其大小为 $v_e=\omega r$，方向与 OA_1 垂直。

经过某一瞬间 Δt 后，直杆转动 $\Delta\theta=\omega\Delta t$ 角度，处于 OA_2 位置；小球在直杆上移动了，故相对速度的大小仍然不变，即 $v_r'=v_r$；但因直杆的牵连转动带动小球一起转动，故相对速度的方向改变成沿 OA_2 方向。这时小球的牵连速度用 $\boldsymbol{v}_e'$表示，因小球的相对运动使得与小球相重合的牵连点改变到 B_2 位置，故牵连速度的大小改变成 $v_e'=\omega(r+\Delta r)$；又因直杆的牵连转动，故牵连速度的方向改变成与 OA_2 垂直了。

可见，经过时间 Δt 后，小球的相对速度和牵连速度都有变化。在图 2-25 中，相对速度增量 $\Delta\boldsymbol{v}_r$ 表示相对速度方向的变化，牵连速度增量 $\Delta\boldsymbol{v}_e$ 表示牵连速度大小和方向的

变化。$\Delta \boldsymbol{v}_e$ 分解为 Δv_{e1} 和 Δv_{e2}，它们分别表示牵连速度方向和大小的变化。速度的方向或大小发生变化，表明必有加速度存在。

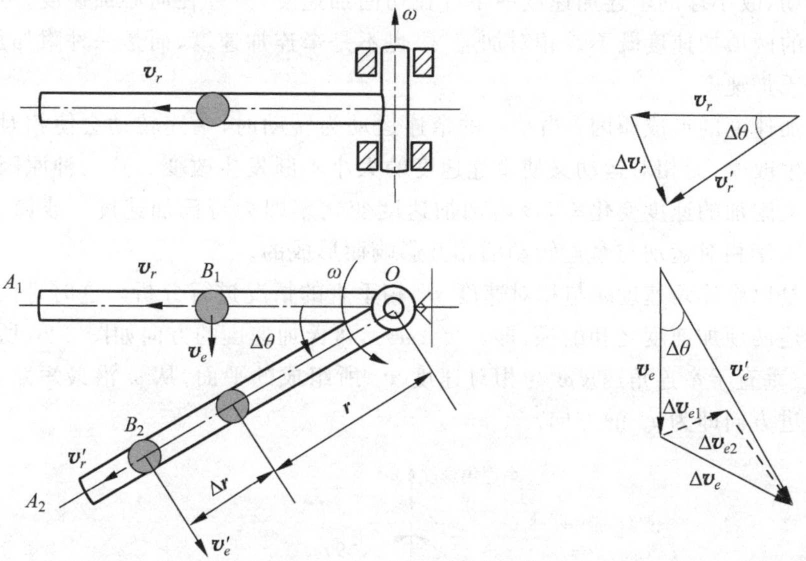

图 2-25 直杆绕定轴转动

先看使相对速度方向改变的加速度。从相对速度矢量图可得速度增量的大小为

$$\Delta v_r = 2v_r \sin\frac{\Delta\theta}{2} = 2v_r \sin\frac{\omega\Delta t}{2} \tag{2-46}$$

用 Δt 除以等式(2-46)两边并求极限值，则得如下加速度

$$\lim_{\Delta t\to 0}\frac{\Delta v_r}{\Delta t} = \lim_{\Delta t\to 0}\frac{2v_r\sin(\omega\Delta t/2)}{\Delta t} = \omega v_r \tag{2-47}$$

该加速度的方向可由 $\Delta t\to 0$(即 $\Delta\theta\to 0$)时 Δv_r 的极限方向看出，它垂直于 $\boldsymbol{\omega}$ 和 $\boldsymbol{v}_r$ 所组成的平面。

这就是由直杆牵连转动使小球相对速度方向改变的加速度。如果直杆没有牵连转动，那么小球相对速度的方向不会发生改变，这项加速度不存在。

再看使牵连速度大小改变的加速度。从牵连速度矢量图可得速度增量 Δv_{e2} 为

$$\Delta v_{e2} = v_e' - v_e = \omega(r+\Delta r) - \omega\cdot r = \omega v_r \Delta t \tag{2-48}$$

用 Δt 除以等式(2-48)两边并求极限值，则得加速度

$$\lim_{\Delta t\to 0}\frac{\Delta v_{e2}}{\Delta t} = \lim_{\Delta t\to 0}\frac{\omega v_r\Delta t}{\Delta t} = \omega v_r \tag{2-49}$$

该加速度的方向可由 $\Delta t\to 0$ 时 Δv_{e2} 的极限看出，它也垂直于 $\boldsymbol{\omega}$ 和 $\boldsymbol{v}_r$ 所组成的平面。

这就是由小球相对运动的影响，使小球牵连速度大小改变的加速度。如果小球没有相对运动，那么小球牵连速度的大小不会发生改变，这项加速度不存在。

至于使小球牵连速度方向改变的加速度(即与牵连速度增量 Δv_{e1} 对应的加速度)，它是由直杆的牵连转动而引起的，并且它是向心加速度，所以此项加速度实为小球的牵

连加速度。

在上述例子中,小球在直杆上做匀速移动,故小球的相对加速度为零;直杆绕固定轴做匀速转动,故小球的牵连加速度中不存在切向加速度,只存在向心加速度。这就表明,上述导出的两项加速度既不是相对加速度,也不是牵连加速度,而是一种附加加速度,它就称为哥氏加速度。

哥氏加速度的形成原因:当动点的牵连运动为转动时,牵连转动会使相对速度的方向不断发生改变,而相对运动又使牵连速度的大小不断发生改变。这两种原因都造成了同一方向上附加的速度变化率,该附加加速度变化率即为哥氏加速度。或简言之,哥氏加速度是由于相对运动与牵连转动的相互影响而形成的。

上面是以牵连角速度$\boldsymbol{\omega}$与相对速度 $\boldsymbol{v}_r$ 相垂直的情况进行分析。这时哥氏加速度的大小为上述两项加速度之和的模,即 $a_c=2\omega v_r$,哥氏加速度的方向如图 2-26 所示。哥氏加速度 $\boldsymbol{a}_c$ 垂直于牵连角速度$\boldsymbol{\omega}$ 与相对速度 $\boldsymbol{v}_r$ 所组成的平面,从 ω 沿最短路径握向 $\boldsymbol{v}_r$ 的右手旋进方向即为$\boldsymbol{a}_c$ 的方向。

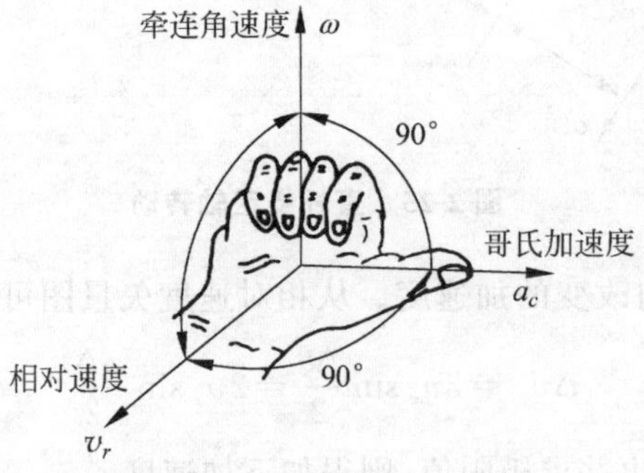

图 2-26 哥氏加速度的方向

一般情况下,牵连角速度$\boldsymbol{\omega}$ 与相对速度 $\boldsymbol{v}_r$ 之间可能成任意夹角。按照类似的方法进行分析,可得哥氏加速度的一般表达式为

$$\boldsymbol{a}_c=2\boldsymbol{\omega}\times\boldsymbol{v}_r \tag{2-50}$$

即在一般情况下哥氏加速度的大小为

$$a_c=2\omega v_r\sin(\omega,v_r) \tag{2-51}$$

哥氏加速度的方向仍按右手旋进定则确定。

2.5.2 绝对加速度

当动点的牵连运动为转动时,动点的绝对加速度 $\boldsymbol{a}$ 应等于相对加速度 $\boldsymbol{a}_r$、牵连加速度 $\boldsymbol{a}_e$ 与哥氏加速度 $\boldsymbol{a}_c$ 的矢量和,即

$$\boldsymbol{a}=\boldsymbol{a}_r+\boldsymbol{a}_e+\boldsymbol{a}_c \tag{2-52}$$

这就是一般情况下的加速度合成定理。

当运载体在地球表面附近航行时,运载体一方面相对地球运动,另一方面又参与地球相对惯性空间的牵连转动,因此运载体的绝对加速度也应是上述三项加速度的矢量和。下面推导载体绝对加速度的表达式。

如图 2-27 所示，设在地球表面附近航行的运载体所在点为 q，它在惯性参考系 $O_i x_i y_i z_i$ 中的位置矢量为 $\boldsymbol{R}$，在地球坐标系 $O_e x_e y_e z_e$ 中的位置矢量为 $\boldsymbol{r}$，而地心相对日心的位置矢量为 $\boldsymbol{R}_0$。根据图中矢量关系，位置矢量方程为

$$\boldsymbol{R}=\boldsymbol{R}_0+\boldsymbol{r} \tag{2-53}$$

式(2-53)对时间求一阶导数，则有

$$\left.\frac{\mathrm{d}\boldsymbol{R}}{\mathrm{d}t}\right|_i=\left.\frac{\mathrm{d}\boldsymbol{R}_0}{\mathrm{d}t}\right|_i+\left.\frac{\mathrm{d}\boldsymbol{r}}{\mathrm{d}t}\right|_i \tag{2-54}$$

根据矢量的绝对导数与相对导数的关系，式(2-54)等号右边的第二项写为

$$\left.\frac{\mathrm{d}\boldsymbol{r}}{\mathrm{d}t}\right|_i=\left.\frac{\mathrm{d}\boldsymbol{r}_0}{\mathrm{d}t}\right|_e+\boldsymbol{\Omega}\times\boldsymbol{r} \tag{2-55}$$

由此得到运载体绝对速度的表达式

$$\left.\frac{\mathrm{d}\boldsymbol{R}}{\mathrm{d}t}\right|_i=\left.\frac{\mathrm{d}\boldsymbol{R}_0}{\mathrm{d}t}\right|_i+\left.\frac{\mathrm{d}\boldsymbol{r}}{\mathrm{d}t}\right|_e+\boldsymbol{\Omega}\times\boldsymbol{r} \tag{2-56}$$

上述各式中竖杠的脚注 i 表示相对惯性参考系；脚注 e 表示相对地球坐标系。

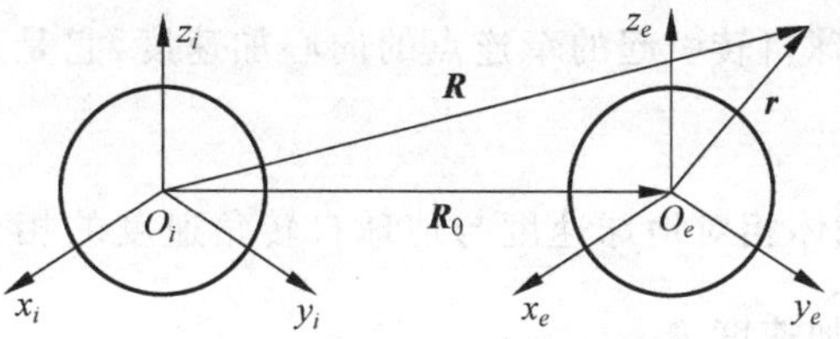

图 2-27 动点 q 的位置矢量

各项所代表的物理意义如下：

$\left.\frac{\mathrm{d}\boldsymbol{R}}{\mathrm{d}t}\right|_i$ 是位置矢量 $\boldsymbol{R}$ 在惯性参考系中的变化率，代表运载体相对惯性空间的速度，即运载体的绝对速度；

$\left.\frac{\mathrm{d}\boldsymbol{R}_0}{\mathrm{d}t}\right|_i$ 是位置矢量 $\boldsymbol{R}_0$ 在惯性参考系中的变化率，代表地球公转引起的地心相对惯性空间的速度，它是运载体牵连速度的一部分；

$\left.\frac{\mathrm{d}\boldsymbol{r}}{\mathrm{d}t}\right|_e$ 是位置矢量 $\boldsymbol{r}$ 在地球坐标系中的变化率，代表运载体相对地球的速度，即运载体的相对速度(是重要的导航参数之一)；

$\boldsymbol{\Omega}\times\boldsymbol{r}$ 代表地球自转引起的牵连点相对惯性空间的速度，它是运载体牵连速度的又一部分。

将式(2-56)对时间求一阶导数，则有

$$\left.\frac{\mathrm{d}^2\boldsymbol{R}}{\mathrm{d}t^2}\right|_i=\left.\frac{\mathrm{d}^2\boldsymbol{R}_0}{\mathrm{d}t^2}\right|_i+\left.\frac{\mathrm{d}^2\boldsymbol{r}}{\mathrm{d}t^2}\right|_e+\boldsymbol{\Omega}\times\left.\frac{\mathrm{d}\boldsymbol{r}}{\mathrm{d}t}\right|_e+\boldsymbol{\Omega}\times\left.\frac{\mathrm{d}\boldsymbol{r}}{\mathrm{d}t}\right|_i+\boldsymbol{r}\times\left.\frac{\mathrm{d}\boldsymbol{\Omega}}{\mathrm{d}t}\right|_i \tag{2-57}$$

因

$$\boldsymbol{\Omega}\times\left.\frac{\mathrm{d}\boldsymbol{r}}{\mathrm{d}t}\right|_i=\boldsymbol{\Omega}\times\left.\frac{\mathrm{d}\boldsymbol{r}}{\mathrm{d}t}\right|_e+\boldsymbol{\Omega}\times(\boldsymbol{\Omega}+\boldsymbol{r}) \tag{2-58}$$

而地球相对惯性空间的角速度$\boldsymbol{\Omega}$可以精确地看成是常矢量，由此得到运载体绝对加速度的表达式

$$\left.\frac{\mathrm{d}^2\boldsymbol{R}}{\mathrm{d}t^2}\right|_i=\left.\frac{\mathrm{d}^2\boldsymbol{R}_0}{\mathrm{d}t^2}\right|_i+\left.\frac{\mathrm{d}^2\boldsymbol{r}}{\mathrm{d}t^2}\right|_e+2\boldsymbol{\Omega}\times\left.\frac{\mathrm{d}\boldsymbol{r}}{\mathrm{d}t}\right|_e+\boldsymbol{\Omega}\times(\boldsymbol{\Omega}+\boldsymbol{r}) \tag{2-59}$$

各项所代表的物理意义如下：

$\left.\frac{\mathrm{d}^2\boldsymbol{R}}{\mathrm{d}t^2}\right|_i$ 是运载体相对惯性空间的加速度，即运载体的绝对加速度；

$\left.\frac{\mathrm{d}^2\boldsymbol{R}_0}{\mathrm{d}t^2}\right|_i$ 是地球公转引起的地心相对惯性空间的加速度，它是运载体牵连加速度的一部分；

$\left.\frac{\mathrm{d}^2\boldsymbol{r}}{\mathrm{d}t^2}\right|_e$ 是运载体相对地球的加速度，即运载体的相对加速度；

$\boldsymbol{\Omega}\times(\boldsymbol{\Omega}+\boldsymbol{r})$是地球自转引起的牵连点的向心加速度，它是运载体牵连加速度的又一部分；

$2\boldsymbol{\Omega}\times\left.\frac{\mathrm{d}\boldsymbol{r}}{\mathrm{d}t}\right|_e$ 是运载体相对地球速度与地球自转角速度的相互影响而形成的附加加速度，即运载体的哥氏加速度。

2.5.3 比力

惯性导航是通过测量运载体的加速度，并经数学运算而确定运载体即时位置的一种导航定位方法。在惯性导航系统中，加速度这个物理量的测量是由加速度计实现的。

加速度计的工作原理是基于经典的牛顿力学定律，其力学模型如图 2-28 所示。敏感质量（质量设为m）借助弹簧（弹簧刚度设为k）被约束在仪表壳体内，并且通过阻尼器与仪表壳体相连。当沿加速度计的敏感轴方向无加速度输入时，质量块相对仪表壳体处于零位，见图 2-28(a)。当安装加速度计的载体沿敏感轴方向以加速度$\boldsymbol{a}$相对惯性空间运动时，仪表壳体也随之做加速运动，但质量块由于保持原来的惯性，它朝着与加速度相反方向相对壳体位移而压缩（或拉伸）弹簧，见图 2-28(b)。当相对位移量达到一定值时，弹簧受压（或受拉）变形所给出的弹簧力$k\boldsymbol{x}_A$（$\boldsymbol{x}_A$为位移量）使质量块以同一加速度$\boldsymbol{a}$相对惯性空间运动。在此稳态情况，有如下关系成立，即

$$k\boldsymbol{x}_A=m\boldsymbol{a} \tag{2-60a}$$

$$\boldsymbol{x}_A=\frac{m}{k}\boldsymbol{a} \tag{2-60b}$$

即稳态时质量块的相对位移量$\boldsymbol{x}_A$与运载体的加速度$\boldsymbol{a}$成正比。

然而，地球、月球、太阳和其他天体存在着引力场，加速度计的测量将受到引力的影

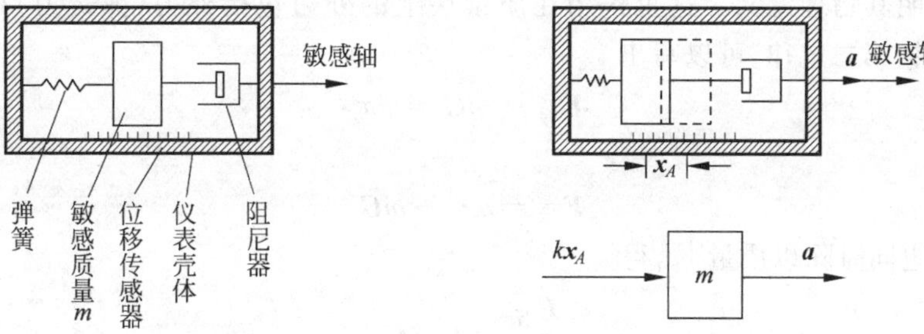

(a) (b)

图 2-28 加速度计的力学模型

响。为了便于说明，暂且不考虑载体的加速度。如图 2-29 所示，设加速度计的质量块受到沿敏感轴方向的引力 $m\boldsymbol{G}$($\boldsymbol{G}$ 为引力加速度)的作用，则质量块将沿着引力作用方向相对壳体位移而拉伸(或压缩)弹簧。当相对位移量达到一定值时弹簧受拉(或受压)所给出的弹簧力 $k\boldsymbol{x}_G$($\boldsymbol{x}_G$ 为位移量)恰与引力相平衡。在此稳态情况，有如下关系成立：

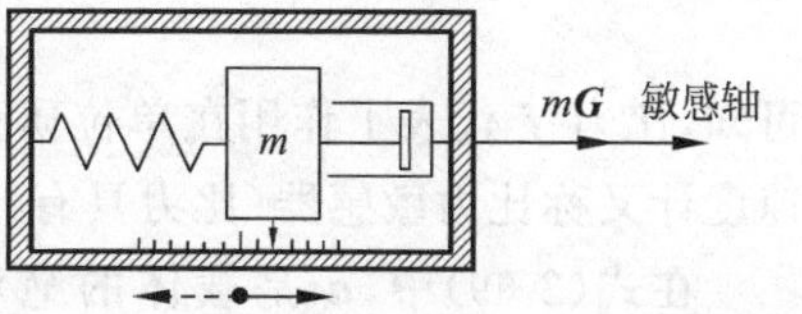

图 2-29 引力对加速度计测量的影响

$$k\boldsymbol{x}_G = m\boldsymbol{G} \tag{2-61a}$$

$$\boldsymbol{x}_G = \frac{m}{k}\boldsymbol{G} \tag{2-61b}$$

即稳态时质量块的相对位移量 $\boldsymbol{x}_G$ 与引力加速度 $\boldsymbol{G}$ 成正比。

对照图 2-28 和图 2-29 可以看出，沿同一轴向的 $\boldsymbol{a}$ 矢量和 $\boldsymbol{G}$ 矢量所引起的质量块位移方向正好相反。综合考虑运载体加速度和引力加速度的情况下，在稳态时质量块的相对位移量为

$$\boldsymbol{x} = \frac{m}{k}(\boldsymbol{a} - \boldsymbol{G}) \tag{2-62}$$

即稳态时质量块的相对位移量 $\boldsymbol{x}$ 与($\boldsymbol{a}-\boldsymbol{G}$)成正比。阻尼器则用来阻尼质量块到达稳定位置的振荡。借助位移传感器可将该位移量变换成电信号，所以加速度计的输出与($\boldsymbol{a}-\boldsymbol{G}$)成正比。

例如，在地球表面附近，把加速度计的敏感轴安装得与运载体纵轴平行，当运载体以 5$\boldsymbol{g}$($\boldsymbol{g}$ 为重力加速度)的加速度垂直向上运动，即以 $\boldsymbol{a}=5\boldsymbol{g}$ 沿敏感轴正向运动时，因沿敏感轴负向有引力加速度 $\boldsymbol{G}\approx\boldsymbol{g}$，故质量块的相对位移量为

$$\boldsymbol{x} \approx \frac{k}{m}(5\boldsymbol{g} + \boldsymbol{g}) = 6\,\frac{k}{m}\boldsymbol{g} \tag{2-63}$$

当运载体垂直自由降落，以 $\boldsymbol{a}=\boldsymbol{g}$ 沿敏感轴正向运动时，因沿敏感轴正向有引力加速度 $\boldsymbol{G}\approx\boldsymbol{g}$，故质量块的相对位移量为

$$\boldsymbol{x} = \frac{m}{k}(\boldsymbol{g} - \boldsymbol{g}) = 0 \tag{2-64}$$

在惯性技术中，通常把加速度计的输入量($\boldsymbol{a}-\boldsymbol{G}$)称为“比力”。

现在说明其物理意义。这里作用在质量块上的外力包括外力(弹簧力)$\boldsymbol{F}_{弹}$ 和引力 $m\boldsymbol{G}$,根据牛顿第二定律,可以写出

$$\boldsymbol{F}_{弹} + m\boldsymbol{G} = m\boldsymbol{a} \tag{2-65}$$

移项后得

$$\boldsymbol{F}_{弹} = m\boldsymbol{a} - m\boldsymbol{G} \tag{2-66}$$

式(2-66)两边同时除以质量 m,得

$$\frac{\boldsymbol{F}_{弹}}{m} = \boldsymbol{a} - \boldsymbol{G} \tag{2-67}$$

$$\boldsymbol{f} = \frac{\boldsymbol{F}_{弹}}{m} \tag{2-68}$$

则得

$$\boldsymbol{f} = \boldsymbol{a} - \boldsymbol{G} \tag{2-69}$$

可知,比力 $\boldsymbol{f}$ 代表了作用在单位质量上的外力。比力也称作"非引力加速度"。因此,加速度计又称比力敏感器(比力具有与加速度相同的量纲)。

在式(2-69)中,$\boldsymbol{a}$ 是载体的绝对加速度,当载体在地球表面运动时其表达式已由式(2-59)给出;而 $\boldsymbol{G}$ 是引力加速度,它是地球引力加速度 $\boldsymbol{G}_e$、月球引力加速度 $\boldsymbol{G}_m$、太阳引力加速度 $\boldsymbol{G}_s$ 和其他天体引力加速度 $\sum_{i=1}^{n-3}\boldsymbol{G}_i$ 的矢量和,即

$$\boldsymbol{G} = \boldsymbol{G}_e + \boldsymbol{G}_m + \boldsymbol{G}_s + \sum_{i=1}^{n-3}\boldsymbol{G}_i \tag{2-70}$$

将式(2-59)、式(2-69)代入式(2-70)可得加速度计所敏感的比力为

$$\boldsymbol{f} = \left.\frac{\mathrm{d}^2\boldsymbol{R}_0}{\mathrm{d}t^2}\right|_i + \left.\frac{\mathrm{d}^2\boldsymbol{r}}{\mathrm{d}t^2}\right|_e + 2\boldsymbol{\Omega}\times\left.\frac{\mathrm{d}\boldsymbol{r}}{\mathrm{d}t}\right|_e + \boldsymbol{\Omega}\times(\boldsymbol{\Omega}\times\boldsymbol{r}) - \left(\boldsymbol{G}_e + \boldsymbol{G}_m + \boldsymbol{G}_s + \sum_{i=1}^{n-3}\boldsymbol{G}_i\right) \tag{2-71}$$

$\boldsymbol{\Omega}$ 是地球相对惯性空间的角速度。

一般而言,地球公转引起的向心加速度 $\left.\frac{\mathrm{d}^2\boldsymbol{R}_0}{\mathrm{d}t^2}\right|_i$ 与太阳引力加速度 $\boldsymbol{G}_s$ 的量值大致相等,故有

$$\left.\frac{\mathrm{d}^2\boldsymbol{R}_0}{\mathrm{d}t^2}\right|_i - \boldsymbol{G}_s \approx 0 \tag{2-72}$$

在地球表面附近,月球引力加速度的量值 $\boldsymbol{G}_m \approx 3.9\times10^{-6}\boldsymbol{G}_e$;金星引力加速度约为 $1.9\times10^{-8}\boldsymbol{G}_e$;木星引力加速度约为 $3.7\times10^{-8}\boldsymbol{G}_e$;至于太阳系外的其他星系,因距地球更远,其引力加速度更加微小。对于一般精度的惯性系统,月球及其他天体引力加速度的影响可以忽略不计。考虑到上述这些关系,加速度计感测的比力可写成

$$\boldsymbol{f} = \left.\frac{\mathrm{d}^2\boldsymbol{r}}{\mathrm{d}t^2}\right|_e + 2\boldsymbol{\Omega}\times\left.\frac{\mathrm{d}\boldsymbol{r}}{\mathrm{d}t}\right|_e + \boldsymbol{\Omega}\times(\boldsymbol{\Omega}\times\boldsymbol{r}) - \boldsymbol{G}_e \tag{2-73}$$

式中,$\left.\frac{\mathrm{d}\boldsymbol{r}}{\mathrm{d}t}\right|_e$ 为运载体相对地球的运动速度,用 $\boldsymbol{v}$ 代表。地球引力加速度 $\boldsymbol{G}_e$ 与地球自转

引起的向心加速度$\boldsymbol{\Omega}\times(\boldsymbol{\Omega}\times\boldsymbol{r})$共同形成了地球重力加速度，即

$$\boldsymbol{g}=\boldsymbol{G}_e-\boldsymbol{\Omega}\times(\boldsymbol{\Omega}\times\boldsymbol{r}) \tag{2-74}$$

这样，加速度计所感测的比力可改写成

$$\boldsymbol{f}=\left.\frac{\mathrm{d}\boldsymbol{v}}{\mathrm{d}t}\right|_e+2\boldsymbol{\Omega}\times\boldsymbol{v}-\boldsymbol{g} \tag{2-75}$$

在惯性系统中，加速度计是安装在运载体内的某一测量坐标系中工作，例如直接安装在与运载体固连的载体坐标系中(对捷联式惯性系统)，或安装在与平台固连的平台坐标系中(对平台式惯性系统)。假设安装加速度计的测量坐标系为 p 系，它相对地球坐标系的转动角速度为 ω_{ep}，则有

$$\left.\frac{\mathrm{d}\boldsymbol{v}}{\mathrm{d}t}\right|_e=\frac{\mathrm{d}\boldsymbol{v}}{\mathrm{d}t}+\boldsymbol{\omega}_{ep}\times\boldsymbol{v} \tag{2-76}$$

于是，加速度计所敏感的比力式(2-75)可进一步写为

$$\boldsymbol{f}=\left.\frac{\mathrm{d}\boldsymbol{v}}{\mathrm{d}t}\right|_p+\boldsymbol{\omega}_{ep}\times\boldsymbol{v}+2\boldsymbol{\Omega}\times\boldsymbol{v}-\boldsymbol{g} \tag{2-77}$$

或

$$\boldsymbol{f}=\dot{\boldsymbol{v}}+\boldsymbol{\omega}_{ep}\times\boldsymbol{v}+2\boldsymbol{\Omega}\times\boldsymbol{v}-\boldsymbol{g} \tag{2-78}$$

式(2-75)就是运载体相对地球运动时加速度计所敏感的比力表达式，通常称为比力方程。

式中各项所代表的物理意义如下：

$\left.\frac{\mathrm{d}\boldsymbol{v}}{\mathrm{d}t}\right|_p$ 或 $\dot{\boldsymbol{v}}$ 是运载体相对地球的速度在测量坐标系中的变化率，即在测量坐标系中表示的运载体相对地球的加速度；

$\boldsymbol{\omega}_{ep}\times\boldsymbol{v}$ 是测量坐标系相对地球转动所引起的向心加速度；

$2\boldsymbol{\Omega}\times\boldsymbol{v}$ 是运载体相对地球速度与地球自转角速度的相互影响而形成的哥氏加速度；

$\boldsymbol{g}$ 是地球重力加速度。

由于比力方程表明了加速度计所敏感的比力与运载体相对地球的加速度之间的关系，所以它是惯性系统的一个基本方程。不论惯性系统的具体方案和结构如何，该方程都是适用的。

如果令

$$(2\boldsymbol{\Omega}+\boldsymbol{\omega}_{ep})\times\boldsymbol{v}-\boldsymbol{g}=\boldsymbol{a}_B \tag{2-79}$$

则比力方程可改写为

$$\boldsymbol{f}-\boldsymbol{a}_B=\dot{\boldsymbol{v}} \tag{2-80}$$

这里的 $\boldsymbol{a}_B$ 通常称为有害加速度，它包含两部分：一是重力加速度 $\boldsymbol{g}$；另一部分中包含哥氏加速度和法向加速度。

导航计算中需要的是运载体相对地球的加速度 $\dot{\boldsymbol{v}}$。但从式(2-79)看出，加速度计不能分辨有害加速度和运载体相对加速度。因此，必须从加速度计所测得的比力 f 中补偿掉有害加速度 $\boldsymbol{a}_B$ 的影响，才能得到运载体相对地球的加速度 $\dot{\boldsymbol{v}}$，经过数学运算进而获得运载体相对地球的速度 v 及位置等导航参数。

关于有害加速度的典型数值，可用如下一组数据来说明。载体处于纬度$\phi=45°$，其

东向和北向速度为 $v_E = v_N = 1200\text{km/h}$，测量坐标系为地理坐标系。解算出的东向和北向有害加速度 $a_E = a_N \approx 5.28 \times 10^{-3} g$。这个数值比起陀螺平台倾斜 1′所产生的误差 $(2.91 \times 10^{-4} g)$ 要大一个数量级。因此，对加速度计的输出信号必须加以补偿，才能达到比较精确的导航与定位。

2.6 舒勒原理

对于近地面运行的运载体来说，我们最关心的是水平加速度的测量，如何将加速度计敏感轴始终保持水平是困扰学者们很久的问题，有人提出把加速度计装在一个摆上达到目的，看似可行，但会引出新的问题。因为地球是一个球体，飞机所在位置的水平面是不断变化的，物理摆受飞机运动的影响而产生加速度，产生测量误差。

经过力学计算，想要通过物理摆实现上述功能，这个物理摆长等于地球半径，摆荡周期达 84.4min，要实现这个物理摆是不可能的，但是利用惯性导航系统的修正回路，可以实现这一物理摆。由于惯性平台有两个相互正交的水平轴，相应的一个完整的惯性导航系统有两个舒勒调谐回路。满足 84.4min 振动的系统称为舒勒调谐。只有使平台系统成为舒勒调谐的系统，才不受运载体加速度的干扰而精确重现当地水平面，从而使惯性导航原理的实现成为可能。一个指示垂线的装置，如果固有振荡周期等于 84.4min，则当运载体在地球表面以任意方式运动时，此装置将不受运载体加速度的干扰。这个原理是德国数学家舒勒(Schuler)于 1932 年首先提出的，称为舒勒原理。

德国科学家舒勒在陀螺罗经、陀螺稳定平台、惯性导航、制导系统设计方面做出了卓有成效的贡献。他的有名的舒勒调谐理论，已经成为系统设计的经典。

2.6.1 数学摆实现舒勒调谐的原理

图 2-30 中，在载体上悬挂一个数学摆(单摆)，摆的质量为 m，摆长为 l，摆绕支点的转动惯量为 J。假设地球是一个不转动的球体，载体沿球面做大圆弧运动，不计载体离地面的高度。A' 点为运载体的起始位置，$A'A$ 为 A' 点垂线，运载体以加速度 a 航行，经一段时间后到达 B' 点，$B'B$ 为 B' 点垂线。此外，假设 θ_a 为摆与起始垂线 $A'A$ 的夹角，θ_b 为当地垂线 $B'B$ 与起始垂线 $A'A$ 的夹角，θ 为摆偏离当地垂线 $B'B$ 的角度。

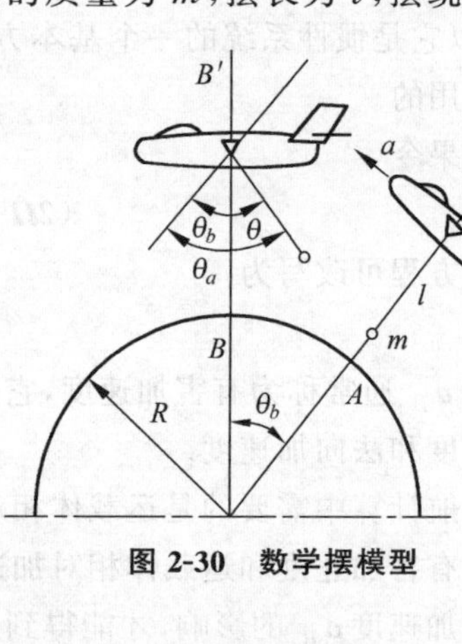

图 2-30 数学摆模型

单摆的运动方程式为

$$J\ddot{\theta}_a = mla\cos\theta - mlg\sin\theta \tag{2-81}$$

当 θ 为小角度时，有 $\cos\theta \approx 1$，$\sin\theta \approx 0$，再考虑到 $\theta_a = \theta_b + \theta$，$\ddot{\theta}_a = \ddot{\theta}_b + \ddot{\theta}$，且 $\ddot{\theta}_b = a/R$（R 为地球半径），则式(2-81)可写成

$$\ddot{\theta}+\frac{mlg}{J}\theta=\left(\frac{ml}{J}-\frac{1}{R}\right) \tag{2-82}$$

因单摆的转动惯量 $J=ml^2$，故进一步可写成

$$\ddot{\theta}+\frac{g}{l}\theta=\left(\frac{1}{l}-\frac{1}{R}\right)a \tag{2-83}$$

式(2-83)等号右端反映了运载体加速度对单摆运动的影响。但是，如果单摆的参数满足条件

$$l=R \tag{2-84}$$

则式(2-83)变为

$$\ddot{\theta}+\frac{g}{R}\theta=0 \tag{2-85}$$

在此情况，单摆的固有振荡舒勒角频率为

$$\omega_s=\sqrt{\frac{g}{R}} \tag{2-86}$$

而单摆的固有振荡周期为

$$T=2\pi\sqrt{\frac{R}{g}}=84.4\text{min} \tag{2-87}$$

假定单摆相对当地垂线的初始偏角为 θ_0，初始角速度为 $\dot{\theta}_0$，求解式(2-85)得

$$\theta=\theta_0\cos\omega_s t+\frac{\dot{\theta}_0}{\omega_s}\sin\omega_s t \tag{2-88}$$

表明单摆将绕当地垂线以某一偏角做等幅振荡，振荡周期 $T=84.4\text{min}$。如果初始条件 $\theta_0\neq 0$ 和 $\dot{\theta}_0=0$，则有

$$\theta=\theta_0\cos\omega_s t \tag{2-89}$$

表明单摆将绕当地垂线以初始偏角 θ_0 做等幅振荡，振荡周期 $T=84.4\text{min}$。如果初始条件 $\theta_0=0$ 和 $\dot{\theta}_0=0$，则有 $\theta=0$，表明单摆始终指示当地垂线。

可见，当单摆的固有振荡周期为 84.4min 时，其运动将不受运载体加速度的干扰，而始终跟踪当地垂线。式(2-86)表示的角频率 ω_s 称为舒勒频率，式(2-87)表示的振荡周期 T 称为舒勒周期，式(2-84)即为单摆的舒勒调谐条件。

舒勒调谐的物理概念可从式(2-82)看出，$a/R=\ddot{\theta}_b$ 是随载体运动的垂线的转动角加速度，而 mla/J 则是单摆在加速度 a 作用下绕其支点的转动角加速度。当这两个角加速度相等时单摆便始终跟踪当地垂线。

单摆的舒勒调谐条件是 $l=R$。实际上是一个摆长等于地球半径、摆锤位于地心的单摆。显然，这种单摆在技术上是无法实现的。

2.6.2 物理摆实现舒勒调谐的原理

现在说明用物理摆(复摆)实现舒勒原理的可能性。设图 2-31 所示的物理摆的转动

惯量为 J，摆长为 l。图中各转角代表的内容与上相同。

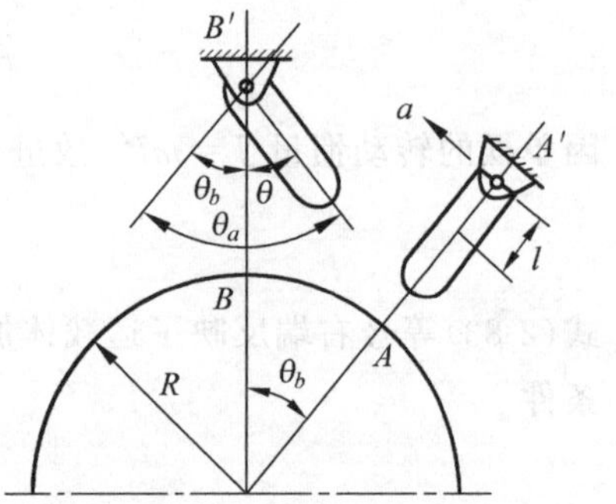

图 2-31 物理摆与地垂线

不难看出，物理摆的运动方程具有与单摆相同的形式，只是其中的 J 代表的是物理摆的转动惯量。

$$J\ddot{\theta}_a = mla\cos\theta - mlg\sin\theta \tag{2-90}$$

进一步写成

$$\ddot{\theta} + \frac{mlg}{J}\theta = \left(\frac{ml}{J} - \frac{1}{R}\right)a \tag{2-91}$$

如果适当选择物理摆的参数，使之满足条件

$$\frac{ml}{J} = \frac{1}{R} \tag{2-92}$$

则物理摆的运动同样不受运载体加速度的干扰，而始终跟踪当地垂线。式(2-92)即为物理摆的舒勒调谐条件。

例 以圆环形物理摆为例。设有一个质量集中在圆环上的物理摆如图 2-32 所示，圆环半径 $r=0.5\text{m}$。求摆长为多少时才能满足舒勒调谐条件。

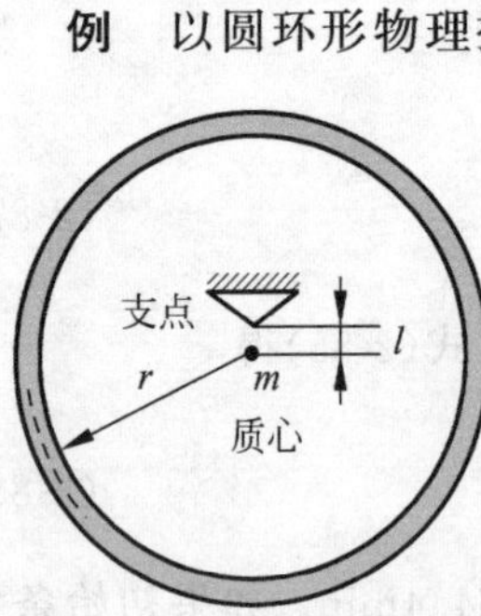

图 2-32 圆形环物理摆

圆环形物理摆的振荡周期由下式表达：

$$T = 2\pi\sqrt{\frac{J}{mlg}} = 2\pi\sqrt{\frac{r^2}{lg}} \tag{2-93}$$

其摆长 l 与振荡周期 T 的关系为

$$l = \frac{4\pi^2 r^2}{gT^2} \tag{2-94}$$

若要求振荡周期 T 达到 84.4min，则摆长 l（即支点到质心的距离）只有 $4\times10^{-5}\text{mm}$。这是一个分子晶格的数量级，显然是无法实现的。

在惯性导航系统中，是用加速度计和陀螺仪实现舒勒摆的工作原理。为了便于理解，从控制角度来分析物理摆的舒勒原理。

当物理摆相对当地垂线的偏角为小角度时，其运动方程式可改写成

$$\ddot{\theta}_a = \frac{ml}{J}a - \frac{ml}{J}g\theta = \frac{ml}{J}(a - g\theta) \tag{2-95}$$

再考虑到 $\theta_a = \theta_b + \theta$ 和 $\ddot{\theta}_b = a/R$，则可画出物理摆控制方框图，如图 2-33 所示。

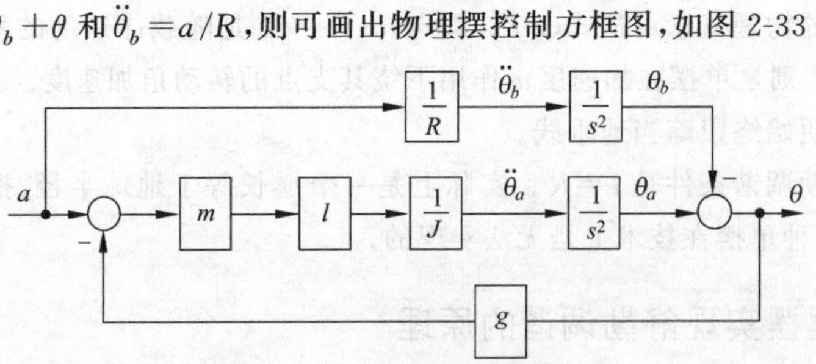

图 2-33 物理摆控制方框图

从图 2-34 看出，若能做到 $\theta_a=\theta_b$，则物理摆相对当地垂线的偏角 $\theta=0$。如果适当选择物理摆的参数，使之满足 $\frac{ml}{J}=\frac{1}{R}$，则图 2-33 变为图 2-34 所示。可见，只要满足舒勒调谐条件，就能做到 $\theta_a=\theta_b$。

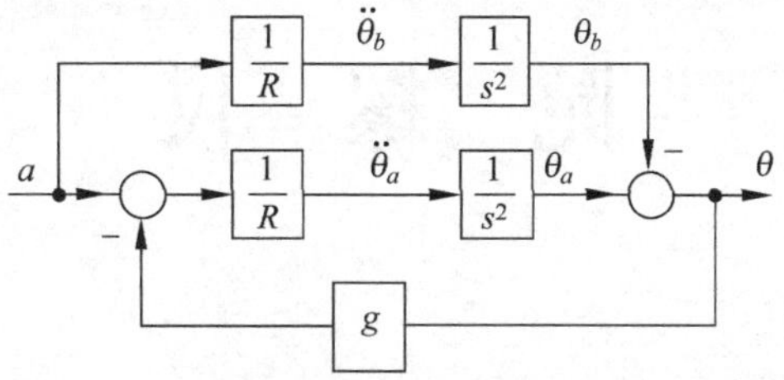

图 2-34　满足舒勒调谐条件的物理摆方框图

在近地惯性导航系统中，平台必须精确地跟踪当地水平面(即平台竖轴必须精确跟踪当地垂线)，以便精确地给出加速度的测量基准。欲使平台精确跟踪当地水平面，就必须使平台不受运载体加速度的干扰，因此平台的水平控制回路必须满足舒勒调谐条件。满足舒勒调谐条件的平台系统，相当于一个球面舒勒摆，此时平台两套水平控制回路方框图具有与图 2-34 完全相同的结构形式。

第3章 Chapter 3

陀 螺 仪

凡能绕定点高速旋转的物体都可以称为陀螺。

人们利用陀螺的力学性质，所制成的各种功能的陀螺装置称为陀螺仪(Gyroscope)。陀螺仪是敏感物体相对惯性空间角运动的装置，它最主要的基本特性是稳定性和进动性。陀螺仪在科学、技术、军事等各个领域有着广泛的应用，如回转罗盘、定向指示仪、陀螺仪的章动、地球在太阳引力矩作用下的旋进等。

随着科学技术的发展，相继发现了数十种物理现象，可以被用来感测物体相对惯性空间的角运动，人们也把陀螺仪这一名称扩展到没有刚体转子而功能与经典陀螺仪等同的敏感器。

为了便于读者理解，本章仍以机械框架式刚体转子陀螺仪为对象，来阐述陀螺仪的基本理论。这不仅是因为这种陀螺仪至今仍被广泛应用，而且可为掌握其他形式的陀螺仪打下基础。

3.1 机械转子陀螺仪的力学基础

3.1.1 绕定点转动刚体的动量矩

1. 动量矩

设刚体以角速度 ω 绕定点 O 转动，如图 3-1 所示。刚体内任意一质点 i 对 O 点的向径为 $\boldsymbol{r}_i$，则质点 i 的线速度为

$$\boldsymbol{v}_i = \omega \times \boldsymbol{r}_i \tag{3-1}$$

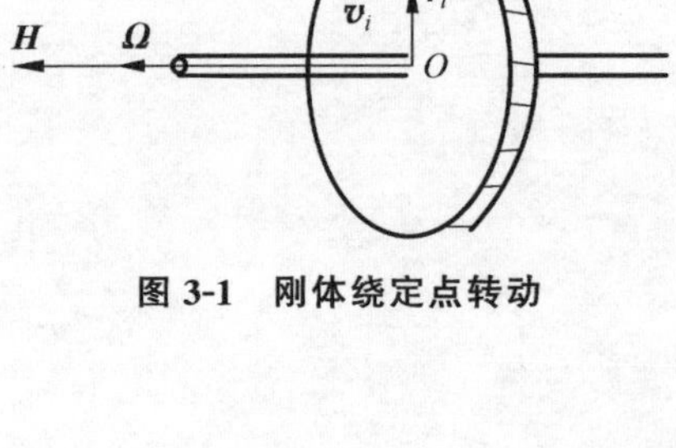

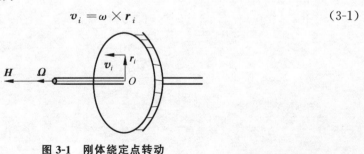

图 3-1　刚体绕定点转动

该质点 i(质量为 m_i)的动量为

$$m_i \boldsymbol{v}_i = m_i \omega \times \boldsymbol{r}_i \tag{3-2}$$

根据物理学知识,动量是衡量平动物体运动强弱的一种量度。

对于绕定点或定轴转动的刚体,则用动量矩来衡量其转动运动的强弱。质点 i 的动量矩 $\boldsymbol{H}_i$ 是指该质点 i 的动量 $m_i \boldsymbol{v}_i$ 对定点 O 的作用矩,即

$$\boldsymbol{H} = \sum \boldsymbol{H}_i = \sum m_i \boldsymbol{r}_i \times \boldsymbol{v}_i \tag{3-3}$$

在实际陀螺仪表中,陀螺转子通常是以主轴 X 为对称轴的回转体,且绕 X 轴的自转角速度$\boldsymbol{\Omega}$ 要比绕 Y 轴和 Z 轴的角速度大得多(一般绕 X 轴的自转角速度为 24000r/min 左右,而绕 Y 或 Z 轴的角速度仅在 1°/min 以下)。所以陀螺转子动量矩实际上可以看成为对于 X 轴的动量矩,$\boldsymbol{\Omega}$,$\boldsymbol{v}_i$,$\boldsymbol{r}$ 互相垂直,则动量矩 $\boldsymbol{H}$(在陀螺原理中也称 $\boldsymbol{H}$ 为动量矩)的大小为

$$\boldsymbol{H} = \sum m_i r_i \boldsymbol{\Omega} \boldsymbol{r}_i = \sum m_i \boldsymbol{r}_i^2 \boldsymbol{\Omega} = J\boldsymbol{\Omega} \tag{3-4}$$

式中,$J = \sum m_i r_i^2$ 称为陀螺转子对自转轴的转动惯量。J 是衡量刚体转动时惯性大小的一个物理量,它和平动物体的质量 m 一样,也是一个标量。$\boldsymbol{\Omega}$ 为陀螺转子绕自转轴的旋转角速度,即自转角速度。$\boldsymbol{\Omega}$ 是一个矢量,其方向可用右手定则确定。如图 3-2 所示,四指表示旋转方向,大拇指的指向即代表角速度矢量方向。

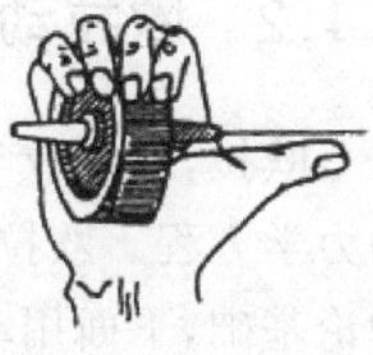

图 3-2 角速度方向确定方法

标量 J 和矢量$\boldsymbol{\Omega}$ 的乘积仍为矢量,因此,动量矩 $\boldsymbol{H}$ 为矢量:

$$\boldsymbol{H} = J \cdot \boldsymbol{\Omega} \tag{3-5}$$

可见,当陀螺仪转子高速旋转时,转子具有动量矩 $\boldsymbol{H}$。动量矩 $\boldsymbol{H}$ 与主轴重合,方向与转子自转角速度$\boldsymbol{\Omega}$ 方向相同。动量矩 $\boldsymbol{H}$ 的大小等于转动惯量 J 和角速度$\boldsymbol{\Omega}$ 的乘积。

2. 动量矩定理

刚体在空间绕支承中心(定点)O 转动时,刚体对 O 点的动量矩 $\boldsymbol{H}$ 对时间求导,即

$$\frac{\mathrm{d}\boldsymbol{H}}{\mathrm{d}t} = \sum m_i \frac{\mathrm{d}\boldsymbol{r}_i}{\mathrm{d}t} \times \boldsymbol{v}_i + \sum m_i \boldsymbol{r}_i \times \frac{\mathrm{d}\boldsymbol{v}_i}{\mathrm{d}t} \tag{3-6}$$

因为

$$\frac{\mathrm{d}\boldsymbol{r}_i}{\mathrm{d}t} \times \boldsymbol{v}_i = \boldsymbol{v}_i \times \boldsymbol{v}_i = 0 \tag{3-7}$$

根据牛顿第二定律

$$m_i \frac{\mathrm{d}\boldsymbol{v}_i}{\mathrm{d}t} = m_i \boldsymbol{a}_i = \boldsymbol{F}_i \tag{3-8}$$

$\boldsymbol{F}_i$ 为作用在质点上的外力,则式(3-8)变为

$$\frac{\mathrm{d}\boldsymbol{H}_i}{\mathrm{d}t} = \sum \boldsymbol{r}_i \times \boldsymbol{F}_i \tag{3-9}$$

等式右端 $\sum \boldsymbol{r}_i \times \boldsymbol{F}_i$ 为作用在刚体所有质点上的外力对O 点的力矩矢量之总和,用$\boldsymbol{M}_O$ 表示,即

$$\frac{\mathrm{d}\boldsymbol{H}_{\mathrm{o}}}{\mathrm{d}t}=\boldsymbol{M}_{\mathrm{o}} \tag{3-10}$$

上式为动量矩定理的数学表达式,可叙述为:刚体对某点的动量矩对时间的导数等于作用在刚体上所有外力对同一点的总力矩。

同时,已知矢量对时间的导数就是此矢量末端的瞬时速度。动量矩 $\boldsymbol{H}$ 的矢端速度为

$$\frac{\mathrm{d}\boldsymbol{H}}{\mathrm{d}t}=\boldsymbol{v} \tag{3-11}$$

根据动量矩定理,可以推出下面的结论 $\boldsymbol{v}=\boldsymbol{M}$。因此,动量矩定理又可叙述为:刚体对某一点的动量矩的末端速度 $\boldsymbol{v}$ 在几何上等于作用在刚体上所有外力对同一点的总力矩。即陀螺转子的动量矩 $\boldsymbol{H}$ 的末端速度 $\boldsymbol{v}$ 与外力矩 $\boldsymbol{M}$ 大小相等,方向相同,称之为莱查定理。可见,如果没有外力矩作用在定轴转动的刚体上,则其动量矩为常值,即其大小及其在惯性空间的方向将保持不变。

3.1.2 欧拉动力学方程

欧拉,瑞士数学家、物理学家,1758 年发表"刚体绕定点运动理论",1765 年建立欧拉动力学方程。欧拉动力学方程式是建立陀螺仪运动方程的理论基础,下面用动量矩定理来阐述欧拉动力学方程。

设动坐标系 $Oxyz$ 与刚体固连,x,y,z 轴与刚体的三惯性主轴重合。在图 3-3 中,坐标系 $OXYZ$ 为惯性坐标系。

设刚体以瞬时角速度 $\boldsymbol{\omega}$ 相对惯性坐标系 $OXYZ$ 转动,则

$$\boldsymbol{\omega}=\omega_x\boldsymbol{i}+\omega_y\boldsymbol{j}+\omega_z\boldsymbol{k} \tag{3-12}$$

式中,$\omega_x,\omega_y,\omega_z$ 分别是 $\boldsymbol{\omega}$ 在动坐标系 $Oxyz$ 的三根轴上的投影值;$\boldsymbol{i},\boldsymbol{j},\boldsymbol{k}$ 为坐标系单位矢量。

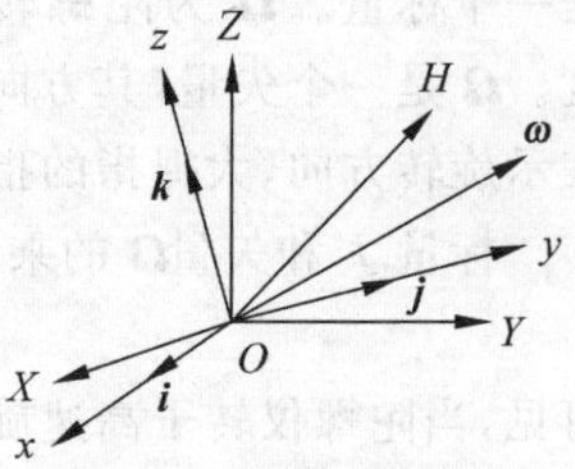

图 3-3 惯性坐标系和刚体坐标系

刚体对定点 O 的动量矩 $\boldsymbol{H}$ 为

$$\boldsymbol{H}=H_x\boldsymbol{i}+H_y\boldsymbol{j}+H_z\boldsymbol{k}=J_x\omega_x\boldsymbol{i}+J_y\omega_y\boldsymbol{j}+J_z\omega_z\boldsymbol{k} \tag{3-13}$$

式中,J_x,J_y,J_z 分别是刚体绕 x,y,z 三根惯性主轴的转动惯量;H_x,H_y,H_z 分别是 $\boldsymbol{H}$ 在 x,y,z 三根坐标轴上的投影值。因此

$$\boldsymbol{H}=H_x\boldsymbol{i}+H_y\boldsymbol{j}+H_z\boldsymbol{k} \tag{3-14}$$

当刚体运动时,动量矩 $\boldsymbol{H}$ 相对惯性坐标系的变化关系为

$$\frac{\mathrm{d}\boldsymbol{H}}{\mathrm{d}t}=\frac{\partial\boldsymbol{H}}{\partial t}+\boldsymbol{\omega}\times\boldsymbol{H} \tag{3-15}$$

等式右边第一项是动量矩 $\boldsymbol{H}$ 相对变化率,而 $\boldsymbol{\omega}\times\boldsymbol{H}$ 可看成动量矩 $\boldsymbol{H}$ 的牵连速度,即动量矩 $\boldsymbol{H}$ 的方向变化。式(3-15)表示动量矩 $\boldsymbol{H}$ 的绝对速度等于相对速度和牵连速度的矢量和。

由动量矩定理可写成

$$\frac{\partial\boldsymbol{H}}{\partial t}+\omega\times\boldsymbol{H}=\boldsymbol{M} \tag{3-16}$$

式(3-16)为刚体定点转动的欧拉动力学方程的矢量式。将其写成沿动坐标系 $Oxyz$ 坐标轴的投影形式,即

$$
\begin{cases}
\dfrac{\partial \boldsymbol{H}}{\partial t}=\dfrac{\mathrm{d}H_x}{\mathrm{d}t}\boldsymbol{i}+\dfrac{\mathrm{d}H_y}{\mathrm{d}t}\boldsymbol{j}+\dfrac{\mathrm{d}H_z}{\mathrm{d}t}\boldsymbol{k} \\
\boldsymbol{\omega}\times\boldsymbol{H}=\begin{vmatrix} \boldsymbol{i} & \boldsymbol{j} & \boldsymbol{k} \\ \omega_x & \omega_y & \omega_z \\ H_x & H_y & H_z \end{vmatrix} \\
\qquad =(\omega_y H_z-\omega_z H_y)\boldsymbol{i}+(\omega_z H_x-\omega_x H_z)\boldsymbol{j}+(\omega_x H_y-\omega_y H_x)\boldsymbol{k}
\end{cases}
\tag{3-17}
$$

外力矩 $\boldsymbol{M}$ 在动坐标系可表示为

$$
\boldsymbol{M}=M_x\boldsymbol{i}+M_y\boldsymbol{j}+M_z\boldsymbol{k} \tag{3-18}
$$

M_x,M_y,M_z 分别为外力矩 $\boldsymbol{M}$ 在 x,y,z 三个坐标轴上的投影。由上面推导可得

$$
\begin{cases}
\dfrac{\mathrm{d}H_x}{\mathrm{d}t}+\omega_y H_z-\omega_z H_y=M_x \\
\dfrac{\mathrm{d}H_y}{\mathrm{d}t}+\omega_z H_x-\omega_x H_z=M_y \\
\dfrac{\mathrm{d}H_z}{\mathrm{d}t}+\omega_x H_y-\omega_y H_x=M_z
\end{cases}
\tag{3-19}
$$

式(3-19)为刚体定点转动的欧拉动力学方程式。

3.2 陀螺仪的自由度和运动特性

3.2.1 陀螺仪的自由度

凡是绕回转体的对称轴高速旋转的物体都可称为陀螺。常见的陀螺是一个高速旋转的转子,回转体的对称轴称为陀螺转子的主轴或极轴。转子绕这根轴的旋转称为陀螺转子的自转。把高速旋转的陀螺安装在一个悬挂装置上,使陀螺主轴在空间具有一个或两个转动的自由度,就构成了陀螺仪。

确定一个物体在某坐标系中的位置所需要的独立坐标的数目,称为该物体的自由度。众所周知,在无约束条件下,一个物体在空间运动共有 6 个自由度,即 3 个位移自由度(或线自由度)和 3 个转动自由度(或角自由度)。

现在来考察陀螺仪的自由度。以机械转子陀螺仪为例,这种陀螺仪的核心部分是一个绕自转轴高速旋转的对称刚体转子,转子一般采用高强度和高密度的金属材料,如不锈钢、钨镍钢合金等,做成空心圆柱体形状,并由陀螺电机驱动使其高速旋转,典型转速为 24000r/min。为了测量运载体的角位移或角速度,转子必须被支承起来,使之相对基座具有 3 个或两个转动自由度,或者说,使自转轴相对基座具有两个或一个转动自由度。

陀螺仪的自由度数目,通常是指自转轴可绕其自由旋转的正交轴的数目。因此,机械转子陀螺仪可分为二自由度陀螺仪和单自由度陀螺仪。

二自由度陀螺仪的基本组成如图 3-4 所示。其悬挂装置由内环、外环和基座(包括固定环)所组成。其悬挂装置称为万向支架,也即卡尔丹环。转子借助自转轴上一对轴承

安装于内框轴中，内框架借助内框轴上一对轴承安装于外框架中，外框架借助外框轴上一对轴承安装在基座(仪表壳体)上。在理想情况下，自转轴与内框轴垂直且相交，内框轴与外框轴垂直且相交，这 3 根轴线的交点即为陀螺仪的支承中心。转子通常由陀螺电机驱动绕自转轴高速旋转，转子连同内框架可绕内框架轴转动，转子连同内框架和外框架又可绕外框轴转动。这种陀螺仪中的自转轴具有绕内框轴和外框轴的转动自由度。

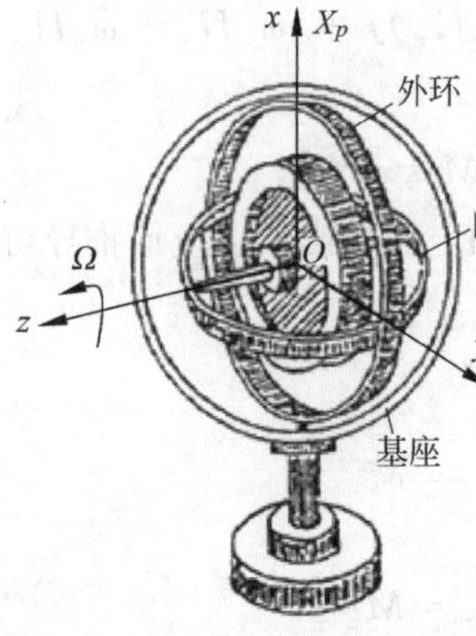

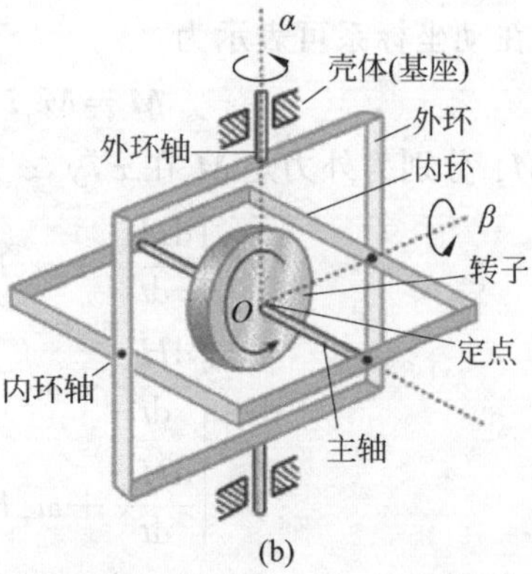

图 3-4 二自由度陀螺仪

在陀螺仪上建立一组右手直角坐标系 $Oxyz$，使 Oz 轴与转子自转轴(即主轴)重合，但不参与自转，Oz 轴的正方向这样选定：从 Oz 轴尖看进去转子做逆时针方向旋转，Oy 轴(又称水平轴)与内环轴固连，Ox 轴始终垂直于 Oyz 平面。称坐标系 $Oxyz$ 为陀螺坐标系，也称莱查坐标系。注意这里 Ox 轴不是外环轴 X_p。陀螺转子能绕 Oz 轴做高速的自转运动，转子连同内环能绕 Oy 轴做倾斜旋转，转子、内环连同外环一起能绕外环轴 X_p 做方位转动。因此，陀螺转子可同时绕 3 个轴自由旋转，指向空间的任何方向。陀螺转子在空间有 3 个自由度。3 根轴的交点 O 称为转子的支架点，也称为陀螺仪的支承中心。

确定主轴 Oz 在空间的位置，只需水平和方位上的转角两个参数，不用关心主轴的自转。因此，上述陀螺仪称为二自由度陀螺仪，与主轴正交的其他两轴用于敏感出载体的角速度或角位移的输出轴向。一个二自由度陀螺仪用内环轴和外环轴角度传感元件可以测量出两个姿态角。

图 3-5 单自由度陀螺仪

如果把内外环中任意一环固定起来，则转子主轴对底座只有一个转动自由度，这样的陀螺仪称为单自由度陀螺仪。假如把内外环都固定起来，陀螺仪则只是一个绕定轴转动的刚体。单自由度陀螺仪基本组成如图 3-5 所示。同二自由度陀螺仪相比，它只有一个框架(相当于只有内框架而无外框架)，因此，这种陀螺仪的自转轴仅具有绕一个框架轴的转动自由度。

3.2.2 陀螺仪的运动

玩具陀螺表现出的运动现象是大家所熟悉的。当玩具陀螺旋转时，它就能够直立在地上(图 3-6),而且转得越快,立得越稳,即使有冲击作用,也只是产生晃动而不易被冲倒,玩具陀螺的自转轴方向能在空间保持稳定,这是陀螺稳定现象的表现。

一个不旋转的陀螺不能自立于地面,这是由于陀螺的重力对地面支点的力矩使其倾倒。如果使陀螺绕其轴线高速旋转,它会在摇摆中立于地面而不倒下。此时,陀螺自身可有 3 种运动同时存在,如图 3-7 所示。

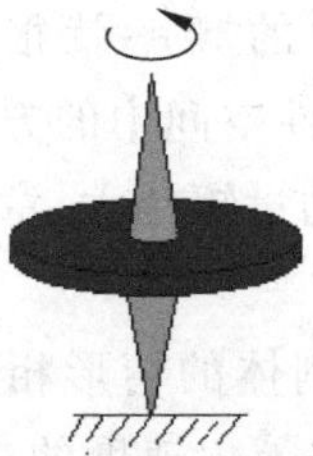

图 3-6 玩具陀螺的运动

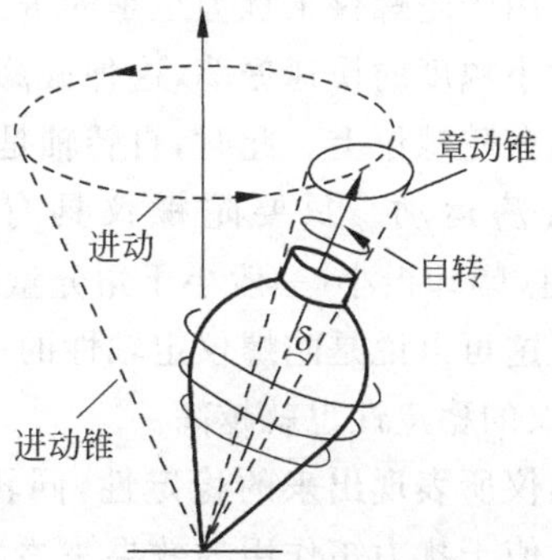

图 3-7 陀螺的 3 种运动

一是陀螺绕其自身轴线高速转动,称为自转。

二是陀螺绕着垂直于地面的轴线缓慢的公转,称为进给运动、进动。

三是瞬时施加干扰力时,陀螺轴相对于垂直轴线做摆动,两轴线间的夹角 δ 由大到小,再由小到大,做周期性的变化,此种摆动称为章动。

陀螺运动一段时间之后,因受空气阻力和地面摩擦阻力的作用,自转角速度逐渐衰减,直到最后翻倒。

陀螺仪的基本特性,通常称为陀螺效应。陀螺效应包括定轴性、进动、章动和陀螺动力效应(陀螺力矩),其中定轴性、进动性和陀螺动力效应常被称为陀螺仪的三特性。

3.2.3 陀螺仪的定轴性

陀螺转子的运动本质是刚体定点转动问题,可简化成绕定点 O 运动的转子。陀螺的重要参数是自转动量矩 $\boldsymbol{H}$,它永远沿着自转轴 Oz。大小 $H=J\Omega=$常量。它说明了转子高速旋转运动的强弱状态与方向。设图 3-4(a)所示的陀螺仪主轴 Oz 轴正向水平指向空间某一方向,现轻轻地将基座倾斜(“轻轻地”即外加的干扰力矩相对于动量矩 $\boldsymbol{H}$ 可忽略),则出现的现象如图 3-8 所示,$\boldsymbol{H}$ 即 Oz 轴正向仍指向原来方向没变;如果轻轻地将基座旋转,也可看到同样的结果,$\boldsymbol{H}$ 即 Oz 轴仍然水平地指示原来的方向。陀螺仪不受任何外力矩作用,它的主轴将保持其空间初始指向不变的特性,称作陀螺仪的定轴性,或称为陀螺仪的稳定指向性,如图 3-8 所示。

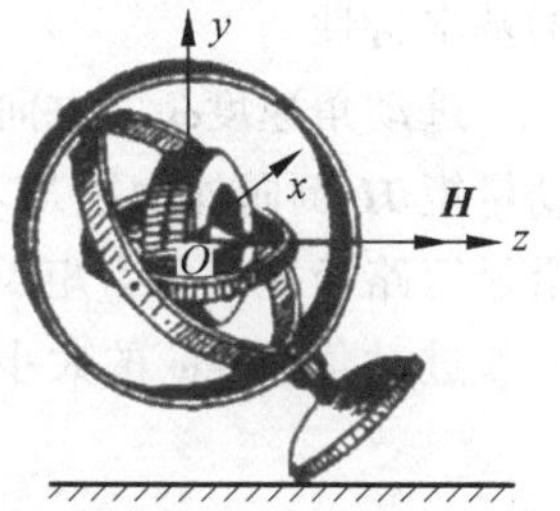

图 3-8 陀螺仪的定轴性

陀螺仪的定轴性可用动量矩定理加以说明。当陀螺仪不受外力矩作用时,根据动量矩定理有 $\frac{\mathrm{d}\boldsymbol{H}}{\mathrm{d}t}=0$,由此表明陀螺动

量矩 $\boldsymbol{H}$ 在惯性空间中既无大小的改变，也无方向的改变，即自转轴在惯性空间中保持原来的初始方位不变。

实际的陀螺仪中，不受任何外力矩作用的情况是不存在的。由于结构和工艺的不尽完善，总是不可避免地存在干扰力矩。因此，在有干扰的情况下考察陀螺仪的定轴性问题，更有实际的意义。

当作用于陀螺仪干扰力矩是冲击力矩时，陀螺仪自转轴的实际运动大都是在进动运动邻近做小幅度的快速振荡，这种振荡称为陀螺仪的章动。最为典型的情况是瞬时冲击力矩作用在陀螺仪上。此时，自转轴是在原来的空间方位附近绕垂直于自转轴的两个正交轴做振荡运动。只要陀螺仪具有较大的动量矩，章动的频率就很高（一般高于100Hz），振幅却很小（一般小于角分量级），因而自转轴在惯性空间中的方位改变是极其微小的。这可以说是陀螺仪定轴性的一个重要表现。陀螺动量矩越大，章动振幅也越微小，陀螺仪的稳定性也就越高。

陀螺仪所表现出来的稳定性，同转子不自转即为一般刚体的情形相比有很大的区别。从常值干扰力矩作用的效果来看，陀螺仪是绕交叉轴按等角速度的进动规律漂移，漂移角度随时间成比例增加；一般刚体则绕同轴按等角度的转动规律偏转，偏转角速度随时间成比例增加，偏转角度随时间的二次方成比例增加。因此在同样大小的干扰力矩作用下，经过相同的时间，陀螺仪相对惯性空间的方位改变远比一般刚体小得多。

3.2.4 陀螺仪的进动性

1. 陀螺仪的进动性及其规律

在二自由度陀螺仪上施加力矩，会引起陀螺动量矩矢量相对惯性空间转动的特性称为陀螺仪的进动性。

更为一般的情况是，在工作过程中始终有一定量值的外力矩作用在陀螺仪上。对图 3-9 所示的二自由度陀螺仪，若外力矩 $\boldsymbol{M}$ 绕内框轴作用在陀螺仪上，则动量矩 $\boldsymbol{H}$ 绕外框轴相对惯性空间转动，见图 3-9(a)；若外力矩 $\boldsymbol{M}$ 绕外框轴作用在陀螺仪上，则动量矩 $\boldsymbol{H}$ 绕内框轴相对惯性空间转动，见图 3-9(b)。即陀螺仪在受到垂直于主轴的外力矩 $\boldsymbol{M}$ 作用时，陀螺主轴的运动并不发生在力的作用平面内，而是与此平面垂直，为了同一般刚体的转动相区分，将陀螺仪的这种运动称为进动。其转动角速度 ω 称为进动角速度，有时还把陀螺仪进动所绕的轴（这里即内、外框轴）称为进动轴。进动性是二自由度陀螺仪的基本特性。

进动角速度 $\boldsymbol{\omega}$ 的方向取决于动量矩 $\boldsymbol{H}$ 和外力矩 $\boldsymbol{M}$ 的方向，其规律如图 3-9(c)所示。动量矩 $\boldsymbol{H}$ 倒向外力矩 $\boldsymbol{M}$ 的方向就是进动的方向。可以用右手定则来记忆：从动量矩 $\boldsymbol{H}$ 沿最短路径握向外力矩 $\boldsymbol{M}$ 的右手旋进方向，即为进动角速度 $\boldsymbol{\omega}$ 的方向。

进动角速度 $\boldsymbol{\omega}$ 的大小为

$$\omega=\frac{M}{H} \tag{3-20}$$

这就是说，当动量矩为一定值时，进动角速度与外力矩成正比；当外力矩为一定值时，进

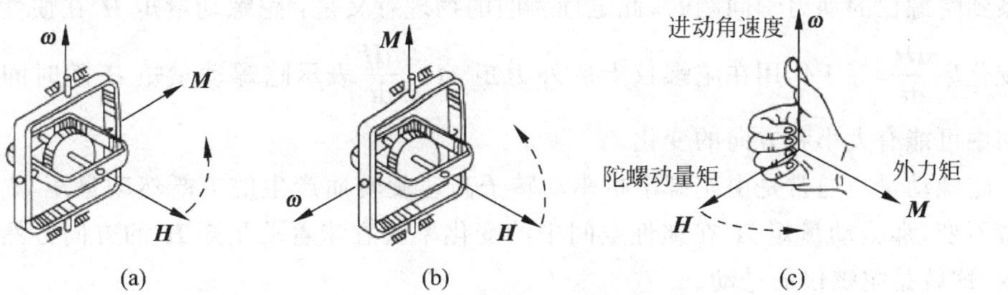

图 3-9 外力矩作用下陀螺仪的进动

动角速度与动量矩成反比；当动量矩和外力矩均为一定值时，进动角速度也保持一定值。

陀螺动量矩 $\boldsymbol{H}$ 等于转子绕自转轴的转动惯量 J 与转子自转角速度 Ω 的乘积，上式也可写成

$$\omega=\frac{M}{J\Omega} \tag{3-21}$$

在计算进动角速度时，动量矩的单位常用 g·cm·s，外力矩的单位常用 g·cm。由此计算出进动角速度的单位是 rad/s。但在实际应用中，进动角速度的单位一般采用(°)/min 或(°)/h 来表示。它们之间的换算关系是

$$1\text{rad/s}=3.44\times10^{3}\,°/\text{min}=2.06\times10^{5}\,°/\text{h}$$

例 3-1 设陀螺动量矩 $H=4000$g·cm·s，当作用在内环轴上的外力矩 $M=10$g·cm 时，则陀螺仪绕外框轴的进动角速度为

$$\omega=\frac{M}{H}=\frac{10}{4000}=2.5\times10^{-3}\,\text{rad/s}=8.6°/\text{min}$$

当作用在内环轴上的外力矩 $M=1$g·cm 时，则陀螺仪绕外框轴的进动角速度为

$$\omega=\frac{M}{H}=\frac{1}{4000}=2.5\times10^{-4}\,\text{rad/s}=0.86°/\text{min}$$

若作用在内环轴上的外力矩仍是 $M=1$g·cm，但陀螺动量矩 $H=24000$g·cm·s，则陀螺仪绕外框轴的进动角速度为

$$\omega=\frac{M}{H}=\frac{1}{24000}=4.17\times10^{-5}\,\text{rad/s}=0.143°/\text{min}$$

陀螺仪的进动可以说是"无惯性"的。外力矩加到陀螺仪的瞬间，它就立即出现进动；外力矩去除的瞬间，它就立即停止进动；外力矩的大小或方向改变，进动角速度的大小或方向也立即发生相应的改变。当然，完全的"无惯性"在实际上是不存在的，这里只是因为陀螺动量矩较大，用眼睛不易观察出它的惯性表现而已。

2. 陀螺仪进动性的解释

可以从动量矩定理解释进动性。

动量矩定理的表述为

$$\frac{\mathrm{d}\boldsymbol{H}}{\mathrm{d}t}=\boldsymbol{M} \tag{3-22}$$

联系到陀螺仪的动力学问题时，此定理表明的物理意义是：陀螺动量矩 $\boldsymbol{H}$ 在惯性空间中的变化率 $\frac{\mathrm{d}\boldsymbol{H}}{\mathrm{d}t}$，等于作用在陀螺仪上的外力矩 $\boldsymbol{M}$。$\frac{\mathrm{d}\boldsymbol{H}}{\mathrm{d}t}$ 表示陀螺动量矩 $\boldsymbol{H}$ 随时间在惯性空间中可能有大小和方向的变化。

陀螺动量矩通常是由陀螺电机驱动转子高速旋转而产生的。既然动量矩 $\boldsymbol{H}$ 的大小保持不变，那么动量矩 $\boldsymbol{H}$ 在惯性空间中的变化率就意味着动量矩 $\boldsymbol{H}$ 的方向必然要发生改变，这就是陀螺仪的进动。

还应当特别注意，在外力矩 $\boldsymbol{M}$ 作用下，陀螺动量矩 $\boldsymbol{H}$ 的变化率是相对惯性空间的变化率。因此，陀螺仪的进动是相对惯性空间而言的。

其实，利用动量矩定理的另一表达形式即莱查定理，来说明陀螺仪的进动性更为方便。莱查定理的表述为

$$\boldsymbol{v}_H=\boldsymbol{M} \tag{3-23}$$

联系到陀螺仪的动力学问题时，此定理表明的物理意义是：陀螺动量矩 $\boldsymbol{H}$ 的矢端速度 $\boldsymbol{v}_H$，等于作用在陀螺仪上的外力矩 $\boldsymbol{M}$。$\boldsymbol{v}_H$ 与 $\boldsymbol{M}$ 不仅大小相等，而且方向相同。在图 3-10 中表示了这个关系。根据动量矩 $\boldsymbol{H}$ 矢端速度 $\boldsymbol{v}_H$ 的方向与外力矩 $\boldsymbol{M}$ 的方向相一致的关系，便可确定动量矩 $\boldsymbol{H}$ 的方向变化，从而确定进动的方向。这与上述提到的判断规则完全一致。但若把它说成“外力矩 $\boldsymbol{M}$ 拉着动量矩 $\boldsymbol{H}$ 矢端走”用来记忆进动的方法，更是一种形象的方法。

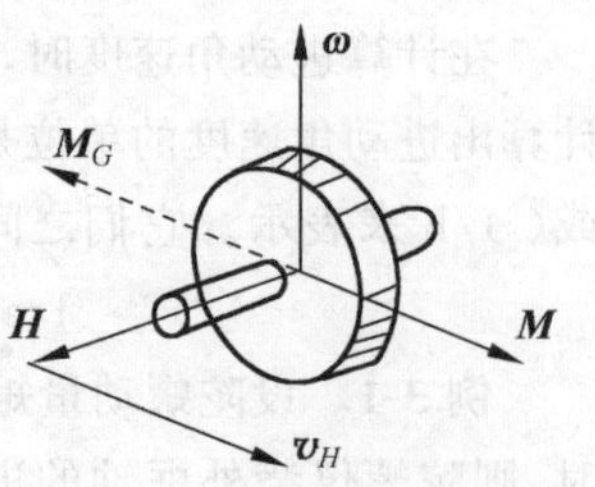

图 3-10 陀螺动量矩 $\boldsymbol{H}$ 矢端速度

如果用陀螺动量矩 $\boldsymbol{H}$ 在惯性空间中的转动角速度 $\boldsymbol{\omega}$ 来表达 $\boldsymbol{H}$ 的矢端速度 $\boldsymbol{v}_H$，则有 $\boldsymbol{v}_H=\boldsymbol{\omega}\times\boldsymbol{H}$。再根据莱查定理 $\boldsymbol{v}_H=\boldsymbol{M}$ 可得如下关系

$$\boldsymbol{\omega}\times\boldsymbol{H}=\boldsymbol{M} \tag{3-24}$$

显然，陀螺动量矩 $\boldsymbol{H}$ 在惯性空间中的转动角速度 $\boldsymbol{\omega}$ 即为进动角速度。式(3-24)表明了进动角速度、动量矩和外力矩三者之间的关系。若已知 $\boldsymbol{H}$ 及 $\boldsymbol{M}$ 大小和方向，则根据矢量积的运算规则可求出 $\boldsymbol{\omega}$ 的大小和方向。式(3-24)就是以矢量形式表示的陀螺仪进动方程。

从上述分析可见，从动量矩定理还可以看到陀螺仪进动的“无惯性”。陀螺仪产生进动的内因是转子的高速自转即动量矩的存在，外因则是外力矩 $\boldsymbol{M}$ 的作用，而且是外力矩改变了陀螺动量矩的方向。如果转子没有自转，即动量矩为零，或者作用于陀螺仪的外力矩为零，或者外力矩矢量与动量矩矢量共线，那么陀螺仪就不会表现出进动性。

当绕外框轴作用的外力矩使陀螺仪绕内框轴进动到自转轴与外框轴重合，或者仪表壳体绕内框轴转动带动外框轴转到与自转轴重合时，二自由度陀螺仪将失去一个转动自由度。在此情形，动量矩矢量与外框轴共线，绕外框轴作用的外力矩将使外框架连同内框架绕外框轴转动，陀螺仪变得与一般刚体没有区别了。二自由度陀螺仪当其自转轴和一个自由度轴重合，使其失去一个转动自由度因而失掉有用特性的状态，称为“框架自锁”。在二自由度陀螺仪构成的陀螺仪表中，应当避免“框架自锁”情况的出现，否则仪表

将无法正常工作。

根据以上所述可知，陀螺仪进动的内因，是转子的高速自转即动量矩的存在，外因则是外力矩的作用；外力矩之所以会使陀螺仪产生进动，是因为外力矩改变了陀螺动量矩方向的结果。如果转子没有自转，即动量矩为零，或者作用于陀螺仪的外力矩为零，或者外力矩矢量与动量矩共线（如出现“框架自锁”时，作用在外环轴上的外力矩矢量便与动量矩矢量共线），那么陀螺仪就不会表现出进动性。同时还应明确，在外力作用下陀螺动量矩矢量的变化率是相对惯性空间而言的，因此陀螺仪的进动也是相对惯性空间而言的。

3.2.5 陀螺动力效应

根据牛顿第三定律，当外界对陀螺仪施加力矩使它进动时，陀螺仪必然存在反作用力矩，其大小与外力矩相等，方向则相反，并且作用在给陀螺仪施加力矩的那个物体上。陀螺仪进动时的反作用力矩，通常称为“陀螺力矩”。

陀螺力矩 $\boldsymbol{M}_G$ 与外力矩 $\boldsymbol{M}$ 之间的关系显然为

$$\boldsymbol{M}_G = -\boldsymbol{M} = \boldsymbol{H} \times \boldsymbol{\omega} \tag{3-25}$$

当陀螺动量矩 $\boldsymbol{H}$ 与进动角速度 $\boldsymbol{\omega}$ 垂直时，陀螺力矩 $\boldsymbol{M}_G$ 的大小为

$$M_G = H\omega \tag{3-26}$$

陀螺力矩 $\boldsymbol{M}_G$ 的方向如图 3-10 中虚线箭头所示。从动量矩 $\boldsymbol{H}$ 沿最短路径握向进动角速度 $\boldsymbol{\omega}$ 的右手旋进方向，即为陀螺力矩 $\boldsymbol{M}_G$ 的方向。

陀螺力矩实为哥氏惯性力矩。假设转子绕自转轴 z 以角速度 $\boldsymbol{\Omega}$ 相对内框架转动，转子又连同内框架绕内框轴 y 以角速度 $\boldsymbol{\omega}_y$ 相对惯性空间运动（进动）。也就是说，转子各质点对内框架作相对运动，同时又参与内框架的牵连运动。由于相对运动与牵连转动的相互影响，转子各质点具有哥氏加速度。哥氏加速度大小为

$$a_e = 2\omega_y v_r \sin\theta = 2\omega_y \Omega r \sin\theta \tag{3-27}$$

方向按右手定则确定。在第一和第二象限中，哥氏加速度的方向垂直于转子的旋转平面且矢端指向读者；在第三和第四象限中，哥氏加速度的方向垂直于转子的旋转平面但矢端背向读者。从式(3-27)看出，转子各质点哥氏加速度的大小与该质点的位置有关，它按角度 θ 成正弦变化，并按半径 r 成比例变化。图 3-11 中示出了实心圆柱形转子上一个薄片各质点哥氏加速度的分布规律。若在转子上取任意一个薄片，其分布规律都与此相同。

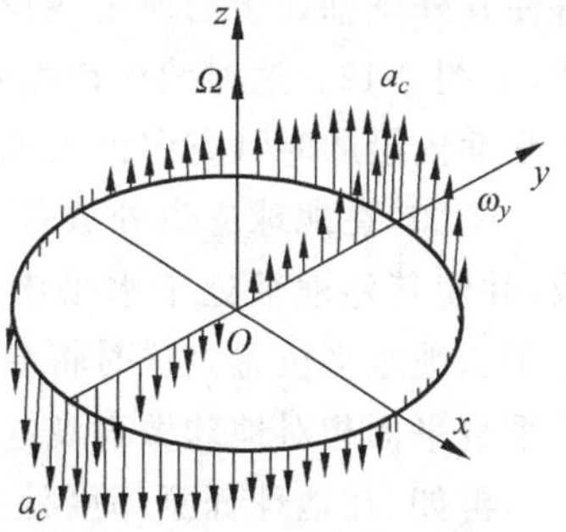

图 3-11 转子哥氏加速度的分布规律

由于转子各质点具有哥氏加速度，故必存在哥氏惯性力。哥氏惯性力的大小为质点的质量 m 与哥氏加速度 a_c 的乘积，即

$$F_c = ma_c\omega_y\Omega r\sin\theta \tag{3-28}$$

方向与哥氏加速度的方向相反。整个转子的哥氏惯性力矩可以通过积分的方法求得，其

大小为 $M_{Gx}=H\omega_y$，方向则与外力矩 $\boldsymbol{M}_x$ 的方向相反。

可见，陀螺力矩的实质是陀螺仪进动时的惯性反抗而产生的哥氏惯性力矩。与一般定轴转动刚体的惯性力矩不同，后者是刚体角加速转动时的惯性反抗而产生的（为了区分，这里称之为转动惯性力矩）。如果转子没有自转，陀螺仪就不存在进动性，陀螺力矩也不复存在。在这种情况下，如有外力矩绕框架轴作用在陀螺仪上，将使它绕同一框架轴作角加速转动；虽然此时仍然存在惯性力矩，但它不是哥氏惯性力矩，而是转动惯性力矩了。

必须指出，陀螺力矩并不作用于转子本身，而是作用在给陀螺仪施加力矩的物体上。例如，用手绕外框轴给陀螺仪施加力矩，这个力矩通过外框架传递到内框轴上，再通过内框架传递到自转轴上一对轴承而作用到转子上，这样才使转子产生让内框架轴的进动。转子绕内框架轴进动的同时所产生的绕外框轴的陀螺力矩，又通过这些构件传递到外框架而反作用到手上。因此，对陀螺仪中的转子而言，它仅受到外力矩作用，转子处于进动状态，而不处于静止状态。

但是，对于陀螺仪中的外框架而言，由于它在这里传递力矩，所以同时受到外力矩和陀螺力矩的作用，二者方向相反且大小相等，这样就使外框架处于平衡状态，而绕外框轴相对惯性空间保持方位稳定。陀螺力矩所产生的这种外框架稳定效应，叫作陀螺动力稳定效应或简称陀螺动力效应。一旦自转轴绕内框轴进动到与外框轴重合即出现框架自锁时，陀螺力矩就不存在，陀螺动力稳定效应也不复存在了。

3.2.6 陀螺仪的表观进动

由于陀螺仪的转动相对惯性空间保持方向不变，而地球以其自转角速度绕极轴相对惯性空间转动，因此陀螺自转轴相对地球的方向将出现表观变化。观察者以地球作为参考基准所看到的这种表面上的进动现象，叫作陀螺仪的表观进动。

例如，在地球北极处放置一个高精度的二自由度陀螺并使其外框轴处于当地垂线位置，自转轴处于当地水平位置，如图 3-12。这时俯视该陀螺仪会看到：陀螺自转轴在水平面内沿顺时针方向做表观进动，每 24h 进动一周。

又如，在地球赤道处放置一个高精度的二自由度陀螺仪，并使其外框轴处于水平南北位置，如图 3-13。自转轴处于当地水平位置。这时将会看到：陀螺自转轴在东西方向垂直平面相对地球做表观进动，每 24h 进动一周。

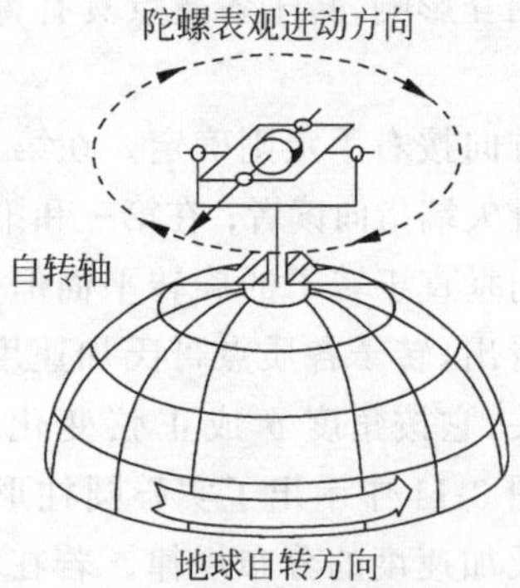

图 3-12 地球北极处陀螺仪的表观进动

再如，在地球任意纬度处放置一个高精度的二自由度陀螺仪，并使其自转轴处于当地垂线位置，如图 3-14(a)，将会看到：陀螺自转轴逐渐偏离当地垂线，而相对地球做圆锥面轨迹的表观进动，每 24h 进动一周；若使其自转轴处于当地子午线位置，将会看到：陀螺自转轴逐渐偏离当地子午线，也相对地球做圆锥面轨迹的表观进动，每 24h 进动一周(图 3-14(b))。

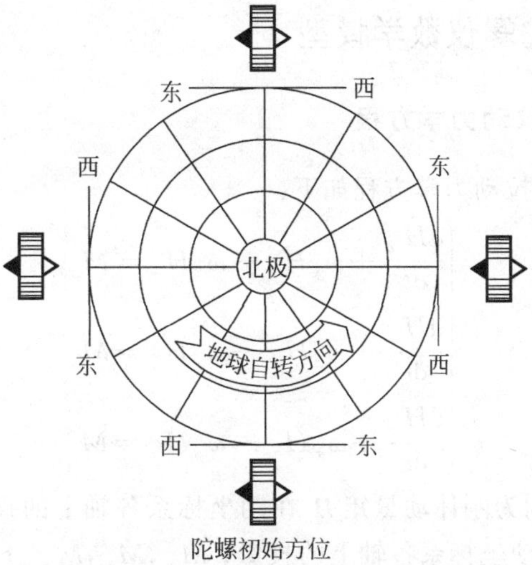

图 3-13 地球赤道处陀螺仪的表观进动

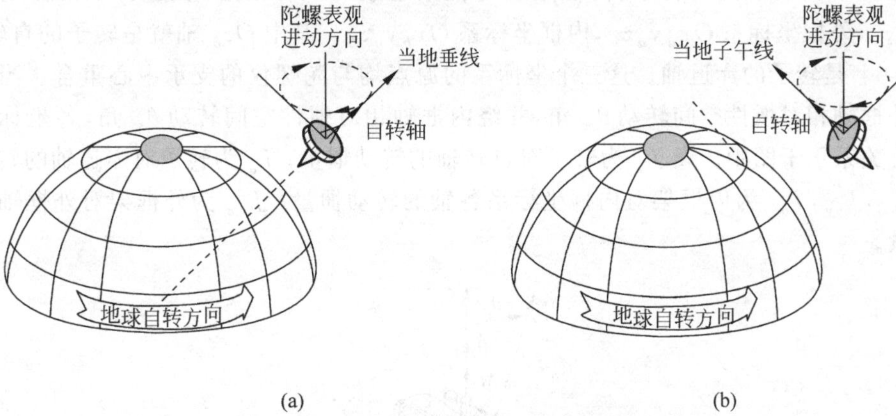

图 3-14 任意纬度处陀螺仪的表观进动

由于当地垂线和当地子午线均随地球一起相对惯性空间转动,并随载体的运动在惯性空间中不断改变方向,而且陀螺仪本身还存在着漂移,因此,欲利用陀螺仪在载体上建立当地垂线和子午线作为姿态的测量基准,就必须对陀螺仪施加一定的控制力矩或修正力矩,以使其自转轴始终跟踪当地垂线或当地子午线在惯性空间中的方位变化。

3.3 陀螺仪数学模型

陀螺仪在外力矩作用下的运动问题,实质上是属于刚体绕定点转动的动力学问题,因此可以用刚体定点转动的欧拉动力学方程或动力学普遍方程——拉格朗日方程来推导陀螺仪的动力学方程,并用方程来分析陀螺仪主轴的运动规律,通过分析可进一步掌握和理解陀螺仪的基本特性。

3.3.1 双自由度陀螺仪数学模型

1. 双自由度陀螺仪动力学方程

刚体定点转动的欧拉动力学方程如下：

$$\begin{cases} \dfrac{\mathrm{d}H_x}{\mathrm{d}t}+\omega_y H_z-\omega_z H_y=M_x \\ \dfrac{\mathrm{d}H_y}{\mathrm{d}t}+\omega_z H_x-\omega_x H_z=M_y \\ \dfrac{\mathrm{d}H_z}{\mathrm{d}t}+\omega_x H_y-\omega_y H_x=M_z \end{cases} \tag{3-29}$$

式中，H_x,H_y,H_z 分别为刚体动量矩 $\boldsymbol{H}$ 在动坐标系各轴上的投影；$\omega_x,\omega_y,\omega_z$ 分别为动坐标系的角速度 $\boldsymbol{\omega}$ 在动坐标系各轴上的投影；M_x,M_y,M_z 分别为作用于刚体的外力矩 $\boldsymbol{M}$ 在动坐标系各轴上的投影。

对图 3-15 所示的由转子、内框架和外框架组成的双自由度陀螺仪，取惯性坐标系 $Ox_iy_iz_i$，外框坐标系 $Ox_ay_az_a$，内框坐标系 $Ox_by_bz_b$。其中 Oz_b 轴就是转子的自转轴，Ox_b、Oy_b 是转子的赤道轴。这三个坐标系的原点均与陀螺仪的支承中心重合。当陀螺仪绕外框轴相对惯性空间转动 θ_x 角，并绕内框轴相对惯性空间转动 θ_y 角，各坐标系间的位置关系示于图中。设 J_z 为转子对自转轴的转动惯量；J_e 为转子对赤道轴的转动惯量；J_{bx},J_{by},J_{bz} 为内框架对内框坐标系各轴的转动惯量；J_{ax} 为外框架对外框轴的转动惯量。

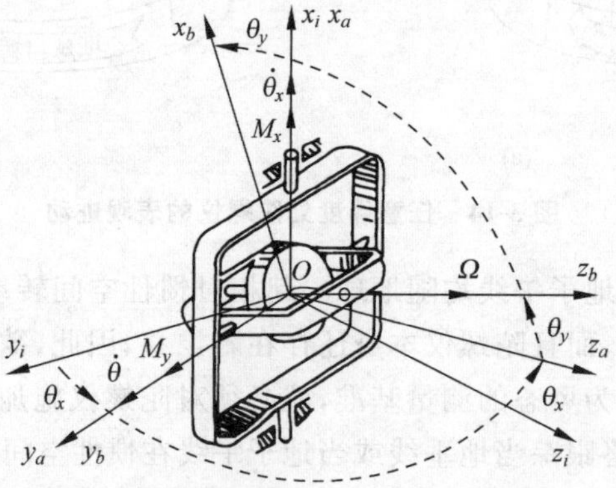

图 3-15 双自由度陀螺仪各坐标系间的运动关系

应用欧拉动力学方程推导出二自由度陀螺仪的动力学方程为

$$\begin{cases} [J_{ax}+(J_{bx}+J_e)\cos^2\theta_y+(J_{bz}+J_z)\sin^2\theta_y]\ddot\theta_x+H\dot\theta_y\cos\theta_y- \\ \qquad 2(J_{bx}+J_e-J_{bz}-J_z)\cdot\dot\theta_x\dot\theta_y\sin\theta_y\cos\theta_y=M_x \\ (J_{by}+J_e)\ddot\theta_y-H\dot\theta_x\cos\theta_y+(J_{bx}+J_e-J_{bz}-J_z)\dot\theta_x^2\sin\theta_y\cos\theta_y=M_y \end{cases} \tag{3-30}$$

式(3-30)是二阶非线性微分方程组，其求解是比较复杂的，在应用时往往加以简化，忽略方程组中一些次要因素的影响，使之成为二阶线性微分方程组。

实际上，在陀螺仪进入正常工作状态即转子高速自转的情况下，陀螺动量矩达到较大的量值，就有下列条件

$$\begin{cases}2(J_{bx}+J_e-J_{bz}-J_z)\dot{\theta}_x\dot{\theta}_y\sin\theta_y\cos\theta_y \ll H\dot{\theta}_y\cos\theta_y \\ (J_{bx}+J_e-J_{bz}-J_z)\dot{\theta}_x^2\sin\theta_y\cos\theta_y \ll H\dot{\theta}_x\cos\theta_y\end{cases} \tag{3-31}$$

成立，这样便可忽略动力学方程式中非线性高次微量，从而得到

$$\begin{cases}[J_{ax}+(J_{bx}+J_e)\cos^2\theta_y+(J_{bz}+J_z)\sin^2\theta_y]\ddot{\theta}_x+H\dot{\theta}_y\cos\theta_y=M_x \\ (J_{by}+J_e)\ddot{\theta}_y-H\dot{\theta}_x\cos\theta_y=M_y\end{cases} \tag{3-32}$$

式(3-32)第一式中方括号部分为陀螺仪绕外框轴的转动惯量，第二式中圆括号部分为陀螺仪绕内框轴的转动惯量，现分别用 J_x 和 J_y 代表。于是，可把二自由度陀螺仪的动力学方程写成

$$\begin{cases}J_x\ddot{\theta}_x+H\dot{\theta}_y\cos\theta_y=M_x \\ J_y\ddot{\theta}_y-H\dot{\theta}_x\cos\theta_y=M_y\end{cases} \tag{3-33}$$

一般情况下，陀螺仪绕内框轴的转角 θ_y 很小，可以认为$\cos^2\theta_y\approx1$，$\cos\theta_y\approx1$，$\sin\theta_y\approx\theta_y$，$\sin^2\theta_y\approx0$。因此，二自由度陀螺仪的动力学方程可简化为

$$\begin{cases}J_x\ddot{\theta}_x+H\dot{\theta}_y=M_x \\ J_y\ddot{\theta}_y-H\dot{\theta}_x=M_y\end{cases} \tag{3-34}$$

式中的转动惯量 J_x、J_y 表达式简化为

$$\begin{cases}J_x=J_{ax}+J_{bx}+J_e \\ J_y=J_{by}+J_e\end{cases} \tag{3-35}$$

式(3-34)是二阶线性微分方程组。这组动力学方程通常称为陀螺仪的技术方程，意思是指在工程技术的实际应用中，采用这样的方程来研究陀螺仪的动力学问题是足够精确的。

如果忽略转子赤道转动惯量和框架转动惯量的影响，则双自由度陀螺仪的技术方程式可进一步简化为

$$\begin{cases}H\dot{\theta}_y=M_x \\ -H\dot{\theta}_x=M_y\end{cases} \tag{3-36}$$

式(3-36)就是陀螺仪的进动方程。

2. 用陀螺仪技术方程分析陀螺仪运动特性

现在对图 3-15 所示的二自由度陀螺仪，用陀螺仪数学模型来分析陀螺仪主轴的运动规律，通过分析可进一步掌握和理解陀螺仪的基本运动特性。

1）在脉冲力矩作用下的章动

例如鱼雷或导弹发射的瞬间，对舰船上陀螺仪的干扰可近似认为是脉冲力矩的作用。由于脉冲力矩作用时间极短，力矩作用以后陀螺仪上将无外力矩作用，即 $M_x=0$，$M_y=0$。根据技术方程式(3-34)得

$$\begin{cases}J_x\ddot{\theta}_x+H\dot{\theta}_y=0\\J_y\ddot{\theta}_y-H\dot{\theta}_x=0\end{cases}\tag{3-37}$$

对实用陀螺一般都有 $J_x\approx J_y=J$。将式(3-37)微分一次并整理得

$$\begin{cases}\dddot{\theta}_x+\dfrac{H^2}{J^2}\dot{\theta}_x=0\\\dddot{\theta}_y+\dfrac{H^2}{J^2}\dot{\theta}_y=0\end{cases}\tag{3-38}$$

式(3-38)解有下列形式

$$\begin{cases}\dot{\theta}_x=C_1\sin\omega_n t+C_2\cos\omega_n t\\\dot{\theta}_y=C_1\cos\omega_n t-C_2\sin\omega_n t\end{cases}\tag{3-39}$$

式中

$$\omega_n=\frac{H}{J}\tag{3-40}$$

为陀螺仪章动角频率。C_1 和 C_2 是由初始条件决定的常数。为了求积分常数先确定初始条件。设脉冲力矩 M_x 沿 x 轴作用，将引起主轴绕外环轴 x 产生初始进动角速度 $\dot{\theta}_y$ 和角加速度 $\ddot{\theta}_y$。因脉冲力矩 M_x 作用时间 Δt 极短，可认为主轴初始方位并不改变，陀螺仪像一般刚体一样，$M_x=J\ddot{\theta}_x$，于是不难求得其初始角速度

$$\dot{\theta}_{x0}=\frac{M_x}{J}\Delta t\tag{3-41}$$

由此得到 $t=0$ 时，$\dot{\theta}_y(0)=0$，$\dot{\theta}_x(0)=\dot{\theta}_{x0}$。代入式(3-41)可求得 $C_1=\dot{\theta}_{x0}$，$C_2=0$，可得

$$\begin{cases}\dot{\theta}_x=\dot{\theta}_{x0}\cos\omega_n t\\\dot{\theta}_y=\dot{\theta}_{x0}\sin\omega_n t\end{cases}\tag{3-42}$$

对式(3-42)积分得

$$\begin{cases}\theta_x=\dfrac{\dot{\theta}_{x0}}{\omega_n}\sin\omega_n t+C_3\\\theta_y=\dfrac{\dot{\theta}_{x0}}{\omega_n}\mathrm{con}\omega_n t+C_4\end{cases}\tag{3-43}$$

由初始条件 $t=0$ 时，$\theta_x(0)=0$，$\theta_y(0)=0$，可求得 $C_3=0$，$C_4=\dfrac{\dot{\theta}_{x0}}{\omega_n}$，代入式(3-43)通解得

$$\begin{cases}\theta_x = \dfrac{\dot{\theta}_{x0}}{\omega_n}\sin\omega_n t \\ \theta_y = \dfrac{\dot{\theta}_{x0}}{\omega_n}(1-\cos\omega_n t)\end{cases} \tag{3-44}$$

式(3-44)就是陀螺仪在脉冲力矩作用后，主轴绕外、内环轴的运动规律，显然这是一个简谐振荡运动。

将式(3-44)第 2 式改为

$$\theta_y - \frac{\dot{\theta}_{x0}}{\omega_n} = -\frac{\dot{\theta}_{x0}}{\omega_n}\cos\omega_n t \tag{3-45}$$

取平方，再与式(3-44)第 1 式的平方相加得到

$$\theta_x^2 + \left(\theta_y - \frac{\dot{\theta}_{x0}}{\omega_n}\right)^2 = \left(\frac{\dot{\theta}_{x0}}{\omega_n}\right)^2 \tag{3-46}$$

式(3-46)表明，在脉冲力矩作用下陀螺仪主轴端点在相平面 θ_x，θ_y 上的运动轨迹是以($\dot{\theta}_{x0}/\omega_n$，0)为圆心，$\dot{\theta}_{x0}/\omega_n$ 为半径，通过初始位置的一个圆周，如图 3-16 所示。

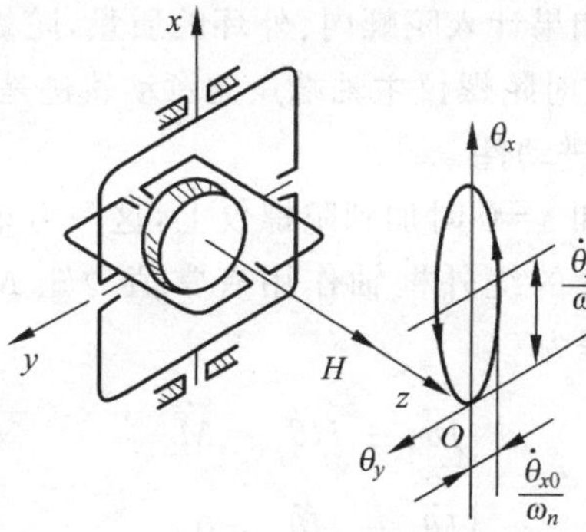

图 3-16　脉冲力矩作用下陀螺仪主轴端点的运动轨迹

陀螺仪做振荡运动时的角频率为

$$\omega_n = \frac{H}{J} = \frac{J_z\Omega}{J} \tag{3-47}$$

对于实用陀螺仪，$J \approx \frac{1}{2}J_z$，代入上式，得

$$\omega_n = 2\Omega \tag{3-48}$$

振荡振幅为

$$\frac{\dot{\theta}_{x0}}{\omega_n} = \frac{\dot{\theta}_{x0}J}{H} \approx \frac{\dot{\theta}_{x0}}{2\Omega} \tag{3-49}$$

由式(3-49)可以看出，陀螺主轴做振荡运动时的角频率约为自转角频率的两倍，因此是高频振荡，其振幅是很微小的，通常不超过 4′。

因此，陀螺仪受脉冲力矩作用后，主轴将在其初始位置附近做高频微幅的振荡运动，

称为陀螺仪的章动。动量矩 **H** 越大，章动角频率 ω_n 就越高，振幅就越小。所以章动运动说明陀螺仪具有抵抗冲击干扰的能力，即具有稳定性。

章动运动会由于支承摩擦和介质阻尼而逐渐衰减下来，最终使主轴稳定在一个很微小的常值偏角 $\theta_{yr}=\dfrac{\dot{\theta}_{x0}}{\omega_n}$ 的位置上（当脉冲力矩沿内环轴作用时），或稳定在偏角 $\theta_{xr}=\dfrac{\theta_{y0}}{\omega_n}$ 的位置上（当脉冲力矩沿外环轴作用时）。章动是在脉冲力矩作用下发生的，此时陀螺仪上已没有外力矩作用，所以章动是一种惯性运动。

举例如下。

例 3-2 设某陀螺转子的赤道转动惯量为 $J=1\mathrm{g}\cdot\mathrm{cm}\cdot\mathrm{s}^2$，动量矩为 $H=4000\mathrm{g}\cdot\mathrm{cm}\cdot\mathrm{s}$，如冲击干扰引起的陀螺仪绕内环轴 y 产生初始角速度为 $\dot{\theta}_0=0.5\mathrm{rad/s}$，则章动角频率为

$$\omega_n=\frac{H}{J}=4000\mathrm{rad/s}=63.6\mathrm{Hz}$$

章动振幅为

$$\frac{\dot{\theta}_{x0}}{\omega_n}=\frac{0.5}{4000}=\frac{1}{8000}=0.45''$$

当然，在上面的讨论中，如果计入陀螺内、外环的质量，陀螺仪绕内、外环的转动惯量就不完全相等，即 $J_x\neq J_y$，这时陀螺仪主轴端点的章动轨迹是一个椭圆。

2）在常值力矩作用下的进动性

外力矩总是在某一瞬间如 $t=0$ 时加到陀螺仪上，这一力矩可看成是阶跃常值力矩，为分析方便，假设只在陀螺仪的绕外框轴作用有常值力矩 M_x，由陀螺仪的技术方程式(3-34)可得此时的运动方程为

$$\begin{cases}J\ddot{\theta}_x+H\dot{\theta}_y=M_x\\ J\ddot{\theta}_y-H\dot{\theta}_x=0\end{cases}\tag{3-50}$$

上述微分方程组的解可写为下列形式：

$$\begin{cases}\dot{\theta}_x=C_1\cos\omega_n t+C_2\sin\omega_n t\\ \dot{\theta}_y=C_3\sin\omega_n t+C_4\cos\omega_n t+\dfrac{M_x}{H}\end{cases}\tag{3-51}$$

其中 $\omega_n=\dfrac{H}{J}$。

设初始条件为 $t=0$ 时，$\dot{\theta}_y(0)=\dot{\theta}_x(0)=0,\theta_y(0)=\theta_x(0)=0$，代入式(3-51)运算后，可求得常数 C_1、C_2、C_3、C_4 的值为

$$C_1=C_2=0,\quad C_2=\frac{M_y}{H},\quad C_4=-\frac{M_x}{H}$$

将此结果代入式(3-51)，得

$$\begin{cases}\dot{\theta}_x=\dfrac{M_x}{H}\sin\omega_n t\\ \dot{\theta}_y=\dfrac{M_x}{H}(1-\cos\omega_n t)\end{cases}\tag{3-52}$$

和

$$\begin{cases}\theta_x=\dfrac{M_x}{H\omega_n}(1-\cos\omega_n t)\\ \theta_y=\dfrac{M_x}{H}t-\dfrac{M_x}{H\omega_n}\sin\omega_n t\end{cases}\tag{3-53}$$

式(3-53)和式(3-52)分别表示陀螺仪在常值力矩 M_x 作用下的运动角速度和角度运动规律。由图 3-17(a)可以看出,陀螺仪主轴绕内环轴出现常值偏角$\dfrac{M_x}{H\omega_n}$,并以该偏角为中心位置做简谐振荡运动,绕外环轴出现进动转角的同时,还伴随有简谐振荡运动。

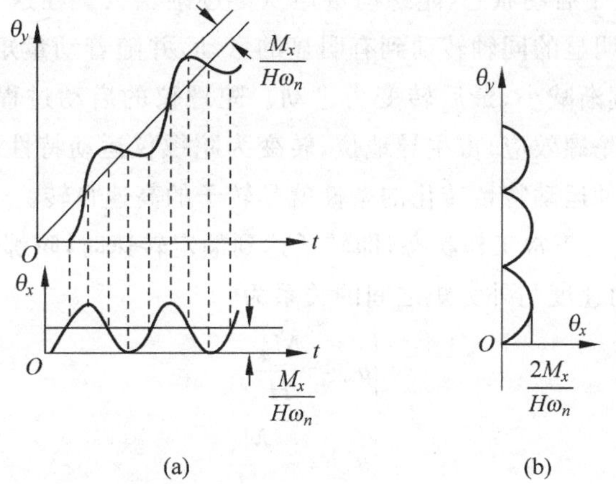

图 3-17 陀螺仪常值力矩 M_x 作用下主轴端点的运动轨迹

由式(3-53)知,陀螺仪主轴端点在相平面 $\theta_x\theta_y$ 上的运动轨迹为一旋轮线,如图 3-17(b)所示。

式(3-53)中含有与式(3-44)相似的项,即陀螺仪章动项,我们把与章动角频率 ω_n 有关的项称为章动分量,而其余的部分称为进动分量。可见,在受常值力矩作用后,陀螺仪的运动是由章动和进动组合而成的。章动的角频率仍为 $\omega_n=\dfrac{H}{J}$,章动的振幅为$\dfrac{M_x}{H\omega_n}$;进动的角速度为$\dfrac{M_x}{H}$,进动的转角为$\dfrac{M_x}{H}t$。陀螺仪的章动在框架轴承中的摩擦和周围介质的阻尼作用下会逐渐衰减。因此,在阶跃常值力矩作用一段时间后,陀螺仪主轴的运动只有进动,其进动角速度为一常值$\dfrac{M}{H}$。

通过以上对二自由度陀螺仪动力学的基本分析,应当明确以下几点:

(1) 在陀螺仪的运动中,陀螺效应和非陀螺效应是同时存在的。陀螺仪技术方程

式为

$$\begin{cases} J_x\ddot{\theta}_x + H\dot{\theta}_y\cos\theta_y = M_x \\ J_y\ddot{\theta}_y - H\dot{\theta}_x\cos\theta_y = M_y \end{cases} \tag{3-54}$$

就反映了这两种效应同时存在的情况。其中 $J_x\ddot{\theta}_x$，$J_y\ddot{\theta}_y$ 项是由转动惯量 J_x，J_y 引起的非陀螺效应项，它们表明与外力矩同轴的角加速转动特性；而 $-H\dot{\theta}_x$，$H\dot{\theta}_y$ 项是由陀螺动量矩 $\boldsymbol{H}$ 引起的陀螺效应项，它们表明了与外力矩正交轴的进动特性。章动可以看成是由于非陀螺效应项的存在，并与陀螺效应项交叉耦合作用而引起来的。

(2) 陀螺动量矩 $\boldsymbol{H}$ 越大，转动惯量 J_x，J_y 越小，则章动频率越高，振幅越小。由于陀螺仪一般都具有较大的动量矩和较小的转动惯量，章动频率很高而振幅极小，因而在通常情况下可以忽略章动的影响。忽略章动的影响，也就是忽略技术方程中含有转动惯量 J_x，J_y 的非陀螺效应项对陀螺仪运动的影响。

(3) 当陀螺仪处于启动状态，陀螺动量矩从零逐渐增大。在这个过程中如受外力矩作用，陀螺仪将从有明显的同轴转动到有明显的章动，并随着动量矩的继续增大，章动频率逐渐增高而振幅逐渐减小，最后转变为进动。陀螺仪的启动过程，实质上就是从一般刚体的运动特性(非陀螺效应)占主导地位，转变为陀螺仪运动特性(陀螺效应)占主导地位的过程，而促使这种运动特性转化的条件就是转子的高速自转。

(4) 当陀螺仪进入正常工作状态，即转子达到额定转速时，陀螺仪运动的主要表现形式就是进动。进动角速度与外力矩之间的关系为

$$\begin{cases} \dot{\theta}_y = \dfrac{M_x}{H} \\ \dot{\theta}_x = -\dfrac{M_y}{H} \end{cases} \tag{3-55}$$

式中负号表示绕内框轴正向作用的外力矩引起陀螺仪绕外框轴负向的进动。

一般情况下，采用陀螺仪简化动力学方程或进动方程，来分析双自由度陀螺仪的运动是足够精确的。所以，陀螺仪的进动方程是研究双自由度陀螺仪动力学问题的最基本和最重要的方程。

3.3.2 单自由度陀螺仪数学模型

一个单自由度陀螺仪，其输入为基座即壳体相对惯性空间的转动，而输出为陀螺仪绕框架轴相对壳体的转角。框架轴也称为输出轴、敏感轴。我们所关注的是陀螺仪绕框架轴相对壳体的运动(输出)如何反映壳体相对惯性空间的转动(输入)。

图 3-18 给出了浮子式单自由度陀螺仪结构示意图。

陀螺转子和陀螺内环构成陀螺浮子组合件，内环(框架)以密封的圆筒形式给出，输出轴通过精密的宝石轴承固装在壳体上，因而，转子相对壳体只能绕输出轴进动，动量矩 $\boldsymbol{H}$ 相对惯性空间只有一个自由度。

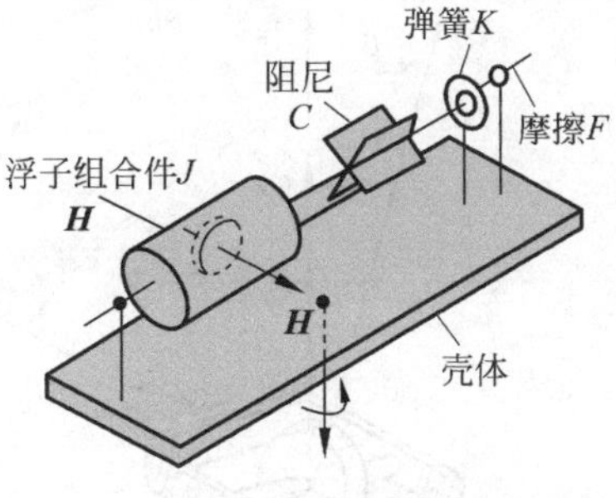

(a) 原理结构图

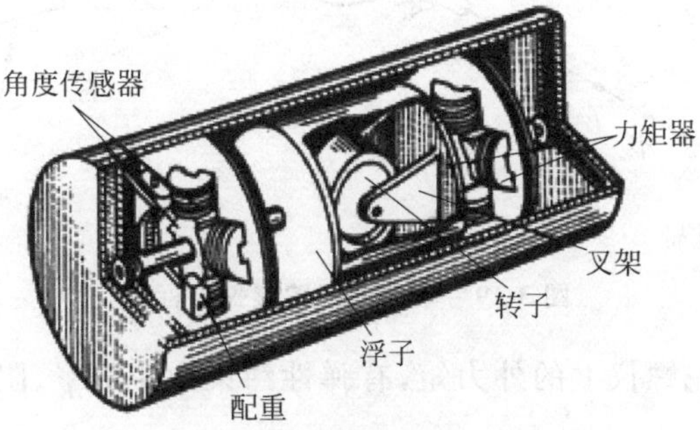

(b) 实用结构图

图 3-18　浮子式单自由度陀螺仪

在原理上，绕输出轴还有一个阻尼器（阻尼系数为 C）和相对壳体转动有一个弹簧（弹性系数为 K）约束，J 为转动惯量。

单自由度陀螺仪的精度取决于绕输出轴干扰力矩的大小，为了减小绕输出轴的摩擦力矩，采用悬浮技术，即把做成封闭式圆筒的内环放在高密度的浮液中，整个浮子的重量由浮液来承受。这样宝石轴承只起定位作用。而且，人们往往利用了浮液以浮筒所产生的阻尼作用代替图 3-18 中的阻尼器。

参看图 3-19，为了说明问题，将浮子式单自由度陀螺仪简化为框架式单自由度陀螺仪的原理结构。取陀螺（框架）坐标系为 $Ox_by_bz_b$ 和壳体坐标系为 $Ox_ey_ez_e$，这两个坐标系的原点均与陀螺仪的支承中心重合。其中 z_e 轴与自转基准轴（陀螺输出为零时的自转轴位置，即 z_b 轴的零初始位置）重合。这里 x_e 为输入轴，框架轴 y_b 为输出轴（对单自由度陀螺仪，y_e 与 y_b 始终重合）。假设陀螺仪绕输出轴的转动惯量为 J。陀螺动量矩为 $\boldsymbol{H}$，陀螺仪绕输出轴相对壳体的转角为 β；又设壳体绕 $Ox_ey_ez_e$ 坐标系各轴相对惯性空间转动的角速度分别为 $\omega_x,\omega_y,\omega_z$。陀螺仪坐标系与壳体坐标系之间的关系如图 3-19 所示。

沿输出轴的惯性力矩（相对转动惯性力矩和牵连转动惯性力矩）其表达式为

$$M_I = -J\ddot{\beta} - J\dot{\omega}_y \tag{3-56}$$

陀螺力矩的方向按动量矩转向角速度的右手定则确定。其表达式为

$$M_G = H\omega_x\cos\beta - H\omega_z\sin\beta \tag{3-57}$$

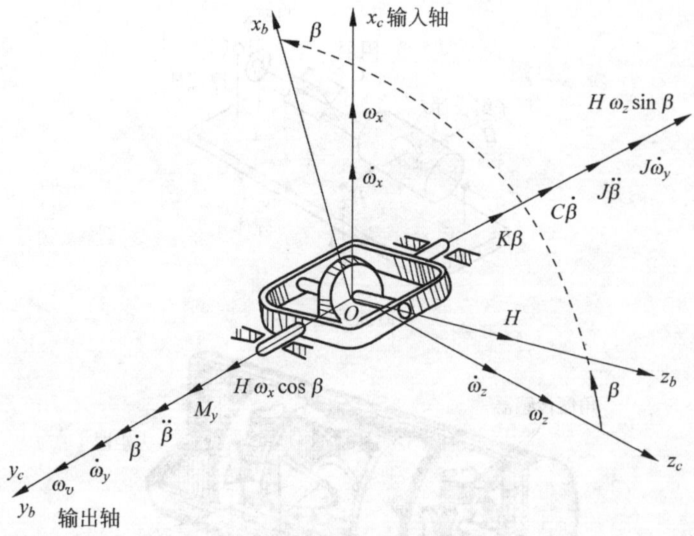

图 3-19　单自由度陀螺仪坐标系

绕输出轴作用在陀螺仪上的外力矩，有弹性约束力矩 M_K、阻尼力矩 M_C 和干扰力矩 M_y，则

$$M_K = K\beta \tag{3-58}$$

$$M_C = C\dot{\beta} \tag{3-59}$$

陀螺仪绕输出轴的力矩平衡方程为

$$M_K + M_C + M_I + M_G + M_y = 0 \tag{3-60}$$

将各力矩的表达式代入并经移项后得

$$J\ddot{\beta} + C\dot{\beta} + K\beta = H(\omega_x \cos\beta - \omega_z \sin\beta) - J_y\dot{\omega}_y + M_y \tag{3-61}$$

式(3-61)就是在考虑黏性约束和弹性约束情况下单自由度陀螺仪的动力学方程。方程左边分别为惯性项、黏滞阻尼项和弹性恢复项，其中角度 β 是由角度传感器检测的量，是输出量；右侧则包含输入项和干扰项；角速度 ω_x 是所要敏感的量；干扰项有沿交叉轴角速度 ω_z 引起的干扰项 $H\omega_z \sin\beta$、沿输出轴角加速度 $\dot{\omega}_y$ 引起的干扰项 $J\dot{\omega}_y$、干扰力矩项 M_y。

在进行基本分析时，可忽略干扰项的影响，并认为转角 β 为小角度，$\cos\beta \approx 1$，式(3-61)简化为

$$J\ddot{\beta} + C\dot{\beta} + K\beta = H\omega_x \tag{3-62}$$

由此可得单自由度陀螺仪的传递函数为

$$W(s) = \frac{\beta(s)}{\omega_x(s)} = \frac{H}{Js^2 + Cs + K} \tag{3-63}$$

(1) 在没有弹簧，或当陀螺的阻尼系数 C 大，而弹性系数 K 可忽略时，称为积分陀螺，其传递函数由式(3-63)有

$$W(s) = \frac{\beta(s)}{\omega_x(s)} = \frac{H}{s(Js + C)} \tag{3-64}$$

在稳态时是用阻尼力矩平衡陀螺力矩，即 $C\dot{\beta}=H\omega_x$，有

$$\beta=\frac{H}{C}\int\omega_x\mathrm{d}t \tag{3-65}$$

表明其输出信号与输入角速度的积分成比例。

(2) 而当阻尼作用可以忽略，在输出轴只存在弹性约束，就叫作速率陀螺。在稳态时是用弹性约束力矩平衡陀螺力矩，故有

$$\beta=\frac{H}{K}\omega_x \tag{3-66}$$

(3) 当陀螺的阻尼系数和弹性系数都可忽略时，浮子组合件的转角与输入角速度的两次积分成正比，称为二次积分陀螺仪，在工程上无实用价值。

在工程中，可通过将单自由度浮子式积分陀螺仪加一力反馈回路，实现速率陀螺仪的功能，即回路输出的转角和输入角速度成比例。回路输出的转角信号由角度传感器检测，如图 3-20(a)所示。

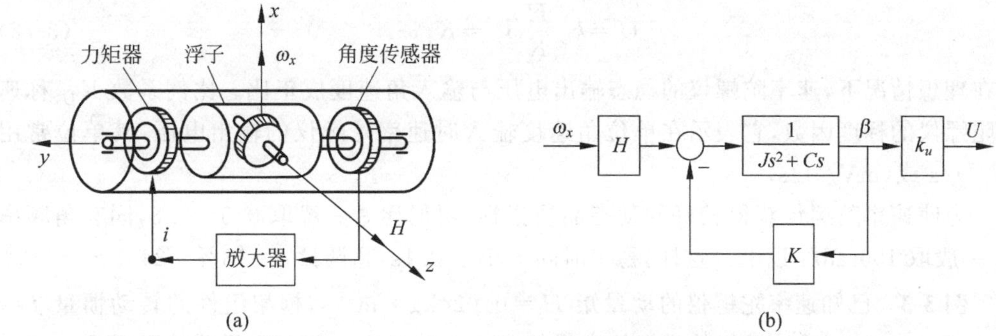

图 3-20 力反馈式速率陀螺仪

设角度传感器标度因数为 k_u，当陀螺仪相对壳体出现转角 β 时，角度传感器的输出电压为

$$U=k_u\beta \tag{3-67}$$

设放大器的放大系数为 k_i，则其输出电流为

$$I=k_iU=k_ik_u\beta \tag{3-68}$$

设力矩器的标度因数为 k_m，则其产生的反馈力矩为

$$M=k_mI=k_mk_ik_u\beta \tag{3-69}$$

即反馈力矩的大小与陀螺转角的大小成正比，而方向则与偏转的方向相反。显然，这个力矩是与机械弹性元件所产生的弹性约束力矩 $M_K=K\beta$ 完全等效的。令 $K=k_mk_ik_u$，力反馈式速率陀螺仪的原理方框图见图 3-20(b)，其工作特性的微分方程为

$$\ddot{U}+\frac{C}{J}\dot{U}+\frac{K}{J}U=k_u\frac{H}{J}\omega_x \tag{3-70}$$

将上式改写为

$$\ddot{U}+2\xi\omega_0\dot{U}+\omega_0^2U=\omega_0^2k_u\frac{H}{K}\omega_x \tag{3-71}$$

式中，$\omega_0=\sqrt{\dfrac{K}{J}}$，$\xi=\dfrac{C}{2J\omega_0}=-\dfrac{C}{2\sqrt{JS}}$。

阶跃响应曲线如图 3-21 所示。

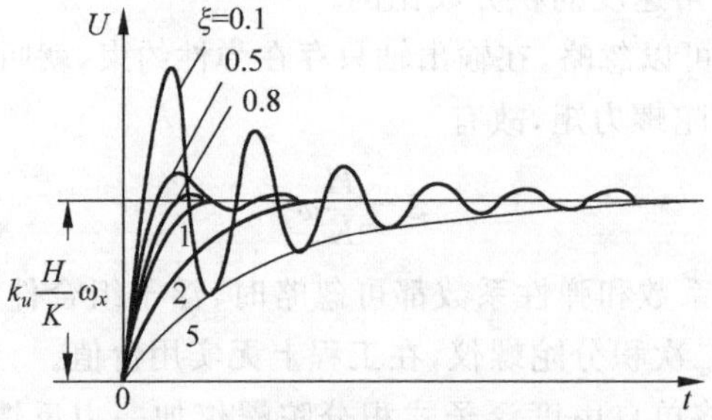

图 3-21 速率陀螺仪阶跃响应曲线

在过渡过程振荡衰减后，其稳态输出电压为

$$U=k_u\frac{H}{K}\omega_x=K_U\omega_x \tag{3-72}$$

即在理想情况下，速率陀螺仪的稳态输出电压与输入角速度成正比。比例系数 K_U 称速率陀螺仪的标度因数，它表示在单位角速度输入时速率陀螺仪的输出电压，其单位常用 (V/°)/s 或(mV/°)/s。

为使速率陀螺仪获得较好的动态品质指标，阻尼比 ξ 一般取 0.5～0.8，固有角频率 ω_0 一般取 100rad/s 以上。这样，稳定时间 τ 小于 0.1s，超调量 $\sigma\approx13\%\sim24\%$。

例 3-3 已知速率陀螺仪的动量矩 $H=0.024\text{kg}\cdot\text{m}^2/\text{s}$，框架组件的转动惯量 $J=2\times10^{-5}\text{kg}\cdot\text{m}^2$，弹性扭杆的弹性约束系数 $K=0.32\text{N}\cdot\text{m/rad}$，阻尼器的阻尼系数 $C=3.5\times10^{-3}\text{N}\cdot\text{m/rad/s}$，角度传感器标度因数 $k_u=2.7\text{V/°}$。试计算陀螺仪的动态品质指标。

解 速率陀螺仪的标度因数、固有角频率和阻尼比为

$$K_U=k_u\frac{H}{K}=2.7\times\frac{0.024}{0.32}=0.2(\text{V/°})\text{s}$$

$$\omega_0=\sqrt{\frac{K}{J}}=\sqrt{\frac{0.32}{2\times10^{-5}}}=126\text{rad/s}$$

$$\xi=\frac{C}{2J\omega_0}=\frac{3.5\times10^{-3}}{2\times2\times10^{-5}\times126}=0.69$$

过渡过程的稳定时间和超调量为

$$\tau=\frac{1}{\xi\omega_0}\ln\frac{20}{\sqrt{1-\xi^2}}=\frac{1}{0.63\times126}\ln\frac{20}{\sqrt{1-0.63^2}}=0.041\text{s}$$

$$\sigma=\frac{1}{\sqrt{1-\xi^2}}\text{e}^{-\pi\xi}\times100\%=\frac{1}{\sqrt{1-0.63^2}}\text{e}^{-0.63\pi}\times100\%=18\%$$

3.3.3 振动陀螺仪的数学模型

振动陀螺仪或谐振陀螺仪是经典力学理论与近代科技成就相结合的结果。同刚体转子陀螺一样,都基于哥氏效应来敏感角运动。但它没有高速旋转的转子和相应的支承系统,是利用高频振动的质量在被基座带动旋转时产生的哥氏效应来敏感角运动。因而具有性能稳定、结构简单、可靠性高、承载能力大、体积小、质量小及成本低等优点。

振动陀螺仪的主体是一个做高频振动的构件,有多种类型:音叉振动陀螺仪、压电振动陀螺仪、壳体振动陀螺仪和微机械振动陀螺仪。音叉、压电、微机械陀螺仪精度较低,可应用于战术导弹、车辆、坦克、雷达等领域;壳体谐振陀螺仪精度较高,可达惯性级,是光学陀螺仪的竞争者。

下面介绍音叉振动陀螺仪的结构及工作原理。了解音叉振动陀螺仪敏感角速度的原理,可为了解其他类型的振动陀螺仪打下基础。

音叉振动陀螺仪又称音叉谐振陀螺仪。它是利用音叉端部的振动质量被基座带动旋转时的哥氏效应来敏感角速度的。

美国斯佩里公司于1953年推出了世界上第一个振动陀螺仪——斯佩里音叉振动陀螺仪。音叉振动陀螺仪是一种小型固态惯性器件,属于单自由度速率陀螺仪,它的主要工作部件是石英音叉及激励电路和感测电路。音叉是用特定切向的石英晶片制成的,其几何宽度和厚度大约只有0.5mm,长度也只有几毫米。

图3-22为音叉振动陀螺仪结构示意图。简单地说,石英音叉振动陀螺仪的原理是:音叉的双臂为弹性臂,在激振装置的激励下,音叉双臂做相向和相背交替的往复直线运动(因为振幅很小,可以近似视为直线运动)。激振装置保证了音叉做等幅振荡运动,双臂振动的振幅相等,而相位相反,其振动频率一般为数百至数千赫兹,振幅一般为百分之几毫米。音叉的底端则通过挠性轴与基座(壳体)相连。音叉在电信号作用下,以恒定频率做等幅振动,当其旋转时受到一个阻止其转动的惯性力作用,从而激发了垂直于原振动平面的振动,这一振动的振幅与转动角速度成正比,它通过石英的压电效应产生一个电信号,从而感测转动角速度。

音叉振动陀螺仪的特点是体积小、结构简单、可靠性高、成本低、性能稳定和抗冲击振动等。它既无机械转子式陀螺仪的转动部件,也没有激光陀螺仪和光纤陀螺仪由于光耦合带来的漂移误差,只有一个工作部件——石英晶片,比起机械转子式陀螺仪的三百多个零部件、光学陀螺仪几十个零部件的优势显而易见,因此音叉振动陀螺仪在中低精度战术武器、民用等领域具有广阔的应用前景。

音叉振动陀螺仪的简化力学模型如图3-23所示。音叉的双臂为弹性臂,在激振装置激励下,音叉双臂做相向和相对交替的往复弯曲运动,音叉两端部的质量就作相向和相背交替的往复直线运动(因为振幅很小,故可视为直线运动)。激振装置保证了音叉做等幅振荡运动,双臂振动的振幅相等,而相位恰好相反。其振动频率一般为数百至数千赫兹,振幅一般为百分之几毫米。音叉的下部则通过挠性轴与基座(壳体)相连。

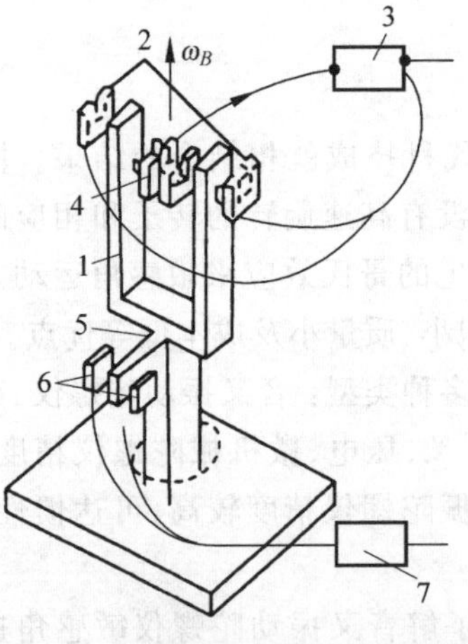

图 3-22　音叉振动陀螺仪结构示意图

1—音叉的双臂；2—激励线圈；3—激励电源；
4—激励反馈控制传感器；5—扭杆弹性片；
6—信号传感器；7—信号输出

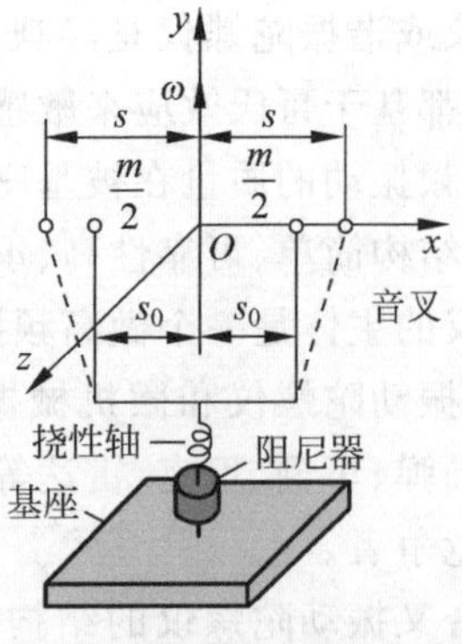

图 3-23　音叉振动陀螺仪的简化力学模型

音叉振动陀螺仪的哥氏效应如图 3-24 所示。在音叉两端部的对称位置上各取 1 个质量为 m 的质点。设在某一瞬间，两个质点相对基座做相向运动，瞬时速度为 $\boldsymbol{v}$，它们到音叉中心轴线的瞬时垂直距离为 s。当基座绕音叉的中心轴(输入轴 y)以角速度 $\boldsymbol{\omega}$ 相对惯性空间转动时，这两个质点均参与了这一牵连运动，而且牵连角速度为 $\boldsymbol{\omega}$。出于相对运动与牵连运动的相互影响，两个质点均具有哥氏加速度，并受到哥氏惯性力的作用。哥氏加速度大小为 $a_c=\omega v$，方向如图 3-24 中箭头所示。哥氏惯性力的大小为

$$F_c=2m_1\omega v \tag{3-73}$$

方向如图 3-24 中箭头所示。这两个哥氏惯性力矢量位于 xOz 平面上，与 y 轴的垂直距离为 s，故对音叉中心轴形成转矩，即哥氏惯性力矩。其大小为

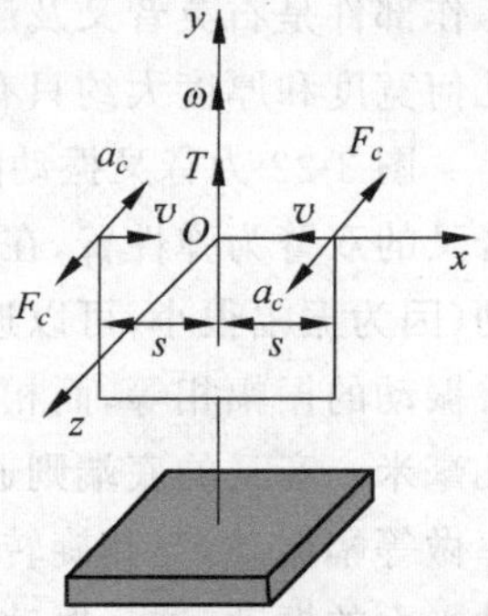

图 3-24　音叉振动陀螺仪的哥氏效应

$$T=2sF_c=4sm_1\omega v \tag{3-74}$$

方向如图 3-24 中所示。若音叉两端部的质点做相背运动，则相对速度、哥氏加速度，以及相应的哥氏惯性力、哥氏惯性力矩的方向均改变成与上述相反。

在音叉两端部所有对称位置上的质点均会出现上述的哥氏效应，亦即均会对音叉中心轴形成哥氏惯性力矩。显然，整个音叉的哥氏惯性力矩应是所有振动质点哥氏惯性力矩的总和。而且，音叉上各质点做简谐振动，其速度按简谐振规律变化，因此哥氏加速度、哥氏惯性力和哥氏惯性力矩也是按简谐规律变化的。

严格地讲，音叉端部各质点的振动幅值不尽相同，从而速度幅值不应相同，而且各质点哥氏惯性力的作用线至中心轴的垂直距离也不尽相同，因此整个音叉的哥氏惯性力矩应当通过积分来求得。但是这里仅取图 3-23 所示的简化力学模型来进行分析，即等效地

认为音叉两端部的质量(设均为 $m/2$)分别集中于两端部的某个点上,这四个点至中心轴的初始距离均为 s_0。

在激振装置的激励下,设集中质量的位移按正弦规律变化,即 $x=x_m\sin\omega_n t$(x_m 为振幅,ω_n 为角频率)。将它对时间求一阶导数,可得集中质量往复移动的速度变化规律为

$$v=x_m\omega_n\cos\omega_n t \tag{3-75}$$

当基座绕音叉中心轴以角速度 ω 相对惯性空间转动时,作用在集中质量上的哥氏惯性力的大小为

$$F_c=2\frac{m}{2}\omega\cdot v=mx_m\omega\omega_n\cos\omega_n t \tag{3-76}$$

因振动速度的方向交变,故哥氏惯性力的方向也是交变的。

两个集中质量的哥氏惯性力对音叉中心轴形成的哥氏惯性力矩大小为

$$T=2sF_c \tag{3-77}$$

其中 s 为集中质量至音叉中心轴的垂直距离,可表示为

$$s=s_0+x=s_0+x_m\sin\omega_n t \tag{3-78}$$

因振动振幅 $x_m\ll s_0$,故 s 可以近似用 s_0 代替。即将此关系及 F_c 的表达式代入式(3-77),得

$$T=2ms_0\omega x_m\omega_n\cos\omega_n t=T_m\cos\omega_n t \tag{3-79}$$

其中

$$T_m=2ms_0\omega x_m\omega_n \tag{3-80}$$

因哥氏惯性力的方向交变,故哥氏惯性力矩方向也是交变的。不难看出,当输入角速度的方向相反时,这种交变转矩的相位将改变 180°。

设音叉两端部对中心轴的转动惯量为 $I=ms_0^2$,于是可把式(3-79)改写为

$$T=\frac{2x_m}{s_0}I\omega_n\omega\cos\omega_n t=L_1\omega\cos\omega_n t \tag{3-81}$$

式中 L_1 为音叉振动部分的线动量(实际上可视为一种等效的动量矩),其表达式为

$$L_1=\frac{2x_m}{s_0}I\omega_n \tag{3-82}$$

假设音叉绕中心轴的转动惯量为 I,阻力系数为 C,扭转刚度系数为 k,并且音叉绕中心轴的角位移用 θ 表示。容易导出音叉振动陀螺仪的动力方程为

$$I\ddot{\theta}+C\dot{\theta}+k\theta=T_m\cos\omega_n t \tag{3-83}$$

引入音叉无阻尼振动固有角频率 ω_0 和相对阻尼系数(或称阻尼比)ξ,即

$$\omega_0=\sqrt{\frac{k}{I}} \tag{3-84}$$

$$\xi=\frac{C}{2\sqrt{kI}} \tag{3-85}$$

可把式(3-83)写成以下形式

$$\ddot{\theta}=2\xi\omega_0\dot{\theta}_0+\omega_0^2\theta=\frac{T_m}{I}\cos\omega_n t \tag{3-86}$$

音叉振动陀螺仪的动力学方程是一个典型的有阻尼受迫振动二阶微分方程。当输入角速度 ω 为常值时，它的解是

$$\theta = a\mathrm{e}^{\xi\omega_0 t}\sin(\sqrt{1-\xi^2}\,\omega_0 t + \gamma) + \frac{T_m}{I\sqrt{(\omega_0^2-\omega_n^2)^2+(2\xi\omega_0\omega_n)^2}}\cos(\omega_n t - \psi) \tag{3-87}$$

式中，a，γ 为由初始条件决定的任意常数；ψ 为相位移。

$$\psi = \arctan\frac{2\xi\omega_0\omega_n}{\omega_0^2-\omega_n^2} \tag{3-88}$$

从式(3-87)可以看出，音叉绕中心轴的角运动由两个分量组成：一是有阻尼的衰减角振动分量；另一个是强迫角振动分量。因固有角频率 ω_0 通常取得很大，前者很快衰减。如果选取激振角频率 ω_n 等于固有角频率 ω_0，则相位移 $\psi=90°$；在这种谐振状态下，音叉强迫角振动分量为

$$\theta_n = \frac{T_m}{2I\xi\omega_0^2}\sin\omega_0 t = \frac{2ms_0x_m}{c}\omega\sin\omega_0 t \tag{3-89}$$

音叉绕中心轴强迫振动角位移由传感器检测。设传感器标度因数为 k_u，则其输出电压幅值为

$$U_m = k_u\frac{2ms_0x_m}{c}\omega = K\omega \tag{3-90}$$

可见，输出电压的幅值 U_m 与输入角速度 ω 成正比。这里 K 为音叉振动陀螺仪标度因数，即

$$K = k_u\frac{2ms_0x_m}{c} \tag{3-91}$$

至于输出信号的相位与激振信号的相位关系，则取决于输入角速度的方向。所以，输出信号需经鉴相器与激振信号的相位进行比较，以判明输入角速度的方向。

3.4 陀螺仪的分类及发展趋势

3.4.1 陀螺仪的分类

陀螺仪发展到现在已经种类繁多，它们主要是根据结构特点和工作原理来进行分类的，常见的分类方法有以下几种。

1. 按用途分类

按用途分类，一般分为传感陀螺仪和指示陀螺仪。传感陀螺仪用于飞行体运动的自动控制系统中，作为水平、垂直、俯仰、航向和角速度传感器等。指示陀螺仪用于飞行状况的指示，作为驾驶和领航仪表使用等。比如方位陀螺仪是具有二自由度的陀螺仪，它的主轴在工作状态下处于水平的位置并能保持给定的方位不变，特别是，能固定在某一

子午线上,常用来作为航向指示器。

2. 按陀螺转子主轴所具有的进动自由度数目分类

按陀螺转子主轴所具有的进动自由度数目分类,可分为二自由度陀螺仪和单自由度陀螺仪。

二自由度陀螺仪是自转轴具有两个进动自由度的陀螺仪,即陀螺仪的转子主轴既可以绕水平轴俯仰,又可以绕垂直轴旋转。各式的陀螺罗经都采用二自由度陀螺仪来指示方向,也可以用来组成单轴稳定器。

单自由度陀螺仪是指转子相对于壳体只能绕垂直于转子自转轴的一个轴自由进动的陀螺仪。单自由度陀螺仪以及它所组成的陀螺平台、平台罗盘,被广泛地应用在各种飞行器的惯性制导及姿态控制系统中。

3. 按陀螺仪的输出性质分类

按陀螺仪的输出性质分类可分为位置陀螺仪、速率陀螺仪和速率积分陀螺仪等。

位置陀螺仪是指用于测量载体相对惯性空间姿态角的二自由度陀螺仪。它由转子、内环、外环、力矩器和信号传感器组成。力矩器用于对陀螺仪转子轴偏离零位进行修正。信号传感器把转角变换成电信号输出。根据使用的需求,也可由两个陀螺仪组成,这两个陀螺仪由于在载体上安装方式不同,分别称为水平陀螺仪和垂直陀螺仪。例如,水平陀螺仪的转子轴与当地水平面平行,内环轴与载体纵轴平行,外环轴与载体横轴平行,安装在外环轴上的信号传感器测量载体的俯仰角偏差;垂直陀螺仪的内环轴与载体纵轴平行,外环轴与载体法向轴平行,安装在内、外环轴上的信号传感器,可分别测量载体的滚转角和偏航角。水平陀螺仪的外环轴、垂直陀螺仪的内环轴和外环轴分别模拟了基准坐标系的三根轴。由于陀螺仪的稳定性,无论载体姿态在惯性空间如何变化,由这两个陀螺仪模拟的这三根轴都不会转动。当载体相对惯性空间出现姿态角误差时,安装在这三根轴上的信号传感器就能分别输出与载体三个姿态角偏差成正比并能反映极性的电信号。

速率陀螺仪,是用以直接测定运载体角速率的陀螺装置。当运载体连同外环以角速度绕测量轴旋进时,陀螺力矩将迫使内环连同转子一起相对运载体旋进。陀螺仪中有弹簧限制这个相对旋进,而内环的旋进角正比于弹簧的变形量。由平衡时的内环旋进角即可求得陀螺力矩和运载器的角速率。

积分陀螺仪是输出信号与输入角速度的积分成正比的陀螺仪,一般也用它测量和控制闭环系统,以提高整个系统的性能。

速率积分陀螺仪,是导弹姿态控制系统不可缺少的关键元件,主要用于敏感弹体的姿态角速率,输出与角速率成正比的直流电压信号,通过伺服机构带动发动机调整弹体的姿态,以实现弹体的稳定飞行。该陀螺主要由信号器、电机、浮筒、力矩器、浮子支承结构、信号传输结构、浮液、波纹管和控制回路等组成。它的精度和稳定性决定了控制系统的精度和可靠性。衡量陀螺稳定性的主要指标是漂移误差,漂移误差是控制系统的主要误差之一。

4. 按陀螺仪重心的几何位置分类

按陀螺仪重心的几何位置分类，可分为平衡陀螺仪和重力陀螺仪。

平衡陀螺仪是重心与支架中心相重合的二自由度陀螺仪。平衡陀螺仪是陀螺转子能绕与其主轴互相垂直的两个旋转轴（即内环旋转轴——水平轴 OY 和外环旋转轴——垂直轴 OZ）进动的陀螺仪，这样陀螺仪的主轴能指向空间的任意方向。支架中心又称支架点，它为陀螺仪主轴、内环轴（水平轴）及外环轴（垂直轴）的交点。这种陀螺仪的主轴无方位选择性，在任何一个位置都能平衡。飞机的平衡就是用的平衡陀螺仪原理。

重力陀螺仪是指陀螺仪重心与支架中心有某一偏移的二自由度陀螺仪。这种陀螺仪可保持其转子主轴在某确定方位，因此又称为定位陀螺仪。

5 .按陀螺仪的支承方式分类

按陀螺仪的支承方式不同，可以分为框架式、液浮式、动压式、静电式、超导式等。框架陀螺仪的内外环通常是用滚珠轴承来支承的，由于轴承中存在着较大的摩擦，使框架陀螺仪的精度较低。液浮陀螺仪、气浮陀螺仪、静电陀螺仪和挠性陀螺仪就是为了减小支承摩擦所发展起来的不同支承方式的陀螺仪。

1）框架陀螺仪

图 3-4 所示的是框架陀螺仪。转子绕定点 O 运动时受到的干扰力矩较大，陀螺仪的精度不高。

2）挠性陀螺仪

为解决轴承摩擦问题，取消滚珠轴承，图 3-25 是挠性陀螺仪的示意图，转子借助挠性接头与驱动轴相连，故称为挠性陀螺仪。挠性接头是一种无摩擦的弹性支承，分细颈式图 3-25(a)和动力调谐式图 3-25(b)两种。细颈式的转轴改用弹性细轴且与中间环及转子固结，陀螺主轴仍可指向任意方向，转子所受的弹性恢复力矩可由中间环运动时的惯性力矩抵消，因而大大减少干扰力矩。

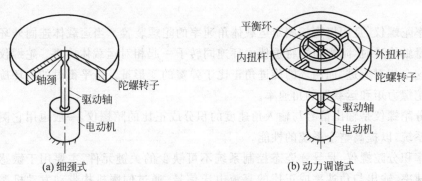

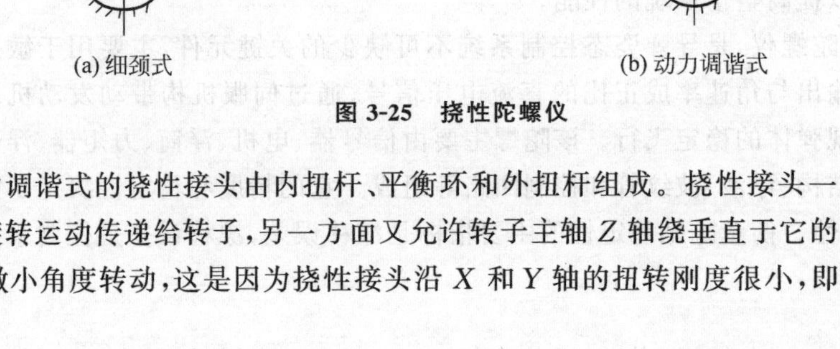

图 3-25　挠性陀螺仪

动力调谐式的挠性接头由内扭杆、平衡环和外扭杆组成。挠性接头一方面将驱动轴的高速旋转运动传递给转子，另一方面又允许转子主轴 Z 轴绕垂直于它的两个正交轴 X 和 Y 轴做小角度转动，这是因为挠性接头沿 X 和 Y 轴的扭转刚度很小，即很柔软。所以这种陀螺仪的主轴也具有两个转动自由度。挠性陀螺仪其结构简单、成本低、准备时间短、体积小。但承受加速度和冲击的能力较小。

3）浮子式陀螺仪

图 3-26 是液浮陀螺仪的示意图，结构与框架陀螺仪相同，但内环做成密闭的球形，称为浮子，圆球在液体中呈中性悬浮，使框架轴不承受力而只起定位作用，摩擦干扰力矩也接近于零。液浮陀螺仪的精度比轴承框架陀螺仪高几个数量级。但为保持确定的浮力，需增加温控装置。通常在液浮的基础上增加磁悬浮，即由液浮承担浮子组件的重量，而用磁场形成的推力使浮子组件悬浮在中心位置。现在高精度的单自由度液浮陀螺仪常是液浮、磁浮和动压气浮并用的三浮陀螺仪。

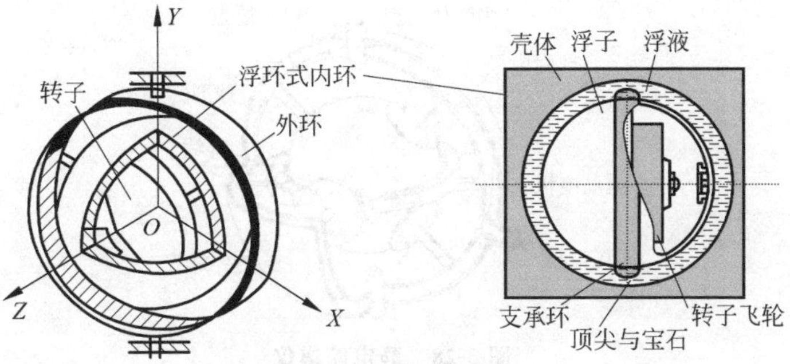

图 3-26 液浮陀螺仪

图 3-27 是动压气浮陀螺仪的示意图。转子做成法兰盘式样包在固定的圆球外面，两个球面之间的间隙只有几微米。圆球上刻有沟槽。不转动时转轴与轴承之间接触；当转子在外磁场驱动下高速自转时，在球面轴承的间隙内形成具有一定刚度的气膜，产生气体动压，可将转子可靠地支承起来。如果转子相对支承中心偏移时，则间隙变小一侧的气动压力增大，而间隙变大一侧的气体动压减小，使转子回到中心位置，起到支承转子的作用。球面支承能使转子绕垂直于 Z 轴的两个正交轴 X 和 Y 做小角度转动，即陀螺主轴具具有两个转动自由度。陀螺主轴只能在小角度范围内转动，为扩大工作范围，需在壳体上加上随动系统，使壳体不断转动去跟踪陀螺主轴的运动。

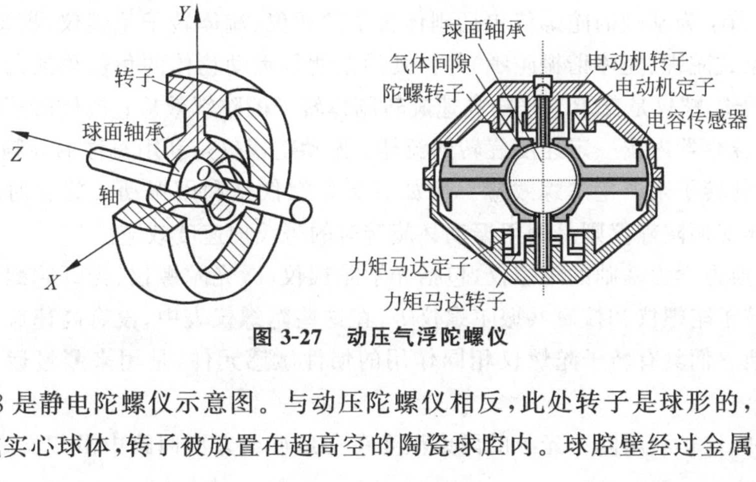

图 3-27 动压气浮陀螺仪

图 3-28 是静电陀螺仪示意图。与动压陀螺仪相反，此处转子是球形的，由铝或铍做成的空心或实心球体，转子被放置在超高空的陶瓷球腔内。球腔壁经过金属化处理后开

出沟槽,使球腔面分割成三对电极,即相当于图 3-28 所示的球形转子的左右、前后和上下方向都各配置有一对球面电极,并且每对电极上所加的电压都是可自动调节的。通电时依靠球腔内壁三对电极的静电吸附力来支承转子,球形转子就被支承在三对球面电极的中心位置上,即球形转子的中心即为支承点。转子与支承电极间的间隙有几十微米。如果转子相对于球腔中心偏移时,利用电桥平衡电路,和借助于电路的调谐特性来自动调节电极的电压,使间隙变小一边的电极电压减小,从而减小静电吸力;同时间隙变大一边的电极电压增大,从而增大静电吸力,使转子回到中心位置。转子内壁有一赤道带以区分转子的主轴与赤道轴。转子表面刻有图谱,当转子旋转时可由光电传感器识别转子主轴的方向。静电陀螺的精度极高,但要工作在高真空状态,以防止高压静电击穿。

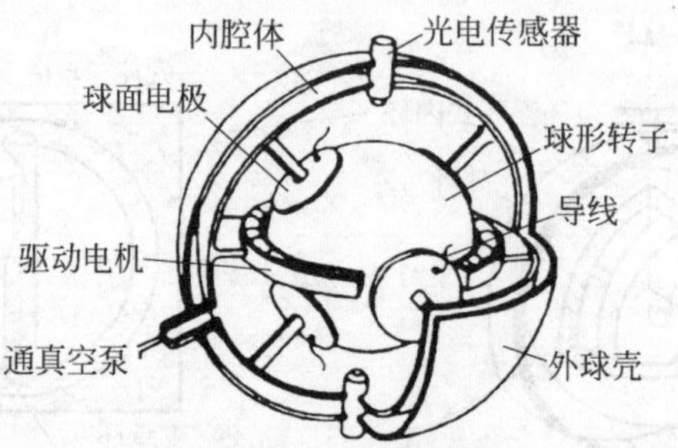

图 3-28　静电陀螺仪

由于静电陀螺仪转子相对壳体的转角不受限制,故可用来对运动物体进行全姿态测角,还可承受较大的加速度振动和冲击。但其制造工艺和电子线路复杂,成本高,适用于高精度的陀螺平台和捷联式惯性导航系统。

4) 超导(磁悬浮)陀螺仪

结构与静电陀螺仪相同,但不是依靠静电力支承,而是磁悬浮。超导陀螺仪需要超低温环境。如果能找到常温下的超导材料,这种陀螺仪就有实际意义。

6. 按产生陀螺效应的工作机理分类

按该分类方法,可分为以经典力学为基础的陀螺仪与非经典力学为基础的陀螺仪。

以经典力学为基础的陀螺仪包括刚体转子陀螺仪、流体转子陀螺仪、振动陀螺仪(音叉陀螺、振梁式陀螺、壳体谐振陀螺)等。其用来测量运动物体的角位移或角速度的原理是:刚体转子陀螺仪是支承起来的高速旋转刚体转子的陀螺效应;流体转子陀螺仪的转子则是在特殊容器内按一定速度旋转的流体;振动陀螺仪是利用对称的高频振动物体代替高速旋转的转子来产生陀螺效应。例如音叉陀螺仪是利用振动叉旋转时的哥氏加速度效应,壳体谐振陀螺仪则是利用振动杯旋转时的哥氏加速度效应。

以非经典力学为基础的陀螺仪,包括光学陀螺仪(激光陀螺仪、光纤陀螺仪)、压电晶体陀螺仪、粒子陀螺仪和核磁共振陀螺仪等,在这些陀螺仪表中,没有高速旋转的转子和谐振构件,但它们具有转子陀螺仪相同作用的惯性敏感元件,是用来测量运动物体的角速度。

激光陀螺仪是利用同一光源的两束激光在三角形或方形回路中沿相反方向循环时,

因为载体的转动使两束激光的行程不一样而产生频率差来产生陀螺效应。在激光陀螺仪中如果采用光纤作为闭合环形回路，即构成光纤陀螺仪。

粒子陀螺仪是利用基本粒子（如电子）的磁矩在磁场作用下，或某些物质（如电介质）的分子在电磁场作用下来产生陀螺效应。

3.4.2 陀螺仪的发展趋势

粒子陀螺仪、光学陀螺仪（激光陀螺仪、光纤陀螺仪）和微机械陀螺等一般称为现代陀螺仪。

通常使用的陀螺仪有液浮陀螺仪、气浮陀螺仪、挠性陀螺仪、静电陀螺仪、光学陀螺仪、微机械陀螺仪等。

MEMS陀螺仪即微机电陀螺仪，是指集机械元素、微型传感器、微型执行器以及信号处理和控制电路、接口电路、通信和电源于一体的完整微型机电系统。微机械陀螺仪具有体积小、可靠性高、大量程、低功耗、低成本，适用于大批量生产，易于数字化、智能化，可数字输出，温度补偿，零位校正等特点，是未来低、中精度惯性仪表理想换代产品，也是惯性技术向汽车、生物医学、环境监控等民用领域大量推广应用最有前途的仪表。

由于不同类型的陀螺仪性价比不一样，而兵器、舰船、导弹、飞机和机器人等不同应用领域，对陀螺的性价比要求也不一样。至今多种陀螺仪在不同领域已经得到广泛应用。

因此，只能说一种新型陀螺的出现弥补了原有某种陀螺的缺陷，从而满足了某一应用领域的要求，而不能说某种陀螺的出现代替了其他陀螺。总的发展趋势是研制高精度、高可靠性和低成本的陀螺仪，如光纤陀螺仪、半球谐振子陀螺仪和超导陀螺仪等。建立准确的陀螺仪误差模型，采用系统软件补偿技术，全面提高仪表系统性能。

自从20世纪70年代以来，现代陀螺仪的发展已经进入了一个全新的阶段。1976年提出了现代光纤陀螺仪的基本设想，到80年代以后，现代光纤陀螺仪就得到了非常迅速的发展，同时激光谐振陀螺仪也有了很大的发展。由于光纤陀螺仪具有结构紧凑、灵敏度高、工作可靠等优点，所以光纤陀螺仪在很多的领域已经完全取代了机械式的传统的陀螺仪，成为现代导航仪器中的关键部件。和光纤陀螺仪同时发展的除了环式激光陀螺仪外，还有现代集成式的振动陀螺仪，其具有更高的集成度，体积更小，也是现代陀螺仪的一个重要的发展方向。

3.5 光学陀螺仪

机械转子式陀螺仪的工作原理是建立在牛顿力学基础上的，动量矩定理是分析陀螺动力学特性的基本方程，具有动量矩是机械转子式陀螺仪与一般刚体的根本区别。动量矩是由机械旋转产生的，机械旋转必须依靠支承，所以支承技术是机械转子式陀螺仪的关键技术。对陀螺仪的性能指标要求越高，支承技术就越复杂，成本也就越高，这就是机械式转子陀螺仪的局限性。同时由于复杂的机械结构，机械转子式陀螺仪在抗击振动等环境适应性方面也存在局限性。为此，随着相关技术的发展，出现了建立在量子力学基础上的光学陀螺仪。光学陀螺仪与机械转子式陀螺仪的工作原理有本质区别，具有全固态、启动快、耐冲击、动态测量范围宽、数字输出和工作可靠等优点，同时受温度影响小。因此光学陀螺仪是构建捷联式惯性导航系统的理想元件，同时也可用于构建惯性稳定装置。

1897 年英国物理学家洛奇(Oliver Lodge)最早提出光学陀螺仪的概念。1913 年，法国科学家萨格奈克(Sagnac)论证了光学陀螺仪的工作原理及基本效应——Sagnac 效应。1925 年，加莱(Gale)和米切尔森(Michelson)利用一个面积为 600m×300m 巨大的环形干涉仪测量出地球的旋转角速度。1960 年，美国休斯(Hughes)实验室首次研制成功“红宝石激光器”。同年，美国贝尔(Bell)电话公司实验室研制成功了波长为 1.5μm 的“氦氖气体激光器”。此后，希尔(Heer)在 1961 年、罗森塔尔(Rosenthal)在 1962 年、马切克(Macek)和戴维斯(Davis)在 1963 年，先后提出了用 Sagnac 效应设计环形光路激光器构成激光陀螺的设想。1963 年，美国斯佩里(Sperry)公司马切克和戴维斯宣布研制成功了世界上第一台“激光陀螺仪”，该设备采用波长为 0.633μm、光程为 4m(边长为 1m)的正方形环形光路。同年斯佩里公司首次报道的环形激光陀螺仪原理性试验中，使用 1m×1m 正方形闭合回路，测得 50°/h 的低转速，这一消息引起惯性技术领域的轰动。随即在 1964 年前后，全世界几十家研究机构开展了对环形激光陀螺仪的研究。在对提高环形激光陀螺仪精度的研究过程中，1976 年世界上第一台光纤陀螺仪问世。

3.5.1 Sagnac 效应

1913 年，法国实验物理学家萨格奈克发现了 Sagnac 效应。为了观察转动系统中光的干涉现象，他做了一个类似于旋转陀螺仪力学实验的光学实验，该实验装置如图 3-29 所示。从光源 O 发出的光到达半镀银反射镜 M 后分成两束：一束为反射光，经过反射镜 M_1、M_2、M_3 及 M 后到达光屏 P；另一束是透射光，经过 M_3、M_2、M_1 及 M 后到达光屏 P。这两束沿相反方向传播的光汇合在光屏上，形成干涉条纹，用照相机可以记录下干涉条纹。当整个装置(包括光源和照相机)开始转动时，干涉条纹开始发生移动。这个实验被称为 Sagnac 实验。它证明了处于一个系统中的观察者确定该系统的转动速度的可能性。但是，由于当时只有普通光源，观察到的效应非常微小，很难达到实际应用所要求的精确度，因此一直没有得到实际应用。直到 20 世纪 60 年代出现了激光器，该效应才被广泛应用于激光陀螺仪及光纤陀螺仪。下面介绍 Sagnac 效应测量旋转角速度的原理。

如图 3-30 所示，考虑在一个半径为 R 的环形光路的激光谐振腔内，运转着正、反两束光，当这个环形谐振腔绕环形光路的法线以角速率 ω 匀速旋转时，对于腔外(惯性坐标系内)的观察者，与 ω 转动方向相同的光绕环形光路一圈的时间为

$$t^{+}=\frac{2\pi R+\omega R t^{+}}{c} \tag{3-92}$$

与 ω 转动方向相反的光绕环形光路一圈的时间为

$$t^{-}=\frac{2\pi R-\omega R t^{-}}{c} \tag{3-93}$$

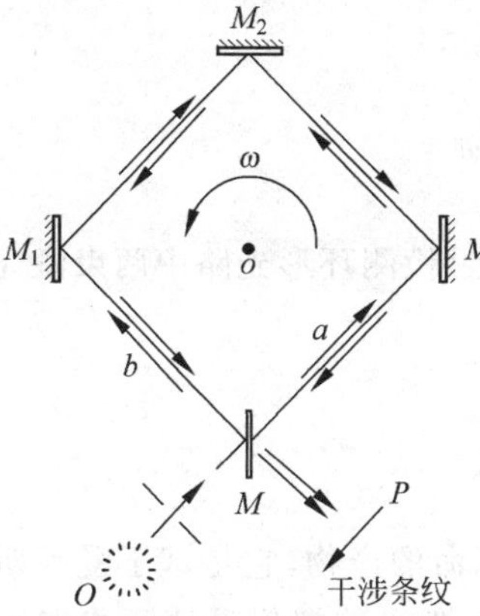

图 3-29 Sagnac 实验

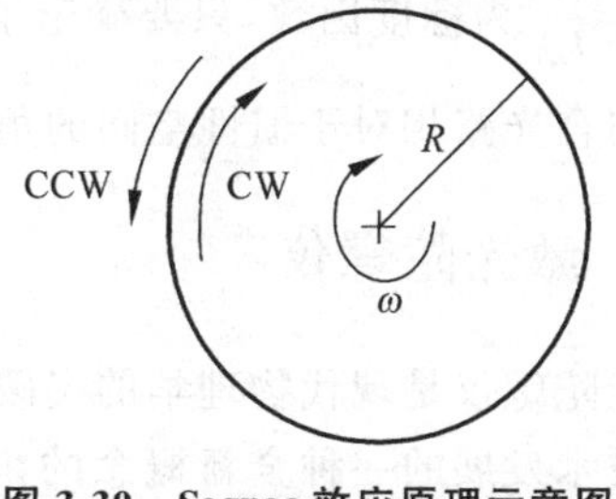

图 3-30 Sagnac 效应原理示意图

另 $\Delta t = t^{+} - t^{-}$ 为正反两束光束绕环形光路一圈的时间差，则

$$\Delta t = \frac{4\pi R^2 \omega}{c^2 - R^2\omega^2} = \frac{4\pi R^2}{c^2}\omega\left(1 + \frac{R^2\omega^2}{c^2} + \cdots\right) \tag{3-94}$$

因此，正反光束的光程差为

$$\Delta L = c\Delta t = \frac{4A}{c}\omega \tag{3-95}$$

其中，A 为环形光路所包围的面积，c 为光速。从式(3-95)可以看出，只要能够测量出光程差 ΔL，就可以得到角速度值 ω。

Sagnac 效应从理论上给出了角速度和光程差的关系式，但真正用到实际测量中却是非常困难的。1925 年，加莱和米切尔森的巨型干涉仪由于采用普通光源，其环形光路按 Sagnac 公式也仅仅产生 0.1745μm 的光程差，这样小的光程差根本无法测量。激光器的发明使 Sagnac 效应到了实际的应用。把激光增益介质引入环形谐振腔中，构成环形激光器，才极大地提高了闭合光路测量角速度的灵敏度。

在闭合光路中，当激光束在谐振腔中谐振时，光程的长度是光波长的整数倍。该光程长为 L，波长为 λ，则

$$L = n\lambda \tag{3-96}$$

由于光波长与频率的乘积就是光速，即

$$c = f\lambda \tag{3-97}$$

所以有

$$f = \frac{c}{\lambda} = \frac{n}{L}c \tag{3-98}$$

据此可以推断出顺、逆两束激光调谐的频率差为

$$\Delta f = f_2 - f_1 = \frac{n}{L_2}c - \frac{n}{L_1}c \tag{3-99}$$

已知环路的光程长度为 L，两束光的光程差 ΔL 为 $\frac{4A}{c}\omega$，光程 $L_2 = L - \frac{1}{2}\Delta L$，$L_1 = L +$

$\frac{1}{2}\Delta L$，故有

$$\Delta f=\frac{4A}{L\lambda}\omega=S\omega \tag{3-100}$$

式中，$S=\frac{4A}{L\lambda}$为标度因数，只要确定了 S，就可以通过检测环形光路中两束激光的偏差而计算出闭合光路相对于惯性空间的角速率。

3.5.2 激光陀螺仪

激光陀螺仪是现代物理学的突破和现代技术革命的产物，它是基于爱因斯坦相对论和激光技术发展的一种全新概念的角速率传感器。激光陀螺仪是捷联式惯性导航系统的理想惯性器件，与机械转子陀螺仪相比，它具有启动快、可靠性高、寿命长、动态范围宽、标度因数线性度好、数字输出、对加速度不敏感、耐冲击和耐大过载等优点。

1. 激光陀螺仪的结构

激光陀螺仪的主体是一个三角形或四边形的环形谐振腔，谐振腔环路中有沿相反方向传播的两束激光，通过测量两束激光的频率差即可获得被测角速度。因为激光陀螺仪的工作物质是激光束，是全固态装置，从而具有非常优良的特性。图 3-31 是一个三角形环形激光陀螺仪的结构示意图。主要由环形谐振腔体、反射镜、增益介质和读出机构相关的电子线路组成。

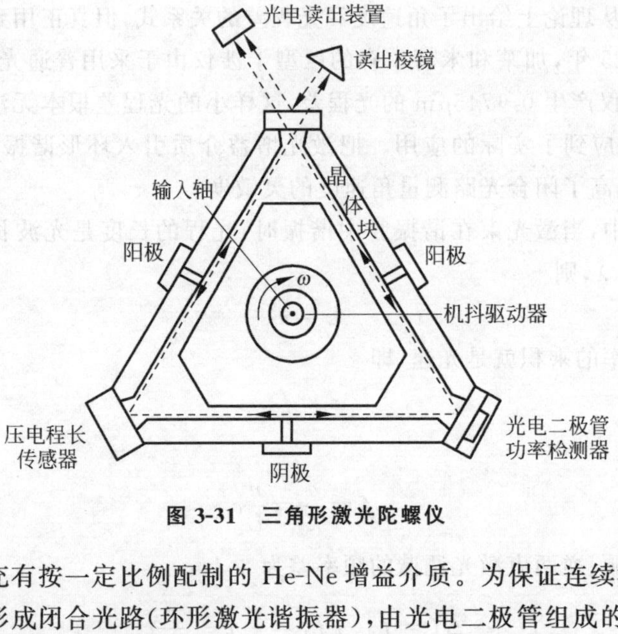

图 3-31　三角形激光陀螺仪

在环形腔内充有按一定比例配制的 He-Ne 增益介质。为保证连续激光的产生，三个光学平面反射镜形成闭合光路(环形激光谐振器)，由光电二极管组成的光电读出电路可以检测相向运行的两束光的光程差。

顺时针和逆时针两束光的光程差如式(3-95)所示。

激光陀螺仪在谐振状态频率的偏移比 $\Delta f/f$ 等于光程长度的变化比 $\Delta L/L$，因而描述旋转光束频率差的公式同式(3-100)。

式(3-100)中 L 和 λ 均为已知量。式(3-100)表明，通过测量 Δf 即可测量输入角速度 ω，这是理想的激光陀螺仪的方程式。即在理想的激光陀螺仪中，输出差频正比于输入角速率，其比例系数为 S。

下面就几个问题进一步讨论。

1）激光陀螺仪腔体形状的确定

激光陀螺的腔体主要有三角形或正方形正两种结构形式，标度因数可以如下计算。

对于三角形环形激光陀螺，设边长为 $L/3$，则等边三角形的面积

$$A=L^2/20.785 \tag{3-101}$$

有

$$S=\frac{4A}{L\lambda}=\frac{1}{\lambda}\left(\frac{1}{3\sqrt{3}}\right) \tag{3-102}$$

对于正方形环形激光陀螺，设边长为 $L/4$，则面积

$$A=L^2/16 \tag{3-103}$$

$$S=\frac{4A}{L\lambda}=\frac{1}{\lambda}\left(\frac{L}{4}\right) \tag{3-104}$$

可见，在光路长度 L 给定的条件下，正方形的面积比三角形的大，其标度因数(灵敏度)要高于同等长度光路的三角形环形激光陀螺。

氦-氖环形激光陀螺(RLG)可以工作在两个波长：0.6328μm 和 1.5μm，工作频率取决于反射镜和光路的长度。两个相向传播的光波将形成驻波，每一个光波必须满足如下条件，即环路是波长的整数倍，所以较短的波长有较大的分辨率，也就是有较高的精度，较长的波长对于一个给定长度的增益介质提供有较大的增益。这样，较短波长有希望用于大量的较精确的激光陀螺。灵敏度的量纲表示为角秒/脉冲，比如 SLG-15 激光陀螺仪灵敏度是 3.5″/脉冲。

2）激光陀螺腔体

大多数环形激光陀螺的设计采用整体式，在玻璃上钻孔，提供激光陀螺光束的光路。常用的材料是零膨胀系数的石英玻璃体或特殊制造的陶瓷玻璃，腔体材料必须具有特别的性质：一是要有很小的温度膨胀系数，以减少回路长度的压电控制的控制量，即降低温度标度因数；二是用整体材料制作的激光陀螺具有对氦气不渗透的特性。但是，加工的难易性、成本等也要考虑。

在另外一种环形激光陀螺设计中，采用一个分离的激光发射管和一个整体的腔体。即增益介质放在一个分离的增益管中，而增益管被放置在腔体中的两个反射镜之间。这种模式设计的环形激光陀螺体积要大于一个整体式的环形激光陀螺。

3）反射镜

反射镜是环形激光陀螺最重要的部件，它的作用就是无损失地、准确改变光在光路中的运行方向，需要特殊的工艺和设计。一般的三角形激光陀螺应用 3 个反射镜，反射镜的数量由设计折中考虑。无论如何设计，反射镜一般都放在光同腔体接触的位置，构

成一个无应力、密封的腔体。反射镜的平面要加工得平滑和有正确的角度。由于表面不光滑和制造的光模特性不一致将引起光的散射，由于吸收和传递，每一个反射镜都引起部分激光能量的损失，即部分激光能量被散射掉了，导致锁定。

4）增益介质

应用在大多数氦-氖环形激光陀螺（RLG）中的增益介质是一个高纯度氦（3He）的三重混合物和两个氖的同位素（20Ne 和 22Ne）在适当的压力下以一定的比例形成的混合物。增益介质充满谐振腔，它的作用是确保在腔内产生激光，向腔内谐振状态提供增益，使其保持谐振状态。

5）读出机构

为了敏感两个相向激光束之间的频率差，两个激光束从反射镜出来后，利用五棱镜或七棱镜使它们几乎平行，导致一个叉指模式，可由光电检测器检测。如果激光陀螺旋转，叉指在检测器上移动。光电检测器利用外差技术敏感两个光学频率的差频，即记录叉指。这个值被转换为数字输出，输出的脉冲速率正比于输入角速率，累积的脉冲数就是陀螺相对参考点变化的测量。

6）激光陀螺电路

激光陀螺电路主要包括放电电流控制、路径长度控制、抖动驱动和读出放大与方向判定等部分。

整体式三角形氦-氖环形激光陀螺的设计有两个阳极和一个阴极，在两个阳极和阴极之间加上对称的直流高压以使其启动放电。在放电启动后，由电流控制电路解调。一个控制电路完成激光束路径长度的控制。一个压电传感器附加在一个反射镜上，在环境温度变化时保持环路长度是常值。光路长度上的任何变化，都相当于标度因数和零点稳定性的变化，导致整个敏感器的精度变化。

环形激光陀螺采用抖动技术以改善性能，因为产生的旋转偏置可以使陀螺工作在死区之外。在本质上，偏置由正弦振动组成，陀螺本体在 100～500Hz 之间的设计频率抖动，每一个抖动周期偏置的平均值为零。抖动必须是对称的，否则产生误差。此外有逻辑电路用于判断输出的脉冲数，以判定是顺时针还是逆时针旋转。

2. 激光陀螺仪的分类

激光陀螺仪的分类方法主要有三种，分别是按激光谐振腔的类型、按采用何种偏频方案、根据同一玻璃基体上敏感轴的数目来划分。

1）按腔型分类

激光陀螺仪的激光谐振腔腔型主要有三角形腔和四边形腔两类。三角形腔有三面激光反射镜，其腔型可以是正三角形，也可以是等腰三角形。绝大多数四边形腔都是正方形平面腔。

2）按采用的偏频方式分类

按偏频方式来分，激光陀螺仪主要有抖动偏频式、速率偏频式和磁镜偏频式等。

3）按敏感轴数量分类

如果在同一玻璃基体上，激光陀螺仪只敏感一个方向的转动角速度，则称其为单轴激光陀螺仪；如果在同一玻璃基体上，激光陀螺仪可以敏感三个方向的转动角速率，则称其为三轴激光陀螺仪。

3. 激光陀螺仪的误差特性分析

在理想情况下，激光陀螺仪输出的频差与输入的角速度成正比，输出特性应该是一条过原点的、斜率为激光陀螺仪标度因数 S 的直线。但对于实际的激光陀螺仪来说，在环形激光产生的物理过程中存在多种误差因素，比如，氦-氖混合气体的变化、镜面背向散射、激光束在活性介质中传输时的波动和衰减、自我预热时工作模式的变化、相位频率的波动以及随机误差和人为噪声引起的误差等，都将导致激光陀螺仪的输入输出特性偏离理想输出直线。这些因素就构成了激光陀螺仪的误差源。

在设计一个氦-氖环形激光陀螺(RLG)时，主要应考虑如下三个误差源：零偏误差、锁定误差、标度因数误差。这些误差源在图 3-32 中给予说明。不加抖动的 RLG 显示在低旋转速率的情况下，频率差的线性关系不成立。下面讨论这些误差源。

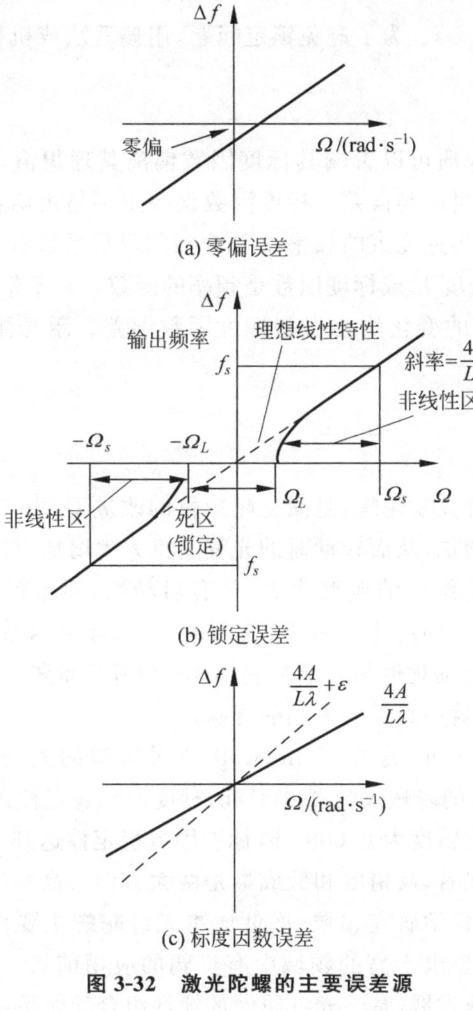

图 3-32 激光陀螺的主要误差源

1）零偏

在一个零旋转速率下有一个非零的频率差输出，即零偏。当光路对于相向运动的光波是各向异性时就会出现零偏。原因大概有：两束光反射性能指标不一致性；为避免锁定而加入的“机抖”幅值的不对称性；有源介质流的温度梯度和电流差；以及各向异常的不规则的色散效应和原子流可以产生零偏。

2）锁定

激光陀螺在小角速度输入下存在死区的现象，即锁定。锁定现象的最重要结果是标度因数是旋转速率 Ω 的函数，在激光陀螺中，相向运动的两束光在低转速情况下存在耦合现象，主要是由不完善的反射镜引起的。进一步说，在低旋转速率时，反向散射、局部损坏和极化的各向异常会引起状态的频率锁定，锁定是死区，对于小于 Ω_L 的角速率其输出是零。在数学上，频率差 Δf 可以表示为

$$\Delta f=\begin{cases}0, & \Omega^2\leqslant\Omega_{L2}\\(4A/L\lambda)\sqrt{\Omega^2-\Omega_{L2}}, & \Omega^2>\Omega_{L2}\end{cases}\tag{3-105}$$

锁定的典型值是大约 0.1°/s。为了避免锁定问题，用偏置法或机械抖动可改善陀螺的输出特性。

3）标度因数误差

在激光腔内的增益介质可以影响其标度因数偏离其理想值，表示为 $1+\varepsilon$，ε 是其误差项，也可分为常值和随机两类误差。标度因数误差主要是由增益介质参数波动和谐振腔的参数变化引起的，如传递光束的频率 f 和介质的反射系数有关联，将引起色散效应。对于 RLG，这意味光腔长度 L 或标度因数是频率的函数。对于带“机抖”的 RLG，其锁定区补偿非线性、环境温度的变化均会引起标度因数误差。激光陀螺的标度因数误差很小，易做到 $\varepsilon\leqslant1\times10^{-5}$。

3.5.3 光纤陀螺仪

光纤陀螺仪是另一种光学陀螺，是激光陀螺仪的改进型，由于使用了光纤圈（光纤绕成圈），使得总光程大大增加，从而转动时的光程差也大大增加，提高了检测精度。

光纤陀螺作为光学陀螺仪的典型代表，具有启动快、不需预热、可承载高动态环境（包括振动和冲击）、对交叉轴转速不敏感、动态范围宽、标度因数线性度好、系统稳定性高等优点，自从 1976 年美国犹他州大学瓦利（Vali）和肖特希尔（Shorthill）提出光纤陀螺的概念以来，光纤陀螺仪就一直受到人们的青睐。

在光纤陀螺仪精度方面，美国 Honeywell 公司研制的光纤陀螺仪实验室精度为 0.00038°/h。Litton 公司的陀螺仪为 0.011°/h，标度因数稳定性达到 10^{-5}。日本航空电子有限公司研制的陀螺仪精度为 0.008°/h，标度因数稳定性达到 10^{-4}。

从光纤陀螺未来发展看，高精度和低成本是两大方向。高精度的光纤陀螺主要应用在空间技术、军事应用和科学研究领域，而低成本光纤陀螺主要作为角度传感器在汽车导航、机器人等许多精度要求不高的领域中有广阔的应用前景。随着光纤技术、激光技术和数据处理技术的迅速发展，基于光纤陀螺的惯性组合导航系统将大量推广应用。

1. 光路的互易性

光路的互易性是光纤陀螺仪实现高精度角速率测量的基础，基于 Sagnac 干涉仪的光纤陀螺仪光路中相向传播的光波沿数百米以上的光纤传播后才产生干涉，光路传播引起的相移（相位累积值）达到 $10^8 \sim 10^{10}$ rad，而相位差的检测精度需要达到 $10^{-8} \sim 10^{-10}$ rad，相位的相对检测精度达到 $10^{-18} \sim 10^{-14}$。因此必须排除 Sagnac 效应以外的任何因素引起的相移。这就要求光学系统保持高度稳定的互易性结构，以使系统中顺时针、逆时针传播的两束光受到的外部干扰完全一致，在输出中不反映任何外界干扰的影响。满足这种光学互易性的系统应该是一个线性可逆的时间不变系统，对于光纤陀螺仪来说，满足互易性，要具有同光路、同偏振态和同模式三个特征，即光路要满足：

(1) 顺时针、逆时针传播的两束光应通过完全相同的光路。这样可以确保光纤陀螺仪在零角速率输入下，其输出的光程差为零。

(2) 顺时针、逆时针传播的两束光完全是单模的。光在光纤中的传播有几种模式，传播模式不同，光纤对所形成的光路的损耗是不一致的，而且每个模式对环境条件波动的敏感程度也不同。因此，在光纤陀螺光路中，沿顺、逆时针传播的两束光应该是单一模式，在原理上可实现对光路互易性工作条件的要求。

(3) 顺时针、逆时针传播的两束光是同一偏振态。光在传播中表现为横波，在一般的单模光纤构成的光路中，存在独立传播的两个正交偏振态，由于光纤结构的不对称性以及环境的影响，光的传播呈椭圆偏振状态，使得沿顺时针、逆时针方向传播的两束光互易性不能得到保证。在光路中插入偏振器，使干涉光路只导入单一的偏振光，而在出射光中也只取相同的偏振光，保证了沿顺时针和逆时针方向传播两束光为同一偏振态，实现了光路互易性的条件。

图 3-33 所示为一种光纤陀螺仪的互易性结构。图中偏振器用于滤除光纤中光波导的两个偏振态中的一个，并滤除光波中杂散模式，确保检测到的是与入射光模态相同的光波。因此，在干涉仪输入输出光路上放置一个单模滤波器，来检测从这个单模滤波器返回的光波，这样便满足了同偏振、同模式的条件。耦合器 1（光源分束器）的作用是将部分返回光引导到探测器上进行相位调节，耦合器 2（光纤环耦合器）起到精确分光的作用。顺时针的光和逆时针的光在耦合器 2 处分别经过透射-耦合和耦合-透射使两束光经过耦合器 2 有相同的相位改变。耦合器 1 是必需的，它一方面起到分光的作用，另一方面保证两束相反方向传播的光有相同的光路。

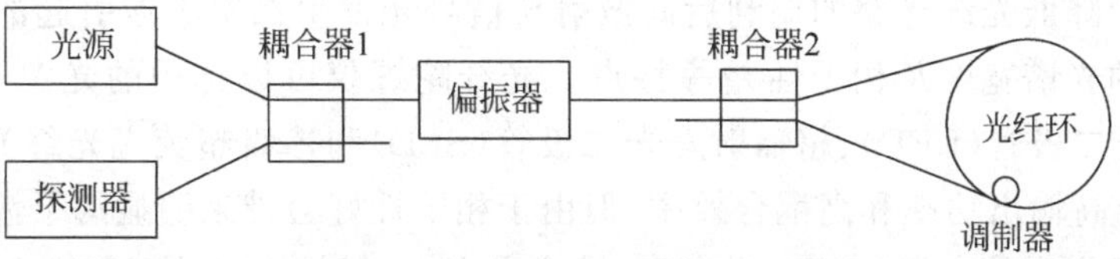

图 3-33 光纤陀螺仪的互易性结构

2. 光纤陀螺仪的功能元件

从光纤陀螺仪的光路构成来看，光纤陀螺仪光路需要多种发挥不同作用的功能元件，下面分别加以简要介绍。

1）光纤和光纤环

光纤是光导纤维的简称，它是用石英、玻璃或特质材料拉成的柔弱细丝，直径为几微米至100多微米。像水流过导管一样，光能沿着这种细丝在其内部传播。光纤之所以能导光，是因为折射率沿细丝界面径向有不同的数值，靠近中心的折射率大于外皮的折射率。由于折射率分布的这种特点，根据几何光学全反射规律，进入光纤的光线能沿着光纤传播。由于光纤可以弯曲成任意形状，因而人们能任意改变光的传播方向，这是光纤得到实际应用的基本特点之一。通常用的光纤，要求损耗低并具有良好的物理性能和力学性能，而在光纤陀螺仪中，光纤是用于构成干涉回路的传感部件，需要根据环路中顺、逆时针传播光的相位差来敏感转动速率，因此所用的光纤应该是单模光纤。为了保证干涉环路偏振态的稳定，最好使用保偏光纤。为提高转动检测的灵敏度，一般光纤的长度为几百米到几千米不等，与所要求的精度有关。

所谓单模光纤，是指芯径在10μm以下，芯皮折射差在0.3%左右，归一化截止频率小于2.4Hz的光纤。这种光纤在轴对称情况下，在两个垂直正交的方向上存在两个独立的偏振模态，如果光纤的波导结构完全对称，则这两个正交模态具有相同的传播常数，两者没有区别。但是，实际的光纤都存在芯的椭圆度和偏心等，将引起轴的非对称性，造成两个正交偏振模态传播常数的变化。另外，这种单模光纤在弯曲和温度波动干扰情况下会出现两模式之间的变换，造成偏振态变化。因此，在利用干涉仪检测转动速率的光纤陀螺仪中，使用这种单模光纤就会因为外部干扰使输出变化，降低检测精度。为了解决这些问题，科研人员专门研制出保偏光纤，又称为高双折射光纤，有意识地加大两模之间的传播常数差，提高偏振稳定性。

光纤陀螺仪所用的单模光纤和保偏光纤，应具有足够的长度，并以小体积多匝光纤环的形式出现，因此光纤环的绕制是一种极其重要的工艺，应做到绕制过程中不使光纤性能恶化，且在绕制后又保持光纤性能稳定可靠。一般应考虑光纤环的层数和圈数的最佳匹配、骨架（有、无）和材料选择以及多匝光纤圈的相对位置固定、绕制过程的张力控制及光纤的空间对称分布等。

2）光源和探测器

由于光纤陀螺仪基于Sagnac效应工作，光源是必不可少的。要求光源输出功率高、稳定性好。为降低光纤光路的瑞利后向散射与信号光发生二次干涉引起的噪声，还要求光源具有宽的光谱宽度及相干性差等特点。光纤陀螺仪可以选用的光源有半导体激光器（LD）、发光二极管（LED）、超辐射发光二极管（SLD）和掺铒超荧光光纤光源（SFS）等。其中LD具有高输出功率和高耦合效率，但由于相干性好会带来明显的干涉噪声，限制了其在光纤陀螺仪中的应用；LED光谱宽、模式噪声小，但是输出功率和耦合效率低；SLD性能介于两者之间，既具有较高的输出功率，又具有较大的光谱宽度，是光纤陀螺仪较为理想的光源，也是目前普遍使用的光源。值得注意的是，SLD的输出功率、光谱特性及偏振特性与注入电流和温度有关，在使用中应该注意注入电流的选定、稳定控制以及温度补偿等。SFS是一种相干性低、单横模的宽带光源，它基于掺铒光纤的放大自发辐射，具有很好的温度稳定性和宽的荧光频谱，中心波长位于1550nm波段，而且输出光功率大，是高精度光纤陀螺仪的首选光源。

光纤陀螺仪中的探测器是光路系统中的接收器件，主要功能是实现光信号向电信号的转换，其输出是检测电路部分的信号来源，是影响光纤陀螺仪检测信噪比的关键因素，也是决定光纤陀螺仪随机游走系数指标的重要环节。目前国内光纤陀螺仪中采用的光电探测器由半导体PIN光电二极管和跨阻抗前置放大器(场效应管)组成。

3）光纤定向耦合器

光纤定向耦合器在光纤陀螺仪干涉光路中起分束与合束的作用。这类耦合器应具有保偏特性和偏振分波特性，一般包括耦合比为50%的耦合器和任意耦合比的耦合器。

4）光纤偏振器

光纤偏振器在光纤陀螺仪干涉光路中发挥起偏器和检偏器的作用。光纤偏振器有两种：一种是利用光纤小直径弯曲时引起偏振分量损耗差制成光纤圆形偏振器；另一种是磨制光纤包层直至几乎将纤芯裸露，再将此磨面镀以金属或双折射晶体，制成研磨型光纤偏振器。

评价光纤偏振器性能优劣主要用消光比和插入损耗两个参数，其中消光比表示出射光接近线偏振光的程度，消光比越大，线偏振光的程度越高，偏振性能越好。

5）光纤消偏器

偏振器是在一个方向选择线偏振分量的光纤器件，而消偏器的作用相反，是一种造成非偏振态光的光纤器件。消偏器是消偏光纤陀螺仪必备的器件。如果在强度相等且正交的两个线偏振光之间存在一个与所用光源相干长度相比足够长的延迟时间差，则两个偏振分量不会发生干涉，这种状态就是非偏振状态。利用高双折射的保偏光纤就可以实现这种功能。

6）光纤相位调制器

这是光纤陀螺仪光路系统中的一种相位调制器，它既能实现$\frac{\pi}{2}$的相位偏差，使系统处于最灵敏的工作状态，又可进行正弦调制，实现相敏检测的目的。这种相位调制器通过在光纤应变状态下改变其长度和折射率，对光纤中传输的光波进行相位调制。

7）集成光学芯片

光纤陀螺仪用的多功能集成光学芯片是利用钛扩散技术和质子交换技术，将偏振器、分束/合束器和相位调制器都集成在晶片上。通常这种集成光学芯片有两种，即单Y波导和双Y波导，其消光比可达60dB，带宽为500MHz～1GHz，插入损耗为6dB左右。将这种芯片与光源探测器及光纤环连接并封装，就可以制成一个完整的光纤陀螺仪光路系统，这种集成光纤陀螺仪具有高性能、低成本、高可靠性、体积小以及易于批量生产等优点。

3. 光纤陀螺仪的分类

就原理与结构而言，可以将光纤陀螺仪分为干涉式光纤陀螺仪和谐振式光纤陀螺仪等。就有无反馈信号而言,可以将光纤陀螺仪分为开环光纤陀螺仪和闭环光纤陀螺仪。从相位调制方式来看,光纤陀螺仪可以分为相位差偏置式光线陀螺仪、光外差式光线陀螺仪及延时调制式光纤陀螺仪。下面主要介绍干涉式光纤陀螺仪和谐振式光纤陀螺仪的原理及结构特点。

当光学环路转动时,在不同的前进方向上,光学环路的光程相对于环路在静止时的光程都会产生变化。利用这种光程的变化,如果使不同方向上前进的光之间产生干涉来测量环路的转动速度,就可以制造出干涉式光纤陀螺仪。如果利用这种环路光程的变化来实现在环路中不断循环的光之间的干涉,也就是通过调整光纤环路的光的谐振频率进而测量环路的转动速度,就可以制造出谐振式光纤陀螺仪。可以看出,干涉式陀螺仪在实现干涉时的光程差小,所以它所要求的光源可以有较大的频谱宽度,而谐振式的陀螺仪在实现干涉时,它的光程差较大,所以它所要求的光源必须有很好的单色性。

1）干涉式光纤陀螺仪

干涉式光纤陀螺仪实际上是一种由单模光纤做光通路的 Sagnac 干涉仪,其基本原理可以用图 3-34(a)所示的圆形环路干涉仪来说明。该干涉仪由光源、分束板、反射镜和光纤环组成。

光在 A 点入射,并被分束板分成等强的两束光。反射光 b 进入光纤环沿着圆形环路逆时针方向传播；透射光 a 被反射镜反射回来后又被分束板反射,进入光纤环沿着圆形环路顺时针方向传播。这两束光绕行一周后,又在分束板汇合。

当干涉仪相对惯性空间无旋转时,相反方向传播的两束光绕行一周的光程相等,都等于圆形环路的周长,即

$$L_a = L_b = L = 2\pi R \tag{3-106}$$

当干涉仪绕着与光路平面垂直的轴以角速度（设为逆时针方向）相对惯性空间旋转时,由于光纤环和分束板均随之转动,相反方向传播的两束光绕行一周的光程就不相等,时间也不相等,如图 3-34(b)所示。由式(3-95)可以求出两束光绕行一周到达分束板的光程差 ΔL,表明两束光的光程差 ΔL 与输入角速度 ω 成正比。

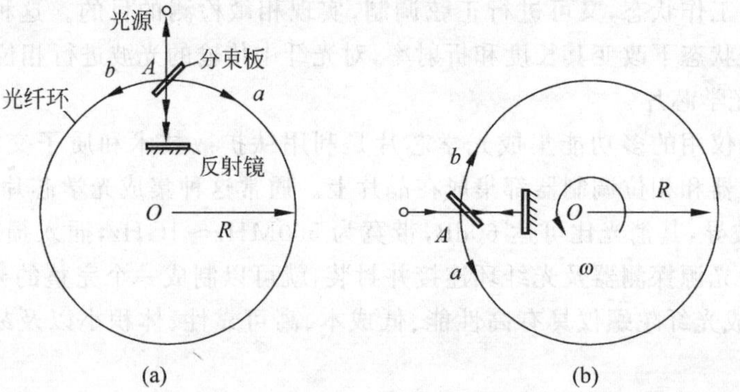

图 3-34 干涉式光纤陀螺基本原理

可以通过测量两束光之间的相位差，即相移，来获得被测角速度。两束光之间的相移 $\Delta\varphi$ 与光程差 ΔL 有如下关系：

$$\Delta\varphi=\frac{2\pi}{\lambda}\Delta L \tag{3-107}$$

式中，λ 为光源的波长。将式(3-95)代入式(3-107)，并考虑光纤环的周长 $L=2\pi R$，可得两束光绕行一周再次汇合时的相移

$$\Delta\varphi=\frac{4\pi Rl}{c\lambda}\omega \tag{3-108}$$

光纤陀螺仪采用的是多匝光纤环(设为 N 匝)的光纤线圈，两束光绕行 N 周再次汇合时的相移是

$$\Delta\varphi=\frac{4\pi RlN}{c\lambda}\omega \tag{3-109}$$

由于光速 c 和圆周率 π 均为常数，光源发光的波长 λ 以及光纤圈半径 R、匝数 N 等结构参数均为定值，因此光纤陀螺仪的输出相移 $\Delta\varphi$ 与输入角速度 ω 成正比，即 $\Delta\varphi=K\omega$，其中，K 称为光纤陀螺刻度因数

$$K=\frac{4\pi RlN}{c\lambda} \tag{3-110}$$

式(3-110)表明，在光纤线圈半径一定的条件下，可以通过增加线圈匝数即增加光纤总长度来提高测量的灵敏度。由于光纤直径很小，虽然长度很长，整个仪表的体积仍然可以做得很小，例如光纤长度为500～2500m的陀螺其直径仅10cm左右。但光纤长度也不能无限地增加，因为光纤传输光具有一定的损耗，所以光纤长度一般不超过2500m。

2) 谐振式光纤陀螺仪

谐振式光纤陀螺仪的工作原理与谐振式激光陀螺仪的区别在于用光纤环形谐振腔替代了光学玻璃制作的谐振腔。激光源在谐振腔外，构成了一个无源的谐振腔，在原理上无闭锁效应。光纤的长度则可依据陀螺的标度因数要求而确定。

目前影响谐振型光纤型光纤陀螺仪实用化的主要技术关键仍然是不能有效地克服各种噪声的影响。

4. 光纤陀螺仪的噪声因素及抑制措施

理想的互易特性是实现光纤陀螺仪高灵敏度、高精度的关键，但在实际的光纤陀螺仪中，影响互易特性的因素很多，下面将分别介绍各种噪声因素及其抑制措施。

1) 散射噪声

光纤中瑞利后向散射及来自光界面的后向散射是光纤陀螺仪的主要噪声源。瑞利后向散射是由于光纤内部介质的不均匀性、光纤通路中的焊接点以及器件的耦合点引起的。这些散射光会通过对其原点进行寄生干涉而引起测量误差。目前抑制这些散射噪声的方法主要有：采用超发光二极管等低相干光源；对后向散射光提供频差并对光源进行脉冲调制；采用光隔离器；用宽带激光器、跳频激光器、相位调制器等作为光源，以破坏光源的时间相干性，使其后向散射光的干涉平均为零。

2）温度噪声

光纤由于其物理特性使之对温度十分敏感。一方面，环境温度变化时，光纤环的面积随之改变，将直接影响对转动角速度检测的标度因数的稳定性；另一方面，温度效应表现在热辐射造成光纤环局部温度梯度，引起左、右旋光路光程不等，从而会引起非互易相移的随机漂移。一般对光纤线圈进行恒温处理，以及采用四极对称方法来绕制光纤环，并在工艺和状态控制上提出严格要求，以减小温度引起的温度漂移。

3）光源与探测器噪声

光源是光纤陀螺仪的关键组件，光源的波长变化、频谱分布变化及输出光功率的波动将直接影响干涉的效果。另外，返回到光源的光直接干扰了它的发射状态，引起二次激发，与信号光产生二次干涉，并引起发光强度和波长的波动。对于光源波长变化的影响，通过数据处理的方法加以解决；若波长变化是由温度变化引起的，则可直接测量温度而校正波长；对返回光的影响，可以采用光隔离器、信号衰减器或选用超辐射发光二极管之类的低相干光源，有效降低光纤陀螺仪中反射光与信号光的干涉效果，抑制瑞利后向散射。

探测器是检测干涉总效果的器件，除了探测器灵敏度外，调制频率噪声、前置放大器噪声和散粒噪声都是影响其性能的噪声源。一般可通过优选调制频率来减少噪声，用电子学方法来减少放大器噪声；对于散粒噪声，是与光探测过程相关联的基本噪声，只能通过选择尽可能大的光源功率和低损耗的光纤通路来加大光信号，提高信噪比，以相对减少它的影响。

4）光源功能元件噪声

光纤陀螺仪内部的功能元件包括偏振器、耦合器（分束器、合束器）、相位调制器以及光电检测器等，这些功能元件是构成光纤干涉光路、保证光路互易性以及灵敏度最佳化必不可少的。但是由于这些器件性能不佳，以及引入后与光纤的对接所带来的光轴不对准、接点缺陷等，将引起附加损耗和缺陷，产生破坏互易性的新因素。由这些因素引起的噪声称为光路器件噪声，减少这些器件造成噪声的主要方法是提高器件和光路组装的工艺水平，以获得高性能的器件和光路。表 3-1 给出了光纤陀螺仪的误差源及其解决办法。

表 3-1　光纤陀螺仪的误差源及其解决办法

误　差　源	解决办法
两束光之间的光程差	温度补偿；光隔离器消除回光的影响
温度漂移误差	采用温度系数小的光纤和被覆材料；采用四极对称法绕制光纤环
温度相位误差	采用温度系数小的光纤和被覆材料；在光纤环本征频率上进行调制/解调
偏振变化	采用保偏光纤；采用偏振面补偿装置及退偏振镜
瑞利后向散射	采用超发光二极管等低相干光源，或对后向散射光提供频差并对光源进行脉冲调制
法拉第效应	光电屏蔽和使用保偏光纤，以消除环路中每隔一圈为一周期的扭曲失真误差
克尔效应	采用低相干光源
光纤端面菲涅尔反射	采用消除瑞利后向散射的方法，或者采用折射率匹配的方案
光接收器的散粒噪声	采用光量子效率光检测器、低损耗保偏光纤和大功率激光光源

3.6 微机电陀螺仪

3.6.1 微机电陀螺仪概述

20世纪80年代初，在微米/纳米（分别为$10^{-6}/10^{-9}$ m量级）这一引人注目的前沿技术背景下，微机电系统（MEMS）得到了人们的广泛关注。微机电系统是电子元件和机械元件相结合的微装置或系统，采用与集成电路（IC）兼容的批加工技术制造，尺寸可在毫米到微米量级范围内变化，功能上则结合了传感与执行功能，并可运行处理运算。1989年，第一个采用MEMS技术的微机电陀螺仪问世，漂移率达10°/h。它的出现是MEMS技术中具有代表性的一项重大成果，更带来了惯性导航技术领域的一次新变革。它的制作是通过采用半导体生产中成熟的沉积、蚀刻和掺杂等工艺，将机械装置和电子线路集成在微小的硅芯片上来完成的，最终形成一种集成电路芯片大小的微型陀螺仪。图3-35所示为微机电陀螺仪的一种实物照片。

与现有机械转子式陀螺仪或光学陀螺仪相比，微机电陀螺仪主要特征有：体积和能耗小；成本低廉，适合大批量生产；动态范围大，可靠性高，可用于恶劣力学环境；准备时间短，适合快速响应武器；中低精度，适合短时应用或其他信息系统组合应用。由于硅材料固有的温度敏感性，需要对微机电陀螺仪的温度特性做特别处理。

微机电陀螺仪是基于哥氏效应工作的，如图3-36所示。质量块在激励的作用下在某一轴向产生振动（参考振动），当质量块绕其中心轴（也称为输入轴）旋转时，在与振动轴、角速度输入轴正交的另一个方向（也称为输出轴）就会产生哥氏力。哥氏力大小与振动速度、输入角速度乘积成正比，检测出哥氏力的大小和方向就可以检测出输入角速度的大小和方向。

图3-35 微机电陀螺仪实物照片

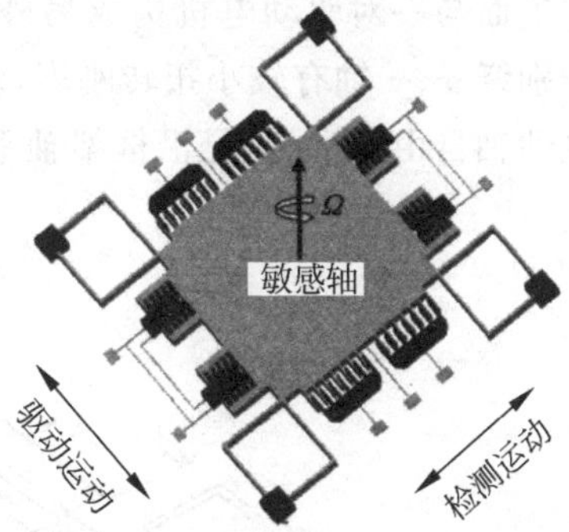

图3-36 微机电陀螺仪工作原理

微机电陀螺仪种类众多，可以按如下方式进行分类。

（1）按振动结构可分为线振动结构和角振动结构，常用的包括振梁结构、双框架结构、平面对称结构、横向音叉结构、梳状音叉结构等。音叉式结构是典型的利用线振动来产生陀螺效应的；双框架结构是典型的利用角振动来产生陀螺效应的。

(2) 按材料可分为硅材料和非硅材料。其中,在硅材料陀螺仪中又可以分为单晶硅陀螺仪和多晶硅陀螺仪。在非硅材料中,包括石英材料陀螺仪和其他材料陀螺仪。

(3) 按驱动方式可以分为静电驱动式、电磁驱动式、压电驱动式等。

(4) 按检测方式可分为电容性检测、压阻性检测、压电性检测、光学检测和隧道效应检测。

(5) 按工作方式可分为速率陀螺仪和速率积分陀螺仪。

(6) 按加工方式可分为体微机械加工、表面机械加工和其他加工方式等。

另外,微机电陀螺仪根据驱动与检测方式分为4种:①静电驱动,电容检测;②电磁驱动,电容检测;③电磁驱动,压阻检测;④压电驱动,电容检测。其中静电驱动、电容检测陀螺仪设计最为常见,并已有部分产品研制成功。

目前微机电陀螺仪还属于中、低精度范畴,它们的研制成功将带来更多的军事或商业应用。尤其在军事方面,通过采用微机电陀螺仪技术,可以把制导、导航和控制引入以前未能考虑的一些武器系统中,典型的如各种制导炮弹和弹丸。

3.6.2 微机电陀螺仪结构及工作原理

近十几年来,微机电陀螺仪得到了迅速发展,各种形式的微机电陀螺仪应运而生,其中框架式硅微机电陀螺仪于1988年首先由美国的CSDL设计研制成功,是最早提出的形式之一。本节以框架式硅微机电陀螺仪为例介绍其工作原理。

图3-37是框架式陀螺仪的结构示意图。这种陀螺仪的框架是在玻璃或N型硅衬底上,通过腐蚀、扩散等手段形成一对驱动电极和一对敏感电极。再通过外延、腐蚀和光刻等微加工手段,形成内外框架、挠性杆和检测质量。其中,检测质量块和内框架连成一体,内框架通过挠性杆与外框架连接,外框架通过挠性杆与基座相连。内、外框架都相对挠性杆完全对称。内框架的一组对称平面与一对敏感电极构成一组差动电容,外框架的一组对称平面与一对驱动电机构成另外一对差动电容。内、外挠性杆相互正交,挠性杆设计成分别绕 x、y 轴有较小扭转刚度,但有较大抗弯刚度,这样就保证了内、外框架能沿相应的挠性轴自由振动,但是沿框架轴平面的法线方向有较大的抗弯刚度。

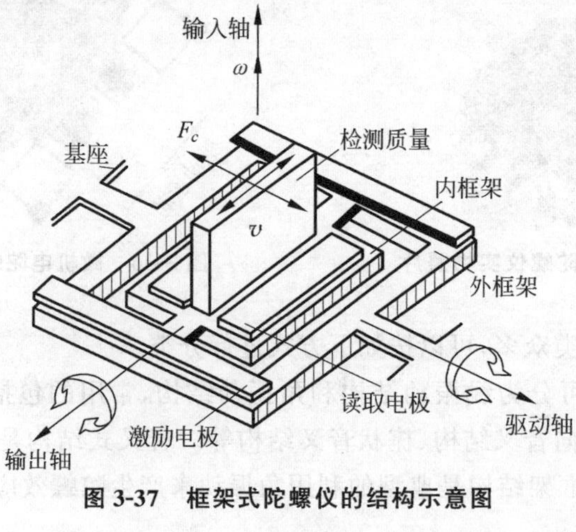

图 3-37 框架式陀螺仪的结构示意图

框架式陀螺仪的内、外两个框架，一个为驱动框架，另一个为检测框架。相互正交的内、外框轴均为挠性轴，即绕自身轴向具有低的抗扭刚度，而沿其余轴向具有较高的抗弯刚度。检测质量固定在内框架上，在外框架两侧各设置 1 个激励电极，在内框架两侧各设置 1 个读取电极。这 4 个电极相对陀螺仪壳体的位置是固定的，当框架处于零位时各电极与框架对应表面的间隙为 10～12μm，构成 4 对极板。

在两个激励电极上施加带有直流偏置但相位相反的交变电压，由于交变的静电吸力所产生的绕驱动轴(外框架轴)交变力矩的作用，整个框架绕驱动轴做角运动，而检测质量中各质点做线振动(因为角运动振幅很小，故可视为线运动)。当基座(壳体)绕输入轴以角速率 ω 相对惯性空间转动时，各质点受到交变的哥氏惯性力 F_c 的作用(图中仅示意出 1 个质点)，就形成绕输出轴(内框架轴)交变的哥氏惯性力矩，从而使内框架轴绕输出轴做角振动。这样，两个读取电极与内框架轴之间的间隙发生交变，亦即电容发生交变。通过感测电容差值并经电子线路处理，即可获得正比于输入角速度的输出电压信号。

框架式微机电振动陀螺仪的控制系统框图如图 3-38 所示。图中 U_0 和 U_2 分别为施加于驱动电极板的直流偏置电压和交流驱动电压幅值；ω_2 为交流驱动电压信号角频率；θ_{1x} 和 θ_{2y} 分别为内、外框架绕相应挠性轴的角振动幅度；J_{1i} 和 J_{2i} $(i=x,y,z)$ 分别为内、外框架绕相应轴的转动惯量；k_1 和 k_2 分别为内、外挠性杆的扭转刚度系数；D_1 和 D_2 为相应的阻尼系数。

当对两驱动电极板分别施加 $U_0+U_2\sin\omega_2 t$ 的电压信号时，外框受驱动并连同内框和检测质量一起以 ω_2 的频率做绕 y 轴的小角度振动。此时，若绕框架平面法线有角速度 Ω_z 输入，在陀螺力矩 M_G 作用下，内框连同检测质量便以外框的振动频率和与 Ω_z 成正比的幅度绕 x 轴做角振动，从而引起检测电容值的变化，设为 ΔC。检测电路将 ΔC 信号经过前放、调制、放大、解调，输出 Δu 信号，这个电压信号正比于输入信号 Ω_z。

根据图 3-38，陀螺力矩为

$$M_G = J_1\theta_{2y}\Omega_z \tag{3-111}$$

式中，J_1 为陀螺仪等效转动惯量，$J_1=J_{1x}+J_{1y}-J_{1z}$。输出角振动幅值为

$$\theta_{1x}=\frac{M_G}{J_{1x}s^2+D_1 s+k_1}=\frac{J_1 S\theta_{2y}\Omega_z}{J_{1x}(s^2+2\xi_1\omega_{n1}s+\omega_{n1}^2)} \tag{3-112}$$

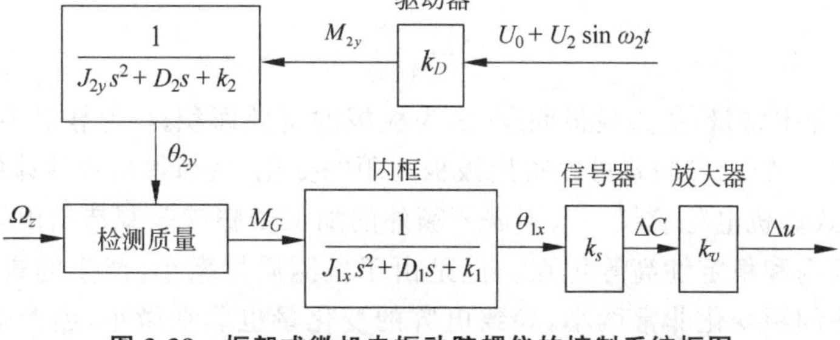

图 3-38 框架式微机电振动陀螺仪的控制系统框图

选取驱动电压信号频率与内框的固有频率相等，即 $\omega_2=\omega_{n1}$，则式(3-112)变成

$$\theta_{1x}=\frac{J_1\theta_{2y}\Omega_z}{2J_{1x}\xi_1\omega_{n1}}=\frac{J_1 Q_1\theta_{2y}\Omega_z}{J_{1x}\omega_{n1}} \tag{3-113}$$

式中，Q_1 为陀螺仪谐振品质因数，$Q_1=\dfrac{1}{2\xi_1}$。

综合式(3-111)～式(3-113)，并结合图 3-38，可以得到该陀螺仪的灵敏度为

$$S=\frac{\Delta u}{\Omega_z}=\frac{k_{s1}k_v\theta_{1x}}{\Omega_z}=\frac{J_1Q_1\theta_{2y}k_{s1}k_v}{J_{1x}\omega_{n1}} \tag{3-114}$$

式中，k_v 为回路放大系数；k_{s1} 为信号器传递系数。

$$k_{s1}=\frac{\Delta C}{\theta_{1x}}=\frac{\varepsilon A_{c1}(2s_{c1}+b_{c1})k_v}{z_{01}^2} \tag{3-115}$$

从式(3-114)可以看出，要提高该类陀螺仪的灵敏度，必须使其 Q_1 值尽可能大，这就要求阻尼要小，因此，双框架陀螺仪一般工作在高真空状态下。从式(3-115)可以看出，适当减小 z_{01} 和适当加大 A_{c1}、b_{c1}、s_{c1} 的尺寸都可使 k_{s1} 的数值得到提高。此外，适当增大驱动框架的振动幅度，也可提高灵敏度，但 θ_{2y} 的增大受到驱动电容极板间距的制约。由于该种结构的陀螺仪其外框架绕 y 轴振动时，内框架除了绕 x 轴振动外，还随外框一起绕 y 轴做同一频率的振动。内框架绕 y 轴的振动信号是有害信号，由于其频率和内框架绕 x 轴的有用振动信号的频率相同，因此很难彻底消除，这就使得这种结构陀螺的噪声信号较大。同时内框架绕 y 轴的振动制约了敏感电容极板间距 z_{01} 的减小和驱动框架振动幅度的加大，从而使陀螺仪灵敏度系数值受到限制。

3.6.3 微机电陀螺仪的微弱信号检测

微机电陀螺仪的关键技术主要有两个：一是微加工技术；二是微弱信号的检测技术。由于微机电陀螺仪在检测方向的振动很微弱，而且受到微机电陀螺仪空间大小的限制，因而振动检测方式非常重要。目前微机电陀螺仪的检测方式主要有电容式、压电式、压阻式以及隧道式等，下面逐一介绍。

1. 电容检测方式

电容检测式微机电陀螺仪直接检测在振动方向上的振动位移。在陀螺仪中固定一极板，同时在振动弹性体垂直检测振动方向的表面上制作随弹性体振动的极板，通过检测两极板间的电容变化得出弹性体的振动位移。两极板间的电容为

$$C=\frac{\varepsilon S}{4k\pi d} \tag{3-116}$$

式中，ε 为介质介电常量，d 为极板间距，S 为极板的有效面积，k 为静电力常量。测量出电容的变化，根据式(3-116)就可以得出极板间距的变化，从而得出弹性体的振动位移。

电容检测式微机电陀螺仪一般不需要额外的加工步骤就能制造出电容器，具有温度漂移小、灵敏度高和稳定性高等优点。但是由于检测质量微小，产生的哥氏惯性力很微弱，这使得极板间距变化非常微小，导致电容的变化量也非常微小，因此输出电压很小；并且当检测扭转振动时，极板间距和极板的有效面积都会发生变化，从而影响测试精度。

2. 压电检测方式

压电检测方式是利用扩散在弹性体上的压电晶体的压电效应检测出弹性体在检测

方向上振动所对应的应力,从而检测出在检测方向上的振动来测量角速度的。当仅考虑一个方向存在应力时的压电方程,并结合电容和电量的关系可以得到

$$U=\frac{d\sigma}{C} \tag{3-117}$$

式中,σ 为沿晶轴 x 方向施加的应力,d 为压电系数,U 为压电晶体端的电压,C 为压电晶体的等效电容。

从式(3-117)可知,如果测量出压电晶体两端的电压,就可以得到晶体内部应力的大小,从而计算出弹性体检测方向的振幅,进而得出被测物体的角速度。压电检测式微机电陀螺仪具有体积小、动态范围宽等优点。但是由于压电系数受温度影响大,导致该类型陀螺仪的温度漂移大,需要进行温度补偿,增加了制作工艺的难度。

3. 压阻检测方式

当微机电陀螺仪工作时,分布在检测方向的压阻条随着弹性体的振动其内部应力改变。由于压阻效应,压阻条的阻值将会发生改变。通过适当的外部电路将电阻变化转化成电压就能够测量出角速度的大小。压阻式微机电陀螺仪具有固有频率高、动态响应快、体积小等特点。根据压阻效应,电阻的变化率为

$$\frac{\Delta R}{R}=\pi\sigma \tag{3-118}$$

式中,π 为压阻系数,σ 为应力。从式(3-118)可以看出,材料的压阻系数直接影响该检测方式微机电陀螺仪的测量精度,但是由于材料的压阻系数比较小,且受环境温度影响较大,因而基于压阻效应的微机电陀螺仪灵敏度比较低,温度漂移比较明显。

4. 隧道检测方式

隧道检测式微机电陀螺仪是近年发展起来的一种新型微陀螺仪,它利用隧道电流对位移变化的敏感性来检测角速度。在隧道间距很小时,隧道电流与隧道间距的关系为

$$\Delta I=\frac{\alpha\sqrt{\Phi}V}{R}\cdot d \tag{3-119}$$

式中,ΔI 为隧道电流,α 为常数,Φ 为隧道有效势垒高度,d 为隧道电极的间距,V 为偏置电压,R 为隧道结等效电阻。可以近似认为,电流变化量与隧道间距变化量成线性关系,只要检测出电流变化量的大小,就能够测量出隧道间距变化量的大小,从而测得角速度的大小。

3.7 陀螺仪的技术指标及漂移分析

3.7.1 陀螺仪的技术指标

理想的陀螺仪是在任何条件下其敏感轴的输出与载体对应轴向的输入角参量(角度、角速率)成正比,而且不敏感其交叉轴向的角参量,也不敏感任何轴向的非角参量(例

如振动加速度和线加速度)。

陀螺仪的主要常用技术指标如下:

量程,单位(°)/s,是陀螺仪能有效敏感输入角速度的范围。

零偏,单位(°)/h,是陀螺仪中输入速率为零时陀螺仪的输出量。因为输出量不同,通常用等效的输入速率表示。同一型号的产品,零偏越小越好;不同型号的产品,并不是零偏越小越好。

零偏重复性,单位(°)/h,是在同样的条件下及规定间隔内(逐次、逐日、隔日……)重复测量的偏值之间的一致程度。零偏重复性以各次测得的偏值的标准偏差表示,对所有陀螺仪零偏重复性越小越好(评价补偿零位的难易程度)。

零偏与零偏重复性根据不同应用目的综合考虑。

零偏稳定性,是当输入为零时输出量绕其均值的离散程度,以规定时间内输出量的标准偏差相应的等效输入表示。它主要针对速率陀螺仪,对所有陀螺仪越小越好(评价陀螺仪精度的一个重要指标)。

零位漂移,单位(°)/s,是陀螺仪输出量相对理想输出量的偏差的时间变化率。它包含随机性的和系统性的两种分量。

闭锁阈值,是指在未加偏频条件下,陀螺仪输出无响应时的最大输入角速率。

比例因子,单位 V/(°/s)、mA/(°/s),是输出的变化与要测量的输入变化的比值。

比例因子非线性度,单位%,是在输入角速度范围内,陀螺仪输出量相对于最小二乘法拟合直线的最大偏差值与最大输出量之比。

比例因子重复性,是比例因子的逐次、逐日、隔日……的重复程度。

比例因子不对称度,单位%,是正输入和负输入两种情况下测得的标度因数之间的差别。比例因子不对称度用分别测得的标度因数与在整个输入量程上测得的标度因数之差的百分数表示。标度因数不对称性意味着输入输出函数的斜率在零输入时中断。

启动时间,单位 s、min,是惯性敏感器从最初供以能量到产生规定的有用输出的时间。

交叉耦合,是敏感其交叉轴向的角参量程度,即非正交性。

带宽,单位 Hz,是陀螺仪在测得的幅频特性中幅值降低 3dB 所对应的频率范围。可以通过牺牲陀螺仪带宽的方式提高陀螺仪的精度。

零位温度系数,单位(°)/h/℃,是由于温度变化引起的偏值变化量与温度变化量之比。

3.7.2 陀螺仪的漂移分析

1. 陀螺的漂移率

在实际的陀螺仪结构中,总是不可避免地存在着干扰力矩,例如环架轴上支承的摩擦力矩,陀螺组合件的不平衡力矩以及其他因素引起的干扰力矩。陀螺仪存在干扰力矩作用,转子轴将偏离原来稳定的基准方位而形成误差。转子轴在单位时间内相对惯性空间方位(或基准方位)的偏差角称为陀螺漂移率。衡量陀螺仪精度的主要指标是漂移率。

各种载体的测量、控制和导航精度在很大程度上取决于陀螺仪精度。例如,二自由度陀螺仪具有方向稳定性。利用这一特性,可为被测对象提供一个方位基准。这个方位基准的精度高低,主要取决于陀螺漂移率。至于陀螺章动的影响,引起的方位改变极为微小,而且不随时间积累,一般可以忽略。所以研究漂移率及其数学模型在陀螺仪工程应用的意义。

对于刚体转子类陀螺仪,漂移率计算式

$$\omega_d = \frac{M_d}{H} \tag{3-120}$$

虽然陀螺仪在干扰力矩作用下会产生漂移,但只要具有较大的动量矩,那么陀螺漂移就很缓慢,在一定的时间内,自转轴相对惯性空间的方位改变也很微小。

在干扰的作用下,陀螺仪以进动的形式做缓慢漂移,这是陀螺仪稳定性的一种表现,陀螺仪动量矩越大,陀螺漂移也越缓慢,陀螺仪的稳定性也就越高。

例 3-4 设陀螺动量矩 $H=4000\text{g}\cdot\text{cm}\cdot\text{s}$,陀螺仪对内、外环轴的转动惯量 $J_x=J_y=2\text{g}\cdot\text{cm}\cdot\text{s}^2$。当绕外环轴作用的常值干扰力矩 $M_y=2\text{g}\cdot\text{cm}$ 时,则陀螺仪绕内环轴漂移角速度的大小为

$$\omega_x = \frac{M_y}{H} = \frac{2}{4000} = 5\times10^{-4}(\text{rad/s})$$

当经过时间 $t=60\text{s}$ 时,绕内环轴漂移角度大小为

$$\theta_x = \omega_x t = 5\times10^{-4}\times60\text{rad} = 1.72(°)$$

若转子不自转即为一般刚体时,则在同样大小的常值干扰力矩作用下,引起的绕外环轴偏转角速度的大小为

$$\varepsilon_y = \frac{M_y}{J_y} = \frac{2}{2} = 1(\text{rad/s}^2)$$

当经过时间 $t=60\text{s}$ 时,绕外环轴偏转角度大小为

$$\theta_x = \frac{1}{2}\varepsilon_y t^2 = \frac{1}{2}\times1\times60^2(°)$$

对于非刚体转子的陀螺仪,如谐振陀螺仪、激光陀螺仪和光纤陀螺仪等,也仍然是采用漂移率作为衡量其精度的主要指标。

从漂移率计算式可看出,增大动量矩和减小干扰力矩,均可降低漂移率。但过多地加大动量矩,会带来仪表体积、质量、功耗和发热增大等不利影响,而且对降低漂移率并无明显效果。因为,随着转子质量的增大,与质量有关的干扰力矩如轴承摩擦和质心偏移等引起的干扰力矩也相应增大;而且,随着发热的增大,与发热有关的干扰力矩如热变形和热对流等引起的干扰力矩也相应增大。因此,用于载体测量和控制系统的陀螺仪动量矩数值一般在 $0.8\text{kg}\cdot\text{m}^2/\text{s}$ 以内,用于惯性系统的陀螺仪动量矩数值一般在 $0.2\text{kg}\cdot\text{m}^2/\text{s}$ 以内。从陀螺仪的原理、设计和工艺等方面尽量减小造成干扰力矩的各种因素,才是降低漂移率之关键所在。

通常,干扰力矩分为两类,与之对应的陀螺漂移也分为两类:一类干扰力矩是系统性的,规律已知,它引起规律性漂移,因而是可以通过计算机加以补偿的;另一类是随机因素造成的,它引起随机漂移。在实际应用中,除了要尽可能减小随机因素的影响外,对实验结果还要进行统计处理,以期对随机漂移作出标定,并通过系统来进行补偿。但由于

它是无规律的，很难达到全补偿，故它成为衡量陀螺仪精度的最重要指标。

系统性漂移率用单位时间内的角位移表示。随机漂移率用单位时间内角位移均方根值或标准偏差表示。各种类型陀螺仪随机漂移率目前所能达到的大致范围如表3-2所列。

表3-2 各种类型陀螺仪随机漂移率

陀螺仪类型	随机漂移率/(°/h)	陀螺仪类型	随机漂移率/(°/h)
滚珠轴承陀螺仪	10～1	静电陀螺仪	0.01～0.0001
旋转轴承陀螺仪	1～0.1	半球谐振陀螺仪	0.1～0.01
液浮陀螺仪	0.01～0.001	激光陀螺仪	0.01～0.001
气浮陀螺仪	0.01～0.001	光纤陀螺仪	1～0.1
动力调谐陀螺仪	0.01～0.001		

各种应用场合对随机漂移率要求的大致范围如表3-3所列。惯性导航系统定位精度的典型指标为1nmile/h(1nmile=1852m)，它要求陀螺随机漂移率应达到0.01°/h，故通常把随机漂移率达到0.01°/h的陀螺仪称为惯导级陀螺仪。

表3-3 各种应用场合对随机漂移率要求的大致范围

应用场合	对随机漂移率要求/(°/h)
飞行控制系统中的速率陀螺仪	150～10
飞行控制系统中的垂直陀螺仪	30～10
飞行控制系统中的方向陀螺仪	10～1
战术导弹惯性制导系统	1～0.1
船用陀螺罗经、捷联式航向姿态系统炮兵测位、地面战车惯性导航系统	0.1～0.01
飞机、舰船惯性导航系统	0.01～0.001
战略导弹、巡航导弹惯性制导系统	0.01～0.0005
航空母舰、核潜艇惯性导航系统	0.001～0.0001

此外，还有表征陀螺漂移长期稳定性的一种随机漂移率，叫作漂移不定性或逐次漂移率。漂移不定性反映了陀螺仪在相同条件下，在规定时间逐次测试中，其漂移率的变化情况。它用规定若干次测试，按每次测试规定的时间，求得各次漂移平均值的标准偏差来表示。根据测试的时间间隔，逐次漂移率又分为逐日漂移率、逐月漂移率和逐年漂移率。

2. 陀螺漂移模型分类

在惯性系统的应用中，一方面要求陀螺漂移应在许可的范围内，另一方面还要根据所建立的数学模型来进行补偿，以减小陀螺漂移对系统精度的影响。可见，建立陀螺漂移规律的数学模型并设法在惯性系统中进行漂移补偿，是惯性技术领域中必须解决的重要课题。

依据在不同条件下陀螺漂移与有关参数之间的关系，陀螺漂移模型通常分为以下三类：

(1) 静态漂移模型：即在线运动条件下陀螺漂移与加速度或比力之间的数学表达式，一般具有三元二次多项式的结构形式。

(2) 动态漂移模型：即在角运动条件下陀螺漂移与角速度、角加速度之间关系的数学表达式，一般也具有三元二次多项式的结构形式。

(3) 随机漂移模型：引起陀螺漂移的诸多因素是带有随机性的，陀螺漂移实际上是一个随机过程。描述该随机过程的数学表达式，即为陀螺随机漂移模型。通常采用AR或ARMA模型来拟合。

建立陀螺漂移模型有两种方法。

一种是解析法，即根据陀螺仪的工作原理、具体结构和引起漂移的物理机制，用解析的方法导出它的漂移模型(这样得到的模型又称物理模型)。优点是物理概念清晰，可由陀螺仪的结构参数来表示，有明确的物理意义与之对应；缺点是在推导时不可避免地要加入某些假设条件，因而总有一定程度的近似性，有时不能真实地描述出陀螺漂移。

另一种是实验法，即设计一种试验方案能够激励各种因素引起的陀螺漂移，以试验取得的数据为依据，通过时间序列建模等数学处理方法来导出它的漂移数学模型。优点是受主观认识的影响较小，在工程实践中也常被应用；缺点是必须具备精确测试手段，否则难以真实地反映出陀螺漂移。

第4章 加速度计

Chapter 4

4.1 加速度计概述

加速度计(Accelerometer)是惯性导航和惯性制导系统的重要敏感元件,依靠它对比力的测量,完成惯性导航系统确定载体的位置、速度以及产生跟踪信号的任务。作为惯性导航系统的核心器件之一,惯性导航系统中使用的加速度计应满足以下要求:

(1) 灵敏限小。灵敏限即加速度计能感受的最小加速度值。惯性导航系统要求加速度计的灵敏限越小越好,通常在 $10^{-5}g$ 以下。

(2) 摩擦干扰小。转轴上的摩擦干扰力矩直接影响加速度计的灵敏限。因为只有惯性力矩 M_a 大于摩擦干扰力矩时,转轴才能偏转产生转角 θ,加速度计也才有输出。通常,惯性导航系统用加速度计转轴上的摩擦干扰力矩一般要求小于 $9.8\times10^{-9}\text{N}\cdot\text{m}$,这个要求是非常苛刻的,必须有特殊的支承技术才能满足要求,这也是加速度计的关键技术。

(3) 量程大。加速度计的量程是指测量加速度的最大值和最小值的范围。不同的载体对加速度计的量程要求不同,例如,机载惯性导航系统要求其加速度计测量范围为 $10^{-5}\sim6g$,最大可达 $12g$ 甚至 $20g$。要测量这样大范围的加速度,又要求转轴的转角小,并保证输入输出成线性关系,必须使弹簧的刚度很大,通常采用“电弹簧”代替机械弹簧,以便把转角控制在几角分之内。

随着惯性导航技术的迅速发展,出现了各种结构和类型的加速度计。按测量系统的组成形式,分为开环式加速度计和闭环式加速度计;按检测质量的支承方式,分为滚珠轴承加速度计、宝石轴承加速度计、液浮加速度计、气浮加速度计、磁悬浮加速度计、挠性加速度计和静电加速度计等;按工作原理,分为摆式加速度计和非摆式加速度计。此外,也可综合几种不同分类方法的特点来命名一种加速度计,如闭环液浮摆式加速度计、挠性摆式加速度计、气浮摆式加速度计等。典型的加速度计有挠性摆式、摆式积分陀螺、振弦式、压电加速度计等。

4.2 摆式加速度计的结构原理

在实际应用中,加速度计除包括敏感加速度的敏感质量外,还有一个与之相联系的力或力矩平衡电路。在工作原理上,和单自由度浮子积分陀螺仪的力反馈电路相似。电路给出的信号可以正比于载体加速度,也可以正比于单位时间内速度的增量。电路输出的信号根据需要可以是模拟量,也可以是数字量。在惯性导航系统中,在计算机数字化的要求下,后者得到了很大发展。人们将这种形式的加速度计称为数字式脉冲力矩再平衡式加速度计。

图 4-1 给出基本的摆式加速度计的结构原理图。它由仪表壳体、两个支承、偏心质量摆、阻尼器、弹簧等部分组成。偏心质量摆和阻尼器可以绕输出轴(OA)转动,摆轴(PA)位于通过输出轴的重力方向,输入轴(IA)则是和上述两个轴垂直的轴。

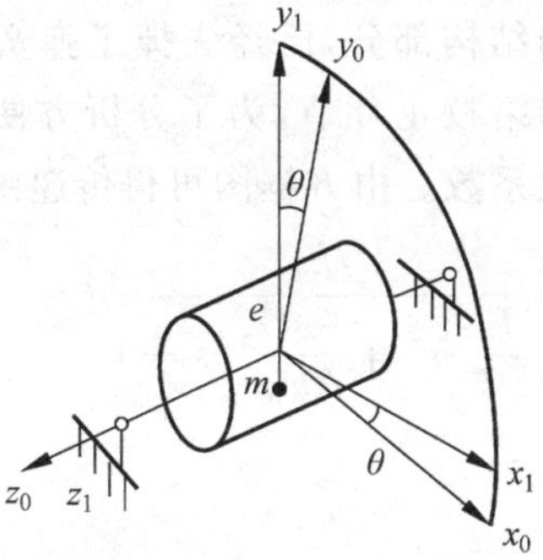

(a) 原理示意图

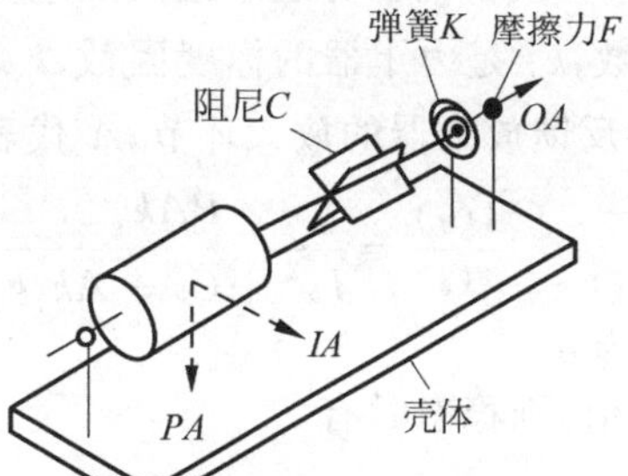

(b) 结构示意图

图 4-1 摆式加速度计

当线加速度 $a(t)$沿输入轴(IA)作用于偏心质量摆时,摆臂将相对支点转动,产生偏摆力矩 $Pa(t)$;弹簧产生反力矩用来平衡因惯性力矩造成摆的偏移。稳定后,摆将偏离原平衡位置(零位)一个角度 $\theta(t)$。角度传感器输出与角度 $\theta(t)$成正比的电信号,其大小就代表了载体加速度 a 的大小。

像列写单自由度浮子积分陀螺仪力矩方程一样,把加速度计看成一个力矩平衡装置,对应上述过程的运动方程为

$$Pa(t)=J\ddot{\theta}(t)+C\dot{\theta}(t)+K\theta(t)+M_0 \tag{4-1}$$

式中,$a(t)$为输入轴的线加速度;P 为敏感质量所呈现的摆性,$P=me$,$Pa(t)$的意义为敏感质量所呈现的绕摆动中心的总力矩,m 为偏心质量摆的质量,e 为摆臂长;J 为绕输出轴的转动惯量;C 为阻尼系数;K 为弹性系数;M_0 为摩擦力矩;$\theta(t)$为摆绕输出轴的转角。设 $M_0=0$,则有

$$\frac{\theta(s)}{a(s)}=\frac{P}{Js^2+Cs+K}=\frac{P/K}{\frac{J}{K}s^2+\frac{C}{K}s+1} \tag{4-2}$$

设 $a(t)$ 为常值，则在稳态时有

$$\theta=\frac{P}{K}a \tag{4-3}$$

所以，角 θ 的大小就是加速度的量度。那么，角度传感器的输出与输入加速度成正比。

实际上，摆式加速度计在结构设计上并不采用机械弹簧，而是利用一个力反馈回路的功能代替了系数 K 的作用，如图 4-2 所示。

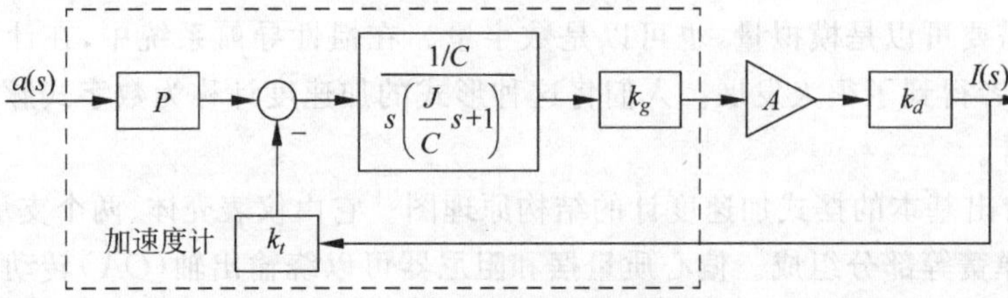

图 4-2　闭环摆式加速度计方框图

图 4-2 中虚线框内部分表示摆式加速度计的结构部分，已经去掉了弹簧 K，k_g 是信号器标度因数，k_t 是力矩器的标度因数，k_d 是网络校正环节，为了分析方便，设 $k_d=1$。环节 A 是力反馈放大器的放大环节，A 代表放大系数。由方框图可得传递函数为

$$\frac{I(s)}{a(s)}=\frac{PAk_g}{Js^2+Cs+Ak_tk_g}=\frac{P/k_t}{\dfrac{J}{Ak_tk_g}s^2+\dfrac{C}{Ak_dk_g}s+1} \tag{4-4}$$

设 $a(t)$ 为常值，则稳态时有

$$I_e=\frac{P}{k_t}a \tag{4-5}$$

所以，电流 I_e 的大小就代表输入加速度的大小，比较式(4-3)和式(4-5)，可见这两者的效果是一致的。有时，人们就把图 4-2 闭合电路的功能称为电弹簧，其回路俗称力反馈回路。

从图 4-2 还可以得到摆轴转角和线加速度 a 之间的传递函数为

$$\frac{\theta(s)}{a(s)}=\frac{P}{Js^2+Cs+Ak_tk_g}=\frac{P/k_gk_t}{\dfrac{J}{Ak_tk_g}s^2+\dfrac{C}{Ak_tk_g}s+1} \tag{4-6}$$

比较式(4-4)和式(4-6)可见，放大系数 A 只能影响摆轴转角 θ，而不能影响加速度计输出电流 I 的大小，对系数 A 进行适当选择，可使加速度计在测量加速度的范围内，使转角的最大值保持在允许的小角度内，从而使方程式(4-1)的线性得到保证。

以上叙述的是实用的摆式加速度计的基本工作原理。

4.3　石英挠性摆式加速度计

石英挠性摆式加速度计是目前应用最广泛的加速度计，具有体积小、精度高、启动快、抗冲击的优点，能满足多种载体和惯性导航系统的使用要求，可以应用于包括船舶、车辆及

飞机的惯性导航系统，导弹及火箭的惯性制导系统以及卫星及飞船的控制系统等。

下面主要介绍石英挠性摆式加速度计的结构组成与工作原理。石英挠性摆式加速度计由表头部分和配套电路组成。表头部分由惯性质量摆(其上带有力矩器线圈)、力矩器、位置检测器、石英挠性铰链(摆支承部分)等组成，如图 4-3 所示。

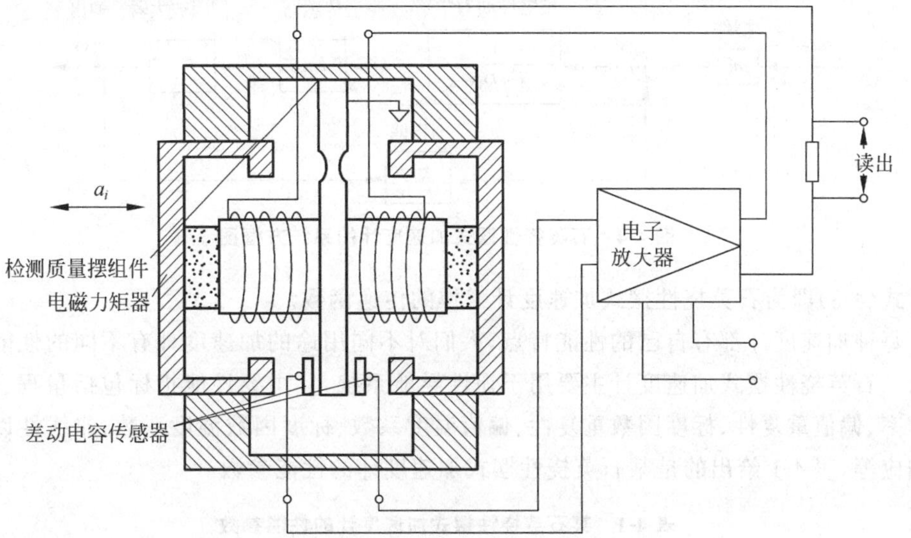

图 4-3 石英挠性摆式加速度计的基本组成

石英挠性摆式加速度计的整体摆组件由熔融石英材料经化学刻蚀方法加工而成，它没有像宝石轴承那样的摩擦效应和磨损特性，同时稳定性好。加速度计的摆质量由两个挠性平桥支承着，这种特定的结构只允许摆质量沿输入轴方向做直线运动(严格地说是转动，由于转角的范围极小，故可近似看成直线位移)，而对其他轴方向的运动刚度很大，因此，能使摆敏感轴保持稳定的方向。这种传感器与高性能的配套电路相结合，可以使仪表具有很高的偏值稳定性和很小的交叉耦合误差与振动整流误差。

石英挠性摆式加速度计的检测质量通过石英挠性铰链与壳体连接，并用闭环伺服系统的力矩器把检测质量稳定在一个平衡位置上。检测质量感受到加速度并在摆上形成惯性力矩，它由伺服回路的反馈力矩所平衡。加速度计通过测量流过力矩器的电流即可得到反馈力矩，进而得到所感受的加速度量值，具体公式为

$$a=\frac{K_{tg}}{P}i \tag{4-7}$$

式中，a 为加速度，K_{tg} 为力矩器的力矩-电流系数，$P=mL$ 为摆性，i 为力矩器电流。

石英挠性摆式加速度计的系统方框图如图 4-4 所示，根据方框图可以列写出系统的输入输出特性为

$$\begin{aligned}\frac{I(s)}{a(s)}&=P\frac{K_{p_0}K_{s_a}}{Js^2+Ds+K_c+K_{tg}K_{p_0}K_{s_a}}\\&=\frac{P}{K_{tg}}\frac{K_{p_0}K_{s_a}K_{tg}}{Js^2+Ds+K_c+K_{tg}K_{p_0}K_{s_a}}\end{aligned}$$

$$=K_a\frac{K}{Js^2+Ds+K_c+K} \tag{4-8}$$

式中，$K=K_{p_0}K_{s_a}K_{tg}$，为伺服回路系统的刚度；$K_a=\dfrac{P}{K_{tg}}$，为加速度计标度因数。

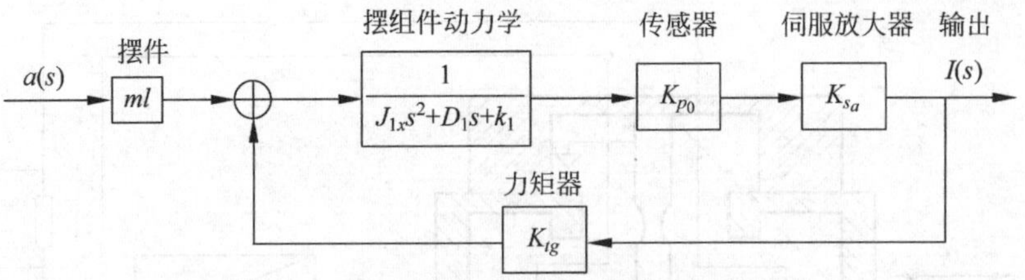

图 4-4　石英挠性摆式加速度计的系统方框图

式(4-8)即为石英挠性摆式加速度计工作的传递函数。

每种加速度计都有自己的性能特点，人们对不同用途的加速度计有不同的性能指标要求。石英挠性摆式加速度计主要用于惯性导航系统，其主要性能指标包括量程、阈值/分辨率、偏值重复性、标度因数重复性、偏值温度系数、标度因数温度系数、非线性以及频率响应等，表 4-1 给出的是某石英挠性摆式加速度计的性能参数。

表 4-1　某石英挠性摆式加速度计的性能参数

项　目	单　位	指　标
量程	g	1～10
阈值/分辨率	g	1×10^{-5}
偏值重复性	μg	100
标度因数重复性	10^{-6}	50
偏值温度系数	μg/℃	50
标度因数温度系数	10^{-6}/℃	50
非线性	%	0.05
频率响应	Hz	0～1500

4.4　摆式陀螺积分加速度计

积分加速度计可感受加速度并进行积分，输出与速度成正比的信号。有多种类型的积分加速度计，其中摆式浮子陀螺积分加速度计是应用比较广泛的加速度计。图 4-5 给出摆式陀螺积分加速度计的构造原理。

摆式陀螺积分加速度计主要组成部分为一个单自由度浮子积分陀螺仪，只是沿摆轴 PA 方向增加了一个小质量块 M。在工程上，如果浮子陀螺仪内，浮筒组合件的重心不与浮力的中心相重合，即可形成一个摆式失衡质量 M。该陀螺失衡质量 M 与输出轴间的力臂为 L，当加速度 $\boldsymbol{a}(t)$ 沿着输入轴方向作用在陀螺时，由于不平衡质量 M 的存在，使得浮子组合件绕输出轴转动一个角度，通过信号器送出电压信号 u_a，经放大器放大和

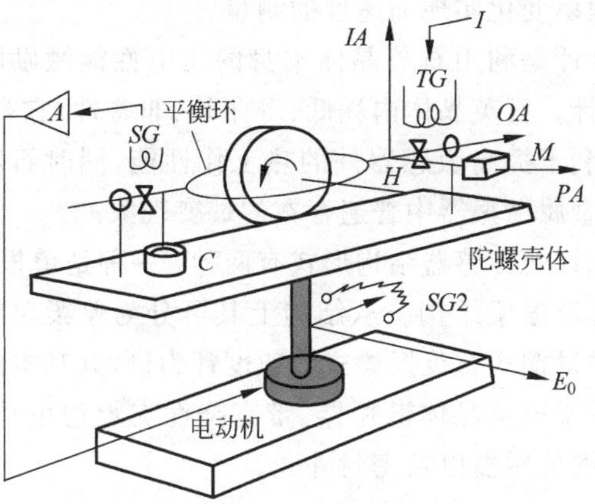

图 4-5 摆式陀螺积分加速度计

变换后，产生电流输入力矩电机，电机产生力矩，使陀螺绕输入轴方向以 $\dot{\theta}$ 转动，角速度 $\dot{\theta}$ 与陀螺仪的动量矩 $\boldsymbol{H}$ 产生陀螺力矩 $\boldsymbol{H}\dot{\theta}$，陀螺力矩将和由加速度 $\boldsymbol{a}(t)$ 所产生的惯性力矩 $ML\boldsymbol{a}(t)$ 相等，即

$$\boldsymbol{H}\dot{\theta} = ML\boldsymbol{a}(t) \tag{4-9}$$

$$\theta = \frac{ML}{\boldsymbol{H}}\int_0^t a(t)\mathrm{d}t = \frac{ML}{\boldsymbol{H}}\boldsymbol{V}(t) \tag{4-10}$$

式(4-10)中角 θ 的大小可由信号传感器 SG_2 给出，该输出信号的大小将与加速度 $\boldsymbol{a}(t)$ 的积分，或速度 $\boldsymbol{V}(t)$ 成正比。即 SG_2 给出了载体沿输入轴方向加速度的积分，这就是这种加速度计名称的由来。这种仪器的工作过程，本质上也是一种力矩平衡过程。因此，当放大电路中增益选得适当大时，摆的偏离角可以保持在一定范围内，从而可以略去交叉耦合误差的影响。在实际应用中，力矩器内还应该输入用以消除有害加速度及陀螺漂移误差的补偿电流 I。

4.5 石英振梁式加速度计

本节主要介绍石英振梁式加速度计，它属于振动加速度计。振动加速度计包括振弦式和振梁式两种，振弦式加速度计是根据谐振原理以拉紧的金属弦作为敏感元件制成的，其核心部件是一个弦丝式磁电振荡器，依据谐振系统的谐振频率与加速度计检测质量所受到的惯性力成一定函数关系这一特点，通过测量牵引敏感质量的两根弦的振动频率来测量加速度，输出数字脉冲信号。

振梁式加速度计是一种基于机械谐振原理的加速度计，利用谐振器的力-频特性，将载体加速度经检测质量转换成的惯性力作用于谐振器，使其固有频率发生变化，通过检测谐振器的差频实现加速度值的测量，其核心部件是采用石英晶体或单晶硅材料通过微细加工技术制作的谐振器敏感结构，其中石英振梁式加速度计（Vibrating Beam Accelerometer，VBA）基于压电效应进行激励和检测；硅振梁式加速度计采用静电驱动，通过检测敏感电极的频率变化实现加速度的测量。

石英振梁式加速度计是利用石英晶体本身的压电性能激励刚性梁作为谐振元件的仪表,属于开环加速度计。石英晶体内耗低、寿命长、非磁性,它是一种各向异性晶体,具有零温度系数切型,有利于提高敏感器件的热工作性能,同时石英晶体材料具有良好的机械稳定性,消除了在金属谐振器中普遍存在的蠕变现象。

石英振梁式加速度计的传感器结构形式有两种:一种是单根力敏感谐振梁结构;另一种是双端音叉力敏感谐振梁结构。从结构上其可分为单梁单质量摆和双梁单质量摆两种形式。以双梁单质量摆式石英振梁式加速度计为例,其基本组成如图 4-6 所示,基本构件包括一对匹配的振梁石英晶体谐振器、带有挠性支承约束系统的检测质量、晶控振荡器电子线路、精密温度传感器以及密封外壳。

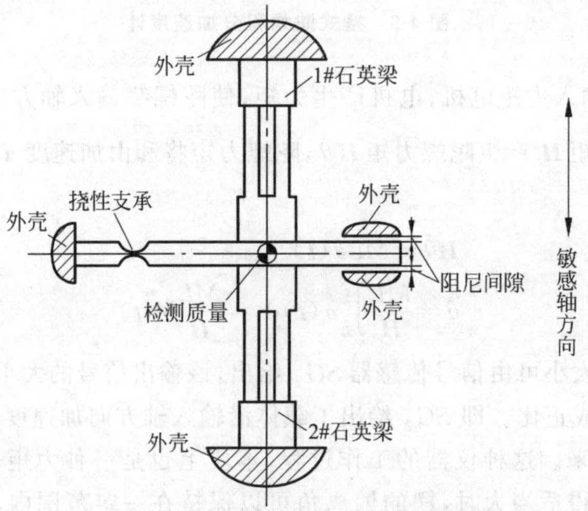

图 4-6　石英振梁式加速度计原理示意图

谐振器的主体结构为双音叉型结构,如图 4-7 所示。该双音叉的横向振动相位差为 180°,音叉叉齿上的动态力在音叉基部是大小相等、方向相反的一对力偶,在相当于几个梁的宽度内应力可以抵消。该音叉既作为力敏感元件,又作为振荡器元件。

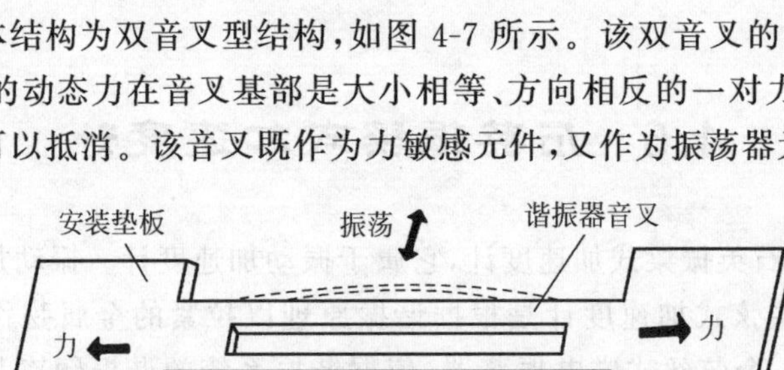

图 4-7　双音叉谐振器

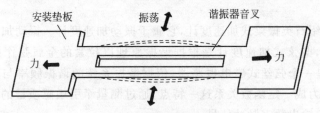

为了补偿温度对传感器输出的影响,必须知道内部的温度信息。石英振梁式加速度计温度信息的获取既可以在加速度计内部设置高精度的温度传感器,又可以利用谐振器的晶体,把谐振器作为晶体温度传感器来使用,利用特定的谐振电路对同一谐振器分别激励其不同谐波次数的振动,即可同时进行力与温度的检测。第一种方法较易实现,是

目前普遍采用的一种方法，但是所测量的是晶体周围环境的温度，与晶体本身的温度会有一定的差异。第二种方法的优点是它敏感的就是晶体本身的温度，而不需要增加温度传感器。

石英振梁式加速度计采用挠性支承代替了以往加速度计中常见的轴承支承，从结构上消除了轴承支承无规律的摩擦力矩的产生，而代之可以补偿的弹性力矩。对于温度误差，利用石英晶体本身的频率-温度系数小、重复性好的特点，可以通过软件补偿温度误差。此外，该加速度计的优点还包括直接频率输出，满足了传感器输出数字化的要求。振梁式加速度计具有小型化、低功耗、低成本、数字输出和易于大批量生产等优点，在军用和民用领域均有广泛的应用前景。在民用方面可用于汽车、石油和微型机器人等高端工业领域；在军用方面，可以覆盖战术到战略所有领域的应用，具有很好的发展前景，并将向高精度、耐恶劣环境和小型化方向发展。

4.6 硅微加速度计

硅微加速度计是在微米/纳米技术这一前沿技术发展的背景下，以集成电路工艺和微机械加工工艺为基础诞生的新型加速度计，具有体积小、功耗低等特点。

硅微加速度计是微机电系统（MEMS）最成功的应用领域之一，种类丰富，按有无反馈信号分类，可分为微型开环型和微型闭环型；按敏感信号分类，可分为微型电容式、压阻式、压电式、振动式以及隧道电流型加速度计；按加工方式分类，可分为微机械表面加工式和微机械体加工式加速度计；按结构形式分类，可分为梳齿式、"跷跷板"摆式、"三明治"摆式和静电悬浮式硅微加速度计；按敏感轴数量分类，可分为单轴、双轴和三轴硅微加速度计。硅微加速度计尽管类型繁多，但都有敏感质量，基本上是挠性支承的。

在各种硅微机电加速度计中，梳齿式、"跷跷板"摆式、"三明治"摆式和热对流式加速度计目前发展得比较成熟，其典型的技术性能指标为：偏置稳定性优于1mg，标度因数稳定性为1000ppm左右。在民用领域，主要用于通用航空、车辆控制、高速铁路、摄像机、照相机、望远镜、机器人、工业自动化、医用电子设备、分布式无人管理传感器和高档玩具等，最主要的商业领域是用于汽车安全和智能交通中，例如汽车碰撞检测和汽车安全气囊等。硅微机电加速度计也已经开始进入军事领域，目前大量应用于中低端领域，如各种战术武器。

本节以梳齿式电容加速度计为例介绍其结构和工作原理。梳齿式电容加速度计因为活动电极形似梳齿而得名，又称叉指式电容加速度计，是微加速度计的一种典型结构。梳齿式微加速度计的活动敏感质量元件是一个H型的双侧梳齿结构，相对于固定活动敏感质量元件的基片悬空并与基片平行，与两端挠性梁结构相连，并通过立柱固定于基片上。每个梳齿由中央质量杆（齿梳）向其两侧伸出，可以称为动齿（动指），构成可变电容的一个活动电极，直接固定在基片上的为定齿（定指），构成可变电容的一个固定电极。定齿、动齿交错配置形成差动电容。利用梳齿结构，主要是为了增大重叠部分的面积，获得更大的电容。

按照定齿的配置梳齿式电容加速度计可以分为定齿均匀配置梳齿电容加速度计和

定齿偏置结构的梳齿电容加速度计；按照加工方式的不同梳齿式电容加速度计可分为表面加工梳齿式电容加速度计和体硅加工梳齿式电容加速度计。表面加工梳齿式电容加速度计最典型的是硅材料线加速度计，有开环控制和闭环控制两种，现在多数已实现闭环控制。这种加速度计的结构加工工艺与集成电路加工工艺兼容性好，可以将敏感元件和信号调理电路用兼容的工艺在同一硅片上完成，实现整体集成。表面加工定齿均匀配置梳齿式微机电加速度计的一般结构如图 4-8 所示。每组定齿由一个Ⅱ型齿和两个 L 型齿组合而成，每个动齿由一个Ⅱ型定齿和一个 L 型定齿交错等距离配置，形成差动结构。该方案的主要优点在于可以节省管芯版面尺寸，这对于表面加工的微机械传感器是较适用的。

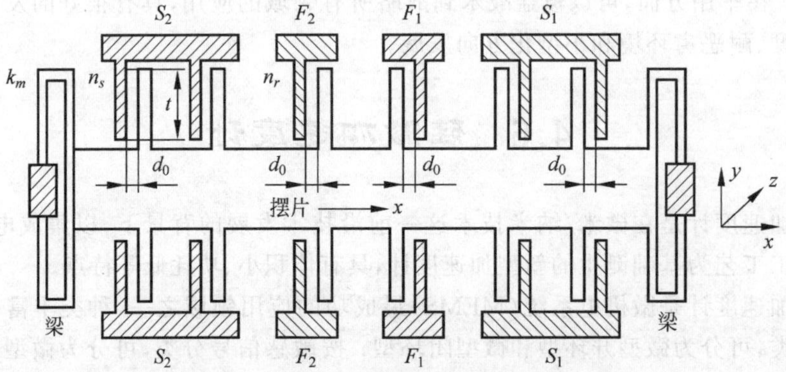

图 4-8　表面加工定齿均匀配置梳齿式微机电加速度计结构

定齿偏置结构最重要的优点就是键合块少、单块键合面积大，大大降低了键合难度，且键合接触电阻小而均匀。对于定齿均置结构，每一个动齿两边的定齿为不同极性，由于引线的关系，都要单独键合，键合强度小，对于体硅加工由于质量较大很容易脱落；而定齿偏置结构中心线左侧为一种电极，中心线右侧为另一种电极，故可采用数个定齿合在一起键合，大大提高了成品率。此外，定齿偏置结构明显减少了均置方案所必需的许多内部电极和引线。这样，一方面避免了电极、引线间的分布电容及电信号的干扰；另一方面，减少了引线输出数目，降低了引线键合的工作量。定齿偏置结构敏感轴方向的尺寸大于定齿均置结构，而均置结构的定齿通常较长，以满足均置结构的电容及键合面积。

载体感受的加速度反映为梳齿式电容的变化，测出电容的变化量即对应感受到的加速度。图 4-9 为电容式开环微机电加速度计示意图，其中，u_s 是微机电加速度计载波，C_{s1} 和 C_{s2} 是一对检测差动电容，m 为微结构敏感结构，b 为微结构机械阻尼系数，k 为微结构折叠梁弹性刚度，a 为感受到的加速度，x 为感受加速度时敏感质量相对壳体的位移量，u_{out} 为加速度计输出。

如果加静电反馈，便可组成力反馈闭环微机电加速度计，图 4-10 为电容式闭环微机电加速度计示意图。其中，u_s 是微机电加速度计载波，C_{s1} 和 C_{s2} 是一对检测差动电容，C_{f1} 和 C_{f2} 是一对加力差动电容，u_1 和 u_2 是反馈电压，f_e 是反馈力，m 为微敏感结构，b 为微结构机械阻尼系数，k 为微结构折叠梁弹性刚度，a 为感受到的加速度，x 为感受加速度时敏感质量相对壳体的位移量。差动电容由载波信号激励，输出的电压经过放大

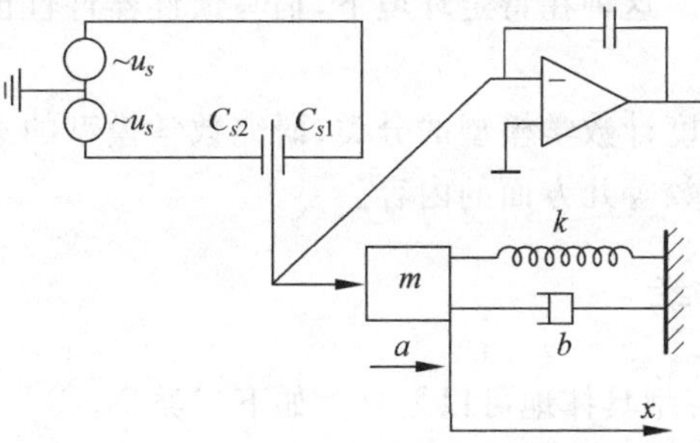

图 4-9 电容式开环微机电加速度计示意图

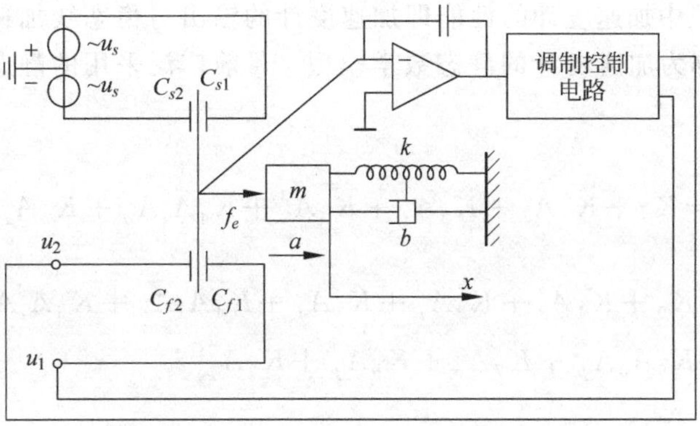

图 4-10 电容式闭环微机械加速度计示意图

和相敏解调作为反馈信号加给力矩器电容极板，产生静电力，使得极板回到零位附近。加在力矩器电容极板上的平衡电压和被测加速度成线性关系。

从加速度计性能及应用的情况可知，其发展趋势是高精度、微型化、集成化、数字化。微机电加速度计和集成光学加速度计由于在成本、尺寸和重量等方面具有潜在优势，将得到迅速发展，尤其在中低性能的应用领域将取代传统的加速度计；部分高精度领域未来也将被微机电加速度计替代。值得注意的是，如果能够攻克一系列难关，那么目前处于培育状态的基于原子干涉原理的所谓冷原子加速度计，具有成为最高精度加速度计的可能性。

4.7 加速度计的数学模型

惯性导航系统目前广泛应用于各种导航、制导与控制（如导弹的制导、飞机的导航及人造卫星的姿态控制）等领域。在各种任务中，系统的精度在很大程度上依赖于其中惯性器件即陀螺仪及加速度计的精度。因此，不断发展各种新型仪表，减小仪表的误差来源，努力提高仪表的精度，一直是惯性器件的主要发展方向之一，也是当前发展各种惯性导航系统的迫切需要。然而在任何实际的惯性器件中，客观上存在着各种误差源（如原理误差、结构误差、工艺误差等），一般它们对仪器性能的影响是不同的。通过大量实践，工程技术人员逐渐认识到精细地研究惯性器件误差源，以及其对惯性器件性能影响的表达形式,意义是极其重要的。这种在特定环境下,描写惯性器件性能的数学表达式,就称为惯性器件的数学模型。

在本节中,将讨论加速度计数学模型的分类,研究数学模型的意义,建立数学模型的一般方法,加速度计主要参数等几方面的内容。

4.7.1 数学模型的分类

惯性加速度计的数学模型具体地可以划分为如下三类。

1. 静态数学模型

在线运动环境中加速度计的性能即加速度计的输出与稳态线加速度输入间的依赖关系 $Y=f(A)$,称为加速度计的静态数学模型。目前广泛采用的静态数学模型有如下三种形式:

模型 A:

$$Y=K_0+K_1A_i+K_2A_i^2+K_3A_i^3+K_4A_iA_o+K_5A_iA_p \tag{4-11}$$

模型 B:

$$Y=K_0+K_1A_i+K_2A_i^2+K_3A_i^3+K_4A_iA_o+K_5A_iA_p+K_6A_oA_p+K_7A_o+K_8A_p+K_9A_p^2 \tag{4-12}$$

模型 C:

$$Y=K_0+K_IA_i+K_{II}A_i^2+K_{III}A_i^3+K_{io}A_iA_o+K_{ip}A_iA_p+K_{po}A_oA_p+K_{oo}A_o^2+K_{ooo}A_o^3+K_{pp}A_p^2+K_{ppp}A_p^3 \tag{4-13}$$

式中,Y 为加速度计输出;K_0 为偏值;$K_1(K_I)$为标度因数;$K_2,K_3(K_{II},K_{III})$分别为二阶及三阶非线性系数;$K_4,K_5,K_6(K_{io},K_{po},K_{ip})$为交叉耦合系数;$K_7,K_8$ 为交叉轴灵敏度;$K_9(K_{oo},K_{ooo},K_{pp},K_{ppp})$分别为交叉轴灵敏度二阶、三阶非线性系数;$A_i$,$A_o$,$A_p$ 分别为沿加速度计输入、输出轴及摆轴作用的比力。

显然,在模型中,除 $K_1(K_I)$是加速度希望的输出特性外,其余的各项均系误差项,各模型的区别仅在于考虑的各误差项繁简不一。在使用中,可根据仪表的精度选用部分系数。

如果加速度计在平台式惯性导航系统中应用,平台隔离了加速度计与运载体的角运动,上述误差数学模型即表示加速度计的数学模型。但在无平台的捷联式惯性导航系统中,加速度计除承受惯性空间线运动外,还得承受相对惯性空间的角运动,因此还必须用动态误差数学模型来表征其误差。

2. 动态数学模型

在角运动环境中,加速度计的性能,即加速度计输出与角速度、角加速度输入间的依赖关系 $Y=f(\omega,\dot{\omega})$,称为加速度计的动态数学模型。目前广泛采用的动态模型具有以下形式:

$$Y=D_1\dot{\omega}_i+D_2\dot{\omega}_o+D_3\dot{\omega}_p+D_4\omega_i^2-D_5\omega_p^2+D_6\omega_i\omega_o+D_7\omega_i\omega_p+D_8\omega_o\omega_p+D_9\dot{\omega}_o\omega_i^2-D_{10}\dot{\omega}_o\omega_p^2 \tag{4-14}$$

式中，$D_i(i=1,2,\cdots,10)$为相应的系数；$\omega_i,\omega_o,\omega_p$ 分别为加速度计壳体相对惯性空间绕其输入轴、输出轴及摆轴的角速度；$\dot{\omega}_i,\dot{\omega}_o,\dot{\omega}_p$ 分别为加速度计壳体相对惯性空间绕其输入轴、输出轴及摆轴的角加速度。

显然，动态数学模型中的各项均为误差项。

3. 随机数学模型

加速度计的随机数学模型是指加速度计输出与随机误差源之间的关系。在上述静态和动态模型中，各系数一般都是有明确物理意义的，因而所产生的误差是确定的、可预测的；而各种不可预测的环境或仪表内部的随机因素(如温度、磁场、电源、仪表内部的导电装置、接触摩擦、应力变化等)所引起的加速度计输出误差是与运动无关的，其本质上是随机的。应用随机过程的理论和实践研究可以建立某种形式的加速度计统计误差模型。

不同类型的加速度计中，其性能指标也会不同。在摆式加速度计中，其性能有如下几方面：

摆性：检测质量与质量中心到转轴距离的乘积，单位为 g·cm。

偏值：当没有加速度作用时加速度计的输出量，单位为 g。

分辨率：加速度计给出可靠输出时，最小的加速度输入值，单位为 g。

阈值：加速度计有输出(但不一定可靠)时最小的加速度输入值，单位为 g。

量程：最大输入极限与最小输入极限的差值，单位为 g。

灵敏度：输出量对不希望有的输入量的比值。

稳定性：某种结构或性能系数保持不变能力的一种量度。

重复性：加速度计在相同的输入和环境条件下，能够重复产生某一输出或特性的能力。

4.7.2 加速度计的主要参数

加速度计有如下一些实用参数，其中最为重要的是分辨率和零位不稳定性。

(1) 标度系数：通过力矩器的电流和被测量的加速度之比，单位为 mA/g。

(2) 分辨率：引起力矩器电流发生变化的输入比力最小增量，单位为 g。挠性摆式加速度计分辨率可达 $10^{-5}g$，液浮摆式加速度计分辨率可达 $10^{-7}g$。

(3) 零位不稳定性：加速度计输出零位的位置在一定范围内变化，这个范围就叫零位不稳定性，单位为 g。

(4) 线性范围：保证一定线性度的情况下，可测量加速度的范围。

(5) 摆平衡环的时间常数：取 J/C 作为摆平衡环的时间常数，一般为几毫秒。

(6) 回路刚度：摆轴的转角和输入加速度的比值(如 0.5mrad/g)

(7) 零位误差：没有加速度输入的情况下，加速度计的输出。

4.7.3 研究数学模型的意义

有关加速度计数学模型的理论及实验研究，日益受到惯性导航工程技术人员的重视。这是因为它具有重要的实际意义，其重要性主要表现在以下几个方面。

（1）建立精确的数学模型，分析各模型系数的大小及稳定性，可为改善加速度计的设计、生产及故障诊断提供重要的依据。这是因为各模型系数一般均与有关仪表的结构参数有着确定的联系。此外，可为发展新型仪表，特别是为发展在捷联环境中工作的加速度计提供新的设计思想。

（2）根据实际性能的数学模型，可以发展相应的误差补偿技术。也就是说，若将仪表工作环境的运动规律作用于数学模型上，便可实时地计算出该环境所引起的仪表误差。因此，在系统的导航计算机中，从加速度计的输出中补偿掉这部分误差，再作用于导航方程，这样可大大提高加速度计的精度。特别是对于高性能的惯性定位及测量系统，以及捷联式惯性导航系统必须要求惯性器件具有优良的模型精度与稳定性，并采取适当的动静态误差补偿技术。这是整个系统获得良好性能不可缺少的手段之一。

（3）利用飞行模拟技术和惯性器件的数学模型，可在实验室的数字计算机上模拟整个惯性导航系统。例如，在捷联式惯性导航系统的飞行模拟实验中，飞行器沿预定飞行路线的运动，变换为相对惯性空间的运动(ω,a)作用在惯性器件的数学模型上，而该模型的输出相当于陀螺和加速度计的实际输出。它作为飞行器惯性运动的测量值作用在导航系统的数学模型上，将预定的飞行器轨迹与导航系统解出的信息（如位置、速度等）进行比较，便可获得系统的导航误差。也就是说，利用数字模拟技术，可在实验室的计算机上"飞"各种惯性导航系统，这是评价和发展系统的既经济又灵活的一种研究方法。

4.7.4 建立数学模型的一般方法

1. 解析方法

根据加速度计的力学原理及实际结构，用解析方法建立的加速度计在线运动和角运动作用下的静态和动态数学模型，这种数学模型的特点是物理概念清晰，但是在某些简化条件的假设下，可能会有某种程度的近似性，且通常只是给出模型的一般形式，需要通过实验才能确定精确的数学模型系数。然而，数学模型的解析形式是研究和应用数学模型的重要理论基础。

2. 实验研究

实验研究是首先假定出加速度计静态和动态数学模型的某种数学形式（可暂不考虑该模型的物理概念），然后设计一种实验方案，选择一组能激励模型中全部各项的静态和动态输入，采集并处理加速度计输出的实验数据，从中识别所假设的模型，并估计出模型系数及误差。

首先应根据任务的环境及仪表的特点，确定所需加速度计数学模型的具体形式。例如，对于民航飞机的惯性导航系统，由于平台隔离了飞机的角运动，而过载亦不大，因此，加速度计在这种环境中不需要进行动态误差补偿,即使是静态模型也不需要很复杂。在模型A中仅考虑到包括二阶非线性的前三项是允许的,因此,不需要做动态模型实验及高重力加速度的静态模型实验。再例如,高精度的测地惯性系统,对其中具有高分辨率(1μg)的加速度计,应考虑相当完善复杂的静态数学模型及随机数学模型。因此,所选用的实验方法亦应有相应的精度。在这种情况下,选用地球重力场实验法(精度10μg)是不适宜的。对于捷联式惯性导航系统,由于惯性器件是直接固定在运动体上,因而静动态的误差补偿都是需要的,而相应模型的复杂程度,则应依据具体运动体的机动性及任务而定。

3. 模拟研究

为了考察惯性器件对惯性导航系统性能的影响,或根据给定的导航系统确定任务所需要的惯性器件的数学模型及相应的误差补偿技术,可在实验室中的计算机上进行广泛灵活的模拟研究。

应该指出,由于完全真实地模拟飞行器在地球重力场中六自由度惯性运动是很困难的,很多实际随机环境的影响可能没有考虑,因此,最终应对实际系统进行大量的飞行试验,用以验证并考核惯性器件的精度及可靠性,进一步完善模型,直至获得预期的结果,这样才能获得惯性器件(陀螺及加速度计)数学模型的最终形式。

4.8 加速度计的误差分析

由于工艺上的原因,加速度计在制造和装配的过程中是有误差的,如标度因数误差、灵敏度误差、零位不稳定、测量范围的非线性等。对于这类由于工艺上的原因所造成的误差,此处不作进一步说明。

下面仅讨论摆式加速度计的两个原理性误差。讨论问题的方法,对于分析陀螺的误差也是实用的。

1. 交叉耦合误差

由于加速度计输入轴的方向定义为垂直于初始时刻摆轴的垂线方向,因此,当加速度计输入轴方向固定以后,摆一旦转动就要产生交叉耦合误差,如图4-11所示。假定输入轴的方向IA是给定的,而载体的加速度$\boldsymbol{A}$方向也是给定的,因此,摆仅应该敏感$\boldsymbol{A}$的分量A_x。同时摆的轴线位于零位置。在产生摆角θ后,摆敏感的加速度就成为

$$A' = A_x\cos\theta - A_y\sin\theta \tag{4-15}$$

即不但要敏感沿输入轴方向的加速度分量A_x,而且要敏感与输入轴相垂直的加速度分量A_y。通常,加速度计的高增益力反馈回路将保证θ角很小。式(4-15)可进一步简化为

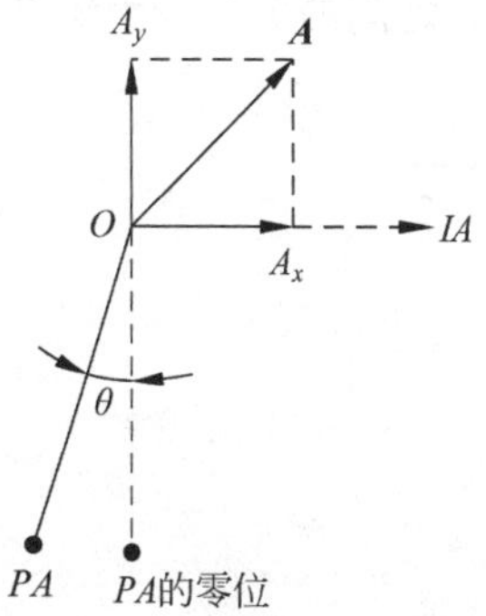

图4-11 交叉耦合影响

$$A' = A_x - A_y\theta \tag{4-16}$$

式中，$A_y\theta$ 为交叉耦合项，一般可以忽略，如果必要，可以用计算机加以补偿。

2. 振动误差

当摆式加速度计工作在振动环境的条件下，而且振动频率又恰好在加速度计反馈回路的通频带之内时，就产生这种误差，或称为振动摆式误差，如图 4-12 所示。设振动 $A_V = A\sin\omega t$，方向是固定的，而且沿输入轴方向和垂直轴方向均有分量，为 A_{Vx} 和 A_{Vy}。在正弦振动的半周时，A_{Vx} 将引起摆向左偏移(图 4-12(a))，这时，振动的垂直分量 A_{Vy} 相对输出轴将引起一个绕逆时针方向的力矩。同样，在负半周时，A_{Vx} 将使摆向右偏移(图 4-12(b))，而这时的力 A_{Vy} 也改变了方向，它相对输出轴产生的力矩仍然是逆时针方向。因为 $A_V = A\sin\omega t$，所以 A_{Vy} 是正弦函数，角 θ 也是一个正弦函数(由 A_{Vx} 引起)。因此，可以说，由振动产生的摆式力矩是振动加速度两个正弦分量之积的函数。经推导，具有如下形式

$$T_V = \frac{f(V)}{2}(1 - 2\cos\omega t) \tag{4-17}$$

式中，$f(V)$ 为摆的质量、偏心距离及 A_V 的函数。

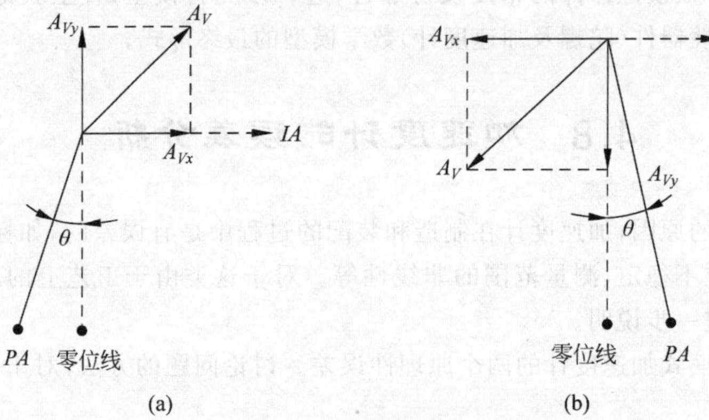

图 4-12 振动对摆的影响

图 4-13 给出了振动加速度 A_V，摆的偏转角 θ 和绕输出轴 OA 产生的振动摆式力矩 T_V 之间的关系。力矩 T_V 在振动加速度的方向和输入轴成 45°时达到最大值。

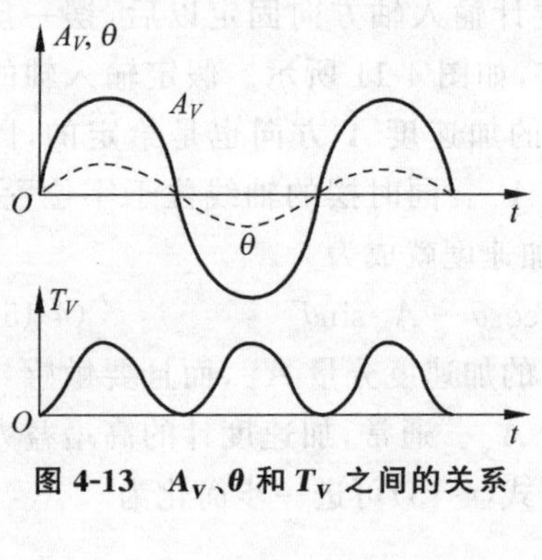

图 4-13 A_V、θ 和 T_V 之间的关系

第5章 Chapter 5

陀螺稳定平台与定向装置

前面章节中讲述了具有动量矩的一类陀螺仪有三个特性：定轴性、进动性和陀螺动力效应。定轴性是指高速旋转的转子具有力图保持其转子轴在惯性空间内的方向稳定不变的特性。进动性是指陀螺仪在外力矩作用下，高速旋转的转子力图使其转子轴沿最短的路径趋向外力矩的作用方向。陀螺动力效应是指如果施力给陀螺，使它具有进动角速度$\boldsymbol{\omega}$，则陀螺必给施力者一反作用力矩（陀螺力矩）$\boldsymbol{M}_G$，且有$\boldsymbol{M}_G=-\boldsymbol{\omega}\times\boldsymbol{H}=\boldsymbol{H}\times\boldsymbol{\omega}$。

当需要应用陀螺仪的定轴性时，应尽一切努力设法减少有害力矩；或者利用陀螺仪的进动性，在内、外环轴上加外力矩以约束和修正陀螺仪，使陀螺仪的转子轴稳定在惯性空间内的方向不变。当需要陀螺仪按一定规律运动时，则应对它施加相应的外力矩。

以陀螺仪为敏感元件，能隔离基座的角运动并能使被控对象按指令旋转的机电控制系统称为陀螺稳定平台，简称陀螺平台。机械转子式陀螺仪具有的定轴性和进动性，使其既具有相对惯性空间保持指向不变的能力，又具有按照要求的规律相对惯性空间旋转的能力，所以这类陀螺仪既能够用来模拟坐标轴的指向，也可以用来测量角速度和角度，是控制陀螺稳定平台角运动的理想元件。

陀螺稳定平台的两个基本功能是稳定和修正。稳定作用即隔离运载体的角运动，通过稳定系统产生的稳定力矩来抵消运载体运动对平台的干扰力矩，阻止平台相对惯性空间转动，如船舶上的同步卫星接收天线，在船舶受风浪作用而摇摆时，通过平台的稳定作用使天线始终能指向同步卫星；修正作用即控制平台按照所需要的角运动规律相对惯性空间运动，如检测火箭发射的地面光学跟踪系统，通过稳定平台的修正作用使光轴始终跟踪观察点与火箭的连线，尽管该连线的指向在不断变化。当陀螺稳定平台要模拟当地水平面时，平台在保持稳定的同时，还必须进行修正，以跟踪当地水平面相对惯性空间的运动。

按照稳定轴的数目，陀螺稳定平台可以分为单轴陀螺稳定平台、双轴陀螺稳定平台和三轴陀螺稳定平台等。

陀螺稳定平台应用广泛，可用来建立参考坐标系，测量运动载体姿态，并为线加速度计建立基准，是导弹、航天器、飞机和舰船等的惯性制导系统和惯性导航系统的主要装置；或用于稳定舰船、飞机、坦克和机器人等载体上的装备，如火炮、鱼雷发射器、导弹发射器、摄像机等；或用于动力装置的辅助稳定，在工程实际中有大量带陀螺稳定器的动力装置系统，如磁悬浮单轨列车、航天飞行器、多自由度动力转台、飞行模拟器、赛车等。此类平台习惯上也称为惯性平台。

寻北技术作为导航系统的关键技术之一，不仅在卫星、导弹、火炮发射、舰船惯性导航等国防高科技领域得到广泛应用，而且在地球物理探测、煤矿开采、大地测量、矿山、地下工程钻井、隧道挖掘等方位测量，以及车载定位定向系统等民用领域，也成为必要的测量方法。

本章主要对一维稳定器、三维稳定平台和陀螺垂直仪以及寻北仪进行动力学分析和控制系统分析。

5.1 单轴陀螺稳定平台

单轴陀螺稳定平台，也称为一维的单轴稳定器，是最早投入使用的动力陀螺稳定器。其示意图如图 5-1 所示。图中，平台 P 水平。当有 x 向干扰力矩(干扰力 f)作用时，陀螺主轴以 $\dot{\beta}$ 角速度进动，产生 β 角后，稳定电机发出稳定力矩 M_m 与干扰力矩 M_f 平衡，因而平台 P 永保水平。

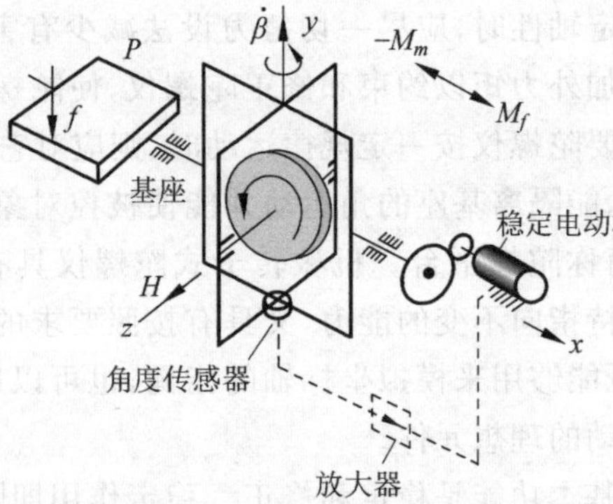

图 5-1 陀螺稳定平台示意图

5.1.1 单轴陀螺稳定平台基本原理

图 5-2 是一个用二自由度陀螺仪组成的单轴稳定器，被稳定对象为一光学装置(平台)10。陀螺外环与内环用轴承支承。取陀螺坐标系为 $Oxyz$ 和光学装置平台坐标系为 $Ox_ey_ez_e$。设陀螺绕 Ox 和 Oy 轴的进动角度分别为 α 和 β，平台绕陀螺坐标系各轴相对惯性空间转动的角分别为 θ_x，θ_y 和 θ_z。由于外环轴 Ox 始终和光学装置平台的 Ox_e 轴固连，有

$$\alpha \equiv \theta_x \tag{5-1}$$

起始时，光学装置的光轴与陀螺转子轴平行。当基座 4 绕外环 3 的 Ox 轴匀速转动时，转子轴与光轴由于陀螺的特性不随之转动，保持原有方向；当基座 4 振动、受到冲击时，转子轴与光轴作章动，仍处于原有方向附近，误差不大于章动振幅；如果在外环轴上作用一常值外干扰力矩 M_{xf}，转子 2 与内环 6 一起绕内环轴 Oy 进动。进动的角速度大

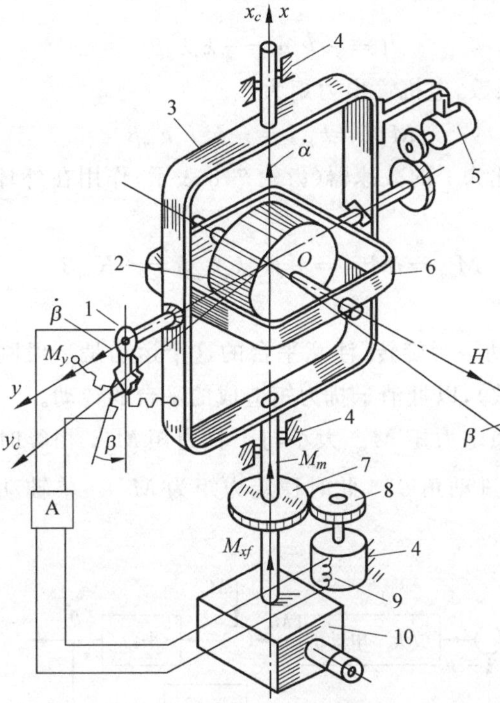

图 5-2 单轴动力陀螺稳定器结构原理图

1—电位计；2—转子；3—外环；4—基座；5—伺服电机；6—内环；

7,8—减速器齿轮；9—稳定电机；10—光学装置

小为$\dot{\beta}=M_{xf}/H\cos\beta$,这种进动是在进动角$\beta$不大于90°的范围内进行的。产生陀螺力矩$H\dot{\beta}\cos\beta$也作用在外环轴上,两者大小相等、方向相反,光轴仍处于起始位置。

由于被稳定对象的质量往往较大,陀螺所产生的陀螺力矩只能在瞬时起稳定作用,事实上达不到长时间稳定的要求,因此,需要采用稳定回路。

事实上,陀螺稳定器可工作在两种状态：一是稳定；二是定位或随动(伺服状态)。对第一种状态需要稳定回路,而对第二种状态需要伺服修正回路。外环轴称为稳定轴,内环轴称为进动轴。

1. 稳定回路

在陀螺内环轴上安装信号器,用电位计1表示。电位计固定在外环轴上,电刷固定在内环轴上。

初始时刻两坐标系重合(陀螺坐标系和光学平台坐标系)。当在外环轴上作用外干扰力矩M_{xf}时,平台产生角加速度$\ddot{\theta}_x$；同时陀螺绕内环轴进动(陀螺的进动方向与施加的外力矩方向正交),电位计输出与进动角β成正比的电压信号u

$$u=k_u\beta \tag{5-2}$$

电压信号u经过放大器A后得电流I,用来控制稳定电机9。设k_i为放大器的放大

系数，则

$$I=-k_i u=-k_i k_u \beta \tag{5-3}$$

设 k_m 为电机放大系数，电机输出力矩为

$$M_{m'}=k_m I=-k_u k_i k_m \beta \tag{5-4}$$

电机力矩通过减速比为 i 的减速器（齿轮 7，8 表示）作用在外环轴上，这个力矩称为稳定力矩 M_m，即

$$M_m=iM_{m'}=-ik_u k_i k_m \beta=-K_m \beta \tag{5-5}$$

这里，$K_m=ik_u k_i k_m$。

稳定力矩 M_m 将带动平台旋转（注意平台的这个运动是一般刚体的特性运动，旋转方向与电机力矩方向一致），以抵消干扰力矩造成的平台的转动。

当作用方向相反的稳定力矩 M_m 大小与干扰力矩 M_{xf} 相等时，陀螺停止绕内环轴的进动，存在一个定值的进动角 β^*，此时稳定力矩为 M_m^*。单轴动力陀螺稳定器（稳定回路）方框图见图 5-3。

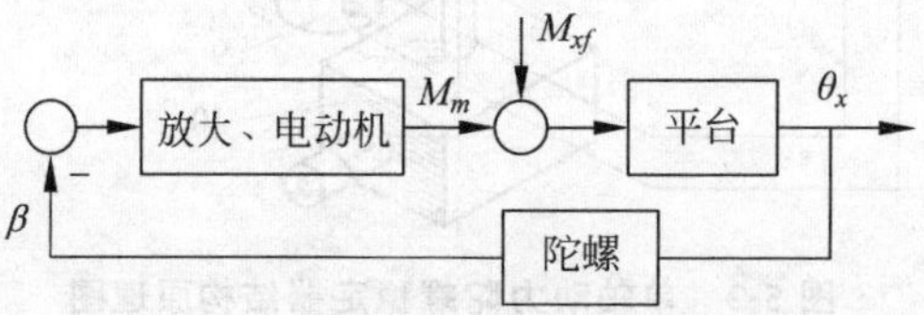

图 5-3 单轴动力陀螺稳定器（稳定回路）

稳定回路工作过程

$$M_{xf}\rightarrow \ddot{\theta}_x\uparrow,\alpha\uparrow,H\dot{\beta}\uparrow\rightarrow|M_m|=K_m\beta\uparrow\rightarrow\theta_x\downarrow,$$

$$\alpha\downarrow\rightarrow M_m(\beta^*)=M_{xf}\rightarrow\alpha=\theta_x=0$$

从产生进动角 β 到稳定力矩平衡外干扰力矩，即 $M_m=-M_{xf}$ 的过程中，总存在一个过渡过程。陀螺在这里起两个作用：一是作为外干扰力矩传感器；二是当有外干扰力矩作用在稳定轴时，瞬时地产生陀螺力矩 $H\dot{\beta}\cos\beta$。就像这个系统有两种动力，用于平衡外干扰力矩，使被稳定对象处于稳定状态，所以称这种系统为动力陀螺稳定器。

动力陀螺稳定器的定义为，在外干扰力矩作用初始瞬间，以陀螺力矩抗干扰，随后在外力干扰继续作用下，利用稳定电机产生的力矩平衡外干扰力矩的一种陀螺稳定装置。

由于陀螺的两种作用，在陀螺本身和稳定回路的技术要求适当降低的情况下，动力陀螺稳定器仍具有良好的性能。陀螺的动量矩 H 可以小一些，系统的过渡过程可以长一点，进动角 β 一般在几十角分到几度范围内。

在有些结构中，特别是在一些小型稳定器中，不采用电机，而用力矩器。在坦克火炮稳定器等大型装置中采用的是液压传动装置。在这种情况下自然也就不用减速器了，或者说减速比 $i=1$。为了简明起见，图 5-2 中还是用带减速器的电机来表示。

2. 伺服(修正)回路

伺服状态,要求被稳定对象随外框架一起,绕稳定轴 Ox 旋转一角度 α,或以角速度 $\dot{\alpha}$ 转动时,控制安装在伺服轴(内框轴)Oy 上的伺服电机 5,通过减速器将力矩 M_y 传递到 Oy 上,使被稳定对象与外框一起绕 Ox 进动,进动的角速度为 $\dot{\alpha}$,按陀螺仪的技术方程,有

$$\dot{\alpha}=-M_y/H \tag{5-6}$$

但在稳定器中,陀螺的进动有别于自由陀螺,陀螺绕外框架轴 Ox 直接进动是不可能的。因为被稳定对象安装在外框上,稳定轴上的有害力矩太多,例如轴承中摩擦力矩很大。在图 5-2 的结构中还采用了减速器,减速器反向转动很困难。因此,仅在伺服力矩 M_y 作用下,陀螺绕 Ox 轴直接进动是不可能的,需要稳定回路协同工作。稳定回路的作用是产生一与摩擦力矩大小相等、方向相反的稳定力矩作用在 Ox 上,陀螺才能有与伺服力矩 M_y 对应的绕轴 Ox 的进动。

作用在内环轴 Oy 上的有害力矩也将引起被稳定对象绕 Ox 偏离起始位置,造成误差,但可以通过伺服电机 5 产生的力矩进行修正和控制。而所形成的回路称伺服回路、修正回路或控制回路。

上述动力陀螺稳定器只能绕外框轴 Ox 实现稳定,因此为单轴的。如再增加一个陀螺、一套稳定回路和一套控制回路就成为双轴动力陀螺稳定平台。如再增加,就变成三轴动力陀螺稳定平台或空间稳定平台。

5.1.2 单轴陀螺稳定器的理论分析

从基本理论看,重点应是学习单轴稳定器。在不考虑平台所产生的阻尼力矩 $C_x\theta_x$、$C_y\theta_y$ 的情况下,只工作在稳定状态时,图 5-2 所示的单轴动力陀螺稳定器的技术方程为

$$\begin{cases}J_x\ddot{\alpha}+C_\alpha\dot{\alpha}+H\dot{\beta}=M_m+M_{xf}\\ J_y\ddot{\beta}+C_\beta\dot{\beta}-H\dot{\alpha}=0\end{cases} \tag{5-7}$$

将式(5-5)$M_m=-K_m\beta$ 代入式(5-7)得

$$\begin{cases}J_x\ddot{\alpha}+C_\alpha\dot{\alpha}+H\dot{\beta}=-K_m\beta+M_{xf}\\ J_y\ddot{\beta}+C_\beta\dot{\beta}-H\dot{\alpha}=0\end{cases} \tag{5-8}$$

式中,J_x 为绕稳定轴 Ox 的转动惯量;J_y 为绕修正轴 Oy 的转动惯量;C_α,C_β 分别为稳定轴与进动轴上阻尼器的阻尼系数;K_m 为稳定回路执行机构放大系数,$K_m=ik_uk_ik_m$;H 为陀螺动量矩;M_{xf} 为作用在 Ox 轴的干扰力矩;$\ddot{\alpha}$,$\dot{\alpha}$ 分别为绕 Ox 轴转动的角加速度、角速度;$\ddot{\beta}$,$\dot{\beta}$,β 分别为绕 Oy 轴转动的角加速度、角速度和角度。

单轴动力陀螺稳定器在稳定工作状态时的各项力矩如图 5-4 所示,方框图如图 5-5 所示,其中 Oy 轴上的修正力矩 $M_y=0$。

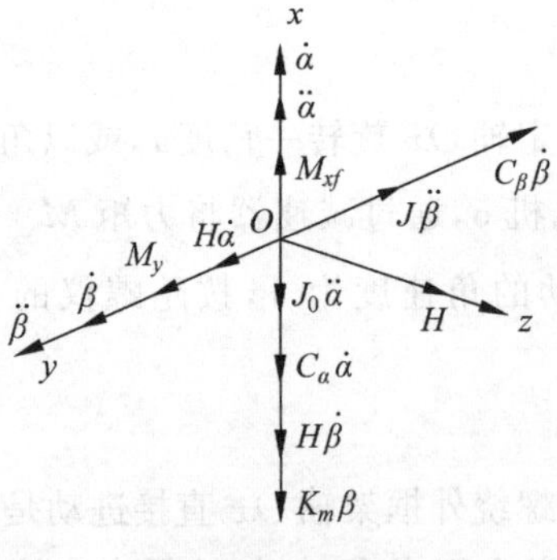

图 5-4 作用在陀螺稳定器上的力矩

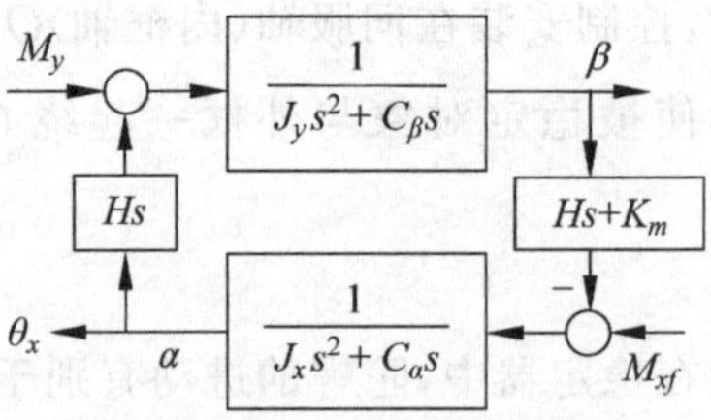

图 5-5 方框图

下面讨论陀螺稳定器的过渡过程、陀螺章动和稳定精度对稳定器的影响。

1. 动力陀螺稳定器的过渡过程

在讨论稳定回路的工作时，要求被稳定对象保持给定的起始位置，即要求 $\dot{\alpha}=0$，$\ddot{\alpha}=0$。此时，式(5-8)简化为

$$H\dot{\beta}+K_m\beta=M_{xf} \tag{5-9}$$

假设动量矩 H、外干扰力矩 M_{xf} 为常值，则方程的解(图 5-6)为

$$\beta=M_{xf}(1-\mathrm{e}^{\varepsilon t})/H\varepsilon \tag{5-10}$$

式中，$\varepsilon=K_m/H$。

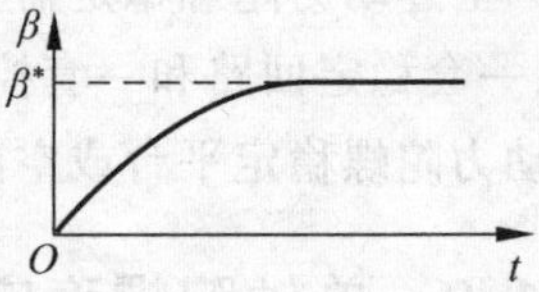

图 5-6 进动角 β 变化曲线

陀螺转子轴最终停止在偏离起始位置 Oz_0 的 Oz 处，稳态角为

$$\beta^*=M_{xf}/K_m \tag{5-11}$$

由于外干扰力矩 M_{xf} 为稳定力矩 $K_m\beta^*$ 所平衡，此时绕稳定轴的稳态转角 $\alpha^*=0$，即外干扰力矩对稳定轴无影响，这是动力陀螺稳定器的特点。

根据控制理论，非周期性过渡过程到达稳态值的 90%～97%，即认为过渡过程结束，允许存在一个误差角 $\delta=\beta^*-\beta$，相对误差角为

$$\eta=\frac{\delta}{\beta^*}=\frac{\beta^*-\beta}{\beta^*}=1-\frac{M_{xf}(1-\mathrm{e}^{-\varepsilon t})/H\varepsilon}{M_{xf}/H\varepsilon}=\mathrm{e}^{-\varepsilon t} \tag{5-12}$$

因 $\mathrm{e}^{-\varepsilon t}\approx 0.043$，按参数 β 的变化，当 $\eta=4.3\%$ 时，认为过渡过程结束。过渡过程时间

$$t^*=\pi/\varepsilon=\pi H/K_m \tag{5-13}$$

过渡过程时间 t^* 取决于动量矩 H 与稳定回路执行机构的放大系数 K_m。如有一动力陀螺稳定器，$H=10\mathrm{kg\cdot m^2/s}$，$K=0.1\mathrm{N\cdot m}$，则 $t^*\approx 0.31\mathrm{s}$。

2. 陀螺仪的章动问题

图 5-5 中，只求解陀螺仪的章动成分时，可设稳定电机不工作，即 $K_m=0$，这时求出

外干扰力矩 M_{xf} 与平台偏移 θ_x 之间的传递函数为

$$\frac{\theta_x(s)}{M_{xf}(s)}=\frac{J_y s+C_\beta}{J_xJ_ys\left[s^2+\frac{J_xC_\beta+J_yC_\alpha}{J_xJ_y}s+\frac{C_\alpha C_\beta+H^2}{J_xJ_y}\right]} \tag{5-14}$$

其特征方程式为

$$s^2+\frac{J_xC_\beta+J_yC_\alpha}{J_xJ_y}s+\frac{C_\alpha C_\beta+H^2}{J_xJ_y}=0 \tag{5-15}$$

其振荡频率为

$$\omega_0=\sqrt{\frac{C_\alpha C_\beta+H^2}{J_xJ_y}} \tag{5-16}$$

这个振荡频率即为二自由度陀螺章动频率,代表了陀螺的高频衰减振荡。

对于一般应用的二自由度陀螺仪,陀螺的质量大部分集中在陀螺转子及内环上,为了估算无阻尼自振荡频率 ω_0,可认为 $J_x\approx J_y\approx 1.5J$,$C_\alpha\approx C_\beta\approx 0$,代入式(5-16)得

$$\omega_0=\frac{\Omega}{1.5}=0.66\Omega \tag{5-17}$$

比如,当自转角速度 Ω 取为 24000r/min 时,$f_0=267\text{Hz}$。

实际应用的陀螺稳定器,通频带的宽度一般不超过十几赫兹。显然满足 $\omega\gg\omega_0$ 的条件,即平台不反映陀螺仪的章动。因此,在研究稳定器系统的运动时,不必考虑陀螺仪章动的影响。

3. 动力陀螺稳定器的稳定性和精度问题

按自动控制原理,增大通道的 K_m 可提高 α 的稳态精度。但从图 5-5 动力陀螺稳定器的方框图来看系统特征方程。将式(5-8)变为

$$\begin{cases}J_x\ddot{\alpha}+C_\alpha\dot{\alpha}+H\dot{\beta}+K_m\beta=0\\ J_y\ddot{\beta}+C_\beta\dot{\beta}-H\dot{\alpha}=0\end{cases} \tag{5-18}$$

从式(5-18)第二式得出 $\dot{\alpha}$ 和 $\ddot{\alpha}$ 的表达式,代入第一式中,经整理得

$$J_yJ_x\dddot{\beta}+(J_yC_\alpha+J_xC_\beta)\ddot{\beta}+(H^2+C_\alpha C_\beta)\dot{\beta}+HK_m\beta=0 \tag{5-19}$$

上式的特征方程为

$$J_yJ_x\lambda^3+(J_yC_\alpha+J_xC_\beta)\lambda^2+(H^2+C_\alpha C_\beta)\lambda+HK_m=0 \tag{5-20}$$

根据劳斯稳定性判据,应有

$$\begin{cases}J_yJ_x>0\\ J_yC_\alpha+J_xC_\beta>0\\ H^2+C_\alpha C_\beta>0\\ HK_m>0\end{cases} \tag{5-21}$$

同时

$$(J_yC_\alpha+J_xC_\beta)(H^2+C_\alpha C_\beta)>J_yJ_xHK_m \tag{5-22}$$

在动力陀螺稳定器中，稳定轴上的阻尼系数 C_α 和进动轴上的阻尼系数都比较小，特别是在进动轴上往往不设阻尼器，$C_\beta \approx 0$，这样得到

$$C_\alpha H/J_x + C_\beta H/J_y > K_m > 0 \tag{5-23}$$

由此可以看出，增大放大系数 K_m，受到一定的限制。虽然增大 K_m 对提高精度和减小过渡过程时间都有益，但超过了界限，系统就不稳定了。

所以，要提高陀螺稳定器的精度，可在回路中加校正装置(也就是设计控制系统的控制器)。在各种稳定系统中，稳定回路的设计历来是重要的，往往也是复杂的。

此外，还要考虑陀螺的漂移。动力陀螺稳定器进动轴上的干扰力矩，特别是采用滚珠轴承来支承时，不可避免存在干摩擦力矩 M_{yf}，将引起被稳定对象与外框一起绕稳定轴以角速率 $\dot{\alpha}_f$ 漂移偏离给定的 $\theta_x=0$ 的位置。根据进动方程 $\dot{\alpha}_f=-M_{yf}/H$，增大 H 可减小漂移，但不可避免地增大了整个装置的尺寸、重量。减小进动轴上的干扰力矩 M_{yf} 是个好措施。因此，现多采用小型单自由度液浮积分陀螺、微分陀螺和挠性陀螺构成稳定器。这些陀螺的动量矩很小，所产生的陀螺力矩对稳定回路来说几乎没有影响，因此这种稳定器也不是"动力陀螺"的了。陀螺在这里只起传感器的作用。

5.1.3 二自由度液浮陀螺稳定器

如果用小型二自由度液浮陀螺仪来实现单轴陀螺稳定器，其安装方式和图 5-2 的二自由度动力陀螺的安装方式相同。但陀螺的动量矩很小。而且由于二自由度液浮陀螺仪的阻尼系数很小，由此引起的阻尼力矩也不必考虑，陀螺在这里只起传感器的作用。因此，二自由度陀螺仪的 x 轴和 y 轴之间相互解耦，可将其作为两个独立的角度传感器通道来考虑，即 $\beta=K_x\theta_x$，$\alpha=K_y\theta_y$。

这时，对应图 5-3 所示的稳定回路，有

$$\begin{cases} J_x\ddot{\theta}_x = M \\ -K_m\beta = M_m \\ \beta = K_x\theta_x \\ M = M_m + M_{xf} \end{cases} \tag{5-24}$$

此时单轴陀螺稳定器的开环传递函数为

$$\left.\frac{\theta_x(s)}{M_{xf}(s)}\right|_k = \frac{K_m K_x}{J_x s^2} \tag{5-25}$$

为了使系统稳定和减少稳态误差以及改善这类系统的动特性，往往加入 RC 有源或无源校正装置(图 5-7)，这类无源校正网络电路图及传递函数为

$$G(s) = \frac{K_G(1+\tau_1 s)(1+\tau_2 s)}{(1+T_1 s)(1+T_2 s)} \tag{5-26}$$

图 5-8 给出了对应的对数幅频特性图。低频时，校正网络相当于一个积分环节消除静态误差，在较高频率时，相当于一个微分环节增强信号使系统得到稳定。加校正环节后在截止频率附近，是 -20dB，而不是 -40dB，使系统具有较高的稳定储备，其值一般可大于 45°。

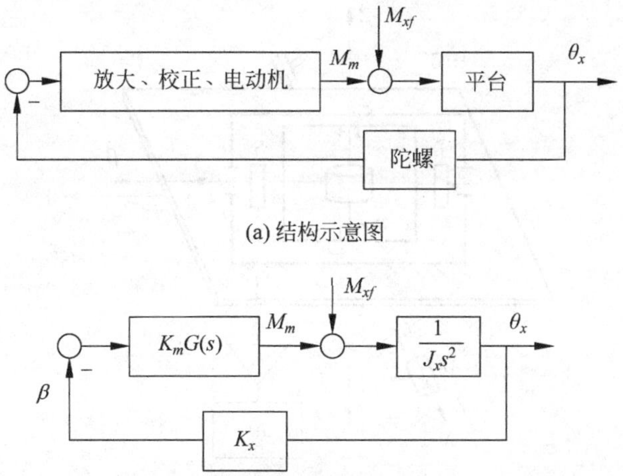

(a) 结构示意图

(b) 方框图

图 5-7　加入校正装置 $G(s)$

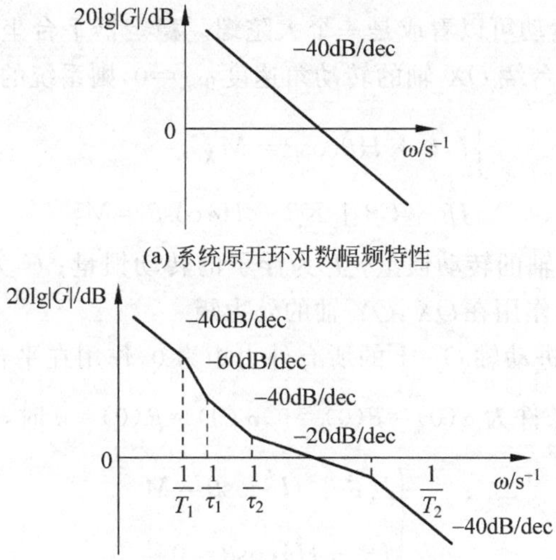

(a) 系统原开环对数幅频特性

(b) 加校正环节后系统开环对数幅频特性

图 5-8　系统开环对数幅频特性

5.1.4　单自由度液浮陀螺稳定器

1. 单自由度液浮积分陀螺组成的稳定器

单自由度液浮积分陀螺组成的稳定器结构示意图如图 5-9 所示。用单自由度液浮陀螺组成的单轴稳定器与二自由度陀螺组成的单轴稳定器一样，初始调整时，必须保证平台的稳定轴 Ox 和陀螺的进动轴 Oy、转子轴 Oz 相互垂直。

对于工作范围较宽的稳定器，陀螺的转角 β 已不是小量角，作用在进动轴 Oy 上的阻

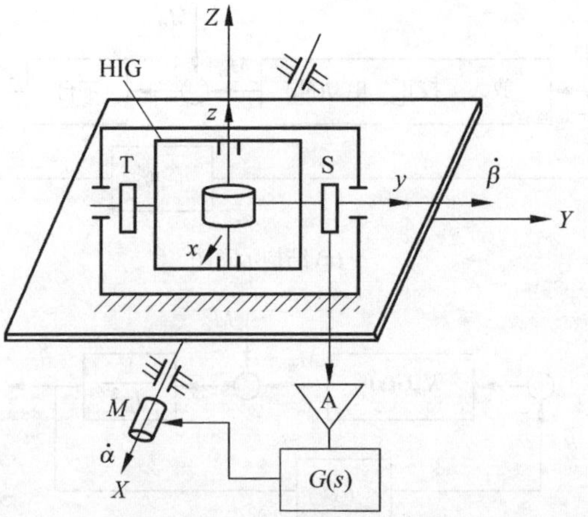

图 5-9　单自由度液浮积分陀螺组成的稳定器结构示意图

HIG—浮子积分陀螺；S—陀螺信号传感器；T—陀螺力矩传感器；A—放大器；M—力矩电机

尼力矩 $C\dot{\beta}$ 影响很大，作用在 Ox 轴上的陀螺力矩 $H\dot{\beta}\cos\beta$ 也不能忽略不计。

整个稳定器的角运动可以看成是一个大陀螺。稳定器平台坐标系为 $OXYZ$，陀螺坐标系为 $Oxyz$。如果平台绕 OX 轴的转动角速度 $\omega_x=0$，则系统的运动方程为

$$\begin{cases}J_0\ddot{\alpha}+H\dot{\beta}\cos\beta=M_X\\J\ddot{\beta}+C\dot{\beta}+K\beta-H\dot{\alpha}\cos\beta=M_Y\end{cases}\tag{5-27}$$

式中，J_0 为平台绕 Ox 轴的转动惯量；J 为浮子的转动惯量；C 为阻尼系数；K 为弹簧刚度；M_X，M_Y 分别为作用在 OX，OY 轴的外力矩。

假设，作用在陀螺进动轴 Oy 上的所有外力矩为 0，作用在平台对称轴 OX 上的外力矩为常值 M。当初始条件为 $\alpha(0)=\beta(0)=0$，$\dot{\alpha}(0)=\dot{\beta}(0)=0$ 时，有

$$\begin{cases}J_0\ddot{\alpha}+H\dot{\beta}\cos\beta=M\\J\ddot{\beta}-H\dot{\alpha}\cos\beta=0\end{cases}\tag{5-28}$$

方程组的解为

$$\begin{cases}\alpha=\dfrac{JM}{H^2\cos^2\beta}(1-\cos nt)\\\beta=\dfrac{M}{H\cos\beta}t-\dfrac{JM}{H^2\cos^2\beta}\sqrt{\dfrac{J_0}{J}}\sin nt\end{cases}\tag{5-29}$$

其中，$n=\dfrac{H\cos\beta}{\sqrt{JJ_0}}$。

相点在相平面上的运动轨迹示于图 5-10。在图上

$$\Delta\alpha=\frac{JM}{H^2\cos^2\beta}=\frac{M}{H^2\cos^2\beta/J}=\frac{M}{S}\tag{5-30}$$

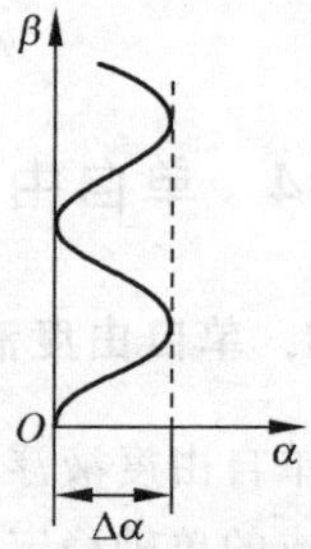

图 5-10　相平面上的运动轨迹

$$S = H^2\cos^2\beta/J \tag{5-31}$$

S 为陀螺的准弹簧刚度，在外力矩 $M_X = M$ 的作用下，陀螺做强迫运动，频率为

$$n = \sqrt{S/J_0} = \frac{H\cos\beta}{\sqrt{JJ_0}} \tag{5-32}$$

在外力矩 M_X 的作用下，陀螺沿 β 轴方向以角速度 $M_X/(H\cos\beta)$ 发散。陀螺转子轴在外力矩 M_X 的作用方向转过 $\Delta\alpha$ 角，好像是转子与位于惯性空间的基座之间存在一个弹簧。

2. 单自由度液浮速率积分陀螺组成的稳定器

如果采用的陀螺为液浮速率积分陀螺，则在方程组(5-27)中，$C\neq 0, K=0$，其他条件不变，即

$$\begin{cases} J_0\ddot{\alpha} + H\dot{\beta}\cos\beta = M_X \\ J\ddot{\beta} + C\dot{\beta} - H\dot{\alpha}\cos\beta = 0 \end{cases} \tag{5-33}$$

此时方程的近似解为

$$\begin{cases} \alpha \approx \dfrac{M_X J}{H^2\cos^2\beta}\left(1 - \mathrm{e}^{-\frac{C}{2J}t}\cos n_1 t\right) + \dfrac{M_X}{Hi_g\cos\beta}t \\ \beta \approx \dfrac{M_X}{H\cos\beta}t - \dfrac{M_X J}{H^2\cos^2\beta}\sqrt{\dfrac{J_0}{J}}\,\mathrm{e}^{-\frac{C}{2J}t}\sin n_1 t - \dfrac{M_X J}{H^2\cos^2\beta i_g}\left(1 - \mathrm{e}^{-\frac{C}{2J}t}\cos n_1 t\right) \end{cases} \tag{5-34}$$

其中

$$i_g = H\cos\beta/C$$

$$n_1 = \sqrt{H^2\cos^2\beta/(JJ_0) - [C/(2J)]^2}$$

陀螺的运动衰减到非周期极限状态的条件为

$$H^2\cos^2\beta/(JJ_0) = [C/2J]^2 = [H\cos\beta/(2Ji_g)]^2 \tag{5-35}$$

陀螺相点在相平面上的运动轨迹如图 5-11 所示，由图可得

$$\begin{cases} \Delta\alpha = JM_X/(H^2\cos^2\beta) \\ \Delta\beta = JM_X/(H^2\cos\beta i_g) \end{cases} \tag{5-36}$$

陀螺相点在相平面上的运动轨迹最终收敛到一条极限直线。

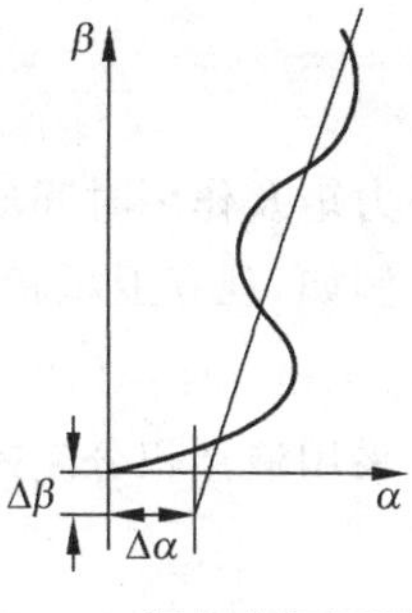

图 5-11 相点在相平面上的运动轨迹

作用在平台对称轴 OX 上的空气阻尼力矩是很小的。从图 5-11 中可以看出，由于采用了液浮速率陀螺，作用在进动轴 Oy 上的阻尼力矩 $C\dot{\beta}$ 对平台运动的影响显著。

3. 单自由度液浮速率陀螺组成的稳定器

在此种情况下，液浮陀螺的弹性元件和阻尼器都工作正常，即在方程组(5-27)中，$C\neq 0, K\neq 0$。系统的运动方程为

$$\begin{cases} J_0\ddot{\alpha} + H\dot{\beta}\cos\beta = M_X \\ J\ddot{\beta} + C\dot{\beta} + K\beta - H\dot{\alpha}\cos\beta = 0 \end{cases} \tag{5-37}$$

在假定 β 是小量角的情况下，消去参数 β 得

$$\dddot{\alpha} + \frac{C}{J}\ddot{\alpha} + \left(\frac{H^2}{JJ_0} + \frac{K}{J}\right)\ddot{\alpha} = \frac{K}{JJ_0}M_X \tag{5-38}$$

可以看出，章动频率为

$$n_H = \sqrt{\frac{H^2}{JJ_0} + \frac{K}{J}} \tag{5-39}$$

由于弹性约束的存在(弹性元件的刚度为 K)，系统章动频率增大了。

平台的稳态误差为

$$\Delta\ddot{\alpha} = M_X/(J_0 + H^2/K) = M_X/J_0' \tag{5-40}$$

采用速率陀螺组成的稳定器好像是一个非陀螺体，在外力矩 M_X 的作用下，平台将以角加速度 $\Delta\ddot{\alpha}$ 加速转动，所不同的是由于速率陀螺的存在，使平台绕对称轴的转动惯量由 J_0 变成了 J_0'。则

$$J_0' = J_0 + H^2/K \tag{5-41}$$

从而使转动的角加速度 $\Delta\ddot{\alpha}$ 减小。如果外力矩 M_X 为常值，作用的时间为 t，则误差角 $\Delta\alpha$ 为

$$\Delta\alpha = M_X t^2/2(J_0 + H^2/K) \tag{5-42}$$

可以看出，由速率陀螺组成的稳定器，其稳定误差与外干扰力矩成正比，与外力矩作用时间的平方成正比。所以，这种稳定器过去多在舰船上采用，因为在海面上浪涌形成的振荡近似于周期性，可使误差不发散。

而由速率积分陀螺组成的稳定器的稳态误差：

$$\alpha \approx \frac{M_X}{Hi_g\cos\beta}t \tag{5-43}$$

与外力矩及作用时间成正比，因此精度高一些。

例如，现有卫星稳定器，其参数为：$M_X = 10\text{N}\cdot\text{m}$，$J = 10\text{kg}\cdot\text{m}^2$，$t = 100\text{s}$，$J_0 = 10^6\text{kg}\cdot\text{m}^2$，$H = 10^4\text{kg}\cdot\text{m}^2/\text{s}$，$i_g = H\cos\beta/C \approx 1.6\times10^2$。

采用液浮积分陀螺时的稳态误差为

$$\Delta\alpha = M_X t/(Hi_g) \approx 6'$$

采用液浮速率陀螺时，弹性元件的刚度为 $K = 10^2\text{N}\cdot\text{m}$，其稳定误差为

$$\Delta\alpha = M_X t^2/2(J_0 + H^2/K) \approx 1.5^\circ$$

可以看出，简单的液浮陀螺稳定器的精度还是较低的，且不宜长期工作在空间飞行器等被稳定体上。现在应用较多的是工作于双闭环(位置环和速度环)的稳定器，增设测速发电机，产生速率反馈信号，输入到放大器，从而提高系统的品质。

5.2 三维陀螺稳定平台

5.2.1 三轴稳定平台

1. 三轴稳定平台的基本结构

三轴稳定平台按其模拟坐标系的不同,可以分为空间稳定平台和跟踪平台。空间稳定平台模拟惯性坐标系,不受载体运动和干扰力矩的影响;跟踪平台模拟任一需要的导航坐标系,多数是模拟地理坐标系,跟踪平台必须在陀螺仪的力矩器中施加修正电流,使平台坐标系跟踪当地地理坐标系。

三轴稳定平台中使用的陀螺仪可以是单自由度的,也可以是二自由度的。一个空间的三轴稳定平台需要三个单自由度陀螺仪,而使用二自由度陀螺仪时,只需要两个陀螺仪就可以了。图5-12是用两个二自由度陀螺仪构成的三轴稳定平台,每一个陀螺仪可以敏感平台绕两个坐标轴方向的转角,两个陀螺仪的转子轴方向要互相垂直设置。互相垂直的三个敏感轴各敏感平台上一个坐标轴向的干扰力矩,通过稳定电机产生相应力矩抵消干扰力矩。多余的一个敏感轴,可考虑用于修正或监控用。

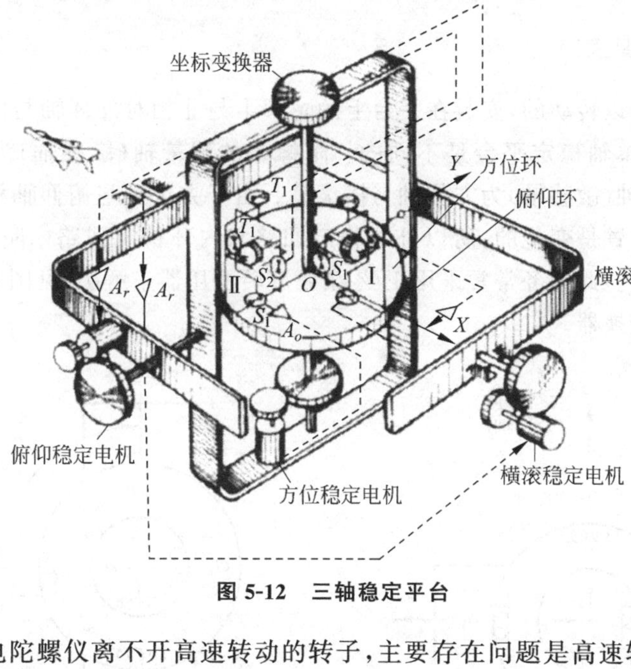

图5-12 三轴稳定平台

传统的机电陀螺仪离不开高速转动的转子,主要存在问题是高速转子容易产生质量不平衡问题并受加速度影响;还需要一定的时间才能达到转速平衡,使用不便,所以现代平台的设计中,只把陀螺仪作为干扰力矩的敏感元件,而不再把它直接作为干扰力矩的补偿器,即不再使用动量矩矩大、体积大的框架式陀螺仪。陀螺平台质量由几十千克发展到仅0.8kg,外廓尺寸由0.5m以上发展到仅为0.08m的小型陀螺平台。目前,稳定平台向高精度、高可靠性、低成本、小型化,并对平台误差进行补偿的方向发展。

由陀螺仪稳定的平台是相对惯性空间稳定的，保持了一个惯性坐标系。由于惯性导航系统的精度要求，在载体机动或振动的环境条件下，稳定回路应具有很好的静态和动态特性，以后将对其动态特性予以分析。

三轴稳定平台是惯性导航系统中的核心部件。影响惯性导航系统位置误差、速度误差、方位误差的主要因素是平台的漂移角速度。产生平台漂移的原因除了漂移角速度外，陀螺在台体上的安装误差也是重要原因。所以，对惯性元件在平台上的安装也必须提出一定的要求。对于中等精度的导航系统来说，陀螺仪和加速度计敏感轴的安装误差不能超过几角分。此外，计算机与平台的衔接也应特别注意，由于平台跟踪地理系是施加控制电流于陀螺而产生的，如果计算机输出陀螺力矩器的数字电流不准确，或者力矩器线性度不好，都将导致产生等效的陀螺漂移，即产生平台漂移。在这方面对控制陀螺的数字电流以及力矩器的线性度一般都应有0.01%的精度要求。

三轴稳定平台还应尽量采取措施避免以下干扰：电磁干扰、振动干扰、温度变化干扰等。在惯性导航系统的工程实现上，电磁兼容、减振基座、平台的热平衡设计和调节都是重要的课题。高精度的三轴稳定平台要采用两级到三级温控以减小温度变化的影响。

除坐标变换器外，单轴稳定平台的工作原理、系统组成、传递函数和系统性能指标等内容都适用于三轴稳定平台。因此，下面以方位坐标变换器为例，介绍坐标变换器的作用和基本原理。

2. 方位坐标变换器

由于转台是可以转动的，安装在平台上的陀螺Ⅰ与Ⅱ相对外环轴与内环轴的相对位置是变化的，这与单轴稳定平台是不同的。陀螺Ⅰ的测量轴（敏感轴）为俯仰轴与方位轴，陀螺Ⅱ的测量轴（敏感轴）为方位轴与横滚轴。由于方位轴与俯仰轴相对平台的外环轴与内环轴的角位置是变化的，所以外环稳定回路与内环稳定回路中陀螺、控制信号的来源也应是变化的。此任务常常采用正弦-余弦旋转变压器来解决（见图5-13），这种变压器称为方位坐标变换器。

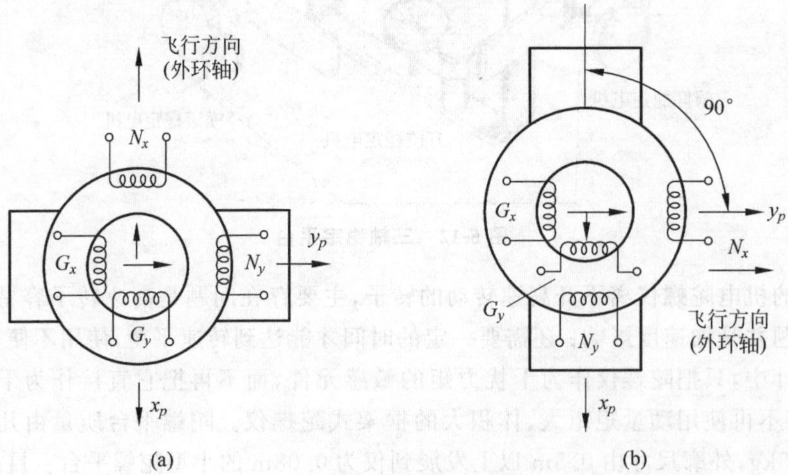

图 5-13 方位坐标变换器

旋转变压器的转子安装在平台的方位轴上，转子上有两个励磁绕组，用 G_x 与 G_y 表示。变压器的定子上也有两个绕组用 N_x 与 N_y 表示。

在起始时，相当于图 5-13(a)的位置，在外环轴上，即沿飞行方向，作用一干扰力矩于平台上，此时陀螺Ⅰ的动量矩方向 H 与外环轴平行，故对此干扰力矩不敏感；而陀螺Ⅱ的动量矩与其垂直，故输出与干扰力矩成正比的信号，输给绕组 G_y 后，经变压器传递给绕组 N_x，经放大后，传递给外环轴的力矩器(稳定电机) M_x 的控制绕组，产生与干扰力矩大小相等、方向相反的稳定力矩，从而实现了稳定回路的工作过程。

如果飞行方向改变，航向角改变了 90°(相当于图 5-13(b)的位置)，变压器定子上的两个绕组随内环、外环一起转动了 90°。此时，仍然是在外环轴上作用一干扰力矩，因陀螺Ⅱ的动量矩与外环轴平行，而Ⅰ的动量矩与其垂直，因此上述稳定过程只有陀螺Ⅰ参与完成了。

当航向角为上述 0°～90°时，如果在外环轴上同样作用一干扰力矩时，陀螺Ⅰ、Ⅱ都能敏感到，分别输出信号，经放大后，经过变压器耦合，作为力矩器(稳定电机)的控制信号。

5.2.2 四平衡环系统

在一般的惯性导航系统中，在载体不做大角度机动飞行的情况下，三环式平台就可以满足导航的需要。所谓三环，即由平台台体、内环和外环三者组成。由于平衡环系统(即稳定系统)的作用在于稳定平台以隔离载体运动对平台的影响，因此，三环系统在载体上的安装方式不同，它允许载体的最大旋转角度是不同的，否则，它就不能起到隔离载体运动的目的，而是载体将带着平台一起转动，平台就失去了相对惯性空间的稳定性。图 5-14(a)给出一个三环式系统在导弹上安装的情况，其外环轴安装于导弹的俯仰轴方向。这样安装的平台，允许载体在方位轴和俯仰轴方向做±360°的转动，而在滚动轴方向只允许做小于±90°的转动。当滚动角为 90°时，如图 5-14(b)所示，弹体将带动外环转动 90°，使外环和中环在一个平面上，这时的惯性导航平台只有两个自由度，平衡环系统就不能隔离和平衡环面垂直的载体的转动，平衡环的这种现象称做平衡环的闭锁现象。

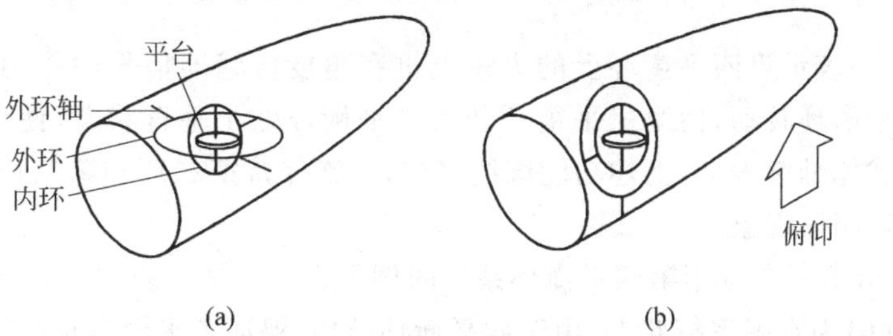

图 5-14 平衡环的闭锁现象

对上述三环式平台，当外环轴位于导弹的滚动轴时，只要当弹体俯仰角达到 90°时就会出现闭锁现象。因此，必须根据载体的运动规律来选择三环式平台的安装方式，无论如何选择安装方式，三环式平台在原理上总是存在一个旋转轴方向有闭锁现象的可能。为了避免这一点，则必须选用四平衡环式系统。通常，在上述安装方式下，当载体有绕滚动轴的转动时，就必须采用四平衡环式系统。

四平衡环式系统的机械编排如图 5-15 所示。第三平衡环相对第二平衡环垂直并限定转动在范围之内，在第二个平衡环和第三个平衡环之间装有角度传感器，给出两环间的正交性。角度传感器和第四平衡环的力矩电机构成随动系统，通过第四平衡环的转动带动第三个平衡环的转动，第四平衡环功用是任何时候都要保证第三平衡环和第二平衡环垂直，使平台在任何的工作条件下均能保持相对惯性空间有三个自由度，也称为全姿态稳定平台。

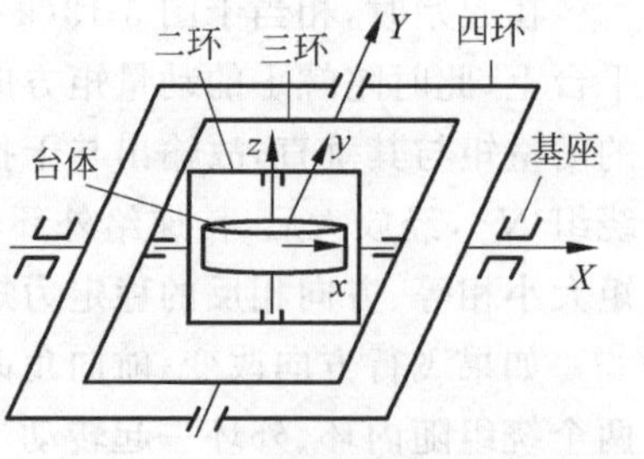

图 5-15　全姿态稳定平台

用图 5-16 对四平衡环系统的工作原理做进一步说明。图 5-16(a)表示直线水平飞行情况，第二环和第三环垂直，第四环和第三环在一个平面上。这时，平台允许载体绕三个轴任意旋转，不会发生闭锁现象。

图 5-16(b)表示载体绕滚动轴滚动情况下，当有一个滚动角出现时，第四环将带动第三环随载体一起转动一个角度，在陀螺稳定回路的作用下，驱使第二平衡环运动保持平台水平，第二平衡环仍保持初始垂直方向。因此，第二环和第三环之间就不处于垂直状态，此时，其间的角度传感器将有信号输出。

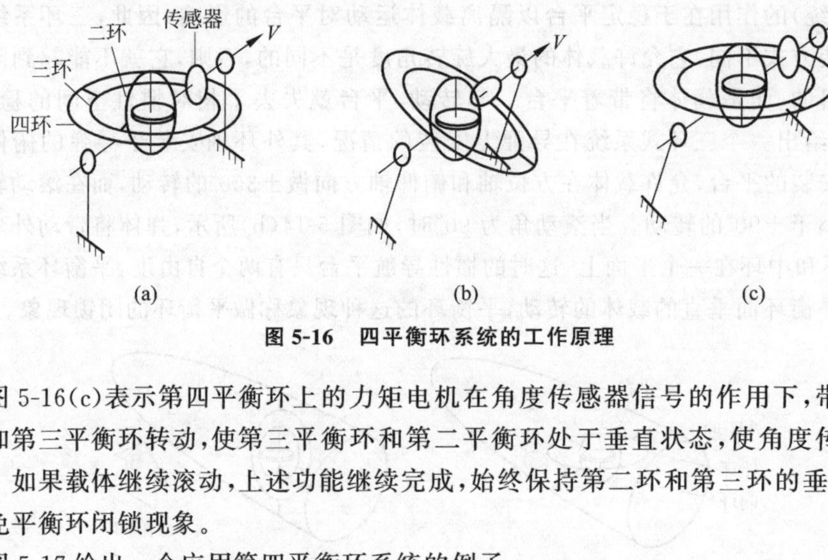

图 5-16　四平衡环系统的工作原理

图 5-16(c)表示第四平衡环上的力矩电机在角度传感器信号的作用下，带动第四平衡环和第三平衡环转动，使第三平衡环和第二平衡环处于垂直状态，使角度传感器输出为零。如果载体继续滚动，上述功能继续完成，始终保持第二环和第三环的垂直，从而达到避免平衡环闭锁现象。

图 5-17 给出一个应用第四平衡环系统的例子。

图 5-17(b)为水平飞行状态，由于四平衡环结构，保证了平台不存在闭锁现象。

图 5-17(c)为导弹发射状态，即垂直发射。这时，如第二环和第三环之间的角度传感器给出一个不垂直信号时，第四环的任何转动都不能消除以上的不垂直状态，因第四环的转轴和第三环的转轴垂直，第四环将带动第三环和第二环相对平台一起转动，使平衡环系统失去稳定。为避免上述现象发生，对垂直发射的弹体，规定发射时第四环锁定，断开随动系统，成为三环式系统。当发射后俯仰角开始小于 90°时，第四平衡环才接入。

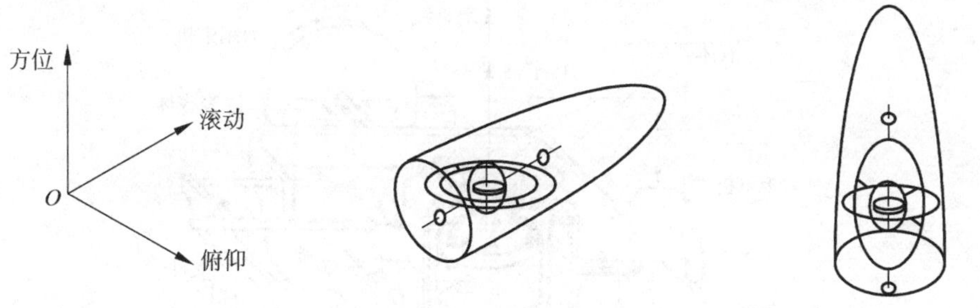

(a) 平台坐标系　　(b) 水平飞行状态　　(c) 导弹发射状态

图 5-17　四平衡环系统

5.3 惯性定向装置

5.3.1 陀螺地平仪

主轴永沿地垂线的陀螺仪称为陀螺地平仪，又称陀螺垂直仪。陀螺地平仪是利用陀螺仪特性测量载体俯仰和倾侧姿态角的仪表。例如，为了在飞行器上测量飞行姿态，必须在飞行器上建立一个地垂线或地平面基准。利用陀螺仪的定轴性，使转子轴稳定在地垂线上就可以得到这一基准。但是陀螺仪不能自动找到地垂线使转子轴稳定在地垂线上，而且由于内、外环轴上的摩擦力矩使陀螺仪转子轴产生漂移。因此必须解决陀螺仪转子轴自动找到地垂线而且始终稳定在地垂线上的方法。

摆具有敏感地垂线的特性，但受到加速度干扰时会产生很大的误差。如将陀螺仪与摆式敏感元件结合在一起，就可以解决上面的问题。陀螺地平仪就是陀螺仪与摆结合在一起的仪表。它以陀螺仪为基础，用摆式敏感元件和力矩器组成的修正装置对陀螺仪进行修正，使陀螺仪的转子轴精确而稳定地重现地垂线。

图 5-18 是陀螺地平仪的结构原理图。它由双自由度陀螺仪、摆式敏感元件、力矩器和指针刻度盘等组成。陀螺外环轴平行于飞机纵轴安装。飞机俯仰或倾侧时，仪表壳体随之转动，而陀螺自转轴仍然重现地垂线，通过指示机构中飞机标志相对地平线的位置，直观而形象地显示出飞机的姿态。

装在陀螺仪内环轴上的液体开关是一种摆式敏感元件，是具有摆的特性和电路开关特性的气泡水准仪。液体开关感受陀螺仪转子轴相对地垂线的偏差，并将它变成电信号，经放大器放大后分别送给装在内、外环轴上的力矩器（力矩马达），产生修正力矩，使陀螺仪转子轴始终沿地垂线方向。修正系统，采用交叉修正方式：主轴相对地垂线绕内环轴有偏角时，在外环轴施加修正力矩；反之亦然。

修正速度一般为几度每分钟，修正缓慢，当运动加速度干扰引起液体开关的液面倾斜时，在短时间内错误修正仅引起自转轴偏离地垂线一个很小的角度。而且，当飞机线加速度或盘旋角速度超过一定值时，会自动切断相应的修正电路，以消除错误修正，提高抗干扰能力。仪表起动前陀螺自转轴处于随意位置，为使自转轴快速重现地垂线，起动

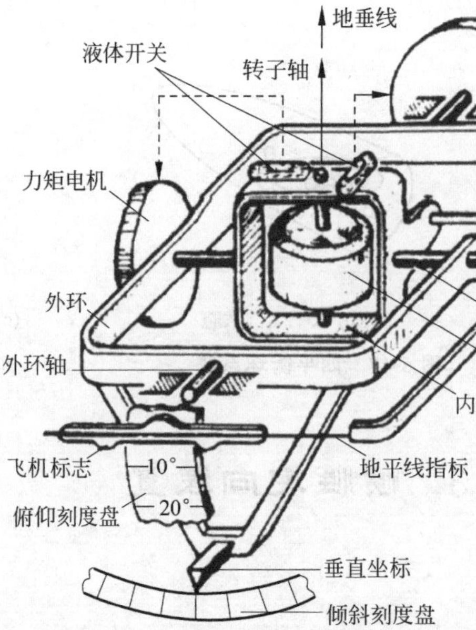

图 5-18 陀螺地平仪的结构原理图

时可加大修正力矩或靠锁定装置把自转轴锁在地垂线方向上。

为了防止俯仰角为 90°时外环轴与自转轴重合而使陀螺仪表失去正常工作条件，地平仪中增设了随动环，将陀螺转子和内外环都安装在随动环上，随动环轴平行于飞机的纵轴安装。载体做任何姿态的机动飞行，随动环都能保证自转轴、内环轴和外环轴三者正交，从而使俯仰角和倾侧角的显示范围均可达到 360°。

陀螺地平仪分为直读式与远读式两种。直读式直接通过表的指示机构表示飞机姿态。远读式通过装在陀螺仪上的传感元件输出飞机姿态信号，由远距传输系统送到地平指示器进行显示。这种带有信号传感元件的陀螺仪称为垂直陀螺，它作为姿态传感器可向各机载系统提供飞机俯仰和倾侧角信号。歼击机用直读式地平仪，在飞机爬升时，飞机标志移到地平线下方，俯冲时则相反，不符合直观感觉。远读式地平仪则能克服这一缺点。

5.3.2 陀螺寻北仪

主轴水平并指向某确定方位（如北向）的陀螺仪称为陀螺方位仪。

自由陀螺可短时作为方位仪使用，也可以加方位修正系统，其敏感元件是磁针，因而构成陀螺磁罗盘（图 5-19）。由于磁针指北性能易受干扰，陀螺磁罗盘主要用于方位精度要求不高的场合。

陀螺寻北仪也称为陀螺罗经（Gyro-Compass），是能自动指北的陀螺仪器。

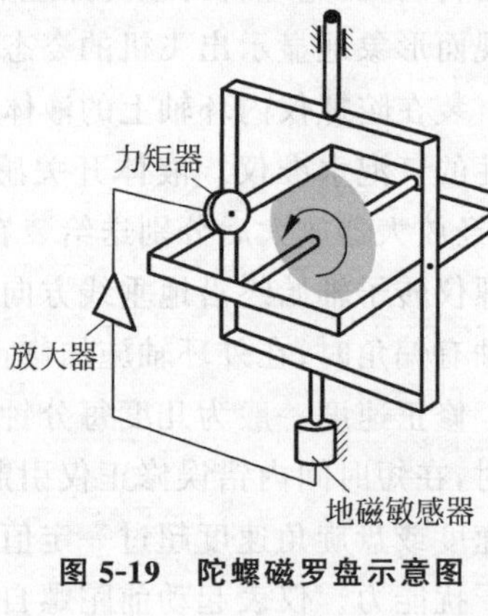

图 5-19 陀螺磁罗盘示意图

经典陀螺寻北仪的原理是：由于地球自转，地球上(北半球)的北向不断西偏。如果赋予陀螺下摆性，并将主轴抬高一小角 β^*（一般几角分），则在重力作用下，主轴向西进动，并将追上北向而永远指北(图 5-20)。抬高角的最佳值 β^* 是依靠地平面的"西升东落"效应而自动达到的。

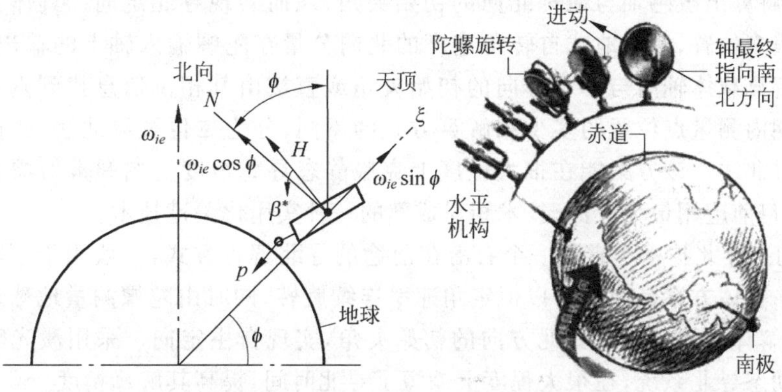

图 5-20　经典陀螺寻北仪寻北示意图

1. 陀螺寻北技术的发展与分类

寻北技术分为陀螺寻北和加速度计寻北两类。陀螺寻北技术根据采用的陀螺种类不同，可分为陀螺摆式寻北仪、单轴速率陀螺寻北仪、捷联式陀螺寻北仪。按采样方式和解算方式的不同，可以分为连续转动方案、多位置方案、四位置方案和二位置方案等。按采用寻北方法的不同，分为物理寻北和解析法寻北。

陀螺寻北技术的第一阶段：20 世纪 50 年代在船舶陀螺罗经的基础上，德国克劳斯塔尔矿业学院于 1949 年研制出液浮式单转子陀螺球，重量 640kg。寻北时间约 4h，一次观测误差±60″。

第二阶段：从 20 世纪 60 年代开始，出现了摆式陀螺罗盘和上架式陀螺经纬仪，1970 年中国产品的一次观测误差为±10″(角秒)，定向时间 40min，重量 60kg。

第三阶段：20 世纪七八十年代以来，随着电子技术、自动控制技术、光学传动器技术迅猛发展，为进一步提高陀螺罗盘精度和可靠性、减轻观测者劳动强度提供了技术基础，陀螺罗盘操作过程向自动化方面发展。联邦德国于 1978 年研制出数字显示方位角的自动测量陀螺仪，该仪器只需观测 7min，就可获得 5″的定向精度。

此外，美国、苏联、匈牙利、瑞士、联邦德国均研制出一批精度较高的同类产品，用于矿山挖掘、油井钻探或战略导弹的瞄准。目前精度较高的如乌克兰中央设计局研制的 GT3 陀螺指北仪，采用磁悬浮陀螺摆式结构，精度达到 3″，反应时间为 7min。

工程上对精度寻北的指标要求为优于 15″，甚至优于 1″。中低精度寻北指标一般是 1′。

经过长达一个世纪的研究，陀螺罗盘式寻北仪测量精度从±60″提高到±0.5″，定向时间从 4h 缩短到几分钟，从手工操作进入自动化测试。进入 21 世纪，陀螺罗盘式寻北仪还会进一步提高。随着光学陀螺等固体陀螺的问世和技术上日益完善，捷联式寻北仪与 GPS 相结合会得到进一步的发展。

为了减少陀螺漂移对寻北精度带来的不利影响，多年来，人们采用了诸多实用化方案和关键技术，其中主要有以下几种。

(1) 多位置静态寻北方案。它是通过采集一个周期内，寻北仪在几个不同的测量点上的输出，解算出敏感轴与地理北向的初始夹角，从而实现寻北定向。具体方案是通过转台转过很多位置，测量地球自转角速度的北向分量在陀螺输入轴上的输出，解算出实时零漂和解算载体轴向与真北方向的初始夹角或直接由其相位信息找到真北方向。根据一个周期内测量点位置的多少和解算方式的不同，分为二位置寻北法、四位置寻北法和多位置寻北法。该方案能在很大程度上克服静态寻北精度受陀螺常值漂移影响较大的缺点，是目前应用最为广泛，技术相对成熟的一种实用化关键技术。

(2) 动态寻北技术。它是一个有潜在前途的寻北解算方式，一般用于单轴速率陀螺寻北系统。具体方案是使转台以恒定角速率连续旋转，同时由陀螺测量地球速率的水平分量，最终解算载体轴向与真北方向的初始夹角，实现自主定向。采用激光陀螺或光纤陀螺构成动态寻北系统，在很大程度上缩短了寻北时间，提高其解算精度。

(3) 解析调平技术。它是提高寻北系统精度和快速性的一项重要技术。具体方案是使用加速度计实时测量转台的倾斜角，并通过解析算法对陀螺仪的信息进行校正补偿，以消除由于转台倾斜时地球自转角速度垂直分量的影响。它克服了人工调平方法操作不便、耗时长等缺点，实现快速寻北的目的。

2. 单轴速率陀螺寻北仪基本原理

下面以单轴速率陀螺寻北仪为例讲述寻北仪的工作原理。由于寻北方案和解算方式的不同，根据陀螺仪的基准面是否水平，介绍理想情况下的二位置寻北方案、四位置寻北方案，连续转动寻北方案，以及非理想情况下(即基准面倾斜)寻北方案。

实际工程应用中，虽然陀螺寻北解算的方式各有不同，但其基本原理都是一样的。假定陀螺的敏感轴在水平面内，且与载体纵轴方向一致。它通过敏感地球自转角速率在地理坐标系中的水平分量，便可以解算出载体纵轴向与真北的夹角或直接确定北向所在的方位。取陀螺坐标系为 $Oxyz$，取当地地理坐标系 $OEN\xi$ 为参考坐标系，xOy 与 EON 平面重合(采用水平调节方法实现)，Oy 与 ON(Ox 与 OE)之间错开了 ψ 角，ψ 称为偏北角，即陀螺敏感轴正向与真北方向的夹角。

在地球上任一纬度ϕ，如图 5-21 所示，陀螺相对惯性空间的输出表达式为

$$\boldsymbol{\omega}(t)=\boldsymbol{\omega}_{ie1}\cos\psi+\varepsilon(t)=(\boldsymbol{\omega}_{ie}\cos\phi)\cos\psi+\varepsilon(t) \tag{5-44}$$

式中，$\boldsymbol{\omega}_{ie}$ 是地球相对惯性空间的自转角速度矢量，平行地轴，北向为正；$\varepsilon(t)$是陀螺的漂移，包含陀螺常值漂移、周期噪声和随机干扰信号等。

从式(5-44)可见，已知ϕ，补偿 ε，就可从陀螺相对惯性空间的输出中求出 ψ，即算出载体纵轴与真北方向的夹角或直接通过仪表确定北向所在方位。

1) 理想情况下二位置、四位置寻北法

如图 5-22 所示，将陀螺固定在可转动台面(如转台)上，理想情况下，转台台面平行于水平面(可通过转台再平衡控制回路实现)，且隔离环境的振动(通过实验室地基实现)。

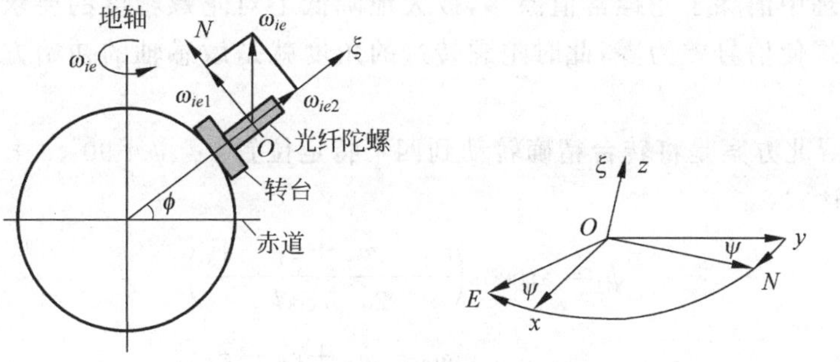

图 5-21 光纤陀螺寻北仪的原理图

陀螺输入轴 Oy 与转台台面平行，即输入轴平行于水平面。调平机构采用可以调节平台升降的三个脚螺旋机构进行粗调平及锁定。

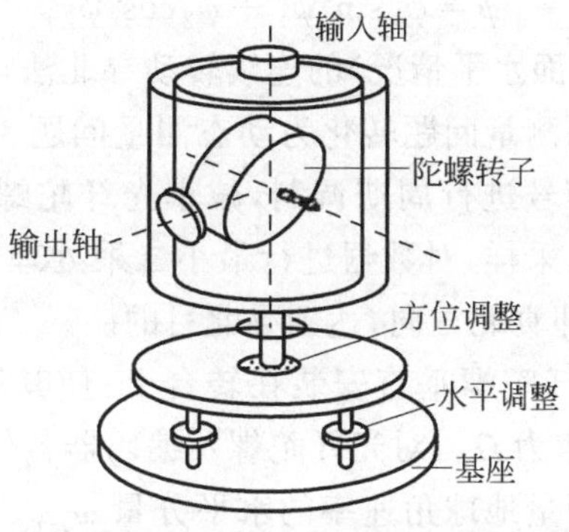

图 5-22 理想情况寻北实验系统

在实验室条件下或者一些对寻北精度要求不高的工程应用中，为了减少寻北解算的计算量，保证寻北解算的实时性，通常采用两位置寻北法。

令陀螺仪从位置 1 精确地旋转 180°，达到位置 2，这时地球分量的输入就改变了正、负号，而陀螺仪的常值项漂移在短时间内的变化忽略不计，把位置 1、位置 2 的值相减，就得到地速的输入，从而求出陀螺敏感轴与北向的夹角，就是两位置寻北的基本原理。具体描述如下。

当在位置 1 时，有

$$\omega_1 = (\omega_{ie}\cos\phi)\cos\psi + \varepsilon_1(t) \tag{5-45}$$

当在位置 2 时，有

$$\omega_2 = -(\omega_{ie}\cos\phi)\cos\psi + \varepsilon_2(t) \tag{5-46}$$

采用低通滤波，把陀螺输出信号中的高频噪声滤掉，短时间内，有 $\varepsilon_1(t) \approx \varepsilon_2(t) = \varepsilon_d$，$\varepsilon_d$ 为陀螺的零偏。则

$$\omega_1 - \omega_2 = (\omega_{ie}\cos\phi)\cos\psi + (\omega_{ie}\cos\phi)\cos\psi \tag{5-47}$$

由上式解算出陀螺敏感轴与真北方向的夹角

$$\psi = \arccos\left(\frac{\omega_1 - \omega_2}{2\omega_{ie}\cos\phi}\right) \tag{5-48}$$

在上面的处理中消除了陀螺常值漂移，极大地降低了对陀螺精度的要求。同时可用反馈环旋转陀螺使信号差为零，此时陀螺转过的角度就是敏感轴的初始方向与真北方向的夹角。

四位置寻北方案是将转台精确转动到四个特定位置：ψ、$\psi+90°$、$\psi+180°$、$\psi+270°$，得出两个表达式：

$$\psi_1=\arccos\left(\frac{\omega_1-\omega_3+\varepsilon_1-\varepsilon_3}{2\omega_{ie}\cos\phi}\right) \tag{5-49}$$

$$\psi_2=\arccos\left(\frac{\omega_2-\omega_4+\varepsilon_2-\varepsilon_4}{2\omega_{ie}\cos\phi}\right) \tag{5-50}$$

由于各种误差源的作用，陀螺测量误差在圆周内引起的寻北误差并不相同，即在圆周上的不同点寻北精度不同，因而采用取加权平均值的方法得出较精确的偏北角 ψ

$$\psi=\psi_1\sin^2\psi_1+\psi_2\cos^2\psi_2 \tag{5-51}$$

2）理想情况下（即基准面水平情况）的连续转动寻北法

连续转动寻北法将静态测量问题转化为动态测量问题。对于光纤速率陀螺，通过人为引入的连续转动对陀螺信号进行周期调制，减小光纤陀螺低频随机漂移误差的影响。通过对旋转转台各位置进行采样，对数据进行最小二乘处理，即可找到编码器零位（初始方位）与地理北向的夹角，即真北方向，达到寻北目的。

具体实现方法是，将光纤陀螺垂直安装在转台上，使其敏感轴与转台台面平行。控制转台绕 Oz 恒稳旋转，转速为 Ω。对光纤陀螺及编码器各位置信号同步采样，这样光纤陀螺输入轴能在各个方向测量地球角速率的水平分量 ω_{ie1}。测量结果为正弦信号，其中零值对应于东向和西向，峰值对应于南向和北向。单片机对采集的数据进行滤波处理，通过解算得出真北向方位置。

光纤陀螺的实际输出为

$$\omega(t)=(\omega_{ie}\cos\phi)\cos(\psi+\Omega t)+\varepsilon(t) \tag{5-52}$$

在同一周期中取 n 个位置，光纤陀螺输出的数学模型为

$$\begin{aligned}\omega(i)&=(\omega_{ie}\cos\phi)\cos(\psi+\alpha_i)+\varepsilon(t)\\&=A\cos\alpha_i-B\sin\alpha_i+\varepsilon(t),\quad i=1,2,\cdots,n\end{aligned} \tag{5-53}$$

式中 $\alpha_i=\Omega t_i$，$A=(\omega_{ie}\cos\phi)\cos\psi$，$B=(\omega_{ie}\cos\phi)\sin\psi$。

进行最小二乘参数估计，则可求出 A 和 B 的估计值为

$$A=\frac{\sum_{i=1}^{n}\sin^2\alpha_i\sum_{i=1}^{n}\omega_i\cos\alpha_i-\sum_{i=1}^{n}\sin\omega_i\sum_{i=1}^{n}\sin\alpha_i\cos\alpha_i}{\sum_{i=1}^{n}\sin^2\alpha_i\sum_{i=1}^{n}\cos^2\alpha_i-\left(\sum_{i=1}^{n}\sin\alpha_i\cos\alpha_i\right)^2} \tag{5-54}$$

$$B=\frac{\sum_{i=1}^{n}\cos^2\alpha_i\sum_{i=1}^{n}\omega_i\sin\alpha_i-\sum_{i=1}^{n}\cos\alpha_i\sum_{i=1}^{n}\sin\alpha_i\cos\alpha_i}{\sum_{i=1}^{n}\sin^2\alpha_i\sum_{i=1}^{n}\cos^2\alpha_i-\left(\sum_{i=1}^{n}\sin\alpha_i\cos\alpha_i\right)^2} \tag{5-55}$$

因此，北向方位角的估计值为

$$\psi = \arctan\left(\frac{B}{A}\right) \tag{5-56}$$

连续转动寻北法和多位置寻北法当转台水平时不需要纬度信息。连续转动寻北法和多位置寻北法的优点是：通过多个位置上的静止采样可以准确估计出陀螺的实时零偏；陀螺引入的测量误差将只有寻北过程短时间（小于等于 5min）内的随机漂移，而且还可以通过对各阶漂移系数的估计进一步减小其测量误差。因此多位置寻北法的精度一般高于其他寻北方法，在实际工程中得到了广泛的应用。其缺点是：在寻北过程中要进行多位置转动，因此需要添加转动机构。由于采用光电测量装置会增加机构复杂程度和增大控制难度，因此一般采用电机粗略控制转动角度，组合自身完成姿态测量的工作，因此各位置间的相对角度测量是否准确也会直接引入误差。

3）非理想情况下的连续转动寻北法

非理想情况（即基准面倾斜情况），单轴光纤陀螺寻北系统基本结构如图 5-23 所示，由一个单轴陀螺和一个加速度计及支承环组成测量组合体。为简述方便，图 5-23 中由转台实现支承环。加速度计用于对台面的倾斜进行补偿解算。

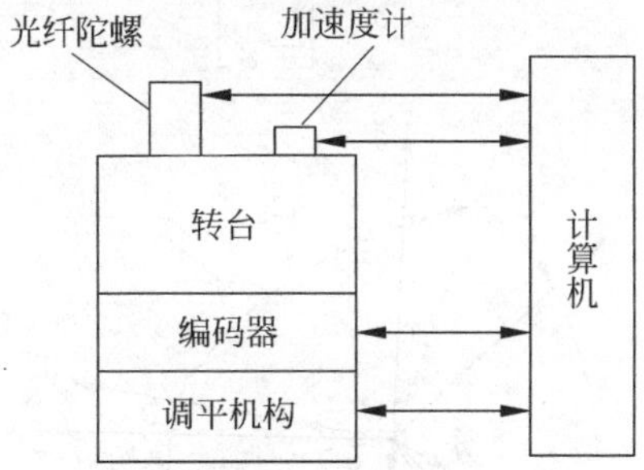

图 5-23 非理想情况单轴光纤陀螺寻北的实验系统

当陀螺的安装平面 $Oxyz$ 不在水平面内，陀螺坐标系 $Oxyz$ 与地理坐标系 $OEN\xi$ 各自三个轴都不重合。解析寻北测量就需要进行多次投影计算，还要考虑消除地球自转角速度的垂直分量。

由载体坐标系和地理坐标系之间的角度关系及变换矩阵，将载体坐标系 $Ox_by_bz_b$ 视为陀螺坐标系 $Oxyz$，将它们重画为图 5-24，列写为

$$\begin{aligned}\boldsymbol{C}_g^b &= \begin{bmatrix}\cos\gamma & 0 & -\sin\gamma\\ 0 & 1 & 0\\ \sin\gamma & 0 & \cos\gamma\end{bmatrix}\begin{bmatrix}1 & 0 & 0\\ 0 & \cos\theta & \sin\theta\\ 0 & -\sin\theta & \cos\theta\end{bmatrix}\begin{bmatrix}\cos\psi & -\sin\psi & 0\\ \sin\psi & \cos\psi & 0\\ 0 & 0 & 1\end{bmatrix}\\ &= \begin{bmatrix}\sin\psi\sin\theta\sin\gamma+\cos\psi\cos\gamma & \cos\psi\sin\theta\sin\gamma-\sin\psi\cos\gamma & -\cos\theta\sin\gamma\\ \sin\psi\cos\theta & \cos\psi\cos\theta & \sin\theta\\ -\sin\psi\sin\theta\cos\gamma+\cos\psi\sin\gamma & -\cos\psi\sin\theta\cos\gamma-\sin\psi\sin\gamma & \cos\theta\cos\gamma\end{bmatrix}\end{aligned} \tag{5-57}$$

地球自转角速度在地理坐标系 $OEN\xi$ 中各轴上的分量可表示为

$$\boldsymbol{\omega}_{ie}^{g}=\begin{bmatrix}\omega_{ieE}\\ \omega_{ieN}\\ \omega_{ie\xi}\end{bmatrix}=\begin{bmatrix}0\\ \omega_{ie}\cos\phi\\ \omega_{ie}\sin\phi\end{bmatrix} \tag{5-58}$$

输入轴为 Oy 的单轴光纤陀螺仪对于其正交轴上的运动不敏感，在 $Oxyz$ 系 Oy 轴所敏感到的地球自转角速度为

$$\omega(t)=\boldsymbol{C}_{g}^{b}\boldsymbol{\omega}_{ie}^{g}\cdot\begin{bmatrix}0\\1\\0\end{bmatrix}=\omega_{ie}\cos\phi\cos\psi\cos\theta-\omega_{ie}\sin\phi\sin\theta+\varepsilon(t) \tag{5-59}$$

对 $\varepsilon(t)$ 的补偿可按前述二位置测量法和连续旋转法等。但角 θ 还必须进行补偿，才能从 $\omega(t)$ 中解出 ψ。

实际上 θ 是安装平面 xOy 相对当地水平面绕东西轴向的倾斜角，即台面俯仰（纵摇）角（参见图 5-23、图 5-24），可以通过加速度计的测量值计算出来。重力加速度矢量在地理坐标系中的分量可表示为

$$\boldsymbol{A}^{g}=\begin{bmatrix}0\\0\\-g\end{bmatrix} \tag{5-60}$$

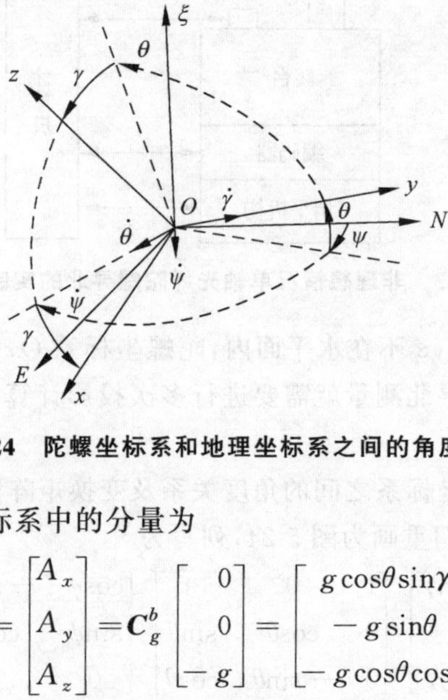

图 5-24 陀螺坐标系和地理坐标系之间的角度关系

重力加速度矢量在陀螺坐标系中的分量为

$$\boldsymbol{A}=\begin{bmatrix}A_x\\A_y\\A_z\end{bmatrix}=\boldsymbol{C}_{g}^{b}\begin{bmatrix}0\\0\\-g\end{bmatrix}=\begin{bmatrix}g\cos\theta\sin\gamma\\-g\sin\theta\\-g\cos\theta\cos\gamma\end{bmatrix} \tag{5-61}$$

测出在陀螺安装平面上沿 y 轴的重力加速度分量 $\boldsymbol{A}_y$ 后可求出：

$$\theta=\arcsin\frac{A_y}{g} \tag{5-62}$$

通过加速度计的输出补偿倾斜角 θ，即加速度计在系统中的作用就是一个测量台面俯仰（纵摇）角 θ 的摆。

在加速度计的输出信号中，除重力加速度分量外，同样包含加速度计零位误差、周期

噪声和随机干扰信号等，也通过二位置测量法和连续旋转法等消除加速度计零偏的影响，得到重力加速度分量的估计值。

单轴光纤陀螺作为一种角速率传感器，对于其正交轴上的运动不敏感，因此非常适用于寻北。

当然，按上述原理用双轴陀螺仪组成的寻北仪，融合双轴向的地球自转角速度分量的信息，可更精确地估计出偏北角。

3. 捷联式陀螺寻北仪基本原理

上述单轴陀螺寻北仪需要一个可转动并调水平(理想寻北需要精确调平，非理想寻北也需要调平)的基准台面，属于平台式寻北仪。

如图5-25所示，捷联式寻北仪一般由2～3只捷联单轴陀螺(或1～2只双轴陀螺)和2只单轴加速度计组成。例如，用两个摆式加速度计和一个动力调谐陀螺仪组成。整个装置或装置中所有元件直接“捆绑”在载体上。可长期工作于复杂的动态环境之下，可靠性高，结构紧凑，重量轻，功耗低，无须维护。

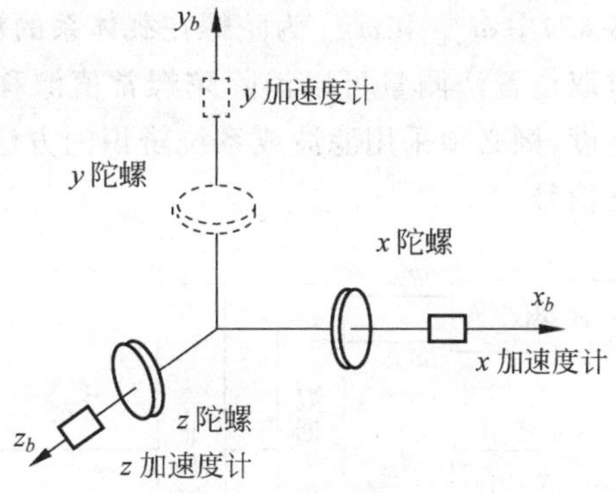

图 5-25 捷联式寻北仪

下面介绍由一个双轴速率陀螺仪和两个加速度计组成的捷联式寻北仪工作原理。

取参考系为“东北天”地理坐标系 $OEN\xi$。两个加速度计的输入轴与陀螺的两根输入轴平行，并分别平行于载体坐标系 Ox_b 和 Oy_b 轴。数据采集系统采集陀螺仪和加速度计的信号送入计算机进行寻北解算，输出航向角 ψ，俯仰角 θ 和横滚角 γ。地球自转角速度在载体坐标系各坐标轴上的投影为

$$\boldsymbol{\omega}_{ie}^{b}=\begin{bmatrix}\omega_{iex}\\ \omega_{iey}\\ \omega_{iez}\end{bmatrix}=\boldsymbol{C}_{g}^{b}\boldsymbol{\omega}_{ie}^{g}$$

$$=\begin{bmatrix}\sin\psi\sin\theta\sin\gamma+\cos\psi\cos\gamma & \cos\psi\sin\theta\sin\gamma-\sin\psi\cos\gamma & -\cos\theta\sin\gamma\\ \sin\psi\cos\theta & \cos\psi\cos\theta & \sin\theta\\ -\sin\psi\sin\theta\cos\gamma+\cos\psi\sin\gamma & -\cos\psi\sin\theta\cos\gamma-\sin\psi\sin\gamma & \cos\theta\cos\gamma\end{bmatrix}\cdot\begin{bmatrix}0\\ \omega_{ie}\cos\phi\\ \omega_{ie}\sin\phi\end{bmatrix}$$

$$=\begin{bmatrix}(\cos\psi\sin\theta\sin\gamma-\sin\psi\cos\gamma)\cos\phi-\cos\theta\sin\gamma\sin\phi\\ \cos\psi\cos\theta\cos\phi+\sin\theta\sin\phi\\ -(\cos\psi\sin\theta\cos\gamma-\sin\psi\sin\gamma)\cos\phi+\cos\theta\cos\gamma\sin\phi\end{bmatrix}\omega_{ie} \tag{5-63}$$

重力加速度矢量在载体坐标系中的分量为

$$\boldsymbol{A}^b=\begin{bmatrix}A_x\\A_y\\A_z\end{bmatrix}=\boldsymbol{C}_g^b\begin{bmatrix}0\\0\\-g\end{bmatrix}=\begin{bmatrix}g\cos\theta\sin\gamma\\-g\sin\theta\\-g\cos\theta\cos\gamma\end{bmatrix} \tag{5-64}$$

由式(5-63)和式(5-64)可求出：

$$\theta=\arcsin\frac{A_y}{g} \tag{5-65a}$$

$$\gamma=-\arcsin\frac{A_x}{g\cos\theta} \tag{5-65b}$$

$$\psi=-\arctan\left(\frac{\omega_{iex}\cos\theta-\omega_{iey}\sin\gamma\sin\theta+\omega_{ie}\sin\gamma}{(\omega_{iey}-\omega_{ie}\sin\theta)\cos\gamma}\right) \tag{5-65c}$$

如图 5-26 所示，式(5-65)中 ω_{iex} 和 ω_{iey} 为陀螺在载体系的输出，A_x 和 A_y 为加速度计在载体系的输出。通过双位置法测量可以消除陀螺常值漂移以及加速度计零偏的影响。为进一步提高寻北精度，则必须采用滤波或系统辨识的方法消除周期噪声和由外部基扰动等引起的随机干扰信号。

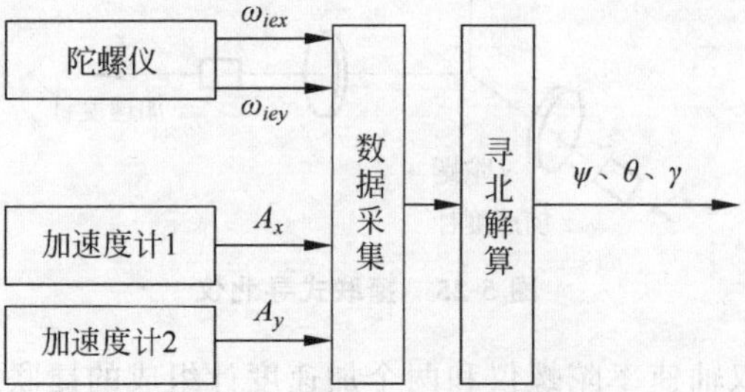

图 5-26 捷联式寻北解算

捷联式寻北仪不仅能提供载体的偏北角 ψ，而且能提供其俯仰角 θ 和横滚角 γ，以及加速度信号。捷联式寻北仪在某些应用场合也被称为 IMU(Inertial Measuring Unit)，惯性测量单元、惯性组合或惯性测量组合。

第6章 Chapter 6

平台式惯性导航系统

6.1 概 述

惯性导航系统是一种不依赖于任何外部信息、也不向外部辐射能量的自主式导航系统,这就决定了惯性导航系统具有其他导航系统无法比拟的优异特性。首先,它的工作不受外界电磁干扰的影响,也不受电磁波传播所要求的工作环境限制(可全球运行),这就使它不但具有很好的隐蔽性,而且其工作环境不仅包括空中、地球表面,还可以在水下,这对军事应用来说有很重要的意义。其次,它除了能够提供载体的位置和速度数据外,还能给出航向和姿态角数据,因此惯性导航系统所提供的导航与制导数据十分完全。此外,惯性导航系统又具有数据更新率高、短期精度和稳定性好的优点。所有这些使惯性导航系统在军事以及民用领域中发挥着越来越大的作用。目前,在各类飞机(包括预警机、战略轰炸机、运输机、战斗机等)、航天器、导弹、水面船只、航母和潜艇上普遍装备有惯性导航系统,甚至有些坦克、装甲车以及多种地面车辆也装备了惯性导航系统;另外,惯性导航系统在石油钻井、大地测量、航空测量与摄影以及移动机器人等领域也得到了泛应用。

在学习了前几章有关知识的基础上,本章先概要介绍一下惯性导航系统的基本工作原理和特点。

惯性导航系统的基本工作原理可简要地表述:根据牛顿定律,利用一组加速度计连续地进行测量,而后从中提取运动载体相对某一选定的导航坐标系(可以是人工建立的物理平台,也可以是计算机存储的数学平台)的加速度信息;通过一次积分运算(载体初始速度已知)便得到载体相对导航坐标系的即时速度信息;再通过一次积分运算(载体初始位置已知)便又得到载体相对导航坐标系的即时位置信息。对于地表附近的运动载体,例如飞机,如果选取当地地理坐标系作为导航坐标系,则上述速度信息的水平分量就是飞机的地速,上述的位置信息换算为飞机所在处的经度、纬度以及高度。此外,借助于已知导航坐标系,通过测量或计算,还可得到载体相对当地地理坐标系的姿态信息,即航向角、俯仰角和倾斜角。于是,通过惯性导航系统的工作,便可即时地提供全部导航参数。

然而,要想在工程上实现这样一套惯性导航系统,绝不是一件轻而易举的事。至少要解决以下几个方面的问题:

第一,必须采用一组高精度的加速度计作为测量元件。

惯性导航的基本原理决定它必须利用加速度计从测量载体的加速度开始，经过两次积分运算才能求得载体的位置。这样，如果不加任何调整，则加速度计测量的常值误差将会造成随时间的二次方增长的位置误差。为此，对加速度计的精度提出很高的要求。如果把 1.85km/h 作为惯性导航系统导航精度最基本的要求，那么，对加速度计测量加速度的偏值稳定性的要求应在(10^{-6}～10^{-5})g 的量级(g 为重力加速度)。

第二，必须依靠一组高性能的陀螺仪来模拟一个稳定的导航坐标系。

由于载体的加速度、速度和空间位置都是矢量，因此首先必须明确它是相对哪个坐标系的；其次，矢量的运算只有分解到该坐标系的三个轴上才能进行。这就是必须在载体内部建立一个稳定的导航坐标系的原因。导航坐标系可以选择为某种惯性坐标系，也可以选择为当地地理坐标系，当然还有其他各种方案。显然，在运动载体上实现独立而稳定的导航坐标系，最合理的方案之一就是采用陀螺稳定平台。如果在陀螺仪的控制轴上不施加任何控制力矩，则平台将处于几何稳定状态，可用来模拟某一惯性坐标系；而如果在陀螺仪的控制轴上施加适当的控制力矩，则平台将处于空间积分状态，可用来跟踪模拟某一动坐标系(如当地地理坐标系)。问题在于，不论何种情况，围绕陀螺仪的控制轴总难免存在一定的干扰力矩，从而引起平台发生所不希望的漂移转动，其结果是模拟坐标系不断地偏离真正的导航坐标系，从而给整个导航计算带来严重的误差。为此，对陀螺仪的性能提出很高的要求。

对于上述导航精度，要求陀螺仪漂移的偏值稳定性应在 0.01rad/h 的量级。

第三，必须有效地将运动加速度和重力加速度分离开，并补偿掉其他不需要的加速度分量。

就加速度计的工作原理而言，它并不能区别所测的是运动加速度还是重力加速度；在运动加速度中混杂的其他分量，如随地球一起转动引起的哥氏加速度等同样也不能区别。以航空导航为例，必须从加速度计的测量值中提取出纯粹的飞机的水平加速度分量再加以积分，才能得到飞机的水平速度，再对水平速度进行积分和转换，才能得到飞机所在处的经度和纬度。在高度的计算中同样也不能混杂有水平加速度分量。这里的主要矛盾是如何有效地将运动加速度和重力加速度分离开。有两种途径。一是通过计算对重力加速度分量进行直接补偿，这就必须引入一个相当复杂的重力场模型，并根据已经算出的位置信息进行反馈式的计算或补偿。这种方案要求的计算量很大，计算速度很高，事实上是在高速电子计算机问世后才得以实现的。另一种途径是用陀螺平台跟踪一个当地水平坐标系(包括地理坐标系)，使两个水平加速度计的测量轴与台面重合，这样便可避免感受重力从而间接地补偿掉重力加速度分量。这种方案的计算量显然要小得多。不过，使平台精确跟踪当地地平面(水平面)或真垂线(水平面的法线)也并非一件容易的事。由于平台也须借助水平加速度计来感受台体倾斜时的重力分量，再将它变成相应的控制信号加给陀螺仪控制平台返回地平位置或垂线位置，因此，当载体具有水平加速度时，控制信号使平台跟踪的将不是当地真垂线而是表观垂线(即虚假垂线)，结果使平台偏离了真正的导航坐标系。解决这个问题所依据的是舒勒原理。在平台实现了舒勒调谐之后，问题并未全部解决，它要求平台的初始方位必须严格对准，否则，这种初始偏差将以 84.4min 的周期进行振荡，同样形成严重的误差。因此，平台工作前的初始对准也是必须解决的重要问题。

第四,必须建立全面细致的计算和补偿网络,采用的计算装置要有足够高的计算精度和运算速度。

导航计算是一个复杂的过程,主要包括以下几个方面的计算:

(1) 加速度信息到位置信息的两次积分运算。

(2) 为提取信息而进行的补偿运算。例如,从加速度计的测量值中补偿掉载体做曲线运动时的部分向心加速度及哥氏加速度,就需要先对这些加速度进行计算,而且在计算中又须引入后面已经算得的某些参数,如载体的地速、转弯角速度和当地纬度等。显然,这种运算具有反馈的性质。

(3) 线量转换到角量的运算。如将载体沿导航坐标系三个轴的速度分量转换为绕三个轴的角速度分量,须分别除以相应的曲率半径,这种运算往往也具有反馈性质。

(4) 方向余弦矩阵的计算,即完成各有关坐标系间的坐标转换。这种计算不仅工作量大,而且也具有反馈的性质。

(5) 对陀螺仪和加速度计的常值和随机误差进行统计计算,以作为下次工作补偿的依据。

由此可见,为能正确地设计导航计算网络,需要有一个全面正确的计算流程图,而形成流程图的依据乃是联系各个运动参量的力学方程组,称为机械编排方程。在研究某一种方案的惯性导航系统时,首先要列出它的机械编排方程,这是分析和设计惯性导航系统的基础。由于导航计算具有即时性和反馈性以及参量数值大小悬殊的特点,因此要求采用的计算装置必须具有足够高的精度和运算速度。

一个惯性导航系统通常由惯性测量装置、专用计算机、控制显示器等几大部分组成。惯性测量元件包括加速度计和陀螺仪。三个加速度计用来感测载体沿导航坐标系三个轴向的线加速度,两个或三个陀螺仪用来感测载体绕3个轴的转动以构成一个物理平台或“数学平台”,专用计算机完成导航运算,即时地提供导航参数。控制显示器即系统的工作终端。

按惯性测量装置在载体上的安装方式,惯性导航系统可分为平台式惯性导航系统和捷联式惯性导航系统。在平台式惯性导航中,以实体的陀螺稳定平台确定的平台坐标系来精确地模拟某一选定的导航坐标系,从而获得所需的导航数据;在捷联式惯性导航中,则通过计算机实现的数学平台来替代实体平台,这样带来的好处是可靠性高、体积小和价格便宜。

6.2 平台式惯性导航系统分类

根据所选定的导航坐标系的不同,平台式惯性导航系统分当地水平面惯性导航系统、空间稳定惯性导航系统两类。

1) 当地水平面惯性导航系统

这种系统的导航坐标系是当地水平坐标系,即平台系的两个轴 Ox_p 及 Oy_p 保持在水平面内，Oz_p 轴与地垂线相重合。对于像飞机、舰船等在地表附近运动的载体，主要用当地水平面惯性导航系统，最常用的导航坐标系是当地水平坐标系，特别是当地地理坐标系，因为在这个坐标系上进行经纬度的计算最为直接和简单。

由于两个水平轴可指向不同的方位，当地水平面惯性导航系统又可分为两种。

指北方位惯性导航系统：这种系统在工作时 Ox_p 指向地理东向(E)，Oy_p 指向地理北向(N)，即平台系模拟当地地理坐标系 $OEN\xi$(g 系)。

自由方位惯性导航系统：在系统工作中，平台 Oy_p 轴不跟踪地理北向而是与北向成某个角度 $\alpha(t)$，称自由方位角。

2) 空间稳定惯性导航系统

这种系统的导航坐标系为惯性坐标系(i 系)，一般采用原点在地心的惯性坐标系 $Ox_iy_iz_i$。z_i 轴与地轴重合指向北极，Ox_i，Oy_i 轴处于地球赤道平面内，但不随地球转动。与当地水平面惯性导航系统相比，平台所取的空间方位不能把运动加速度和重力加速度分离开，而要依靠计算机进行补偿。

对于像洲际导弹、运载火箭和宇宙探测器等远离地表飞行的载体，用惯性坐标系来确定它们的位置更为方便合理，导航坐标系一般选用地心惯性坐标系 $Ox_iy_iz_i$。

根据平台式惯性导航系统实体布局不同，平台惯性导航系统可分为三种：半解析式惯性导航系统、几何式惯性导航系统、解析式惯性导航系统。

1) 半解析式惯性导航系统

半解析式惯性导航系统有一个三轴空间稳定平台，其台面始终平行于当地的水平面，方位可以指地理北，也可以指某一方位。陀螺和加速度计均安置在该平台上。加速度计测出的加速度是载体相对惯性空间且是沿水平面的分量(垂直加速度计一般不用于导航计算)。它要消除由于地球自转、飞行速度等引起的有害加速度后，才能解算航行体相对地球的速度和位置。该系统主要用于飞机等巡航式载体上。

2) 几何式惯性导航系统

这种系统有两个平台：一个用来安装陀螺，这个平台相对惯性空间稳定，另一个平台用来安装加速度计，它稳定在地理坐标系内(即两个水平轴，一个指向东，一个指向北，并始终处于水平面内)。两个平台间的转轴，应用精密的时钟机构，以地球自转角速度 ω_{ie} 旋转，在地面的起始点，应将转轴的方向调整到与地球自转轴平行。由于安装加速度计平台跟踪重力方向，而安装陀螺的平台稳定在惯性空间，因此，这种系统也称重力惯性导航系统。由这种系统两个平台间的几何关系可以定出航行体的经、纬度位置，因此，称为几何式惯性导航系统。该系统主要用于船舶和潜艇的导航定位。它的精度比较高，可长时间工作，计算量比较小，但平台结构比较复杂。

3) 解析式惯性导航系统

这种系统中，陀螺和加速度计都装在同一平台上。平台相对惯性空间稳定。加速度计不仅测量了航行体相对惯性空间的加速度，而且还感受了重力分量。进行导航计算时，必须先计算并消除重力加速度的影响，同时，由于输出加速度值是相对惯性空间的，因此，求出的速度和位置也相对惯性空间而不相对地球的速度和位置。另外，还需进一步计算并转换为相对地球的参数。解析式惯性导航系统的平台结构可以简化，但计算量较大。该系统主要用于宇宙航行及弹道式导弹中。

表 6-1 是三种典型惯性导航系统的区别比较。

表 6-1 三种典型惯性导航系统的区别比较

系统类型	半解析式导航系统	几何式导航系统	解析式导航系统
系统结构	一个三轴空间稳定平台	两个三轴空间稳定平台	一个三轴空间稳定平台
平台稳定方式	稳定于地理坐标系或水平面	一个稳定于惯性空间、一个稳定于地理坐标系	稳定于惯性空间
平台尺寸	较小	较大	较小
使用时间长短	以小时计(1h～十几小时)	以日计(从半日～数十日)	以分钟计(1～5min)
应用范围	飞机、飞航式导弹	船舶、潜水艇	宇宙航行、弹道式导弹
计算量	中等	较少	较大

实际应用的平台式惯性导航系统根据使用场合，选择不同实体布局和不同的导航坐标系。

6.3 平台式惯性导航系统原理结构

导航系统在工作过程中，需要计算出一系列的导航参数，如载体的位置(经度和纬度)、载体的地速和高度、载体的航向角和姿态角等。平台式惯性导航系统通过加速度计测量的载体加速度信息和平台框架上取得的载体的姿态角信息，就可以计算出全部的导航参数。

由于惯性导航的基本原理是通过对载体加速度的测量，将加速度积分计算出载体的速度，再由速度积分算得载体相对于地球的位置，而载体在空中是任意运动的，因此既要测得载体加速度的大小，又必须确定加速度的方向。通过惯性导航平台模拟一个选定的导航坐标系 $Ox_ny_nz_n$(n 系)，如果沿平台坐标系三个轴上各安装一个加速度计，就可以测得载体加速度的三个分量。可见，惯性导航平台使得载体的加速度 a 分解在一个已知的导航坐标系中，再根据导航坐标系与地球坐标系 $Ox_ey_ez_e$ 的关系就可以计算出导航参数。

实际上地球相对于惯性空间是转动的，因而在地表任何一点的水平坐标系也是一起转动的。如果选定某种坐标系作为导航坐标系，就必须给平台上的陀螺仪施加相应的指令信号，以使平台按规定的角速度转动，从而精确地跟踪所选定的导航坐标系。指令角速度可分为三个轴上的指令角速率，分别以控制信号的形式施加给相应陀螺上的控制轴。当然，指令角速率的信号须由载体的运动信息经计算机解算后提供。这样就组成了平台的控制回路。

如图 6-1 给出了平台式惯性导航系统各组成部分相互关系的示意图。平台式惯性导航系统的核心是一个惯性导航级的陀螺稳定平台。它确定了一个平台坐标系 $Ox_py_pz_p$(p 系)，模拟选定的导航坐标系 $Ox_ny_nz_n$(n 系)。

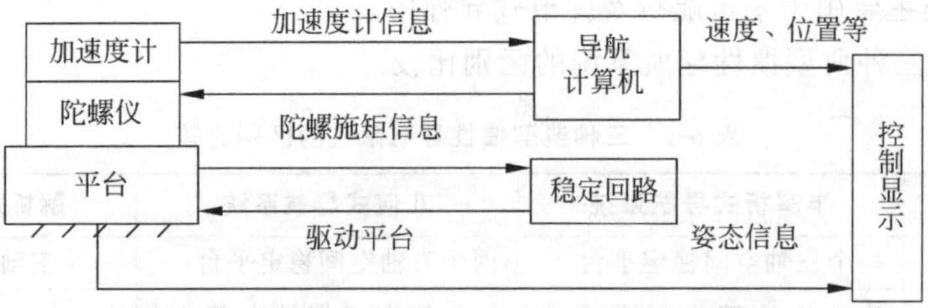

图 6-1 平台式惯性导航系统各组成部分示意图

由图 6-1 可见，一组加速度计安装在惯性导航系统平台上，为导航计算机的计算提供加速度信息。导航计算机根据加速度信息和由控制台给定的初始条件进行导航计算，得出载体的运动参数及导航参数，一方面送去显示器显示，另一方面形成对平台的指令角速率信息施加给平台上的一组陀螺仪，再通过平台的稳定回路控制平台精确跟踪选定的导航坐标系。此外，从平台框架轴上的同步器（角传感器）可以提取载体的姿态信息送给显示器显示。

系统各部分之间信号的传递关系已由图中的连线表示清楚。应特别注意到，由加速度计向导航计算机提供加速度信息，再由计算机向陀螺输送指令角速率信息，这样所构成的闭环大回路，其作用正是保证平台精确稳定地跟踪导航坐标系，而条件则是回路参数必须满足舒勒调谐的要求以及精确的初始对准。

由此可见，一个惯性导航系统主要包括以下几个部分：

(1) 加速度计。加速度计是用来测量载体运动加速度的。

(2) 惯性导航平台。该平台模拟一个导航坐标系，是加速度计的安装基准。另外，平台还可以提供载体的姿态信息。

(3) 导航计算机。计算机完成导航参数的计算，给出控制平台运动的指令角速率信息。

(4) 控制器。控制器给出初始条件及系统需要的其他参数。

(5) 显示器。用来显示导航参数。

图 6-2 给出了一种平台式惯性导航系统的组成结构图。图 6-2 中所示的惯性导航平台是由三个单自由度陀螺（G_E, G_N, G_ξ）组成三环平台，精确跟踪当地地理坐标系，即导航坐标系 $Ox_ny_nz_n$ 为 g 系 $OEN\xi$。

g 系相对惯性空间有转动角速度$\boldsymbol{\omega}_{ig}$。p 系自身相对惯性空间也有一转动角速度$\boldsymbol{\omega}_{ip}$。平台坐标系欲精确跟踪当地地理坐标系，当两个坐标系达到重合时，显然有$\boldsymbol{\omega}_{ig}=\boldsymbol{\omega}_{ip}$。计算机的作用是按$\boldsymbol{\omega}_{ig}$ 算出三个分量，变为电信号后加给平台上相应的三个陀螺控制轴上的力矩器（用 T 表示），使平台角速度$\boldsymbol{\omega}_{ip}$ 与$\boldsymbol{\omega}_{ig}$ 完全相等。即通过平台稳定回路控制平台精确跟踪选定的导航坐标系。称$\boldsymbol{\omega}_{ip}$ 为系统对平台的指令角速度，三个分量为系统对平台的三个指令角速率。此外，从平台框架轴上的角传感器可以获得载体的姿态信息（ψ,θ,γ）并送往显示器显示。还可以通过控制台向计算机提供运动参数的初始值及某些已知数据。

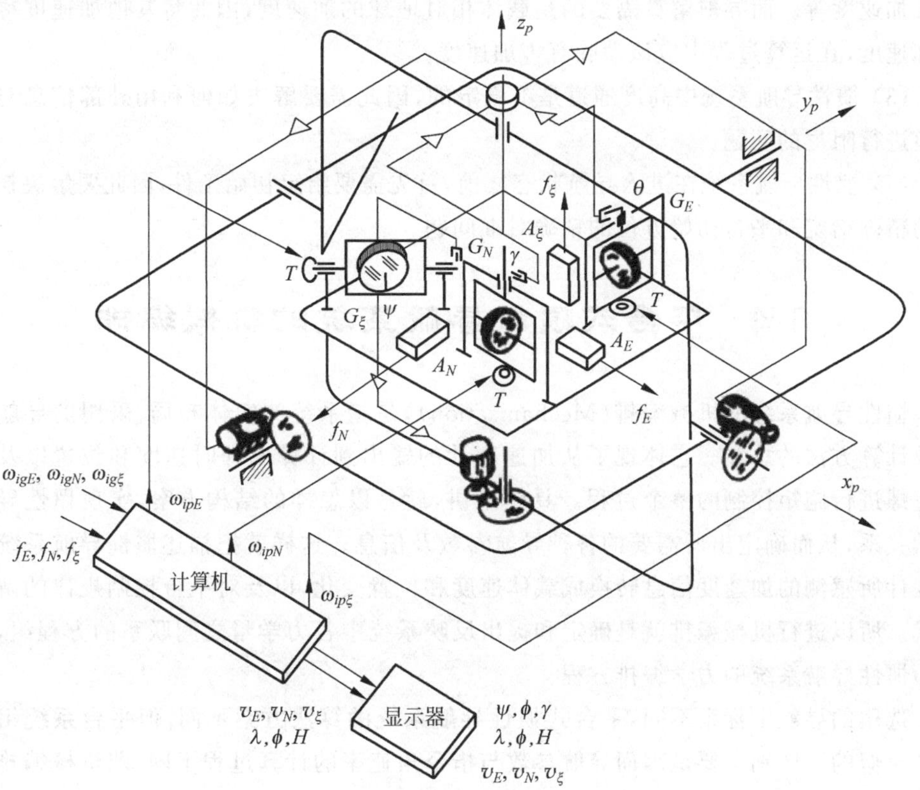

图 6-2 平台式惯性导航系统的组成结构图

三个惯导级加速度计(A_E, A_N, A_ξ)的敏感轴分别沿平台三个坐标轴的正向安装,测得载体的加速度(比力 f)在 g 系的三个分量(f_E, f_N, f_ξ)。通过必要的计算和补偿,提取出载体相对导航坐标系加速度矢量的三个分量(a_E, a_N, a_ξ)。导航计算机根据加速度信息和由控制台给定的初始条件进行导航计算。通过一次、二次积分,可得到载体相对导航坐标系的即时速度(v_E, v_N, v_ξ)和位置(λ, ϕ, H)。

也可以用二自由度陀螺组成惯性导航系统,一个陀螺可以控制两个平台轴,因此两个陀螺就有根测试轴多余,此多余测试轴可用于电路自锁或安排其他用途。不同方案的惯性导航系统,其结构组成是相似的。因为不同的方案只是所选用的导航坐标系不同,这使平台的指令角速率和导航参数的计算方程不相同,即力学编排方程不同。当然对元部件的要求也可能有所不同。

在各种元件齐备以后,作为惯性导航系统所要解决的基本问题有以下几方面:

(1) 大部分惯性导航系统的导航坐标系采用的是当地水平面坐标系,即平台需要不断跟踪当地水平面。如果平台相对水平面偏斜一个小角度,则地球重力场将产生一个重力加速度分量作用在加速度计上,加速度计敏感并输出此值,造成系统误差。因此需要了解应用舒勒原理如何使平台精确跟踪地平面的问题。

(2) 加速度计输出的测量值,除了载体相对地球的加速度外还包含了重力加速度及哥氏加速度等。而导航解算需要的是载体相对地球的加速度,因此将其他加速度称为有害加速度,在运算过程中应该消除有害加速度。

(3) 惯性导航系统中高度通道是不稳定的,因此需要解决如何利用外部信息对高度通道进行阻尼的问题。

(4) 惯性导航系统在进入导航状态之前,首先需要给定初始条件,因此要解决初始条件的精确给定和平台初始方位的精确对准问题。

6.4 平台式惯性导航系统的机械编排

惯性导航系统的机械编排(Mechanization),是指系统的实体布局、采用的导航坐标系及计算方法的总和。它体现了从加速度计的输出到计算出即时速度和位置以及对平台陀螺进行施矩控制的整个过程。具体地讲,就是以怎样的结构方案,实现惯性导航的力学关系,从而确定出所需要的各种导航参数及信息。这样就把描述惯性导航系统从加速度计所感测的加速度信息转换成载体速度和位置变化,以及对平台控制规律的解析表达式。所以进行机械编排就是确定和提出反映系统中各力学量之间联系的方程组,又称之为惯性导航系统的力学编排方程。

选用的导航坐标系不同,平台式惯性导航系统的算法方案不同,但平台系统组成结构是相似的。区别主要是因而导航参数与指令角速率的计算过程不同,即机械编排方程不同。当然,对元部件的要求也可能有所不同。

指北方位惯性导航系统选择当地地理坐标系 $OEN\xi$(g 系)作为导航坐标系(本书统一设置为东北天坐标系),平台坐标系 $Ox_py_pz_p$(p 系)在工作中始终跟踪 g 系。如图 6-3 所示,由于 g 系与地理位置 λ,ϕ 的关系十分直接,给导航计算带来方便。因此,地理坐标系是最基本的导航坐标系。本节主要讲述指北方位惯性导航系统的机械编排。

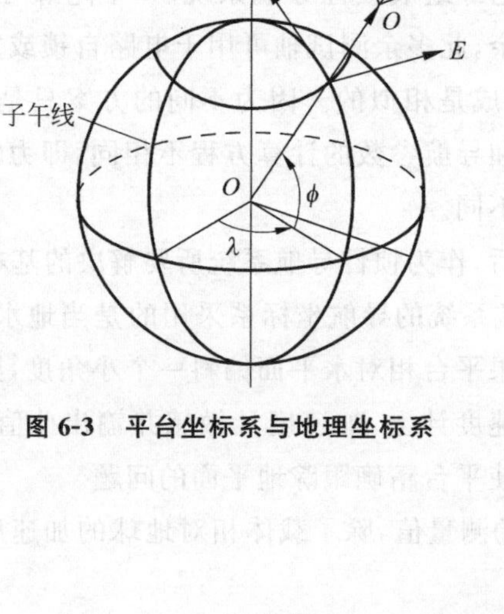

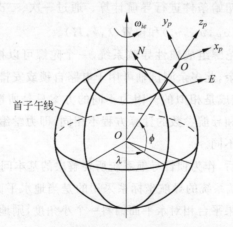

图 6-3 平台坐标系与地理坐标系

6.4.1 半解析式指北方位系统的机械编排方程

1. 平台指令角速度

地理坐标系的方位随地球自转和载体航行而不断变化，因此，为使平台系跟踪地理坐标系，就要给平台上的陀螺施加指令信号，使平台做相应的转动以保持与地理坐标系一致。也就是平台 p 系应该跟踪地理坐标系 g 系，即

$$\boldsymbol{\omega}_{ip}=\boldsymbol{\omega}_{ig} \tag{6-1}$$

由于当地地理坐标系随着地球自转和载体运动而不断改变，为使平台跟踪地理坐标系，就要给平台上的陀螺加施矩指令信号使平台做相应的转动。

加给平台的指令角速度推导过程如下。

地球自转角速度用 $\boldsymbol{\omega}_{ie}$ 表示，地理坐标系相对惯性坐标系的转动角速率在 g 系上的分量为

$$\boldsymbol{\omega}_{ig}^{g}=\boldsymbol{\omega}_{ie}^{g}+\boldsymbol{\omega}_{eg}^{g} \tag{6-2}$$

由图 6-4 可得，$\boldsymbol{\omega}_{ie}^{g}$ 为地球自转角速度在 g 系上投影，即

$$\boldsymbol{\omega}_{ie}^{g}=\begin{bmatrix}\omega_{ieE}^{g}\\ \omega_{ieN}^{g}\\ \omega_{ie\xi}^{g}\end{bmatrix}=\begin{bmatrix}0\\ \omega_{ie}\cos\phi\\ \omega_{ie}\sin\phi\end{bmatrix} \tag{6-3}$$

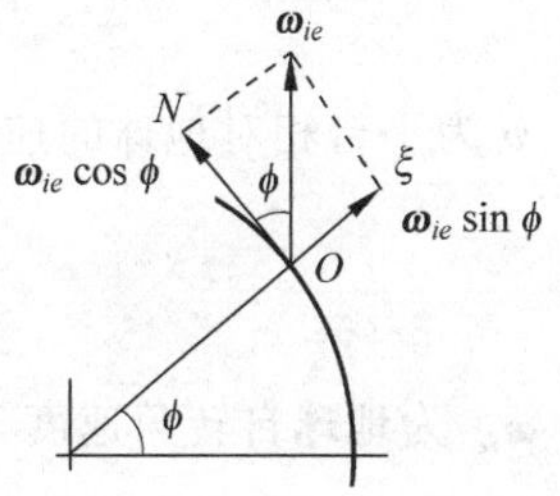

图 6-4　g 系的旋转角速度 $\boldsymbol{\omega}_{ig}^{g}$

$\boldsymbol{\omega}_{eg}^{g}$ 为地理系相对地球系的角速度在 g 系上的投影，是由于载体在地球曲面运动而造成的相对角速率，即

$$\boldsymbol{\omega}_{eg}^{g}=\begin{bmatrix}\omega_{egE}^{g}\\ \omega_{egN}^{g}\\ \omega_{eg\xi}^{g}\end{bmatrix}=\begin{bmatrix}-\dfrac{v_N}{R_m+H}\\ \dfrac{v_E}{(R_n+H)\cos\phi}\cos\phi\\ \dfrac{v_E}{(R_n+H)\cos\phi}\sin\phi\end{bmatrix}=\begin{bmatrix}-\dfrac{v_N}{R_m+H}\\ \dfrac{v_E}{R_n+H}\\ \dfrac{v_E}{R_n+H}\tan\phi\end{bmatrix} \tag{6-4}$$

式中，R_m 为子午面主曲率半径；R_n 为卯酉面主曲率半径；H 为高程；v_E，v_N 为载体的地速分量(相对地表运动速度的水平分量，即相对地理系的东向速度和北向速度)。

显然，施加给平台的指令角速度 $\boldsymbol{\omega}_{ip}^{p}$ 应当就是地理系的绝对角速度 $\boldsymbol{\omega}_{ig}^{g}$，即

$$\boldsymbol{\omega}_{ip}^{p}=\boldsymbol{\omega}_{ig}^{g}=\begin{bmatrix}0\\ \omega_{ie}\cos\phi\\ \omega_{ie}\sin\phi\end{bmatrix}+\begin{bmatrix}-\dfrac{v_N}{R_m+H}\\ \dfrac{v_E}{R_n+H}\\ \dfrac{v_E}{(R_n+H)}\tan\phi\end{bmatrix}=\begin{bmatrix}-\dfrac{v_N}{R_m+H}\\ \omega_{ie}\cos\phi+\dfrac{v_E}{R_n+H}\\ \omega_{ie}\sin\phi+\dfrac{v_E}{R_n+H}\tan\phi\end{bmatrix} \tag{6-5}$$

$\boldsymbol{\omega}_{ip}^{p}$ 的三个分量计算形成的电信号分别送给平台上相应的陀螺力矩器，就能实现 p 系对 g 系的跟踪。

2. 速度计算

由于 p 系和 g 系保持一致，测量系可视为 g 系，由前面基础知识有

$$\boldsymbol{f}=\dot{\boldsymbol{v}}+\boldsymbol{\omega}_{ep}\times\boldsymbol{v}+2\boldsymbol{\Omega}\times\boldsymbol{v}-\boldsymbol{g} \tag{6-6}$$

可改写为

$$\boldsymbol{f}^{g}=\dot{\boldsymbol{v}}_{eg}^{g}+\boldsymbol{\omega}_{eg}^{g}\times\boldsymbol{v}_{eg}^{g}+2\boldsymbol{\omega}_{ie}^{g}\times\boldsymbol{v}_{eg}^{g}-\boldsymbol{g}^{g} \tag{6-7}$$

略去所有矢量的上标 g（在 g 系上的投影）和 $\boldsymbol{v}$ 的下标，有

$$\dot{\boldsymbol{v}}=\boldsymbol{f}-(2\boldsymbol{\omega}_{ie}+\boldsymbol{\omega}_{eg})\times\boldsymbol{v}+\boldsymbol{g} \tag{6-8}$$

式中：

$\boldsymbol{v}$ 为平台相对地球的速度，$\boldsymbol{v}=\begin{bmatrix}v_E\\v_N\\v_\xi\end{bmatrix}$；

$\boldsymbol{\omega}_{ie}$ 为地球自转角速度，$\boldsymbol{\omega}_{ie}=\boldsymbol{\Omega}=\begin{bmatrix}\omega_{ieE}\\\omega_{ieN}\\\omega_{ie\xi}\end{bmatrix}$；

$\boldsymbol{f}$ 为加速度计输出的比力，$\boldsymbol{f}=\begin{bmatrix}f_E\\f_N\\f_\xi\end{bmatrix}$；

$\boldsymbol{\omega}_{eg}$ 为平台相对地球坐标系的转动角速度，$\boldsymbol{\omega}_{eg}=\begin{bmatrix}\omega_{egE}\\\omega_{egN}\\\omega_{eg\xi}\end{bmatrix}=\boldsymbol{\omega}_{ep}$；

$\boldsymbol{g}$ 为地球重力加速度，$\boldsymbol{g}=\begin{bmatrix}0\\0\\-g\end{bmatrix}$。

将各分量代入式(6-8)，有

$$\begin{bmatrix}\dot{v}_E\\\dot{v}_N\\\dot{v}_\xi\end{bmatrix}=\begin{bmatrix}f_E\\f_N\\f_\xi\end{bmatrix}-\begin{bmatrix}0 & -(2\omega_{ie\xi}+\omega_{eg\xi}) & (2\omega_{ieN}+\omega_{egN})\\(2\omega_{ie\xi}+\omega_{eg\xi}) & 0 & (2\omega_{ieE}+\omega_{egE})\\-(2\omega_{ieN}+\omega_{egN}) & (2\omega_{ieE}+\omega_{egE}) & 0\end{bmatrix}\cdot\begin{bmatrix}v_E\\v_N\\v_\xi\end{bmatrix}+\begin{bmatrix}0\\0\\-g\end{bmatrix} \tag{6-9}$$

再结合式(6-3)和式(6-4)，得到如下方程组：

$$
\begin{bmatrix} \dot{v}_E \\ \dot{v}_N \\ \dot{v}_\xi \end{bmatrix} = \begin{bmatrix} f_E + \left(2\omega_{ie}\sin\phi + \dfrac{v_E}{R_n}\tan\phi\right)v_N - \left(2\omega_{ie}\mathrm{con}\phi + \dfrac{v_E}{R_n}\right)v_\xi \\ f_N - \left(2\omega_{ie}\sin\phi + \dfrac{v_E}{R_n}\tan\phi\right)v_E - \dfrac{v_N}{R_m}v_\xi \\ f_\xi + \left(2\omega_{ie}\mathrm{con}\phi + \dfrac{v_E}{R_n}\right)v_E + \dfrac{v_N}{R_m}v_N - g \end{bmatrix} \tag{6-10}
$$

对该微分方程组进行求解，即可得到载体在地理坐标系的速度。

对于飞机和舰船，垂直速度远比水平速度小，所以在计算 v_E，v_N 时可略去 v_ξ 的影响，上式中前两行可简化为

$$
\begin{cases} \dot{v}_E = f_E + \left(2\omega_{ie}\sin\phi + \dfrac{v_E}{R_n}\tan\phi\right)v_N \\ \dot{v}_N = f_N - \left(2\omega_{ie}\sin\phi + \dfrac{v_E}{R_n}\tan\phi\right)v_E \end{cases} \tag{6-11}
$$

相对地表运动的东向速度

$$
v_E = \int_0^t \dot{v}_E \mathrm{d}t + v_{E0} \tag{6-12}
$$

相对地表运动的北向速度

$$
v_N = \int_0^t \dot{v}_N \mathrm{d}t + v_{N0} \tag{6-13}
$$

水平速度

$$
v = \sqrt{v_E^2 + v_N^2} \tag{6-14}
$$

速度计算完成。

3. 经度和纬度计算

由图 6-5 可以看出，东向速度分量引起经度变化，北向速度分量引起运载体的纬度变化。经度变化率和纬度变化率与相应的地速分量有如下关系，即

$$
\begin{cases} \dot{\lambda} = \dfrac{v_E}{(R_n + H)\cos\phi} \\ \dot{\phi} = \dfrac{v_N}{R_m + H} \end{cases} \tag{6-15}
$$

因此

$$
\begin{cases} \lambda = \displaystyle\int_0^t \frac{v_E \sec\phi}{R_n}\mathrm{d}t + \lambda_0 \\ \phi = \displaystyle\int_0^t \frac{v_N}{R_m}\mathrm{d}t + \phi_0 \end{cases} \tag{6-16}
$$

式中，λ_0，ϕ_0 为初始的经纬度。

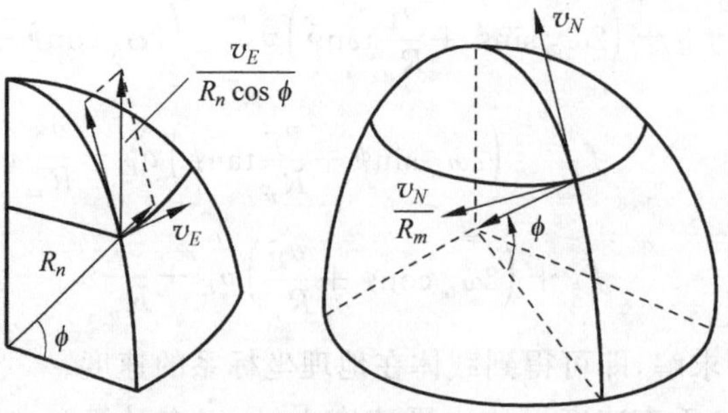

图 6-5　速度引起的经度纬度变化

4. 高度计算

纯惯性高度通道是发散的，可用外来高度参考信息引入阻尼，后面小节将对此作详细介绍。

5. 姿态角的获取

由于平台坐标系模拟了当地地理坐标系，故从平台框架上角度传感器(同步器)就可以直接取得载体的航向角 ψ、俯仰角 θ 和横滚(倾斜)角 γ 信号。

6. 系统原理框图

综合以上讨论，可给出水平指北方位惯性导航系统的原理方框图，如图 6-6 所示。图中所有的信息和微分方程模块都考虑为离散的形式。

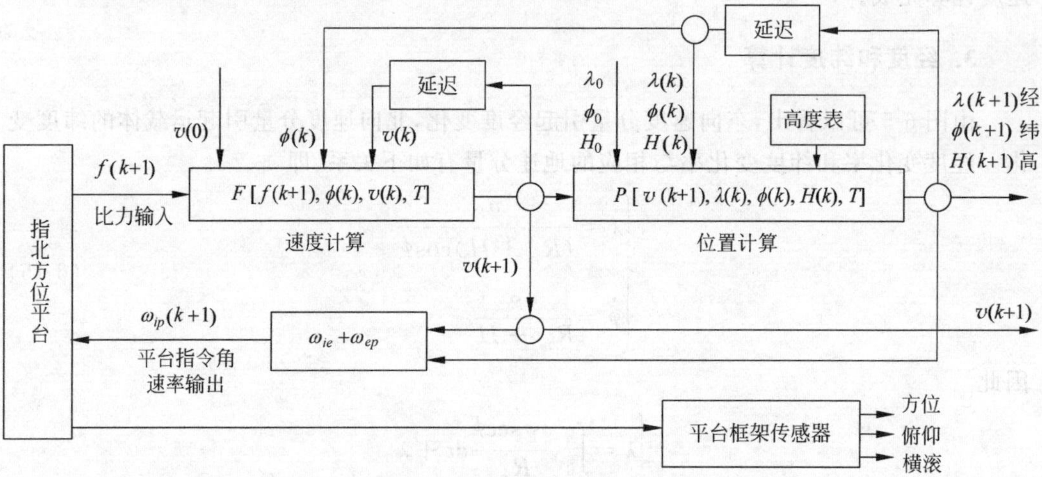

图 6-6　水平指北方位惯性导航系统的原理方框图

7. 指北方位惯性导航系统的优缺点分析

优点：由于平台模拟当地的地理坐标系，所以航向角、俯仰角及横滚角可从平台环架轴上直接读取，各导航参数间的关系比较简单，导航解算方程简洁，计算量较小，对计算机要求较低。导航精度比较高，更为重要的是其生产制造技术比较成熟，因而至今仍广泛地应用。

缺点：由式(6-17)可知，方位陀螺的指令角速度为

$$\omega_{ip\xi}^{p}=\omega_{ie}\sin\phi+\frac{v_E}{R_n+H}\tan\phi \tag{6-17}$$

当载体在$\phi=70°\sim90°$区域内飞行时，其指令角速度会随纬度的增加而急剧增加。对方位陀螺的施矩电流急剧上升，平台也要以高角速率转动，以至于对给定回路的设计造成很大的困难。随着纬度ϕ的增高，在极区根本无法工作。

由式(6-11)也知，在水平速度解算中有正切函数 $\tan\phi$，当$\phi\approx90°$时速度中的计算误差被严重放大，甚至产生溢出。指北方位系统不能在高纬度地区正常工作，而只适用于中、低纬度地区的导航，不能满足全球导航的要求。但自由方位系统及游动方位系统可实现全球导航，是目前航空、航天惯性导航系统普遍选用的典型方案。

6.4.2 自由方位惯性导航系统简介

自由方位惯性导航系统平台跟踪当地水平面，但方位相对惯性空间稳定，相对地球北向的角度是任意的，因此无须给平台方位轴施矩，就不会存在高纬度地区时施矩信号过大的问题。

如果一开始平台系 $Ox_py_pz_p$ 对准了地理系 $OEN\xi$，则在航向过程中，由于地球自转及载体的地速，将使平台的 Oy_p 轴不断偏离 ON(Ox_p 轴同样偏离 OE 轴)，偏离角速度为 ω_{gpz}^{g}，所形成的夹角称为自由方位角，用 α_i 表示。

对于自由方位平台，有

$$\omega_{ipz}^{p}=0 \tag{6-18}$$

由于 p 系的 Oz_p 轴和 g 系的 z 轴重合，又因为

$$\omega_{ipz}^{g}=\omega_{igz}^{g}+\omega_{gpz}^{g} \tag{6-19}$$

故平台绕 Oz_p 轴偏离地理坐标系的角速率为

$$\omega_{igz}^{g}=-\omega_{gpz}^{g} \tag{6-20}$$

这实际上是平台绕 Oz_p 轴的表观(视)运动，由式(6-5)可知

$$\omega_{gpz}^{g}=-\left(\omega_{ie}\sin\phi+\frac{v_E^g}{R_n}\tan\phi\right) \tag{6-21}$$

考虑到 ω_{gpz}^{g} 也是 $\dot{\alpha}_i$，故自由方位角 α_i 为

$$\alpha_i=\alpha_{i0}-\int_0^t\left(\omega_{ie}\sin\phi+\frac{v_E^g}{R_n}\tan\phi\right)\mathrm{d}t \tag{6-22}$$

很明显，由于自由方位系统的 $\omega_{ipz}^{p}=0$，航向陀螺不需施矩，平台绕 Oz_p 轴也没有控制跟随的角速率。因而，前述指北方位系统在高纬度地区飞行时遇到的问题可以避免。

6.4.3 游动方位惯性导航系统简介

游动方位惯性导航系统平台跟踪当地水平面，平台方位相对惯性空间以

$$\omega_{ipz}^{p}=\omega_{ie}\sin\phi \tag{6-23}$$

角速率进动，在地面静基座上工作时，它同指北系统一样，平台相对地球没有表观的运动，而在载体运动过程中方位没有确定的指向。

游动方位系统平台坐标系仍为当地水平坐标系。与自由方位系统的区别在于，对方位陀螺力矩器上要施加有限的指令角速度，即

$$\omega_{ipz}^{p}=\omega_{ie}\sin\phi=\omega_{iez}^{p} \tag{6-24}$$

这就是说，平台绕 Oz_p 轴只跟踪地球本身的转动，而不跟踪由载体运动速度而引起的当地地理坐标系相对惯性系的转动角速率。

因而有

$$\omega_{epz}^{p}=\omega_{ipz}^{p}-\omega_{iez}^{p}=0 \tag{6-25}$$

则 Oy_p 轴与地理系 ON 轴之间仍存在夹角，设为 α_e，称游动方位角。由 $\omega_{gpz}^{p}=\omega_{ipz}^{p}-\omega_{igz}^{p}$，再参照式(6-5)，可得

$$\dot{\alpha}_e=\omega_{gpz}^{p}=\omega_{ipz}^{p}-\omega_{igz}^{p}=\omega_{ie}\sin\phi-\left(\omega_{ie}\sin\phi+\frac{v_E^g}{R_n+H}\tan\phi\right)$$

$$=-\frac{v_E^g}{R_n+H}\tan\phi \tag{6-26}$$

所以游动方位角 α_e 为

$$\alpha_e=\alpha_{e0}-\int_0^t\frac{v_E^g}{R_n+H}\tan\phi\,\mathrm{d}t \tag{6-27}$$

式中 v_E，ϕ 和 R_n 均是变化的，因而方位角 α_e 也是不确定的。因此，游动方位惯性导航平台虽在水平面内，但它的方位既不指北，也不指惯性空间，就像在“游动”，故该系统称为游动方位惯性导航系统。有关游动方位惯性导航系统的机械编排在 6.9 节介绍。表 6-2 是三种方案的比较。

表 6-2 三种方案的比较

系统类型	指北方位	自由方位	游动方位
平台状态	跟踪当地地理坐标系	平台水平，方位对惯性空间稳定	平台水平，跟踪地球本身的转动
方位施矩角速度	—	0	—
对准控制	简单	复杂	较复杂
导航计算	简单	复杂	复杂
对准时间	较长	较短	较短
极区导航	不可以	可以实现	可以实现

6.4.4 解决极区航行的方案

由于自由方位系统和游动方位系统在平台的方位指令上采取了措施，解决了极区航行时平台方位角施矩速率信号过大的问题。但是计算时仍然要进行 $\tan\phi$ 的计算，当纬度接近 90°时，计算仍然溢出。

解决办法是采用横向经纬度坐标法。将极区的经纬度坐标系相对赤道平面转过一个角度，如图 6-7 所示，形成新的极点 N'和 S'，这样原来的极区在新坐标系中就不再是极区。如果将原坐标系的南北极移到赤道平面上的零经纬度，这种规定下建立的经纬度坐标系就称为横向“经纬度”坐标系。

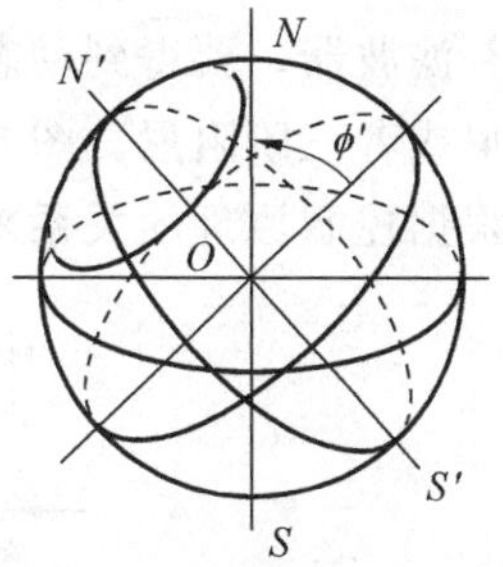

图 6-7 新的极点 N'和 S'

注意：当载体在极区航行时，可采用横向经纬度坐标法求取位置，一旦载体脱离极区，应把坐标系及时转换回来，以免进入“新”的极区。

6.4.5 高度通道问题

载体的即时高度 H 由 $\dot{v}_\xi$ 两次积分得到，这和水平通道的导航计算似乎没有什么区别，但由式(6-10)，垂直通道为

$$\dot{v}_\xi = f_\xi + \left(2\omega_{ie}\cos\phi + \frac{v_E}{R_n}\right)v_E + \frac{v_N}{R_m}v_N - g = f_\xi + a_{Be} - g \tag{6-28}$$

看出 $\dot{v}_\xi$ 包含重力加速度 g。因此作为精确导航应当考虑到，g 不是常值而是高度 H 的函数，其数值随高度的增加而减少。

可以证明，当 $R \ll H$ 时，有

$$g = g_0\left(1 - \frac{2H}{R}\right) \tag{6-29}$$

式中，R 为地球半径，g_0 为地球表面重力加速度。

由式(6-28)和式(6-29)，得高度通道的方框图如图 6-8 所示。该通道的特征方程式为

$$s^2 - \frac{2g_0}{R} = \left(s + \sqrt{\frac{2g_0}{R}}\right)\left(s - \sqrt{\frac{2g_0}{R}}\right) = 0 \tag{6-30}$$

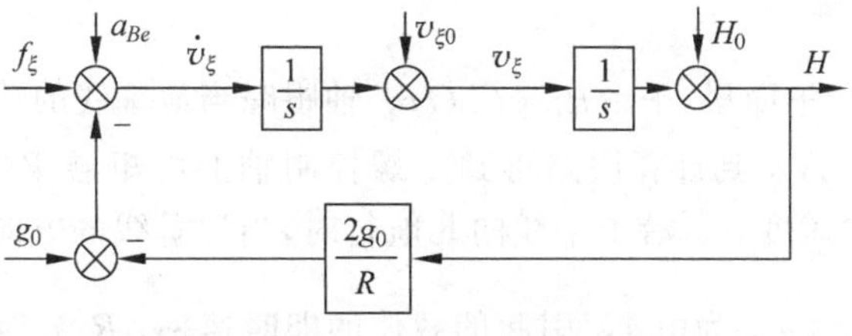

图 6-8 纯惯性导航系统高度通道的方框图

该系统虽然是一个闭环系统，但分析表明，特征方程式有一个正根，说明系统是不稳定的，计算高度 H 误差是扩散的。

设 $t=0$ 时，$H(0)=\Delta H_0$，$\dot{H}(0)=0$ 则 $H(t)=\frac{1}{2}\left(e^{\sqrt{\frac{2g_0}{R}}t}+e^{-\sqrt{\frac{2g_0}{R}}t}\right)\Delta H_0$，若 $\Delta H_0=2\text{m}$，$t=2\text{h}$，则 $\Delta H_0=306\text{km}$，可见积累误差很大。

因此，不能直接采用这种纯惯性的高度通道，而必须引入外部高度信息（气压高度表、无线电高度表、大气数据系统等）对高度通道构成阻尼回路，这种阻尼回路有时也叫互补滤波器。要得到动态品质好而误差不随时间发散的组合高度系统。通常采用二阶阻尼或者三阶阻尼。图 6-9 为二阶阻尼回路。二阶和三阶阻尼回路中控制系数的计算通常根据控制原理的关系来最优处理。

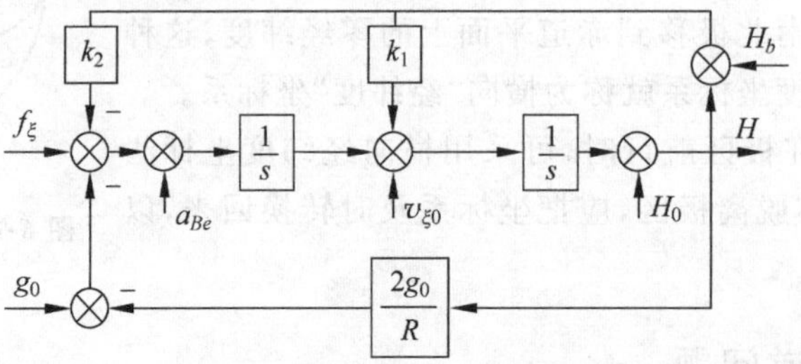

图 6-9　高度通道的二阶阻尼回路

6.5　水平控制回路及其舒勒调谐

当地水平面惯性导航系统中有两个水平通道，工作原理相同。下面用一个单通道的惯性导航系统来说明。

设载体在地球表面沿子午线向北航行，高度不变而且可略。地球为理想球体且无转动。载体可以俯仰，但无横滚和偏航。平台装在载体上并已初始对准。平台轴 Ox_p 水平指东为正，它是平台唯一的转轴。Oy_p 轴水平指北为正。在平台上安装一个加速度计 A_N 和一个速率积分陀螺仪 G_E，G_E 的输入轴（敏感角速率）沿 Ox_p 方向，控制轴（施加指令力矩）和转子自转轴垂直于输入轴。加速度计的输入轴（敏感线加速度）沿 Oy_p 方向。再加上计算回路就组成一个单通道惯性导航系统，如图 6-10 所示。在航行过程中要求平台 Oy_p 轴始终水平指北，即平台保持水平。

1. 水平控制回路

图 6-11 表示在子午面里，平台法线绕 Ox_p 轴跟踪当地垂线的情形。

先来看加速度计 A_N 到计算回路再到陀螺控制轴上力矩器 T（稳定电机）信息的传送过程。当载体以加速度 a_N 沿子午线向北航行时，当地垂线的方向不断发生变化，变化的瞬时角速率为 $-\frac{v_N}{R}$，v_N 为由 a_N 引起的载体的即时速率；R 为地球半径，负号则表示角速率是绕 Ox_p 轴的负向转动。为了使平台（法线）能够跟踪地垂线的变化，计算机应向陀螺提供相同的指令角速率信息 $\omega_{ipx}^p=-\frac{v_N}{R}$。此信息以电信号的形式加给陀螺控制

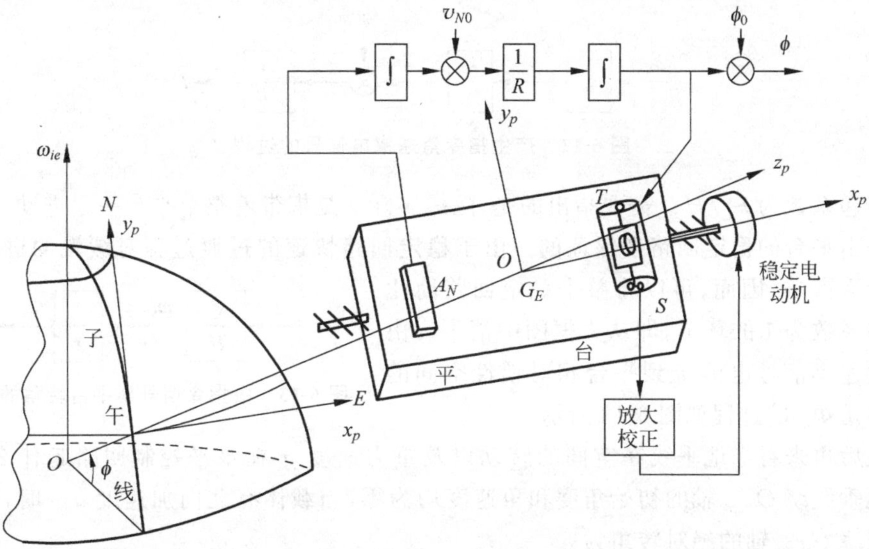

图 6-10 单通道惯性导航系统

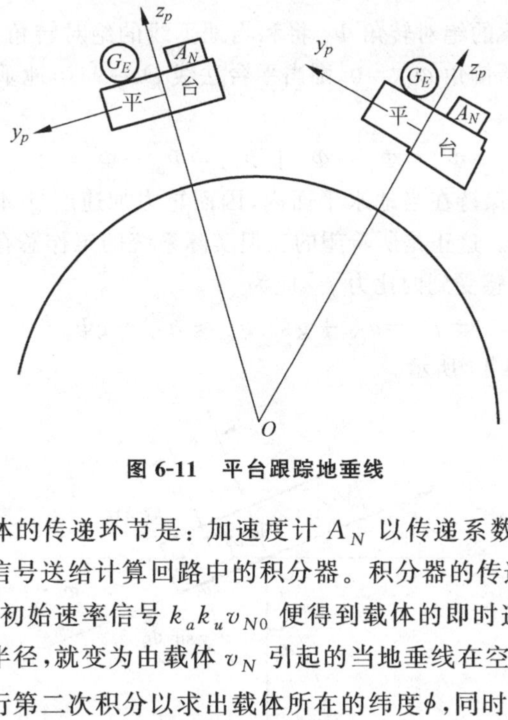

图 6-11 平台跟踪地垂线

轴上的力矩器 T。具体的传递环节是：加速度计 A_N 以传递系数为 k_a 敏感加速度 a_N 并将其变成相应的电信号送给计算回路中的积分器。积分器的传递系数为 k_u，信号被积分一次，再加上载体的初始速率信号 $k_a k_u v_{N0}$ 便得到载体的即时速率 v_N 电信号。再由计算机将其除以地球半径，就变为由载体 v_N 引起的当地垂线在空间的转动角速率信号。此信号一方面送去进行第二次积分以求出载体所在的纬度ϕ，同时，将它作为对平台的指令角速率 ω_{ipx}^p 的信号，以电流 I 的形式送至陀螺力矩器 T 以产生要求的控制力矩。电信号的接法要保证指令角速度信号为负值。这一段信息传递的方框图如图 6-12 所示。

再来看由对陀螺施矩到使平台跟踪地垂线的信息传递过程。指定信号电流 I 加给陀螺力矩器 T，力矩器的传递系数 k_c。将信号电流变为相应的控制力矩从而使陀螺发生进动，进动角速率等于控制力矩除以陀螺自转量 H，数值上等于 ω_{ipx}^p。因此，力矩与陀螺

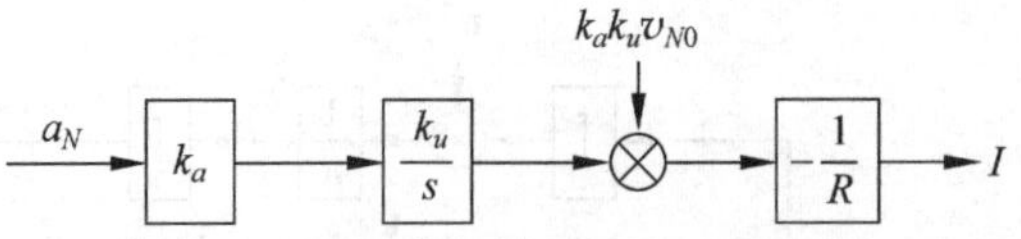

图 6-12 产生指令角速率电信号的过程

的总传递系数为 k_c/H。需要指出的是，陀螺实际上是携带着整个平台一起进动，而这一点正是由平台的稳定回路来保证的。由于稳定回路快速的过渡过程对缓慢的进动运动没有什么影响，因而，可以将整个稳定回路简化为传递系数为 1 的环节，即从方框图中消失。由指令角速率信号电流 I 到平台相对惯性空间的绝对转角 Φ_a 的过程如图 6-13 所示。

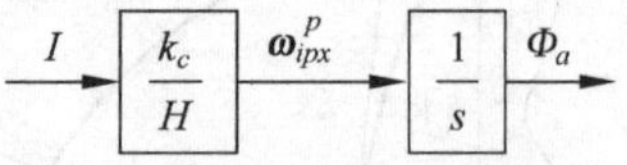

图 6-13 由指令信号到平台转角的过程

最后再来看当地垂线在空间的转动以及重力速度 g 在水平控制回路起什么作用。设当地垂线绕 Ox_p 轴的初始角度和角速度均为零，当载体有北向加速度 a_N 时，引起当地垂线绕 Ox_p 轴的绝对转角为

$$\Phi_b = \int_0^t \left(-\frac{v_N}{R}\right) \mathrm{d}t = -\frac{1}{R}\int_0^t \left[\int_0^t a_N \mathrm{d}t\right] \mathrm{d}t \tag{6-31}$$

平台在指令信号作用下的绝对转角 Φ_a 将和当地垂线的绝对转角 Φ_b 比较。如果平台法线相对当地垂线的起始偏角 $\Phi_{x0}=0$，则当平台法线 Oz_p 与当地垂线 Oz_g 达到重合一致时有

$$\Phi_x = \Phi_a - \Phi_b + \Phi_{x0} = \Phi_a - \Phi_b = 0 \tag{6-32}$$

这时，平台将始终保持在当地水平面内，因而重力加速度 g 不会被加速度计 A_N 所敏感，即对回路无影响。这正是所希望的。但实际系统的工作总存在一定误差，Φ_x 不可能绝对为零，这时 A_N 感受到的比力 f_y 应为

$$f_y = a_N + g\sin\Phi_x \approx a_N + g\Phi_x \tag{6-33}$$

相应的几何关系如图 6-14 所示。

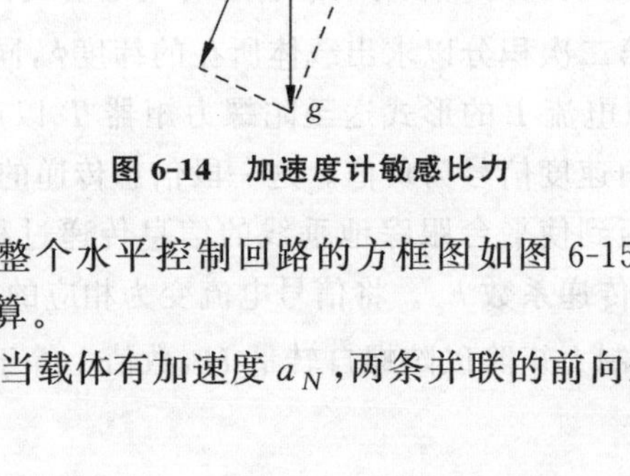

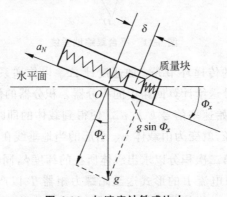

图 6-14 加速度计敏感比力

根据以上各式，可得整个水平控制回路的方框图如图 6-15 所示。图中设 $v_{N0}=0$，$\Phi_{x0}=0$，且略去了导航计算。

如图 6-15 可以看出，当载体有加速度 a_N，两条并联的前向通道，一个表示当地垂线

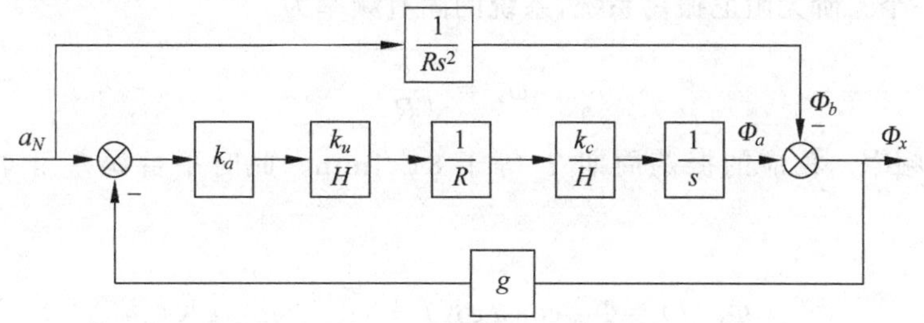

图 6-15 平台水平控制回路方框图

自然地在空间转动,另一个代表平台自动地跟踪当地垂线。如果两者不完全一致,将产生偏差角 Φ_x。通过重力加速度 g 反馈到加速度计的输入端,形成闭环负反馈系统。下面分析当有运动加速度 a_N 时,系统的平台偏差角 Φ_x 的对应变化情况。

根据图 6-15 列出 Φ_x 方程为

$$(a_N - g\Phi_x)\left(k_a \frac{k_u}{s}\frac{1}{R}\frac{k_c}{H}\frac{1}{s}\right) - \frac{a_N}{Rs^2} = \Phi_x \tag{6-34}$$

即

$$\ddot{\Phi}_x + g\frac{k_a k_u k_c}{RH}\Phi_x = \left(\frac{k_a k_u k_c}{RH} - \frac{1}{R}\right)a_N \tag{6-35}$$

令
$$K = \frac{k_a k_u k_c}{RH}, \quad K_g = gK, \quad K_R = K - \frac{1}{R}$$

则

$$\ddot{\Phi}_x + K_g\Phi_x = K_R a_N \tag{6-36}$$

解此微分方程,得

$$\Phi_x(t) = \left(\Phi_{x0} - \frac{K_R a_N}{gK}\right)\cos\sqrt{gK}\,t + \frac{\dot{\Phi}_{x0}}{\sqrt{gK}}\sin\sqrt{gK}\,t + \frac{K_R a_N}{gK} \tag{6-37}$$

从式(6-37)可以看出,系统平台偏差角 $\Phi_x(t)$ 不仅与运动加速度 a_N 成直接的比例关系,且其振荡项的幅值都与 a_N 的大小有关,因此当有运动加速度时,平台不能始终保持当地水平。显然这样的平台系统不能作为惯性导航系统的加速度计测量基准。

对于平台来说,希望其保持稳定不受 a_N 的影响;另外平台偏差角要尽可能小,消除其常值项,降低振幅。

2. 舒勒调谐与不变性原理

由式(6-36)可看出,如果强制设置 $K_R \equiv 0$,即满足

$$\frac{k_a k_u k_c}{H} = 1 \tag{6-38}$$

则二阶普通微分方程就成为齐次型二阶微分方程

$$\ddot{\Phi}_x + \frac{g}{R}\Phi_x = 0 \tag{6-39}$$

显然,这是一个二阶无阻尼振荡系统,系统的固有频率为

$$\omega_s=\sqrt{\frac{g}{R}} \tag{6-40}$$

这正是舒勒频率。相应的振荡周期 T 等于 84.4min。此时平台误差角 $\Phi_x(t)$ 的时域解为

$$\Phi_x(t)=\Phi_{x0}\cos\sqrt{gK}\,t+\frac{\dot{\Phi}_{x0}}{\sqrt{gK}}\sin\sqrt{gK}\,t \tag{6-41}$$

式(6-41)中不再出现 a_N 项,说明 $\Phi_x(t)$ 不再受载体加速度影响。但当 $\Phi_{x0}\neq 0$ 或 $\dot{\Phi}_{x0}\neq 0$,即平台有初始偏角或初始偏离角速度时,$\Phi_x(t)$ 呈现无阻尼振荡的形式,如图 6-16 所示。平台绕平面做振荡,该振荡的频率就是舒勒频率。式(6-41)表明平台能跟踪当地水平面,当没有初始平台偏角及初始偏离角速度时,平台始终精确地保持在当地水平,不受运动加速度的任何影响。

可见,$k_a k_u k_c/H=1$ 是平台水平控制回路的舒勒调谐条件,此时无论加速度 a_N 为何值,两条前向通道的作用将始终互相抵消,恒有 $\Phi_a-\Phi_b=0$。只要严格初始对准使 $\Phi_{x0}=0$,则平台将始终跟踪当地水平面,这实际上是实现了对干扰量 a_N 的不敏感——不变性原理,从而使系统框图变为图 6-17 的形式。

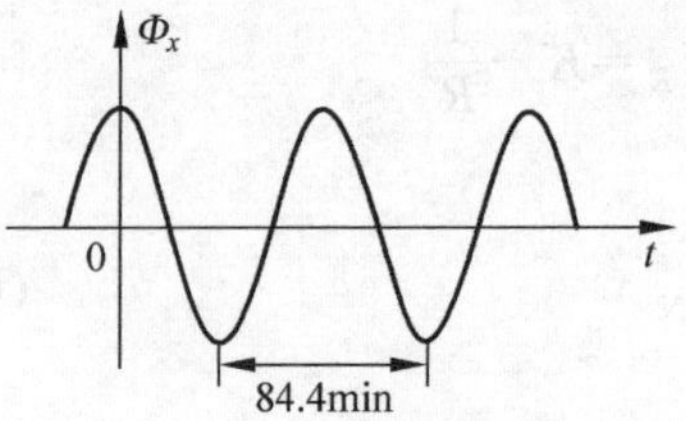

图 6-16 舒勒振荡

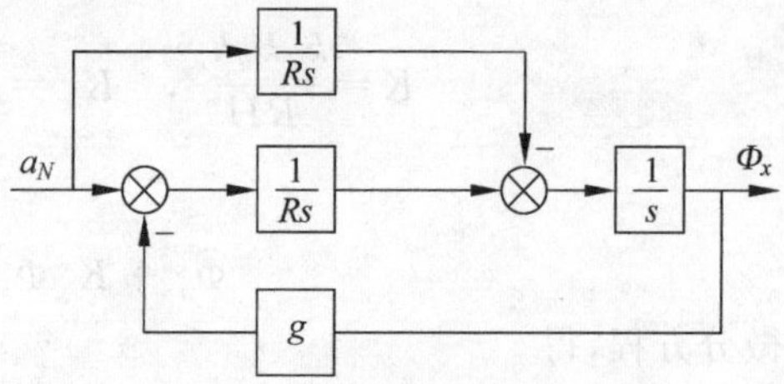

图 6-17 实现舒勒调谐后的框图

一个简单的物理摆要实现舒勒调谐,必须完成精确而细微的质心位置控制,这实际上是办不到的。陀螺摆和陀螺罗经虽然要求略宽,但质心位置的调整难度仍然很大,而且陀螺罗经的舒勒条件里还包含了当地纬度,所以实际与理论要求相距甚远。在惯性平台出现后,舒勒调谐才变得比较容易实现。陀螺自转动量矩可以有很高的稳定性,而三个传递系数 k_a,k_u,k_c 的联合调整比质心位置的控制要方便多了。

以上虽然仅分析了惯性导航平台单轴水平跟踪回路的情况,实际上对于三轴正交的惯性导航平台而言,二轴水平回路的设计思想是相同的。后面讨论惯性导航系统原理和算法时,也都认为系统满足舒勒调谐的条件。

综上,不变性原理的设计,本质上就是使平台实现舒勒调谐,即设计 k_a、k_u、k_c 满足舒勒条件 $k_a k_u k_c/H=1$,使平台水平控制回路实现舒勒调谐,平台水平回路舒勒振荡角频率为 $\omega_s=\sqrt{g/R}$,舒勒振荡周期 $T_s=84.4$min,则平台将始终跟踪当地水平面。

舒勒调谐条件的数学意义表明了此时惯性导航平台的运动微分方程是齐次型的,运动加速度 a_N 不出现在方程中;物理意义表明了惯性导航平台在有运动加速度时,能始

终保持在当地水平。惯性导航平台具有舒勒特性，这是它区别于一般陀螺稳定平台的主要特征。

6.6 平台式惯性导航系统误差方程

在分析惯性导航系统的工作原理时，通常将其看成一个理想系统。但惯性导航系统不可避免地存在误差。这些影响惯性导航系统性能的误差，根据产生的原因和性质，大体上可以分为以下几类：

(1) 元件误差。包括加速度计和陀螺仪的测量误差等。

(2) 安装误差。主要指加速度计和陀螺仪在平台上的安装误差。

(3) 初始条件误差。指初始位置、初始速度不准所形成的误差。

(4) 运动干扰。主要是冲击和振荡等造成的干扰。

(5) 其他误差。如地球曲率半径的描述误差、有害加速度补偿忽略了二阶小量造成的误差等。

(6) 环境误差。

研究惯性导航系统误差的目的在于，一方面分析确定各种误差因素对系统性能的影响，对关键元器件提出适当的精度要求；另一方面，借助误差分析，可以对系统的工作情况和主要元器件的质量进行评价。

误差分析的方法有以下考虑：

(1) 误差分析的目的是定量估算惯性导航系统测算的准确程度。正确的地理位置由当地地理坐标系来量取，而实际的测算结果是由系统计算得出的。为了研究两者的偏差，引入一个计算坐标系(用 c 来标识)，将 c 系和 g 系作比较，从而定义出各种误差。

(2) 根据一般情况，所有误差源均可被看成对理想特性的小扰动，因而各个误差量都是对系统的一阶小偏差的输入量。在推导各误差量之间的关系时，可以取一阶近似而忽略二阶以上的小量。

(3) 首先建立误差方程，即反映各误差量之间有机联系的方程，只能依据系统的机械编排方程通过差分处理来求取。

6.6.1 地理位置和速度误差量的定义

以指北方位系统为例，由载体的地理经度 λ 和纬度 ϕ 所确定的当地地理坐标系 $OEN\xi$(g 系)，与由计算经度 λ_c 和计算纬度 ϕ_c 所确定的计算坐标系 $Ox_cy_cz_c$(c 系)一般来说是不重合的，它们之间存在着小角度的位置偏差。其平台坐标系 $Ox_py_pz_p$(p 系)与 g 系一般来说也存在着小角度的位置偏差。至于 p 系与 c 系之间存在着小角度的位置偏差，也是不言而喻的。

1. c 系、p 系与 g 系之间的关系

设 c 系对于 g 系存在着小偏差矢量角 $\boldsymbol{\Theta}_{cg}$，p 系对于 c 系有小误差角 $\boldsymbol{\Psi}_{pc}$，p 系对于 g

系有小误差角$\boldsymbol{\Phi}_{pg}$，$\boldsymbol{\Phi}_{pg}$ 即平台姿态误差角，如图 6-18 所示。

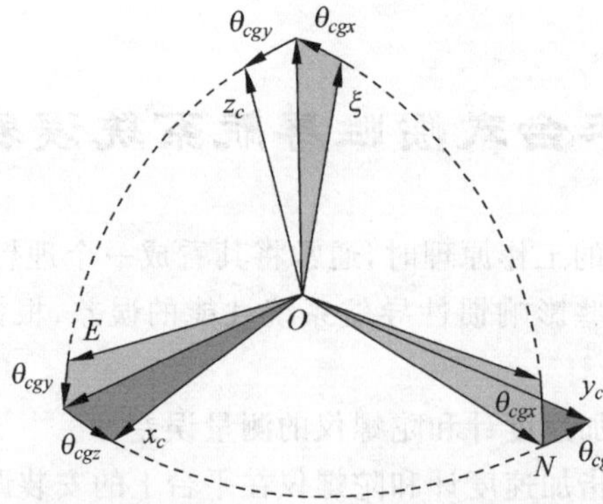

图 6-18 计算坐标系与当地地理坐标系

可以证明，作为小偏角，在相应两坐标系上的投影相等，即 c 系、p 系与 g 系之间的关系

$$\boldsymbol{\Theta}_{cg}^{c}=\boldsymbol{\Theta}_{cg}^{g}=\begin{bmatrix}\theta_{cgx}\\\theta_{cgy}\\\theta_{cgz}\end{bmatrix} \tag{6-42}$$

$$\boldsymbol{\Psi}_{pc}^{p}=\boldsymbol{\Psi}_{pc}^{c}=\begin{bmatrix}\psi_{pcx}\\\psi_{pcy}\\\psi_{pcz}\end{bmatrix} \tag{6-43}$$

$$\boldsymbol{\Phi}_{pg}^{p}=\boldsymbol{\Phi}_{pg}^{g}=\begin{bmatrix}\varphi_{pgx}\\\varphi_{pgy}\\\varphi_{pgz}\end{bmatrix} \tag{6-44}$$

后面的推导略去$\boldsymbol{\Theta}_{cg}$、$\boldsymbol{\Psi}_{pc}$、$\boldsymbol{\Phi}_{pg}$ 的下标，即简记为$\boldsymbol{\Theta}$、$\boldsymbol{\Psi}$、$\boldsymbol{\Phi}$。

在小角度条件下，有方向余弦矩阵：

$$\boldsymbol{C}_{g}^{c}=\begin{bmatrix}1 & \theta_{cgz} & -\theta_{cgy}\\-\theta_{cgz} & 1 & \theta_{cgx}\\\theta_{cgy} & -\theta_{cgx} & 1\end{bmatrix} \tag{6-45a}$$

$$\boldsymbol{C}_{c}^{p}=\begin{bmatrix}1 & \psi_{pcz} & -\psi_{pcy}\\-\psi_{pcz} & 1 & \psi_{pcx}\\\psi_{pcy} & -\psi_{pcx} & 1\end{bmatrix} \tag{6-45b}$$

$$\boldsymbol{C}_{g}^{p}=\begin{bmatrix}1 & \varphi_{pgz} & \varphi_{pgy}\\-\varphi_{pgz} & 1 & \varphi_{pgx}\\\varphi_{pgy} & -\varphi_{pgx} & 1\end{bmatrix} \tag{6-45c}$$

由三个坐标系的转动关系可知

$$\boldsymbol{\Phi}=\boldsymbol{\Psi}+\boldsymbol{\Theta} \tag{6-46}$$

此种关系通过方向余弦矩阵看得更清楚，即

$$C_g^p = C_c^p C_g^c \tag{6-47}$$

式(6-46)的意义在于,通过引入计算坐标系 c,把平台 p 系相对 g 系的姿态误差角$\boldsymbol{\Phi}$分成了两部分:一是 c 系相对 g 系的误差角$\boldsymbol{\Theta}$,它主要反映了导航参数误差——经度误差 $\Delta\lambda$ 及纬度误差 $\Delta\phi$(如图 6-19 所示),这种误差通过给平台的指令角速率转化为平台误差角$\boldsymbol{\Phi}$的一部分;二是 p 系相对 c 系的误差角$\boldsymbol{\Psi}$,它主要反映了陀螺平台自身的漂移角速度 ε 以及施矩轴线偏离了正确位置所造成的平台姿态误差角$\boldsymbol{\Phi}$的一部分。这样将给后面推导误差方程带来方便。

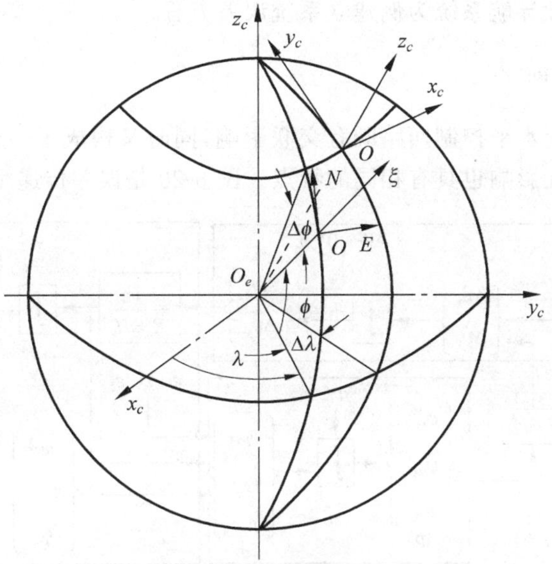

图 6-19 位置误差

2. 地理位置和速度误差量的定义

地理位置误差定义

$$\begin{cases}\Delta\lambda = \lambda_c - \lambda \\ \Delta\phi = \phi_c - \phi\end{cases} \tag{6-48}$$

式中,λ,ϕ 分别为载体的地理经度和纬度;λ_c,ϕ_c 分别为计算机输出的计算经度和计算纬度。

正是由于 $\Delta\lambda$ 和 $\Delta\phi$,使 c 系对于 g 系存在着前述小偏差矢量角$\boldsymbol{\Theta}$,从图 6-19 中显见

$$\boldsymbol{\Theta} = \begin{bmatrix}\theta_{cgx} \\ \theta_{cgy} \\ \theta_{cgz}\end{bmatrix} = \begin{bmatrix}-\Delta\phi \\ \Delta\lambda\cos\phi \\ \Delta\lambda\sin\phi\end{bmatrix} \tag{6-49}$$

速度误差量定义为

$$\Delta\boldsymbol{v} = \boldsymbol{v}_c - \boldsymbol{v} = \begin{bmatrix}\Delta v_x \\ \Delta v_y\end{bmatrix} = \begin{bmatrix}v_{xc} - v_E \\ v_{yc} - v_N\end{bmatrix} \tag{6-50}$$

式中，v_E，v_N 为载体的东向速度和北向速度；v_{xc}，v_{yc} 为计算输出的载体的东向速度和北向速度。显然，与以上的误差量相对应的初始给定误差量，以及各误差量的一阶导数等也同时得到了定义。

此外，定义∇_E表示东向加速度计的零偏误差；∇_N表示北向加速度计的零偏误差；ε_E，ε_N，ε_ξ 表示平台干扰力矩引起的绕 g 系三个轴的漂移角速率。

6.6.2 误差方程的建立

以指北方位惯性导航系统为例建立系统误差方程。

1. 误差传递方向

惯性平台的两个水平控制回路既有交联影响，同时又构成了一个大的闭环系统。因而误差量之间的相互影响也具有相同的特点。图 6-20 是误差传递示意图。

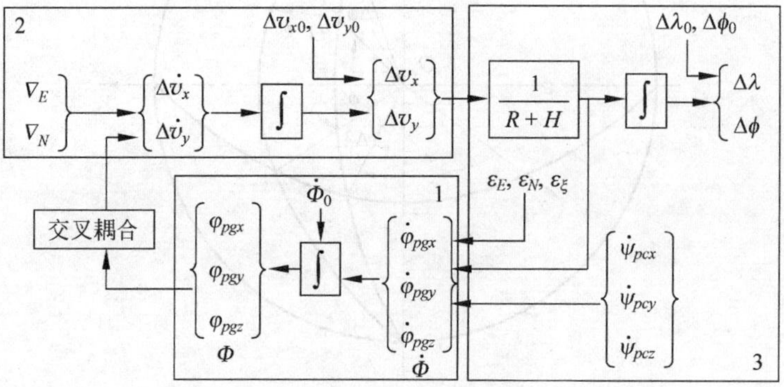

图 6-20 误差传递示意图

可把闭环系统分为三段。

第一段，对陀螺仪的指令角速率误差，再加上平台漂移角速率 ε_E，ε_N，ε_ξ 以及平台相对计算系的偏角 Ψ 的影响，形成平台系相对地理系的姿态误差角速率 $\dot{\Phi}$，通过一次积分并加上初始偏差 Φ_0，形成平台姿态误差角 Φ。

第二段，平台姿态误差角 Φ 引起加速度测量的交叉耦合误差，再加上加速度计的零偏误差∇_E，∇_N，最后形成加速度误差 $\Delta\dot{v}_x$，$\Delta\dot{v}_y$，通过一次积分并加上初始给定误差 Δv_{x0}，Δv_{y0}，形成速度误差 Δv_x，Δv_y。

第三段，平台相对地球地表的切向速度误差 Δv_x 和 Δv_y 除以地球曲率半径 R，形成导航角速率误差，再通过一次积分并加上初始给定误差 $\Delta\lambda_0$，$\Delta\phi_0$，最后形成导航位置误差 $\Delta\lambda$，$\Delta\phi$。

由$\dfrac{\Delta v_x}{R+H}$和$\dfrac{\Delta v_y}{R+H}$构成了陀螺仪的指令角速率误差，再加上平台漂移 ε_E，ε_N，ε_ξ 和偏角 Ψ，最终形成平台系相对地理系的姿态误差角速率 $\dot{\Phi}$，传递了一周。

在建立系统的误差方程时，也可以分三段导出各误差量之间的函数关系。

指北方位惯性导航系统误差包括：位置(经纬度)误差 $\Delta\lambda,\Delta\phi$；速度误差 $\Delta v_x,\Delta v_y$；惯性导航平台姿态误差$\boldsymbol{\Phi}(\varphi_{pgx},\varphi_{pgy},\varphi_{pgz})$。

建立系统误差方程的一般步骤如下：

(1) 找到或建立有关参数的原始方程。如误差传递过程中，第三段和第二段都能从机械编排方程中找到，第一段可由几何关系建立。

(2) 将原始方程进行微分处理。先把原始方程中对地理系的参数改写成对计算机的参数。使其成为计算机解算方程，然后进行如下误差量代换，如令 $\lambda_c=\lambda+\Delta\lambda,\phi_c=\phi+\Delta\phi,v_{cx}=v_E+\Delta v_x,\cdots$，展开后再和原始方程相减，略去二阶和高阶小量，经过必要的整理，即得到误差量为基本参数的误差方程。

(3) 三段误差方程的总和就是系统误差方程。

下面以指北方位惯性导航系统为例，来建立系统误差方程。按第三段($\Delta\lambda,\Delta\phi$)、第二段($\Delta v_x,\Delta v_y$)，到第一段($\boldsymbol{\Theta},\boldsymbol{\Psi},\boldsymbol{\Phi}$)的顺序建立系统动基座和静基座误差方程。动基座是指惯性导航系统一般的应用情况；静基座相对动基座而言，此时载体东向速度 $v_E=0$，北向速度 $v_N=0$，加速度 $\dot{v}_E=0,\dot{v}_N=0$。

2. 系统误差方程

1) 位置误差(经、纬度误差)方程

由式(6-15)，将地球视为圆球，用地球半径 R 代替主曲率半径 R_m 和 R_n，可得动基座经、纬度位置误差方程为

$$\begin{cases}\Delta\dot{\lambda}=\dfrac{\Delta v_x}{R+H}\sec\phi+\dfrac{v_E}{R+H}\Delta\phi\cdot\tan\phi\sec\phi\\\Delta\dot{\phi}=\dfrac{1}{R+H}\Delta v_y\end{cases}\tag{6-51}$$

静基座 $v_E=0$，式(6-51)的第1式右端第2项为零，得到静基座位置误差方程为

$$\begin{cases}\Delta\dot{\lambda}=\dfrac{\Delta v_x}{R+H}\sec\phi\\\Delta\dot{\phi}=\dfrac{1}{R+H}\Delta v_y\end{cases}\tag{6-52}$$

2) 速度误差方程

不计高度通道，由式(6-10)可知：

$$\begin{bmatrix}\dot{v}_E\\\dot{v}_N\end{bmatrix}=\begin{bmatrix}f_E+\left(2\omega_{ie}\sin\phi+\dfrac{v_E}{R_n}\tan\phi\right)v_N\\f_N-\left(2\omega_{ie}\sin\phi+\dfrac{v_E}{R_n}\tan\phi\right)v_E\end{bmatrix}\tag{6-53a}$$

$$\begin{bmatrix}\dot{v}_{xc}\\\dot{v}_{yc}\end{bmatrix}=\begin{bmatrix}f_{Ec}+\left(2\omega_{ie}\sin\phi_c+\dfrac{v_{xc}}{R}\tan\phi_c\right)v_{yc}\\f_{Nc}-\left(2\omega_{ie}\sin\phi_c+\dfrac{v_{xc}}{R}\tan\phi_c\right)v_{xc}\end{bmatrix}\tag{6-53b}$$

式中，f_{Ec}，f_{Nc} 为计算机接收的东向和北向加速度计的实际输出信息。

计算机求取速度时，利用的是 f_{Ec}，f_{Nc}。为简单起见，只考虑平台姿态误差角 Φ 及加速度计的零偏误差 ∇_E，∇_N，则由坐标系的转动关系，可知有误差时加速度计的输出为

$$\begin{bmatrix} f_{Ec} \\ f_{Nc} \end{bmatrix} = \begin{pmatrix} 1 & 0 & 0 \\ 0 & 0 & 1 \end{pmatrix} \begin{bmatrix} 1 & \varphi_{pgz} & -\varphi_{pgy} \\ -\varphi_{pgz} & 1 & \varphi_{pgx} \\ \varphi_{pgy} & -\varphi_{pgx} & 1 \end{bmatrix} \begin{bmatrix} f_E \\ f_N \\ f_\xi \end{bmatrix} + \begin{bmatrix} \nabla_E \\ \nabla_N \end{bmatrix}$$

$$= \begin{bmatrix} f_E + \varphi_{pgz} f_N - \varphi_{pgy} f_\xi + \nabla_E \\ f_N - \varphi_{pgz} f_E + \varphi_{pgx} f_\xi + \nabla_N \end{bmatrix} \tag{6-54}$$

将式(6-54)代入式(6-53b)，得

$$\begin{cases} \dot{v}_{xc} = f_E + \varphi_{pgz} f_N - \varphi_{pgy} f_\xi + \nabla_E + \left(2\omega_{ie}\sin\phi_c + \dfrac{v_{xc}}{R}\tan\phi_c\right) v_{yc} \\ \dot{v}_{yc} = f_N - \varphi_{pgz} f_E + \varphi_{pgx} f_\xi + \nabla_N - \left(2\omega_{ie}\sin\phi_c + \dfrac{v_{xc}}{R}\tan\phi_c\right) v_{xc} \end{cases} \tag{6-55}$$

由速度误差定义式(6-50)，将式(6-55)和式(6-53a)左右两边对应相减，并忽略二阶和高阶小量，同时注意到

$$\begin{cases} \phi_c = \phi + \Delta\phi \\ \sin\phi_c = \sin\phi + \cos\phi \cdot \Delta\phi \\ \tan\phi_c = \tan\phi + \sec^2\phi \cdot \Delta\phi \end{cases} \tag{6-56a}$$

$$\begin{cases} v_{xc} = v_E + \Delta v_x \\ v_{yc} = v_N + \Delta v_y \end{cases} \tag{6-56b}$$

整理即得动基座的速度误差方程为

$$\begin{cases} \Delta\dot{v}_x = \left(2\omega_{ie}\sin\phi + \dfrac{v_E}{R}\tan\phi\right)\Delta v_y + \Delta\phi\left(2v_N\omega_{ie}\cos\phi + \dfrac{v_E v_N}{R}\sec^2\phi\right) + \\ \qquad \Delta v_x \dfrac{v_N}{R}\tan\phi + \varphi_{pgz}\left[\dot{v}_N + \left(2\omega_{ie}\sin\phi + \dfrac{v_E}{R}\tan\phi\right) v_E\right] - \\ \qquad \varphi_{pgy}\left[\dot{v}_\xi - \left(2\omega_{ie}\cos\phi + \dfrac{v_E}{R}\right) v_E - \dfrac{v_N^2}{R} + g\right] + \nabla_E \\ \Delta\dot{v}_y = -\left(2\omega_{ie}\sin\phi + \dfrac{v_E}{R}\tan\phi\right)\Delta v_x + \Delta\phi\left(2v_E\omega_{ie}\cos\phi + \dfrac{v_E^2}{R}\sec^2\phi\right) - \\ \qquad \varphi_{pgz}\left[\dot{v}_E - \left(2\omega_{ie}\sin\phi + \dfrac{v_E}{R}\tan\phi\right) v_N\right] + \\ \qquad \varphi_{pgz}\left[\dot{v}_\xi - \left(2\omega_{ie}\cos\phi + \dfrac{v_E}{R}\right) v_E - \dfrac{v_N^2}{R} + g\right] + \nabla_E \end{cases} \tag{6-57}$$

令 $v_E=0$，$v_N=0$，$\dot{v}_E=0$，$\dot{v}_N=0$，$\dot{v}_\xi=0$，得到静基座的速度误差方程

$$\begin{cases} \Delta\dot{v}_x = 2\omega_{ie}\sin\phi \cdot \Delta v_y - \varphi_{pgy} g + \nabla_E \\ \Delta\dot{v}_y = -2\omega_{ie}\sin\phi \cdot \Delta v_x + \varphi_{pgx} g + \nabla_N \end{cases} \tag{6-58}$$

由方程右端可见，影响速度误差有三类因素。一是加速度计的零偏；二是由于平台

相对水平面有倾斜，导致加速度计敏感一部分重力加速度；三是计算机在补偿加速度计输出量中的有害加速度时，把速度误差 Δv_x 和 Δv_y 的因素也带了进去。

3. $\boldsymbol{\Theta}$ 方程（c 系对于 g 系存在的小偏差矢量角）

对式(6-49)求导，可得出

$$\begin{cases}\dot{\theta}_{cgx} = -\Delta\dot{\phi} \\ \dot{\theta}_{cgy} = \Delta\dot{\lambda}\cdot\cos\phi - \Delta\lambda\cdot\sin\phi\cdot\dot{\phi} \\ \dot{\theta}_{cgz} = \Delta\dot{\lambda}\cdot\sin\phi + \Delta\lambda\cdot\cos\phi\cdot\dot{\phi}\end{cases} \tag{6-59}$$

式中，$\Delta\dot{\lambda}$ 和 $\Delta\dot{\phi}$ 的表达式，可由式(6-51)给出，即

$$\begin{cases}\Delta\dot{\lambda} = \dfrac{\Delta v_x}{R}\sec\phi + \dfrac{v_x}{R}\Delta\phi\cdot\tan\phi\sec\phi \\ \Delta\dot{\phi} = \dfrac{1}{R}\Delta v_y\end{cases} \tag{6-60}$$

而由纬度 ϕ 的定义，参看图 6-19，可知 $\dot{\phi}$ 的表达式为

$$\dot{\phi} = -\omega_{cgx}^{g} \tag{6-61}$$

这样，动基座 $\boldsymbol{\Theta}$ 方程为

$$\begin{cases}\dot{\theta}_{cgx} = -\dfrac{1}{R}\Delta v_y \\ \dot{\theta}_{cgy} = \dfrac{\Delta v_x}{R} + \dfrac{v_E}{R}\Delta\phi\cdot\tan\phi + \Delta\lambda\cdot\sin\phi\cdot\omega_{cgx}^{g} \\ \dot{\theta}_{cgz} = \dfrac{\Delta v_x}{R}\tan\phi + \dfrac{v_E}{R}\Delta\phi\cdot\tan^2\phi - \Delta\lambda\cdot\cos\phi\cdot\omega_{cgx}^{g}\end{cases} \tag{6-62}$$

静基座 $\boldsymbol{\Theta}$ 方程为

$$\dot{\boldsymbol{\Theta}} = \begin{bmatrix}\dot{\theta}_{cgx} \\ \dot{\theta}_{cgy} \\ \dot{\theta}_{cgz}\end{bmatrix} = \begin{bmatrix}-\dfrac{1}{R}\Delta v_y \\ \dfrac{\Delta v_x}{R} + \Delta\lambda\cdot\sin\phi\cdot\omega_{cgx}^{g} \\ \dfrac{\Delta v_x}{R}\tan\phi - \Delta\lambda\cdot\cos\phi\cdot\omega_{cgx}^{g}\end{bmatrix} \tag{6-63}$$

4. $\boldsymbol{\Psi}$ 方程（p 系对于 c 系存在的小偏差角）

$\dot{\boldsymbol{\Psi}}$ 表示平台系相对计算系的误差角速率。它的形成有两方面的原因：一是平台本身存在着相对惯性空间的漂移角速率 $\boldsymbol{\varepsilon}$；二是 $\boldsymbol{\Psi}$ 角本身又改变了计算机对陀螺的施矩轴的方位，从而造成一种附加影响。如何将 $\boldsymbol{\Psi}$ 和 $\boldsymbol{\varepsilon}$ 联系起来是处理这个问题的关键。

利用哥氏定理很容易解决此问题。为使平台坐标系跟踪地理坐标系，计算机输出信息 $\boldsymbol{\omega}_{ic}^{c}$ 给平台上的陀螺，使平台相对惯性空间旋转。由于误差角速率 $\dot{\boldsymbol{\Psi}}$ 的存在，平台实际接收到的指令角速率为

$$\boldsymbol{\omega}_{ic}^{*}=\boldsymbol{\omega}_{ic}^{c}+\boldsymbol{\Psi}\times\boldsymbol{\omega}_{ic}^{c} \tag{6-64}$$

再考虑平台的漂移角速度$\boldsymbol{\varepsilon}$，得平台坐标系相对惯性空间的角速度为

$$\boldsymbol{\omega}_{ip}=\boldsymbol{\omega}_{ic}^{c}+\boldsymbol{\Psi}\times\boldsymbol{\omega}_{ic}^{c}+\boldsymbol{\varepsilon}^{g} \tag{6-65}$$

由于绝对角速度是牵连角速度与相对角速度之和，所以有

$$\boldsymbol{\omega}_{ip}=\boldsymbol{\omega}_{ic}^{c}+\boldsymbol{\omega}_{cp} \tag{6-66}$$

由矢量角$\boldsymbol{\Psi}$的定义（平台系相对计算系的误差角速率）可知，在静基座条件下，平台系相对计算系的角速度

$$\boldsymbol{\omega}_{cp}=\dot{\boldsymbol{\Psi}}\big|_{c} \tag{6-67}$$

由式(6-65)～式(6-67)，有

$$\dot{\boldsymbol{\Psi}}=\boldsymbol{\Psi}\times\boldsymbol{\omega}_{ic}^{c}+\boldsymbol{\varepsilon}^{g} \tag{6-68}$$

式(6-68)通常称为$\boldsymbol{\Psi}$方程。右端第一项代表改变施矩轴方位引起的附加影响，第二项即平台自身的漂移。$\boldsymbol{\Psi}$方程把平台漂移率这一主要误差源与其他误差源分离开来，从而简化了系统的误差分析。

式(6-68)中，对应式(6-5)，有

$$\boldsymbol{\omega}_{ic}^{c}=\begin{bmatrix}-\dfrac{v_N}{R}\\ \omega_{ie}\cos\phi+\dfrac{v_E}{R}\\ \omega_{ie}\sin\phi+\dfrac{v_E}{R}\tan\phi\end{bmatrix} \tag{6-69}$$

由式(6-46)和式(6-39)，有

$$\boldsymbol{\Psi}=\boldsymbol{\Phi}-\boldsymbol{\Theta}=\begin{bmatrix}\varphi_{pgx}\\ \varphi_{pgy}\\ \varphi_{pgz}\end{bmatrix}-\begin{bmatrix}\theta_{cgx}\\ \theta_{cgy}\\ \theta_{cgz}\end{bmatrix}=\begin{bmatrix}\varphi_{pgx}\\ \varphi_{pgy}\\ \varphi_{pgz}\end{bmatrix}-\begin{bmatrix}-\Delta\phi\\ \Delta\lambda\cos\phi\\ \Delta\lambda\sin\phi\end{bmatrix} \tag{6-70}$$

而

$$\varepsilon^{g}=\begin{bmatrix}\varepsilon_E\\ \varepsilon_N\\ \varepsilon_\xi\end{bmatrix} \tag{6-71}$$

将式(6-69)、式(6-70)和式(6-71)代入式(6-68)，有

$$\dot{\boldsymbol{\Psi}}=\begin{bmatrix}\dot{\psi}_{pcx}\\ \dot{\psi}_{pcy}\\ \dot{\psi}_{pcz}\end{bmatrix}=\left[\begin{bmatrix}\varphi_{pgx}\\ \varphi_{pgy}\\ \varphi_{pgz}\end{bmatrix}-\begin{bmatrix}-\Delta\phi\\ \Delta\lambda\cos\phi\\ \Delta\lambda\sin\phi\end{bmatrix}\right]\cdot\begin{bmatrix}-\dfrac{v_N}{R}\\ \omega_{ie}\cos\phi+\dfrac{v_E}{R}\\ \omega_{ie}\sin\phi+\dfrac{v_E}{R}\tan\phi\end{bmatrix}+\begin{bmatrix}\varepsilon_E\\ \varepsilon_N\\ \varepsilon_\xi\end{bmatrix} \tag{6-72}$$

5. 姿态误差方程($\boldsymbol{\Phi}$ 方程)

将式(6-72)和式(6-63)代入$\dot{\boldsymbol{\Phi}}=\dot{\boldsymbol{\Psi}}+\dot{\boldsymbol{\Theta}}$，有

$$\dot{\boldsymbol{\Phi}}=\left[\begin{bmatrix}\varphi_{pgx}\\ \varphi_{pgy}\\ \varphi_{pgz}\end{bmatrix}-\begin{bmatrix}-\Delta\phi\\ \Delta\lambda\cos\phi\\ \Delta\lambda\sin\phi\end{bmatrix}\right]\cdot\begin{bmatrix}-\dfrac{v_N}{R}\\ \omega_{ie}\cos\phi+\dfrac{v_E}{R}\\ \omega_{ie}\sin\phi+\dfrac{v_E}{R}\tan\phi\end{bmatrix}+\begin{bmatrix}\varepsilon_E\\ \varepsilon_N\\ \varepsilon_\xi\end{bmatrix}+$$

$$\begin{bmatrix}-\dfrac{1}{R}\Delta v_y\\ \dfrac{\Delta v_x}{R}+\Delta\lambda\cdot\sin\phi\cdot\omega_{cgx}^{g}\\ \dfrac{\Delta v_x}{R}\tan\phi-\Delta\lambda\cdot\cos\phi\cdot\omega_{cgx}^{g}\end{bmatrix}\tag{6-73}$$

略掉二阶小量，便得到动基座平台姿态误差方程为

$$\dot{\boldsymbol{\Phi}}=\begin{bmatrix}\dot{\varphi}_{pgx}\\ \dot{\varphi}_{pgy}\\ \dot{\varphi}_{pgz}\end{bmatrix}=\begin{bmatrix}-\dfrac{\Delta v_y}{R}+\varphi_{pgy}\left(\omega_{ie}\sin\phi+\dfrac{v_E}{R}\tan\phi\right)-\varphi_{pgz}\left(\omega_{ie}\cos\phi+\dfrac{v_E}{R}\right)+\varepsilon_E\\ \dfrac{\Delta v_x}{R}-\omega_{ie}\sin\phi\cdot\Delta\phi-\varphi_{pgx}\left(\omega_{ie}\sin\phi+\dfrac{v_E}{R}\tan\phi\right)-\varphi_{pgx}\dfrac{v_N}{R}+\varepsilon_N\\ \dfrac{\Delta v_x}{R}\tan\phi+\Delta\phi\left(\omega_{ie}\cos\phi+\dfrac{v_E}{R}\sec^2\phi\right)+\varphi_{pgx}\left(\omega_{ie}\cos\phi+\dfrac{v_E}{R}\right)+\varphi_{pgy}\dfrac{v_N}{R}+\varepsilon_\xi\end{bmatrix}\tag{6-74}$$

由静基座条件 $v_N=0, v_E=0, v_\xi=0$，得静基座平台姿态误差方程

$$\begin{cases}\dot{\varphi}_{pgx}=-\dfrac{\Delta v_y}{R}+\varphi_{pgy}\omega_{ie}\sin\phi-\varphi_{pgz}\omega_{ie}\cos\phi+\varepsilon_E\\ \dot{\varphi}_{pgy}=\dfrac{\Delta v_x}{R}-\Delta\phi\cdot\omega_{ie}\sin\phi-\varphi_{pgx}\omega_{ie}\sin\phi+\varepsilon_N\\ \dot{\varphi}_{pgz}=\dfrac{\Delta v_x}{R}\tan\phi+\Delta\phi\cdot\omega_{ie}\cos\phi+\varphi_{pgx}\omega_{ie}\cos\phi+\varepsilon_\xi\end{cases}\tag{6-75}$$

方程右端是引起平台误差角速率的误差项。按其性质可分三类：一是平台的漂移项；二是由平台姿态误差角引起的交叉耦合误差项；三是由于导航参数的误差引起的误差项。

注意，在静基座条件下，方程中的 Δv_x，Δv_y，$\Delta\phi$ 等并不一定为零。因为惯性导航系统的初始对准就有误差，加速度计的零偏也总是存在的，必然造成加速度误差 $\Delta\dot{v}_x$，$\Delta\dot{v}_y$，再通过积分运算就会产生 Δv_x，Δv_y，$\Delta\phi$ 等误差量，而这些误差通过对平台的指令施矩，又会进一步影响平台的误差角速率。

6.7 平台式惯性导航系统误差分析

误差传播特性是各误差量对于各误差因素的响应形式。作为基本分析方法，这里只研究静基座条件下的情况。根据式(6-52)、式(6-58)和式(6-75)等，可集中列出半解析式指北方位系统静基座下系统误差方程组：

$$\begin{cases}\Delta\dot{\lambda}=\dfrac{\Delta v_x}{R}\sec\phi\\ \Delta\dot{\phi}=\dfrac{1}{R}\Delta v_y\\ \Delta\dot{v}_x=2\omega_{ie}\sin\phi\cdot\Delta v_y-\varphi_{pgy}g+\nabla_E\\ \Delta\dot{v}_y=-2\omega_{ie}\sin\phi\cdot\Delta v_x+\varphi_{pgx}g+\nabla_N\\ \dot{\varphi}_{pgx}=-\dfrac{\Delta v_y}{R}+\varphi_{pgy}\omega_{ie}\sin\phi-\varphi_{pgz}\omega_{ie}\cos\phi+\varepsilon_E\\ \dot{\varphi}_{pgy}=\dfrac{\Delta v_x}{R}-\Delta\phi\cdot\omega_{ie}\sin\phi-\varphi_{pgx}\omega_{ie}\sin\phi+\varepsilon_N\\ \dot{\varphi}_{pgz}=\dfrac{\Delta v_x}{R}\tan\phi+\Delta\phi\cdot\omega_{ie}\cos\phi+\varphi_{pgx}\omega_{ie}\cos\phi+\varepsilon_\xi\end{cases}\tag{6-76}$$

下面求系统误差方程的特征方程。将式(6-76)写成

$$\begin{bmatrix}\Delta\dot{\lambda}\\ \Delta\dot{\phi}\\ \Delta\dot{v}_x\\ \Delta\dot{v}_y\\ \dot{\varphi}_{pgx}\\ \dot{\varphi}_{pgy}\\ \dot{\varphi}_{pgz}\end{bmatrix}=\begin{bmatrix}0&0&R^{-1}\sec\phi&0&0&0&0\\ 0&0&0&R^{-1}&0&0&0\\ 0&0&0&2\omega_{ie}\sin\phi&0&-g&0\\ 0&0&-2\omega_{ie}\sin\phi&0&g&0&0\\ 0&0&0&-R^{-1}&0&\omega_{ie}\sin\phi&-\omega_{ie}\cos\phi\\ 0&-\omega_{ie}\sin\phi&R^{-1}&0&-\omega_{ie}\sin\phi&0&0\\ 0&\omega_{ie}\cos\phi&R^{-1}\tan\phi&0&\omega_{ie}\cos\phi&0&0\end{bmatrix}\begin{bmatrix}\Delta\lambda\\ \Delta\phi\\ \Delta v_x\\ \Delta v_y\\ \varphi_{pgx}\\ \varphi_{pgy}\\ \varphi_{pgz}\end{bmatrix}+\begin{bmatrix}0\\ 0\\ \nabla_E\\ \nabla_N\\ \varepsilon_E\\ \varepsilon_N\\ \varepsilon_\xi\end{bmatrix}$$

用列矩阵 $\boldsymbol{X}(t)$ 表示误差列矢量，$\boldsymbol{F}$ 表示系数阵，$\boldsymbol{W}(t)$ 表示误差因素列矢量，于是上式可写成

$$\dot{\boldsymbol{X}}(t)=\boldsymbol{F}\boldsymbol{X}(t)+\boldsymbol{W}(t)\tag{6-77}$$

相应的拉氏变换方程为

$$s\boldsymbol{X}(s)=\boldsymbol{F}\boldsymbol{X}(s)+\boldsymbol{X}_0(s)+\boldsymbol{W}(s)\tag{6-78}$$

拉氏变换的解为

$$\boldsymbol{X}(s)=(s\boldsymbol{I}-\boldsymbol{F})^{-1}(\boldsymbol{X}_0(s)+\boldsymbol{W}(s))\tag{6-79}$$

系统特征行列式

$$\Delta(s)=|s\boldsymbol{I}-\boldsymbol{F}|=(s^2+\omega_{ie}^2)[(s^2+\omega_s^2)^2+4s^2\omega_{ie}^2\sin^2\phi]\tag{6-80}$$

式中，$\omega_s^2=\dfrac{g}{R+H}\approx\dfrac{g}{R}$，即舒勒角频率的二次方。

6.7.1 误差的周期特性分析

根据特征方程的根，可了解系统是否具有周期性，并可找到相应的振荡频率。考虑 $\omega_s^2\gg\omega_{ie}^2$，可求出特征根

$$\begin{cases} s_{1,2}=\pm j\omega_{ie} \\ s_{3,4}\approx\pm j(\omega_s+\omega_{ie}\sin\phi) \\ s_{5,6}\approx\pm j(\omega_s-\omega_{ie}\sin\phi) \end{cases} \tag{6-81}$$

可见,系统的特征根全为虚根,说明系统为无阻尼振荡系统。振荡角频率共有3个,即

$$\begin{cases} \omega_1=\omega_{ie} \\ \omega_2=\omega_s+\omega_f \\ \omega_3=\omega_s-\omega_f \end{cases} \tag{6-82}$$

式中:

ω_{ie} 为地球自转角频率,$\omega_{ie}=7292115\times10^{-11}\text{rad/s}\approx15.04108°/\text{h}$;

ω_s 为舒勒角频率,$\omega_s=\sqrt{\dfrac{g}{R+H}}\approx\sqrt{\dfrac{g}{R}}\approx1.24\times10^{-3}\text{rad/s}$;

ω_f 为傅科角频率,$\omega_f=\omega_{ie}\sin\phi$。

相应的振荡周期为,地转周期为 $T_e=2\pi/\omega_{ie}=24\text{h}$,舒勒调谐周期为 $T_s=\dfrac{2\pi}{\omega_s}=84.4\text{min}$,傅科周期为 $T_f=\dfrac{2\pi}{\omega_f}=\dfrac{2\pi}{\omega_{ie}\sin\phi}=34\text{h}$,当 $\phi=45°$。

通过以上分析可以看出,在系统的两个水平回路参数进行舒勒调整之后,由于系统三个通道之间的交叉影响,系统的特征方程式共有三对共轭虚根。因此,在惯性导航的误差传播特性中,将包含三种可能的周期变化成分。系统的输出呈振荡特性,其周期不仅有舒勒周期,还有地转周期和傅科周期。

首先是地转周期 T_e,它起因于地转造成的表观运动,体现为平台误差角引起的地转角速度分量的交叉耦合作用。

舒勒周期 T_s 的起因是平台水平回路实现了舒勒调谐。

至于傅科周期 T_f,平台这种现象与傅科摆效应相似。傅科摆是在一个平面内运动,它相对于惯性空间的摆动,在无干扰状态下,运动的单摆要保持自己的惯性。由于地球自转,单摆摆动平面垂线以 $\omega_{ie}\sin\phi$ 的角速度旋转。因此,如果在地平面上观测此摆,则其振动在地平面东向轴和北向轴上投影呈差拍的形式。对于平台系统,由于 $\omega_s\gg\omega_f$,故 ω_2 和 ω_3 数值上相差无几。亦即系统振荡包含两个频率相近的正弦分量,其合在一起就产生差拍,产生了 $\sin\omega_s t$ 的正弦振荡,即

$$\begin{aligned} x(t)&=x_0\sin[(\omega_s+\omega_{ie}\sin\phi)t]+x_0\sin((\omega_s-\omega_{ie}\sin\phi)t) \\ &=2x_0\cos[(\omega_{ie}\sin\phi)t]\cdot\sin\omega_s t \end{aligned} \tag{6-83}$$

其幅值为 $2x_0\cos[(\omega_{ie}\sin\phi)t]$,也是随 $\cos[(\omega_{ie}\sin\phi)t]$ 而变化的,因此,新形成的正弦振荡具有调制波的性质。表明舒勒振荡的幅值受到傅科振荡频率的调制,如图6-21所示。

在惯性导航系统中。从系统误差方程可以看出,在静基座上,不存在哥氏加速度项,

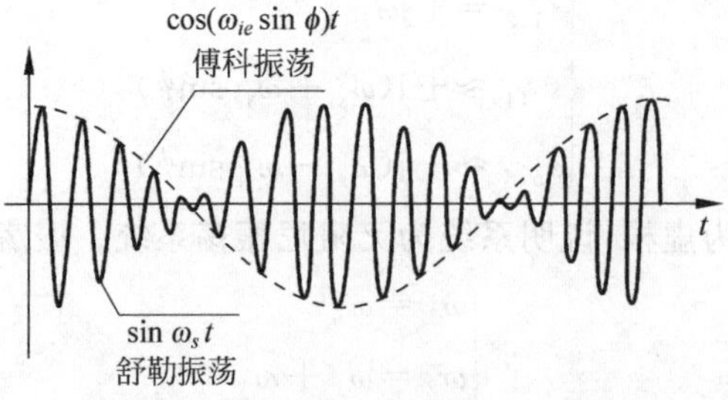

图 6-21　傅科振荡对舒勒振荡的调制

本来不必补偿，但由于速度误差的存在和系统的结构安排。出现了补偿哥氏加速度的作用，从而导致傅科周期的振荡。如果忽略速度的交叉耦合影响，傅科周期将不出现，惯性导航系统的特征方程变为$(s^2+\omega_{ie}^2)(s^2+\omega_s^2)=0$，即只出现地转周期 T_e 和舒勒周期 T_s。

6.7.2　系统误差特性分析

将式(6-79)重写如下

$$\boldsymbol{X}(s)=(s\boldsymbol{I}-\boldsymbol{F})^{-1}(\boldsymbol{X}_0(s)+\boldsymbol{W}(s))$$

当$\boldsymbol{W}(s)$为常数矩阵时，式(6-79)为

$$\begin{bmatrix}\Delta\lambda(s)\\ \Delta\phi(s)\\ \Delta v_x(s)\\ \Delta v_y(s)\\ \varphi_{pgx}(s)\\ \varphi_{pgy}(s)\\ \varphi_{pgz}(s)\end{bmatrix}
=\left[s\boldsymbol{I}-\begin{bmatrix}0 & 0 & \dfrac{\sec\phi}{R} & 0 & 0 & 0 & 0\\ 0 & 0 & 0 & \dfrac{1}{R} & 0 & 0 & 0\\ 0 & 0 & 0 & 2\omega_{ie}\sin\phi & 0 & -g & 0\\ 0 & 0 & -2\omega_{ie}\sin\phi & 0 & g & 0 & 0\\ 0 & 0 & 0 & -\dfrac{1}{R} & 0 & \omega_{ie}\sin\phi & -\omega_{ie}\cos\phi\\ 0 & \omega_{ie}\sin\phi & \dfrac{1}{R} & 0 & -\omega_{ie}\sin\phi & 0 & 0\\ 0 & \omega_{ie}\cos\phi & \dfrac{\tan\phi}{R} & 0 & \omega_{ie}\cos\phi & 0 & 0\end{bmatrix}\right]^{-1}
\begin{bmatrix}\Delta\lambda(0)\\ \Delta\phi(0)\\ \Delta v_x(0)+\dfrac{\nabla_E}{s}\\ \Delta v_y(0)+\dfrac{\nabla_N}{s}\\ \varphi_{pgx}(0)+\dfrac{\varepsilon_E}{s}\\ \varphi_{pgy}(0)+\dfrac{\varepsilon_N}{s}\\ \varphi_{pgz}(0)+\dfrac{\varepsilon_\xi}{s}\end{bmatrix}
\tag{6-84}$$

在忽略傅科周期影响的情况下，求解式(6-79)，并将其转换为时间域的表达式，以分别分析各误差源——元器件误差(陀螺漂移ε_E，ε_N，ε_ξ，加速度计零位误差∇_E，∇_N)系统误差初值$\Delta\lambda(0)$，$\Delta\phi(0)$，$\Delta v_x(0)$，$\Delta v_y(0)$，$\varphi_{pgx}(0)$，$\varphi_{pgy}(0)$，$\varphi_{pgz}(0)$对系统误差的影响。

1. 元器件误差

元器件误差为陀螺漂移引起的系统误差。设陀螺漂移ε_E，ε_N，ε_ξ为常值误差，陀螺漂移引起的系统误差如下

$$\begin{aligned}\Delta\lambda(t)=&\frac{\tan\phi}{\omega_{ie}}\left[(1-\cos\omega_{ie}t)-\frac{\omega_{ie}^2}{\omega_s^2-\omega_{ie}^2}(\cos\omega_{ie}t-\cos\omega_s t)\right]\cdot\varepsilon_E+\\&\left[\frac{\sec\phi(\omega_s^2-\omega_{ie}^2\cos^2\phi)}{\omega_s(\omega_s^2-\omega_{ie}^2)}\sin\omega_s t-\frac{\omega_s^2\tan\phi\sin\phi}{\omega_{ie}(\omega_s^2-\omega_{ie}^2)}\sin\omega_{ie}t-t\cos\phi\right]\cdot\varepsilon_N+\\&\left[\frac{\omega_s^2\sin\phi}{\omega_{ie}(\omega_s^2-\omega_{ie}^2)}\sin\omega_e t-\frac{\omega_{ie}^2\sin\phi}{\omega_s(\omega_s^2-\omega_{ie}^2)}\sin\omega_s t-t\sin\phi\right]\cdot\varepsilon_\xi\end{aligned}\tag{6-85a}$$

$$\begin{aligned}\Delta\phi(t)=&\frac{\omega_s^2}{\omega_s^2-\omega_{ie}^2}\left(\frac{1}{\omega_{ie}}\sin\omega_{ie}t-\frac{1}{\omega_s}\sin\omega_s t\right)\cdot\varepsilon_E+\\&\frac{\sin\phi}{\omega_{ie}}\left[\frac{\omega_{ie}^2}{\omega_s^2-\omega_{ie}^2}\left(\cos\omega_s t-\frac{\omega_s^2}{\omega_{ie}^2}\cos\omega_{ie}t\right)+1\right]\cdot\varepsilon_N+\\&\frac{\cos\phi}{\omega_{ie}}\left[\frac{\omega_s^2}{\omega_s^2-\omega_{ie}^2}\cos\omega_{ie}t-\frac{\omega_{ie}^2}{\omega_s^2-\omega_{ie}^2}\cos\omega_s t-1\right]\cdot\varepsilon_\xi\end{aligned}\tag{6-85b}$$

$$\begin{aligned}\Delta v_x(t)=&\frac{g\sin\phi}{\omega_s^2-\omega_{ie}^2}\left(\sin\omega_{ie}t-\frac{\omega_{ie}}{\omega_s}\sin\omega_s t\right)\cdot\varepsilon_E+\\&\left(\frac{\omega_s^2-\omega_{ie}^2\cos^2\phi}{\omega_s^2-\omega_{ie}^2}\cos\omega_s t-\frac{\omega_{ie}^2\sin^2\phi}{\omega_s^2-\omega_{ie}^2}\cos\omega_{ie}t-\cos^2\phi\right)\cdot\varepsilon_N+\\&\frac{R}{2}\sin2\phi\left(\frac{\omega_s^2}{\omega_s^2-\omega_{ie}^2}\cos\omega_{ie}t-\frac{\omega_{ie}^2}{\omega_s^2-\omega_{ie}^2}\cos\omega_s t-1\right)\cdot\varepsilon_\xi\end{aligned}\tag{6-85c}$$

$$\begin{aligned}\Delta v_y(t)=&\frac{g}{\omega_s^2-\omega_{ie}^2}(\cos\omega_{ie}t-\cos\omega_s t)\cdot\varepsilon_E+\frac{g\sin\phi}{\omega_s^2-\omega_{ie}^2}\left(\sin\omega_{ie}t-\frac{\omega_{ie}}{\omega_s}\sin\omega_s t\right)\cdot\varepsilon_N+\\&\left[\frac{\omega_s\cos\phi}{\omega_s^2-\omega_{ie}^2}(\omega_{ie}\sin\omega_s t-\omega_s)\right]\cdot\varepsilon_\xi\end{aligned}\tag{6-85d}$$

$$\begin{aligned}\varphi_{pgx}(t)=&\frac{1}{\omega_s^2-\omega_{ie}^2}(\omega_s\sin\omega_s t-\omega_{ie}\sin\omega_{ie}t)\cdot\varepsilon_E+\frac{\omega_{ie}\sin\phi}{\omega_s^2-\omega_{ie}^2}(\cos\omega_{ie}t-\cos\omega_s t)\cdot\varepsilon_N+\\&\frac{\omega_{ie}\cos\phi}{\omega_s^2-\omega_{ie}^2}(\cos\omega_s t-\cos\omega_{ie}t)\cdot\varepsilon_\xi\end{aligned}\tag{6-85e}$$

$$\varphi_{pgy}(t)=\frac{\omega_{ie}\sin\phi}{\omega_s^2-\omega_{ie}^2}(\cos\omega_s t-\cos\omega_{ie}t)\cdot\varepsilon_E+$$
$$\left[\frac{\omega_s^2-\omega_{ie}^2\cos^2\phi}{\omega_s(\omega_s^2-\omega_{ie}^2)}\sin\omega_s t-\frac{\omega_{ie}\sin^2\phi}{\omega_s^2-\omega_{ie}^2}\sin\omega_{ie}t\right]\cdot\varepsilon_N+$$
$$\frac{\omega_{ie}\sin\phi\cos\phi}{\omega_s^2-\omega_{ie}^2}\left(\sin\omega_{ie}t-\frac{\omega_{ie}}{\omega_s}\sin\omega_s t\right)\cdot\varepsilon_\xi \tag{6-85f}$$

$$\varphi_{pgz}(t)=\left[\frac{\sec\phi}{\omega_{ie}}(1-\cos\omega_e t)+\frac{\omega_{ie}\sin\phi\tan\phi}{\omega_s^2-\omega_{ie}^2}(\cos\omega_s t-\cos\omega_{ie}t)\right]\cdot\varepsilon_E+$$
$$\frac{\omega_{ie}^2\cos\phi\sin\phi-\omega_s^2\tan\phi}{\omega_s^2-\omega_{ie}^2}\left(\frac{1}{\omega_{ie}}\sin\omega_{ie}t-\frac{1}{\omega_s}\sin\omega_s t\right)\cdot\varepsilon_N+$$
$$\left[\frac{\omega_s^2-\omega_{ie}^2\cos^2\phi}{\omega_{ie}(\omega_s^2-\omega_{ie}^2)}\sin\omega_e t-\frac{\omega_{ie}^2\sin^2\phi}{\omega_s(\omega_s^2-\omega_{ie}^2)}\sin\omega_s t\right]\cdot\varepsilon_\xi \tag{6-85g}$$

从以上各式可以看出，由陀螺常值漂移引起的系统误差分三类：

振荡型，振荡周期有 84.4min 和 24h；

常值型，对导航参数（速度，位置）及平台姿态角产生常值偏差；

积累型，随时间 t 线性增加，即定位误差项：在 $\Delta\lambda(t)$ 中的 $t\cdot\cos\phi\cdot\varepsilon_N$ 和 $t\cdot\sin\phi\cdot\varepsilon_\xi$

对系统精度影响大的是后两类误差，特别是积累型，引起导航精度的发散。

由式(6-85a)知，北向陀螺漂移和方位陀螺漂移引起经度的积累误差为 $\Delta\lambda_{主}(t)=-(\varepsilon_N\cos\phi+\varepsilon_\xi\sin\phi)t$，设 $\phi=45°$，$\varepsilon_N=\varepsilon_\xi=0.01°/\text{h}$，$t=1\text{h}$，则 $\Delta\lambda_{主}=\left(0.01\times\frac{\sqrt{2}}{2}+0.01\times\frac{\sqrt{2}}{2}\right)\times 60=0.85'$。对应的大圆定位误差为 0.85n mile，接近 1n mile。所以根据陀螺精度可对惯性导航系统的定位精度作粗略估计：若陀螺漂移为 0.01°/h，则惯性导航的定位误差大约为 1n mile/h。

加速度计零位误差引起的系统误差。设加速度计零位误差 ∇_E 和 ∇_N 为常值，有

$$\begin{cases}\Delta\lambda(t)=\dfrac{\nabla_E}{g}\sec\phi(1-\cos\omega_s t)\\ \Delta\phi(t)=\dfrac{\nabla_N}{g}(1-\cos\omega_s t)\\ \Delta v_x(t)=\dfrac{\nabla_E}{\omega_s}\sin\omega_s t\\ \Delta v_y(t)=\dfrac{\nabla_N}{\omega_s}\sin\omega_s t\\ \varphi_{pgx}(t)=-\dfrac{\nabla_N}{g}(1-\cos\omega_s t)\\ \varphi_{pgy}(t)=\dfrac{\nabla_E}{g}(1-\cos\omega_s t)\\ \varphi_{pgz}(t)=\dfrac{\nabla_E}{g}\tan\phi(1-\cos\omega_s t)\end{cases} \tag{6-86}$$

可见,由加速度计零位常值误差引起的系统误差均为振荡特性或常值分量,所有平台姿态角精度取决于加速度计零位误差。

结论：东向陀螺漂移 ε_E 只产生常值偏差；北向陀螺和方位陀螺的漂移 ε_N 和 ε_ξ 将引起经度误差 $\Delta\lambda(t)$ 随着时间而积累；加速度计主要产生平台姿态的常值误差；此外，大部分误差均为周期振荡性质。结论可归纳为表 6-3。

表 6-3 惯性器件误差引起的系统误差

误差源	系统误差					
	Δv	$\Delta\phi$	$\Delta\lambda$	φ_{pgx}	φ_{pgy}	φ_{pgz}
ε_E	振荡	振荡	常值	振荡	振荡	振荡
ε_N	常值	常值	积累	振荡	振荡	振荡
ε_ξ	常值	常值	积累	振荡	振荡	振荡
∇_E	振荡	0	常值	0	常值	常值
∇_N	0	常值	0	常值	0	0

2. 初始误差引起的系统误差

用类似方法分析由初始误差项引起的系统误差

$$\boldsymbol{X}(0)=\begin{bmatrix}\Delta\lambda(0) & \Delta\phi(0) & \Delta v_x(0) & \Delta v_y(0) & \varphi_{pgx}(0) & \varphi_{pgy}(0) & \varphi_{pgz}(0)\end{bmatrix}^{\mathrm{T}} \tag{6-87}$$

这里不详细分析,只给出结论：由误差初值引起的系统误差几乎都是振荡型的；振荡周期也有三种,即舒勒周期、地转周期和傅科周期；仅 $\varphi_{pgy}(0)$,$\varphi_{pgz}(0)$引起经度和方位的常值误差。

6.8 平台式惯性导航系统初始对准

6.8.1 初始对准概述

由惯性导航系统原理知道,运载体的速度和位置是由测得的加速度积分而得来的。要进行积分运算必须知道初始条件,如初始速度和初始位置；另外,由于平台是测量加速度的基准,这就要求开始测量加速度时惯性导航平台应处于预定的导航坐标系内,否则将产生由于平台误差而引起的加速度测量误差。因此,如何在惯性导航系统开始工作前,将平台首先调整到预定的导航坐标系内,这是一个十分重要的问题。

可见,惯性导航系统在进入正常的导航工作状态之前,应当首先解决积分运算的初始条件及平台初始调整问题。将初始速度及位置引入惯性导航系统是容易实现的。在静基座情况下,这些初始条件即初始速度为零,初始位置即是当地的经纬度。在动基座情况下,这些初始条件一般应由外界提供的速度和位置信息来确定。给定系统的初始速度及位置的操作过程比较简单,只要将这些初始值通过控制器送入计算机即可。而平台的初始调整则是比较复杂的,它涉及整个惯性导航系统的操作过程。如何将惯性导航平台在系统开始工作时，调整到要求的导航坐标系内是初始对准的主要任务。

由误差分析知道，实际的平台系与理想的平台系之间存在着误差角。希望这个误差角越小越好。初始对准就是将实际的平台系对准在理想平台系的状态下。陀螺动量矩相对惯性空间有定轴性，平台系统启动后，如果不加施矩控制指令速率信号，平台便稳定在惯性空间，一般来说，它既不在水平面内又没有确定的方位。即便是相对于惯性空间而言，每次启动后平台相对惯性空间所处的位置也是随机的。可以想象，平台启动后实际的初始平台系和理想平台系之间的误差角一般来说是很大的，如果不进行平台对准，整个惯性导航系统是无法工作的。要想使整个惯性导航系统顺利地进入导航工作状态，从一开始就要调整平台使它对准在所要求的理想平台坐标系内。如指北方位平台，则应对准在地理坐标系内。由于元器件及系统存在误差，不可能使实际平台系与理想平台系完全重合，只能是接近重合。一般对准技术可使平台水平精度达到 10″左右，方位精度达到 2′～5′。作为初始对准除了精度要求外，对准速度也是一个非常重要的指标，特别是对于军用航行体更为重要。因此，对准的设计指标应包括精度和快速性两个方面。

平台对准的方法有：

(1) 通过光学或机电方法，将外部参考坐标系引入平台，使平台对准在外部提供的姿态基准方向。

(2) 利用惯性导航系统本身的敏感元件——陀螺与加速度计测得的信号，结合系统原理进行自动对准，称自主式对准。

根据对准精度要求，把初始对准过程分为粗对准与精对准两个步骤。首先进行粗对准，这时缩短对准时间是主要的。要求尽快地将平台对准在一定精度范围之内，为下一步精对准提供一个良好的条件。完成粗对准之后，接着进行精对准。在精对准过程中提高对准精度是主要的。设计的主要指标是使平台精确地对准在要求的导航坐标系内，即要求实际平台系与理想平台系之间的偏差在要求的精度指标以内。精对准结束时的精度就是平台进入导航状态时的初始精度。一般在精对准过程中还要进行陀螺测漂和定标，以便进一步补偿陀螺漂移和标定力矩器的标度因数。

在精对准过程中，一般先进行水平对准，然后进行方位对准，以使系统有较好的动态特性。在水平对准的过程中方位陀螺不参加对准工作。在水平对准的基础上再进行方位对准。一般采用方位罗经对准方案，有时也采用计算方位对准的方法。粗对准容易实现，原理也比较简单。精对准实现起来比较困难，对准过程也比较复杂。

本节主要介绍静基座半解析式指北方位系统的自主式对准，即利用自然参考量地球自转角速度 ω_{ie} 和重力加速度 g 由系统自行完成的对准。由于 ω_{ie}^n 在导航坐标系的投影分量在地球不同点是不相同的，所以自对准过程中，必须精确知道对准地点的纬度。

水平式平台惯性导航在初始对准之前先作环架锁定，即利用环架同步器输出直接驱动同轴上的力矩马达，使各轴接近互相正交，平台被快速扶正。由于诸如飞机和舰船之类的运载体在停放时基本处于水平状态，所以扶正后的平台水平误差角在一定数值范围内，可视为小角，系统误差方程可视为线性的，这对简化对准过程是有利的。

指北方位系统的导航坐标系是地理坐标系，所以初始对准的目的是要控制平台旋转，使平台轴(由台体上的陀螺和加速度计的敏感轴确定)与地理坐标系的东、北、天指向重合。

静基座条件下的方程是在载体处于地面静止状态给出的，在此基础上，再假定载体所在地的纬度是准确知道的，这样，在方程式中有关纬度的方程就可以不考虑。

为分析简单起见，略去有害加速度引入的交叉耦合项，式(6-77)可简化为

$$\begin{bmatrix}\Delta\dot{v}_x\\ \Delta\dot{v}_y\\ \dot{\varphi}_{pgx}\\ \dot{\varphi}_{pgy}\\ \dot{\varphi}_{pgz}\end{bmatrix}=\begin{bmatrix}0 & 2\omega_{ie}\sin\phi & 0 & -g & 0\\ -2\omega_{ie}\sin\phi & 0 & g & 0 & 0\\ 0 & -R^{-1} & 0 & \omega_{ie}\sin\phi & -\omega_{ie}\cos\phi\\ R^{-1} & 0 & -\omega_{ie}\sin\phi & 0 & 0\\ R^{-1}\tan\phi & 0 & \omega_{ie}\cos\phi & 0 & 0\end{bmatrix}\begin{bmatrix}\Delta v_x\\ \Delta v_y\\ \varphi_{pgx}\\ \varphi_{pgy}\\ \varphi_{pgz}\end{bmatrix}+\begin{bmatrix}\nabla_E\\ \nabla_N\\ \varepsilon_E\\ \varepsilon_N\\ \varepsilon_\xi\end{bmatrix}\tag{6-88}$$

静基座半解析式指北方位系统的初始对准过程包括水平对准和方位对准两个过程。系统首先完成水平对准，此过程中仅系统的水平通道参与工作。水平对准结束后方位通道也参与工作，进行方位对准。在实际惯性导航系统中，通过一定的程序开关实现信号的转接。

6.8.2 指北方位系统的粗对准

1. 静基座水平粗对准

水平粗对准如图6-22所示，图中的平台控制器就是前面讲过的稳定回路。地球的自转角速度分量 $\omega_{ie}\cos\phi$ 必须加给北向陀螺，使平台相对惯性空间以 $\omega_{ie}\cos\phi$ 转动，以保持平台的水平。

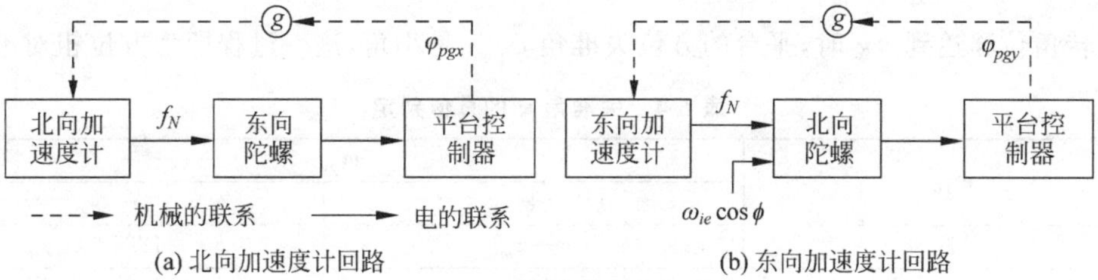

图6-22 平台的水平粗对准

快速扶正后，用水平加速度计输出信号到陀螺，陀螺通过平台控制器控制横滚环电机和俯仰环电机，驱动平台使水平加速度计的输出减小，这一过程即为水平粗对准，此时平台已接近水平。根据图6-22可以画出单通道水平粗对准框图，如图6-23所示。

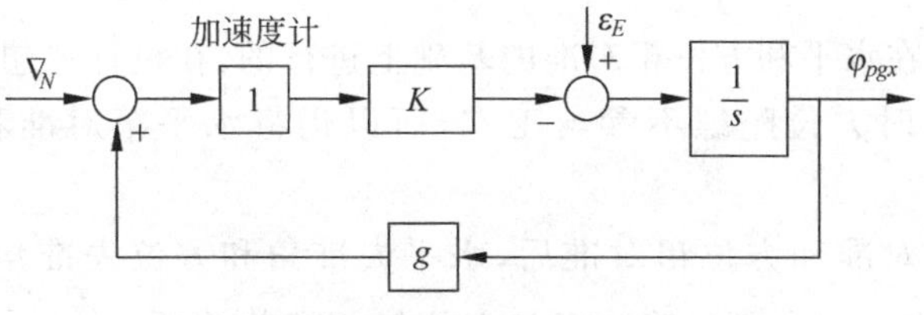

图6-23 单通道水平粗对准框图

系统的特征方程式为

$$s+Kg=0 \tag{6-89}$$

式中，时间常数为 $\tau=\dfrac{1}{Kg}$，其大小受陀螺允许的最大力矩器的输出电流限制，因此这种对准精度是按指数规律达到的。

稳态误差为

$$(\varphi_{pgx})_s=\frac{\varepsilon_E}{Kg}+\frac{\nabla_N}{g} \tag{6-90}$$

这种自对准的精度，最终取决于陀螺漂移和加速度计的零位误差。为了缩短自对准的时间，还可以把加速度计的输出信号直接输给平台控制器，用提高系统增益的办法，在较短时间达到粗对准的目的。

2. 静基座方位粗对准

设平台的水平轴与东向和北向间的夹角为 κ，如图 6-24 所示。

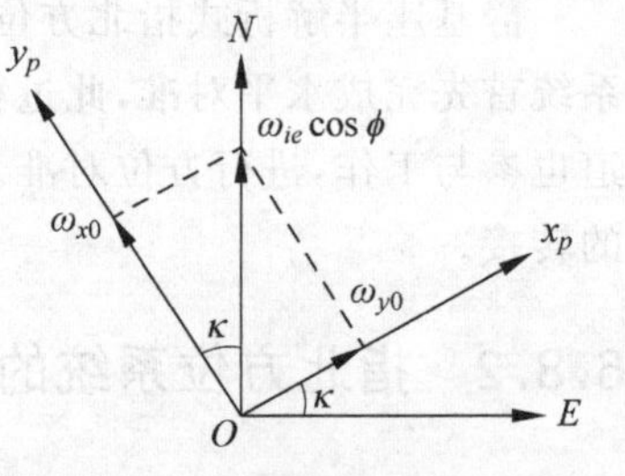

图 6-24 平台的方位粗对准

此时 x 陀螺和 y 陀螺都能感测到地球自转角速度的北向分量。设 x 陀螺(北向陀螺)和 y 陀螺(东向陀螺)的输出分别为 ω_{x0} 和 ω_{y0}，则

$$\begin{cases}\omega_{x0}\approx\omega_{ie}\cos\phi\sin\kappa\\ \omega_{y0}\approx\omega_{ie}\cos\phi\cos\kappa\end{cases} \tag{6-91}$$

所以 $\kappa_m\approx\arctan\dfrac{\omega_{x0}}{\omega_{y0}}$，按表 6-4 判定 κ 真值后，对方位陀螺施矩，驱动平台绕方位轴旋转，当旋转角位移达到 $-\kappa$ 时，平台的方位失准角 φ_{pgz} 是小角，这一过程即为方位粗对准。

表 6-4 失准角 κ 的真值判定

ω_{x0}	ω_{y0}	
	+	−
+	$\kappa=\kappa_m$	$\kappa=180^\circ+\kappa_m$
−	$\kappa=360^\circ+\kappa_m$	$\kappa=180^\circ+\kappa_m$

6.8.3 指北方位系统的精对准

1. 静基座水平精对准

水平精对准是在水平和方位粗对准的基础上进行的，在设计思想上有比较丰富的内容。由于水平对准时方位陀螺不参与工作，所以仍将水平精对准和方位精对准分开讨论。

平台经水平粗对准和方位粗对准后，水平失准角和方位失准角都可被视为小角，φ_{pgx} 和 φ_{pgy} 间的交叉耦合可忽略。但与方位偏差有关的项 $\varphi_{pgz}\omega_{ie}\cos\phi$ 仍保留，作为

常值误差项，此时水平通道的误差方程可简化为

$$\begin{cases}\Delta\dot{v}_x=-\varphi_{pgy}g+\nabla_E\\ \Delta\dot{v}_y=\varphi_{pgx}g+\nabla_N\\ \dot{\varphi}_{pgx}=-R^{-1}\Delta v_y-\varphi_{pgz}\omega_{ie}\cos\phi+\varepsilon_E\\ \dot{\varphi}_{pgy}=R^{-1}\Delta v_x+\varepsilon_N\end{cases}\tag{6-92}$$

式(6-92)由式(6-88)忽略一些项得到。由式(6-92)画出水平误差框图，如图 6-25 所示。

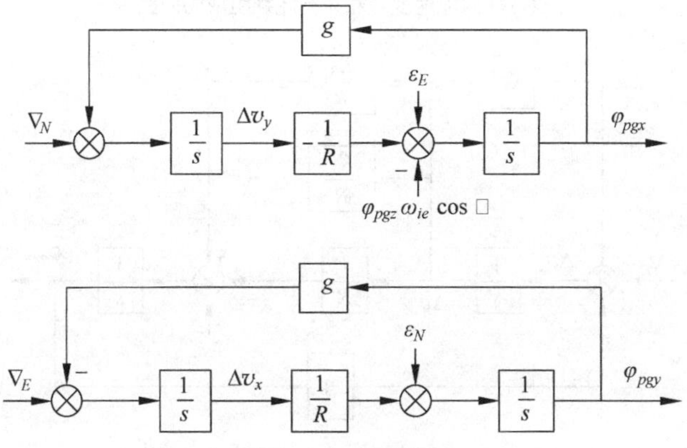

图 6-25 水平误差框图

由图 6-25 可以看出，两水平通道东向加速度计通道和北向加速度计通道实质上是舒勒回路，φ_{pgx} 和 φ_{pgy} 做无阻尼振荡，振荡周期为 84.4min。引进阻尼，提高快速性和精度，如图 6-26 所示，分别引入虚线、点画线和双点画线内反馈。

以北向加速度计和东向陀螺组成的回路为例，由图 6-26(a)看出，对准的基本原理是，北向加速度 A_N 的输出信号积分后，得 Δv_y；将 $\Delta v_y/R$ 加给东向陀螺力矩器，引起东向陀螺进动，进而控制平台运动；最后使北向加速度 A_N 的输出信号为零。现分析水平对准回路的特性。

(1) 当仅引入 K_1 内反馈环节时，有

$$\frac{\varphi_{pgx}(s)}{\nabla_N(s)}=\frac{\frac{1}{s+K_1}\cdot\frac{1}{R}\cdot(-1)\cdot\frac{1}{s}}{1-\frac{1}{s+K_1}\cdot\frac{1}{R}\cdot(-1)\cdot\frac{1}{s}g}=-\frac{\frac{1}{R}}{s^2+K_1s+\omega_s^2}\tag{6-93}$$

北向加速度计通道的特征多项式为

$$\Delta_1(s)=s^2+K_1s+\omega_s^2\tag{6-94}$$

阻尼比为 $\xi=\frac{K_1}{2\omega_s}$，自振频率为 $\omega_n=\omega_s$。

可见，系统虽然引入了阻尼比 ξ，φ_{pgx} 输出能收敛，但收敛速度非常慢，84.4min 才完成一个周期的衰减，因此称为二阶慢型水平对准回路。

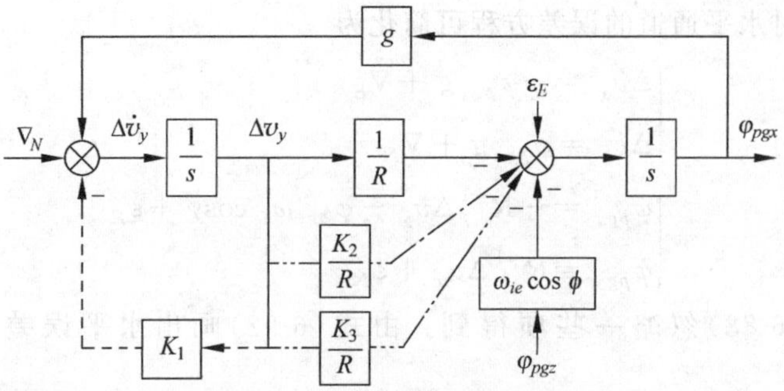

(a) 北向加速度计和东向陀螺组成的回路

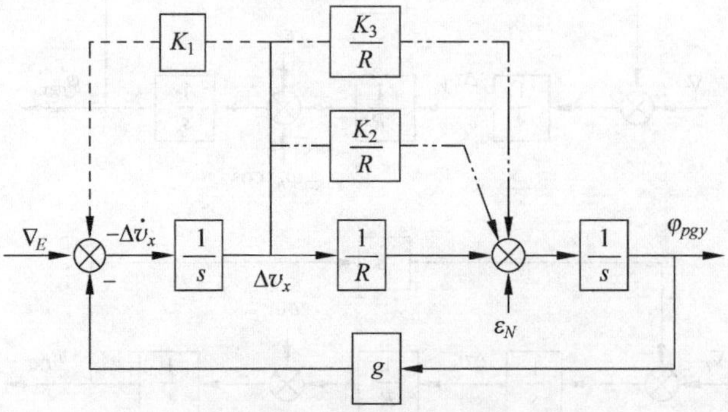

(b) 东向加速度计和北向陀螺组成的回路

图 6-26 水平精对准回路方框图

(2) 引入 K_1 后，再接入 K_2/R 点画线回路，此时

$$\frac{\varphi_{pgx}(s)}{\nabla_N(s)}=\frac{\frac{1}{s+K_1}\cdot\frac{1+K_2}{R}\cdot(-1)\cdot\frac{1}{s}}{1-\frac{1}{s+K_1}\cdot\frac{1+K_2}{R}\cdot(-1)\cdot\frac{1}{s}g}=-\frac{\frac{1+K_2}{R}}{s^2+K_{1s}+(1+K_2)\omega_s^2}\tag{6-95}$$

系统的特征多项式为

$$\Delta_2(s)=s^2+K_1s+(1-K_2)\omega_s^2\tag{6-96}$$

阻尼比为 $\xi=\frac{K_1}{2\sqrt{1+K_2}\,\omega_s}$，自振频率为 $\omega_n=\sqrt{1+K_2}\,\omega_s$。适当选择 K_2 可加快收敛，该回路称为二阶快型水平对准回路。

现在再分析对准精度。将 ∇_N，ε_E，φ_{pgz} 均看作常值，则根据图 6-26，有

$$\varphi_{pgx}(s)=\frac{\left(\frac{\varepsilon_E}{s}-\frac{\varphi_{pgz}\omega_{ie}\cos\phi}{s}\right)\frac{1}{s}-\frac{\nabla_N}{s}\frac{1}{s+K_1}\frac{1+K_2}{R}\frac{1}{s}}{1-\frac{1}{s+K_1}\cdot\frac{1+K_2}{R}\cdot(-1)\cdot\frac{1}{s}g}$$

$$=\frac{(s+K_1)(\varepsilon_E-\varphi_{pgz}\omega_{ie}\cos\phi)-\nabla_N(1+K_2)\omega_s^2/g}{s(s^2+K_1s+(1+K_2)\omega_s^2)}\tag{6-97}$$

对准的稳态误差为

$$(\varphi_{pgx})_{ss}=\lim_{s\to 0}s\varphi_{pgx}(s)=\frac{K_1}{(1+K_2)\omega_s^2}(\varepsilon_E-\varphi_{pgz}\omega_{ie}\cos\phi)-\frac{\nabla_N}{g} \tag{6-98}$$

(3) 为了消除 ε_E 和 φ_{pgz} 对 φ_{pgx} 的影响，引入 K_1 和 K_2/R 后，再引入 K_3/R 回路，有

$$\varphi_{pgx}(s)=\frac{\left(\dfrac{\varepsilon_E}{s}-\dfrac{\varphi_{pgz}\omega_{ie}\cos\phi}{s}\right)\dfrac{1}{s}+\dfrac{\nabla_N}{s}\cdot\dfrac{1}{s+K_1}\cdot\left(\dfrac{1+K_2}{R}+\dfrac{K_3}{s}\right)\cdot(-1)\cdot\dfrac{1}{s}}{1-\dfrac{1}{s+K_1}\cdot\left(\dfrac{1+K_2}{R}+\dfrac{K_3}{s}\right)\cdot(-1)\cdot\dfrac{1}{s}g}$$

$$=\frac{(s+K_1)(\varepsilon_E-\varphi_{pgz}\omega_{ie}\cos\phi)-(s(1+K_2)/R+K_3)\nabla_N}{s(s^2+K_1s^2+(1+K_2)\omega_s^2s+gK_3)} \tag{6-99}$$

系统的特征多项式为

$$\Delta_3(s)=s^3+K_1s^2+(1+K_2)\omega_s^2s+gK_3 \tag{6-100}$$

该对准回路称为三阶水平对准回路。对准精度为

$$(\varphi_{pgx})_{ss}=\lim_{s\to 0}s\varphi_{pgx}(s)=\frac{\nabla_N}{g} \tag{6-101}$$

可见，三阶水平对准回路的对准精度不受 K_1，K_2，K_3 的影响，所以可根据对准要求的收敛速度来选这些参数。

设根据快速性要求，要求对准回路的衰减系数为 σ，阻尼自振频率为 ω_d，则三阶系统的特征根应为

$$\begin{cases}s_1=-\sigma\\ s_2=-\sigma+\mathrm{j}\omega_d\\ s_3=-\sigma-\mathrm{j}\omega_d\end{cases} \tag{6-102}$$

所以特征多项式为

$$\Delta_3(s)=(s+\sigma)(s+\sigma-\mathrm{j}\omega_d)=s^3+3\sigma s^2+(3\sigma^2+\omega_d^2)s+\sigma^3+\sigma\omega_d^2 \tag{6-103}$$

比较式(6-103)和式(6-100)系数，得

$$\begin{cases}K_1=3\sigma\\ (K_2+1)\omega_s^2=3\sigma^2+\omega_d^2\\ gK_3=\sigma^3+\omega_d^2\end{cases} \tag{6-104a}$$

即

$$\begin{cases}K_1=3\sigma\\ K_2=\dfrac{3\sigma^2+\omega_d^2}{\omega_s^2}-1\\ K_3=\dfrac{\sigma^2+\sigma\omega_d^2}{g}\end{cases} \tag{6-104b}$$

若已知系统要求的阻尼比为 ξ，衰减系数为 σ，则

$$\begin{cases} K_1 = 3\sigma \\ K_2 = \dfrac{\sigma^2}{\omega_s^2}\left(2 + \dfrac{1}{\xi^2}\right) - 1 \\ K_3 = \dfrac{\sigma^2}{g\xi^2} \end{cases} \tag{6-105}$$

对东向通道的分析方法与上类似。

采用三阶水平对准回路时，φ_{pgy} 达到的稳态值为

$$(\varphi_{pgy})_{ss} = \frac{\nabla_E}{g} \tag{6-106}$$

式(6-101)和式(6-106)给出了惯性导航系统的水平对准极限精度，可见水平对准精度取决于水平加速度计的精度。

说明，当所有干扰量均为常值时，原则上三阶水平对准回路在动基座的条件下，也有

$$\begin{cases} (\varphi_{pgx})_{ss} = \dfrac{\nabla_N}{g} \\ (\varphi_{pgy})_{ss} = \dfrac{\nabla_E}{g} \end{cases} \tag{6-107}$$

所以，三阶水平对准回路在动基座的条件下也可以达到很高的对准精度。

2. 静基座方位精对准的陀螺测漂计算法

经水平精对准后，将东向和北向通道都接成二阶快型水平对准回路，如图 6-27 所示。

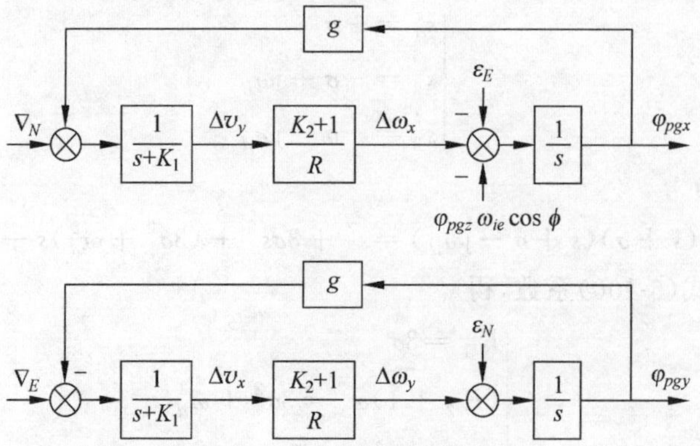

图 6-27　二阶快型水平对准回路

水平对准结束后，有平衡条件 $\dot{\varphi}_{pgx} = \dot{\varphi}_{pgy} = 0$ 成立。由图 6-27 得

$$\begin{cases} 0 = -\dfrac{1 + K_2}{R}\Delta v_y - \varphi_{pgz}\omega_{ie}\cos\phi + \varepsilon_E \\ 0 = \dfrac{1 + K_2}{R}\Delta v_x + \varepsilon_N \end{cases} \tag{6-108}$$

记

$$\begin{cases}\Delta\omega_x=\dfrac{K_2+1}{R}\Delta v_y\\ \Delta\omega_y=\dfrac{K_2+1}{R}\Delta v_x\end{cases}\tag{6-109}$$

显然，$\Delta\omega_x$ 是对 x 陀螺 G_E 的误差控制信号，$\Delta\omega_y$ 是对 y 陀螺的误差控制信号。$\Delta\omega_x$ 通过测量 x 陀螺力矩器中的施矩电流而获得；$\Delta\omega_y$ 的获取方法为测量 y 陀螺力矩器中的施矩电流，用力矩器转换系数折算成角速度，再用该角速度减去 $\omega_{ie}\cos\phi$。所以式(6-109)可写成

$$\begin{cases}\Delta\omega_x=-\varphi_{pgz}\omega_{ie}\cos\phi+\varepsilon_E\\ \Delta\omega_y=-\varepsilon_N\end{cases}\tag{6-110}$$

有

$$\varphi_{pgz}=\frac{\varepsilon_E-\Delta\omega_x}{\omega_{ie}\cos\phi}\tag{6-111}$$

$$\varepsilon_N=-\Delta\omega_y\tag{6-112}$$

式(6-112)称为北向陀螺 G_N 的测漂公式。

对方为陀螺 G_ξ 施矩，使方位环反时针旋转 90°，并将转动之前的位置称为Ⅰ位置，转动之后的位置称为Ⅱ位置。注意到平台旋转过程中，陀螺漂移不会改变，则Ⅰ位置上的东向漂移即 x 陀螺 G_E 的漂移。Ⅱ位置上的西向漂移为 y 陀螺 G_N 的漂移，即

$$\begin{cases}\varepsilon_E^{\mathrm{I}}=\varepsilon_x=-\Delta\omega_x^{\mathrm{II}}\\ \varepsilon_E^{\mathrm{II}}=-\varepsilon_y=\Delta\omega_y^{\mathrm{I}}\end{cases}\tag{6-113}$$

由测漂公式(6-112)和式(6-113)，得

$$\varphi_{pgz}=\frac{\varepsilon_E^{\mathrm{I}}-\Delta\omega_x^{\mathrm{I}}}{\omega_{ie}\cos\phi}=-\frac{\Delta\omega_x^{\mathrm{I}}+\Delta\omega_x^{\mathrm{II}}}{\omega_{ie}\cos\phi}\tag{6-114}$$

$$\varphi_{pgz}=\frac{\varepsilon_E^{\mathrm{II}}-\Delta\omega_x^{\mathrm{II}}}{\omega_{ie}\cos\phi}=\frac{\Delta\omega_y^{\mathrm{I}}-\Delta\omega_x^{\mathrm{II}}}{\omega_{ie}\cos L}\tag{6-115}$$

按式(6-114)或式(6-115)计算出 φ_{pgz} 后，对方位陀螺 G_ξ 再一次施矩，施矩量对应 $-(90°+\varphi_{pgz})$，使方位环顺时针旋转$(90°+\varphi_{pgz})$，既消除了 φ_{pgz} 又使 x_p 轴指向东，y_p 轴指向北。

6.9 游动方位惯性导航系统

游动方位惯性导航系统的平台系仍为当地水平面坐标系。游动方位系统避开了指北方位系统在高纬度地区对方位陀螺的施矩困难；在计算方向余弦阵中，比自由方位系统的计算量小，所以游动方位系统是水平式平台惯性导航设计中的首选方案。本节讲述游动方位系统的机械编排和初始对准。

6.9.1 游动方位系统的机械编排方程

1. 方向余弦矩阵

如图 6-28 所示，游动方位惯性导航系统平台跟踪当地水平面；在载体运动过程中方位没有确定的指向。平台绕 Oz_p 轴只跟踪地球本身的转动，而不跟踪由载体运动而引起的当地地理坐标系相对惯性系的转动角速率。游动方位惯性导航平台虽在水平面内，但它的方位既不指北，也不指惯性空间，好像在“游动”，故称该系统为游动方位惯性导航系统。

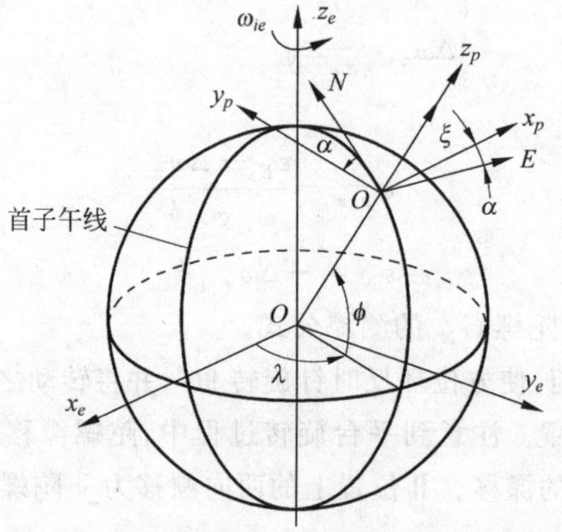

图 6-28 游动方位平台系(p)与地理系(g)、地球系(e)

由游动方位系统的定义，以及地理坐标系(g)与地球坐标系(e)的关系，有方向余弦矩阵

$$\boldsymbol{C}_e^p = \boldsymbol{C}_g^p \boldsymbol{C}_e^g = \begin{bmatrix} \cos\alpha & \sin\alpha & 0 \\ -\sin\alpha & \cos\alpha & 0 \\ 0 & 0 & 1 \end{bmatrix} \begin{bmatrix} -\sin\lambda & \cos\lambda & 0 \\ -\sin\phi\cos\lambda & -\sin\phi\sin\lambda & \cos\phi \\ \cos\phi\cos\lambda & \cos\phi\sin\lambda & \sin\phi \end{bmatrix}$$

$$= \begin{bmatrix} -\cos\alpha\sin\lambda - \sin\alpha\sin\phi\cos\lambda & \cos\alpha\cos\lambda - \sin\alpha\sin\phi\sin\lambda & \sin\alpha\cos\phi \\ \sin\alpha\sin\lambda - \cos\alpha\sin\phi\cos\lambda & -\sin\alpha\cos\lambda - \cos\alpha\sin\phi\cos\lambda & \cos\alpha\cos\phi \\ \cos\phi\cos\lambda & \cos\phi\sin\lambda & \sin\phi \end{bmatrix}$$

$$= \begin{bmatrix} c_{11} & c_{12} & c_{13} \\ c_{21} & c_{22} & c_{23} \\ c_{31} & c_{32} & c_{33} \end{bmatrix} \tag{6-116}$$

2. 平台指令角速度

游动方位惯性导航系统平台跟踪当地水平面，在地面静基座上工作时，它同指北系统一样，平台相对地球没有表观的运动，而在载体运动过程中方位与 ON 轴之间存在游动方位角 α。

游动方位惯性导航系统加给平台的指令角速率与指北方位惯性导航系统平台指令角速率的内容相似,包括两部分：由于地球自转和飞行速度引起的位置速率。由于平台方位与地理坐标系之间相差一个游移角 α,所以,平台的指令角速率为

$$\begin{cases}\omega_{ipx}^{p}=\omega_{ie}\cos\phi\sin\alpha+\omega_{epx}^{p}=c_{13}\omega_{ie}+\omega_{epx}^{p}\\ \omega_{ipy}^{p}=\omega_{ie}\cos\phi\cos\alpha+\omega_{epy}^{p}=c_{23}\omega_{ie}+\omega_{epy}^{p}\\ \omega_{ipz}^{p}=\omega_{ie}\sin\phi=c_{33}\omega_{ie}\end{cases}\tag{6-117}$$

式中,c_{13},c_{23},c_{33} 为 C_{e}^{p} 对应元素；$\omega_{epx}^{p},\omega_{epy}^{p}$ 为平台相对地球的运动引起的位置角速率。它们与平台的 v_{x}^{p},v_{y}^{p} 位置有关,还与载体所在位置的地球曲率半径 R_{m},R_{n} 以及平台的游移角 α 有关。

平台的指令角速率为

$$\omega_{ip}^{p}=\omega_{ip}^{p}+\omega_{ep}^{p}=C_{ep}^{p}\omega_{ie}^{e}+\omega_{ep}^{p}\tag{6-118}$$

注意到式(6-25)的 $\omega_{epz}^{p}=0$,式(6-118)可具体表达为

$$\begin{bmatrix}\omega_{ipx}^{p}\\ \omega_{ipy}^{p}\\ \omega_{ipz}^{p}\end{bmatrix}=\begin{bmatrix}c_{11}&c_{12}&c_{13}\\ c_{21}&c_{22}&c_{23}\\ c_{31}&c_{32}&c_{33}\end{bmatrix}\begin{bmatrix}0\\ 0\\ \omega_{ie}\end{bmatrix}+\begin{bmatrix}\omega_{epx}^{p}\\ \omega_{epy}^{p}\\ \omega_{epz}^{p}\end{bmatrix}=\begin{bmatrix}c_{13}\omega_{ie}+\omega_{epx}^{p}\\ c_{23}\omega_{ie}+\omega_{epy}^{p}\\ c_{33}\omega_{ie}+\omega_{epz}^{p}\end{bmatrix}\tag{6-119}$$

下面推导位置角速率 ω_{ep}^{p} 方程,由 $\omega_{ep}^{p}=\omega_{eg}^{p}+\omega_{gp}^{p}=C_{g}^{p}\omega_{eg}^{g}+\omega_{gp}^{p}$,即

$$\begin{bmatrix}\omega_{epx}^{p}\\ \omega_{epy}^{p}\\ \omega_{epz}^{p}\end{bmatrix}=\begin{bmatrix}\cos\alpha&\sin\alpha&0\\ -\sin\alpha&\cos\alpha&0\\ 0&0&1\end{bmatrix}\begin{bmatrix}\omega_{egE}^{g}\\ \omega_{egN}^{g}\\ \omega_{eg\xi}^{g}\end{bmatrix}+\begin{bmatrix}0\\ 0\\ \dot{\alpha}\end{bmatrix}\tag{6-120}$$

$$\begin{bmatrix}\omega_{epx}^{p}\\ \omega_{epy}^{p}\end{bmatrix}=\begin{bmatrix}\cos\alpha&\sin\alpha\\ -\sin\alpha&\cos\alpha\end{bmatrix}\begin{bmatrix}\omega_{egE}^{g}\\ \omega_{egN}^{g}\end{bmatrix}\tag{6-121}$$

其中由式(6-4)得

$$\begin{bmatrix}\omega_{egE}^{g}\\ \omega_{egN}^{g}\end{bmatrix}=\begin{bmatrix}-\dfrac{v_{N}}{R_{\mathrm{m}}+H}\\ \dfrac{v_{E}}{R_{n}+H}\end{bmatrix}=\begin{bmatrix}0&-\dfrac{1}{R_{\mathrm{m}}+H}\\ \dfrac{1}{R_{n}+H}&0\end{bmatrix}\begin{bmatrix}v_{E}\\ v_{N}\end{bmatrix}\tag{6-122}$$

而 $v^{g}=C_{p}^{g}v^{\mathrm{p}}$,即

$$\begin{bmatrix}v_{E}\\ v_{N}\\ v_{\xi}\end{bmatrix}=\begin{bmatrix}\cos\alpha&-\sin\alpha&0\\ \sin\alpha&\cos\alpha&0\\ 0&0&1\end{bmatrix}\begin{bmatrix}v_{x}^{p}\\ v_{y}^{p}\\ v_{z}^{p}\end{bmatrix}\tag{6-123}$$

$$\begin{bmatrix}v_{E}\\ v_{N}\end{bmatrix}=\begin{bmatrix}\cos\alpha&-\sin\alpha\\ \sin\alpha&\cos\alpha\end{bmatrix}\begin{bmatrix}v_{x}^{p}\\ v_{y}^{p}\end{bmatrix}\tag{6-124}$$

将式(6-124)代入式(6-122)后,再代入式(6-121),得

$$\begin{bmatrix}\omega_{epx}^{p}\\ \omega_{epy}^{p}\end{bmatrix}=\begin{bmatrix}\cos\alpha & \sin\alpha\\ -\sin\alpha & \cos\alpha\end{bmatrix}\begin{bmatrix}0 & -\dfrac{1}{R_m+H}\\ \dfrac{1}{R_n+H} & 0\end{bmatrix}\begin{bmatrix}\cos\alpha & -\sin\alpha\\ \sin\alpha & \cos\alpha\end{bmatrix}\begin{bmatrix}v_x^p\\ v_y^p\end{bmatrix}$$

$$=\begin{bmatrix}-\dfrac{1}{\tau} & -\dfrac{1}{R_{yp}}\\ \dfrac{1}{R_{xp}} & \dfrac{1}{\tau}\end{bmatrix}\begin{bmatrix}v_x^p\\ v_y^p\end{bmatrix} \tag{6-125}$$

其中

$$\frac{1}{R_{xp}}=\frac{\sin^2\alpha}{R_m+H}+\frac{\cos^2\alpha}{R_n+H} \tag{6-126}$$

$$\frac{1}{R_{yp}}=\frac{\cos^2\alpha}{R_m+H}+\frac{\sin^2\alpha}{R_n+H} \tag{6-127}$$

$$\frac{1}{\tau}=\frac{1}{R_m+H}-\frac{1}{R_n+H}\sin\alpha\cos\alpha \tag{6-128}$$

式中，R_{xp} 和 R_{yp} 为等效曲率半径，$\frac{1}{\tau}$为扭曲率，$\frac{1}{R_{xp}}$和$\frac{1}{R_{yp}}$为地球沿平台轴 x_p 和 y_p 方向的曲率。

为了用 C_e^p 的元素表示式(6-126)～式(6-128)的 R_{xp}，R_{yp} 和 τ，做如下恒等变换处理。由式(6-116)得

$$\sin^2\alpha=\frac{c_{13}^2}{c_{13}^2+c_{23}^2} \tag{6-129}$$

$$\cos^2\alpha=\frac{c_{23}^2}{c_{13}^2+c_{23}^2} \tag{6-130}$$

$$\sin\alpha\cos\alpha=\frac{c_{13}c_{23}}{c_{13}^2+c_{23}^2} \tag{6-131}$$

$$\frac{1}{R_m+H}\approx\frac{1}{R_e+H}(1+2e-3e\sin^2\phi)=\frac{1}{R_e+H}(1+2e-3ec_{33}^2) \tag{6-132a}$$

$$\frac{1}{R_n+H}\approx\frac{1}{R_e+H}(1-e\sin^2\phi)=\frac{1}{R_e+H}(1-ec_{33}^2) \tag{6-132b}$$

将各式代入式(6-125)，整理得

$$\omega_{epx}^{p}=-\frac{2e}{R_e+H}c_{13}c_{23}v_x^p-\frac{1}{R_e+H}(1-ec_{33}^2+2ec_{23}^2)v_y^p \tag{6-133a}$$

$$\omega_{epy}^{p}=-\frac{1}{R_e+H}(1-ec_{33}^2+2ec_{13}^2)v_x^p+\frac{2e}{R_e+H}c_{13}c_{23}v_y^p \tag{6-133b}$$

这样，将式(6-133)代入式(6-118)，得平台的指令角速率为

$$\begin{bmatrix}\omega_{ipx}^{p}\\ \omega_{ipy}^{p}\\ \omega_{ipz}^{p}\end{bmatrix}=\begin{bmatrix}c_{13}\omega_{ie}+\omega_{epx}^{p}\\ c_{23}\omega_{ie}+\omega_{epy}^{p}\\ c_{33}\omega_{ie}+\omega_{epz}^{p}\end{bmatrix}=\begin{bmatrix}c_{13}\omega_{ie}-\dfrac{2e}{R_e}c_{13}c_{23}v_x^p-\dfrac{1}{R_e}(1-ec_{33}^2+2ec_{23}^2)v_y^p\\ c_{23}\omega_{ie}-\dfrac{1}{R_e}(1-ec_{33}^2+2ec_{13}^2)v_x^p+\dfrac{2e}{R_e}c_{13}c_{23}v_y^p\\ c_{33}\omega_{ie}\end{bmatrix} \tag{6-134}$$

3. 导航参数解算

1）地速的计算

比力方程(加速度计输出)为

$$\boldsymbol{f}^p=\dot{\boldsymbol{v}}_{ep}^p+(2C_e^p\omega_{ie}^e+\omega_{ep}^p)\times\boldsymbol{v}_{ep}^p-g^p \tag{6-135}$$

可推导出(推导略)游动方位系统的水平速度微分方程

$$\dot{v}_x^p=f_x^p+2\omega_{ie}c_{33}v_y^p \tag{6-136}$$

$$\dot{v}_y^p=f_y^p-2\omega_{ie}c_{33}v_x^p \tag{6-137}$$

式中，v_x^p，v_y^p 为平台沿游动方位坐标系 x 和 y 轴的速度；f_x^p，f_y^p 为加速度计测出的比力信号。

地速 v 的大小为

$$v=\sqrt{(v_x^p)^2+(v_y^p)^2} \tag{6-138}$$

2）经度 λ、纬度 ϕ 和游移方位角 α 计算

由式(6-116)C_e^p 的表达，得

$$\lambda_{主}=\arctan\frac{c_{32}}{c_{31}} \tag{6-139}$$

$$\phi=\arcsin c_{33} \tag{6-140}$$

$$\alpha_{主}=\arctan\frac{c_{13}}{c_{23}} \tag{6-141}$$

3）高度计算

纯惯性高度通道是发散的，与指北系统一样，要用外来高度参考信息引入阻尼。

4）姿态角的获取

游动方位惯性导航系统的平台方位(y_p)与真北方向之间存在游动方位角 α，逆时针为正，如图 6-29 所示。

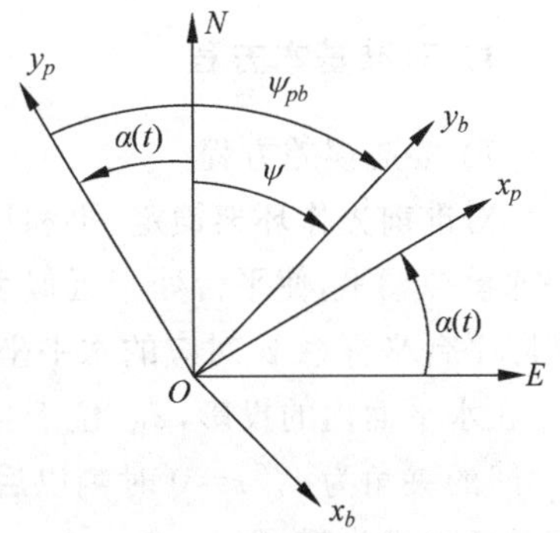

图 6-29 载体的航向角

由图得载体的航向角为

$$\psi=\psi_{pb}-\alpha \tag{6-142}$$

其中平台航向角 ψ_{pb} 从平台环架轴上读取，顺时针为正。$\alpha_{主}=\arctan\dfrac{c_{13}}{c_{23}}$考虑正值。从平台的外横滚轴和

俯仰轴直接读取得到倾斜角 γ 和俯仰角 θ。

4. 方向余弦阵的求解 $\boldsymbol{C}_e^p$

各导航参数都由方向余弦矩阵的各元素 $c_{11}, c_{12}, \cdots, c_{33}$ 确定。因此，C_e^p 的求解很重要。C_e^p 反映了游移方位平台系 $Ox_p y_p z_p$ 与地球系 $Ox_e y_e z_e$ 之间的关系。系统工作过程中，在地面对准平台，输入载体的起始位置参数 ϕ_0 和 λ_0，并估算出 α_0。用这三个基本参数代入矩阵，得到起始矩阵 $\boldsymbol{C}_e^p(t=0)$。随着载体位置 ϕ,λ 的变化及游移角 α 的变化，$\boldsymbol{C}_e^p$ 也随之变化。

$\boldsymbol{C}_e^p$ 由计算机不断地算出更新。新的 $\boldsymbol{C}_e^p$ 为起始值加变化值，即

$$\boldsymbol{C}_e^p(t) = \boldsymbol{C}_e^p(t_0) + \Delta\boldsymbol{C}_e^p(t) \tag{6-143}$$

下面不加推导，给出 $\boldsymbol{C}_e^p$ 的微分方程为

$$\dot{\boldsymbol{C}}_e^p = -(\boldsymbol{\omega}_{ep}^p \times)\boldsymbol{C}_e^p \tag{6-144}$$

$$\begin{bmatrix} \dot{c}_{11} & \dot{c}_{12} & \dot{c}_{13} \\ \dot{c}_{21} & \dot{c}_{22} & \dot{c}_{23} \\ \dot{c}_{31} & \dot{c}_{32} & \dot{c}_{33} \end{bmatrix} = \begin{bmatrix} 0 & \omega_{epz}^p & -\omega_{epy}^p \\ -\omega_{epz}^p & 0 & \omega_{epx}^p \\ \omega_{epy}^p & -\omega_{epx}^p & 0 \end{bmatrix} \begin{bmatrix} c_{11} & c_{12} & c_{13} \\ c_{21} & c_{22} & c_{23} \\ c_{31} & c_{32} & c_{33} \end{bmatrix} \tag{6-145}$$

由于 $\boldsymbol{C}_e^p$ 为单位正交矩阵，可删去任意一列，仅需解 6 个微分方程，再根据单位正交矩阵的逆与转置相等，利用 3 个代数余子约束方程，即可确定出 $\boldsymbol{C}_e^p$。

6.9.2 游动方位系统的初始对准

游动方位系统的水平对准与指北方位系统相似，也是靠物理方法将平台控制在当地水平面内。但方位对准与指北系统截然不同。但指北系统方位对准是靠物理方法控制平台的 y_p 轴精确指北，而游动方位系统是靠精确确定出游移方位角 α 实现方位对准。在对准过程中，指北系统先完成水平精对准，再作方位对准，而游动方位系统的水平对准和方位对准是交替进行的。游动方位惯性导航系统的对准主要在两个水平回路进行，首先了解水平通道的误差情况。

1. 对准基本方程

1) 姿态误差方程

对准前先作环架锁定，再利用水平加速度计输出控制平台的水平轴伺服电机，实现快速模拟调平，使平台处于近似水平状态。设在 $t=0$ 时刻开始系统作水平精对准，即与实际平台坐标系 p 对应的水平坐标系为理想平台坐标系 W，即 x_W 和 y_W 分别是 x_p 和 y_p 在水平面内的投影，z_W 位于当地垂线，向上为正，设系统的游移方位角为 α，即 x_W 与 x_g 间的夹角为 α。$t=0$ 时刻以后实际平台坐标系 p 相对理想平台坐标系 W 绕方位轴的偏差角可视为零，即

$$\varphi_z = 0 \tag{6-146}$$

由此得 $\dot{\varphi}_z=0$，即 $\omega_{ipz}^W=0$。也可以写为 $\omega_{ipz}^W-\omega_{iWz}^W=0$，这说明理想平台坐标系 W 在方位上跟随实际平台坐标系 p。

此外，由于 W 坐标系的水平轴跟踪地球旋转角速度的水平分量，即

$$\begin{cases}\omega_{iWx}^W=\omega_{ie}\cos\phi\sin\alpha \\ \omega_{iWy}^W=\omega_{ie}\cos\phi\cos\alpha\end{cases} \tag{6-147}$$

不计陀螺力矩器和伺服回路的误差，则实际平台系 p 的角速度为

$$\omega_{ip}=\omega_{cmd}+\varepsilon \tag{6-148}$$

式中，ε 为陀螺漂移，ω_{cmd} 为指令角速度。

注意到静基座条件下，x 通道和 y 通道的速度输出为速度误差 Δv_x 和 Δv_y，略去高程 H 和关于速度误差与扁率 e 形成的二阶小量，得

$$\begin{bmatrix}\omega_{cmdx}^p \\ \omega_{cmdy}^p \\ \omega_{cmdz}^p\end{bmatrix}=\begin{bmatrix}\omega_{ie}\cos\phi\sin\alpha_c-\dfrac{\Delta v_y}{R} \\ \omega_{ie}\cos\phi\cos\alpha_c-\dfrac{\Delta v_x}{R} \\ \omega_{ie}\sin\phi\end{bmatrix} \tag{6-149}$$

式中，α_c 为游移方位角 α 的估算值。

将式(6-149)代入式(6-148)得

$$\begin{bmatrix}\omega_{ipx}^p \\ \omega_{ipy}^p \\ \omega_{ipz}^p\end{bmatrix}=\begin{bmatrix}\omega_{ie}\cos\phi\sin\alpha_c-\dfrac{\Delta v_y}{R}+\varepsilon_x \\ \omega_{ie}\cos\phi\cos\alpha_c-\dfrac{\Delta v_x}{R}+\varepsilon_y \\ \omega_{ie}\sin\phi+\varepsilon_z\end{bmatrix} \tag{6-150}$$

类似于式(6-45)，有

$$\begin{gathered}\boldsymbol{C}_W^p\approx\begin{bmatrix}1 & 0 & -\varphi_y \\ 0 & 1 & \varphi_x \\ \varphi_y & -\varphi_x & 1\end{bmatrix} \\ \boldsymbol{C}_p^W\approx\begin{bmatrix}1 & 0 & \varphi_y \\ 0 & 1 & -\varphi_x \\ -\varphi_y & \varphi_x & 1\end{bmatrix}\end{gathered} \tag{6-151}$$

所以

$$\begin{bmatrix}\omega_{ipx}^W \\ \omega_{ipy}^W \\ \omega_{ipz}^W\end{bmatrix}=\begin{bmatrix}1 & 0 & \varphi_y \\ 0 & 1 & -\varphi_x \\ -\varphi_y & \varphi_x & 1\end{bmatrix}\begin{bmatrix}\omega_{ie}\cos\phi\sin\alpha_c-\dfrac{\Delta v_y}{R}+\varepsilon_x \\ \omega_{ie}\cos\phi\cos\alpha_c-\dfrac{\Delta v_x}{R}+\varepsilon_y \\ \omega_{ie}\sin\phi+\varepsilon_z\end{bmatrix} \tag{6-152}$$

由式(6-152)，略去误差的二阶小量，得

$$\omega_{iWz}^W=\omega_{ipz}^W=\omega_{ie}\sin\phi+\varepsilon_z-\varphi_y\cos\phi\sin\alpha_c+\varphi_x\omega_{ie}\cos\phi\cos\alpha_c \tag{6-153}$$

由式(6-147)和式(6-153)，得

$$\begin{bmatrix}\omega_{iWx}^{W}\\ \omega_{iWy}^{W}\\ \omega_{iWz}^{W}\end{bmatrix}=\begin{bmatrix}\omega_{ie}\cos\phi\sin\alpha\\ \omega_{ie}\cos\phi\cos\alpha\\ \omega_{ie}\sin\phi+\varepsilon_z-\varphi_y\omega_{ie}\cos\phi\sin\alpha_c+\varphi_x\omega_{ie}\cos\phi\cos\alpha_c\end{bmatrix} \tag{6-154}$$

由于

$$\varphi^p=\omega_{ip}^p-C_W^p\omega_{iW}^W \tag{6-155}$$

由此得用于对准的姿态误差方程为

$$\begin{bmatrix}\dot{\varphi}_x\\ \dot{\varphi}_y\\ \dot{\varphi}_z\end{bmatrix}=\begin{bmatrix}\omega_{ie}\cos\phi\sin\alpha_c-\dfrac{\Delta v_y}{R}+\varepsilon_x\\ \omega_{ie}\cos\phi\cos\alpha_c+\dfrac{\Delta v_x}{R}+\varepsilon_y\\ \omega_{ie}\sin\phi+\varepsilon_z\end{bmatrix}-$$

$$\begin{bmatrix}1 & 0 & -\varphi_y\\ 0 & 1 & \varphi_x\\ \varphi_y & -\varphi_x & 1\end{bmatrix}\begin{bmatrix}\omega_{ie}\cos\phi\sin\alpha\\ \omega_{ie}\cos\phi\cos\alpha\\ \omega_{ie}\sin\phi+\varepsilon_z-\varphi_y\omega_{ie}\cos\phi\sin\alpha_c+\varphi_x\omega_{ie}\cos\phi\cos\alpha_c\end{bmatrix} \tag{6-156}$$

(2) 速度误差方程。

静基座条件下，$v_x^W=v_y^W=v_z^W=0$，$f_x^W=f_y^W=0$，对准点纬度精确已知 $\Delta\phi=0$，$f=-g$，$f_z^W=g$。略去通道间的交叉耦合，由式(6-92)可得用于对准的速度误差方程：

$$\begin{cases}\Delta\dot{v}_x=-\varphi_y g+\nabla_x\\ \Delta\dot{v}_y=\varphi_x g+\nabla_y\end{cases} \tag{6-157}$$

2. 对准过程分析

根据式(6-156)和式(6-157)，略去通道间的耦合，可画出水平通道，如图 6-30 所示。

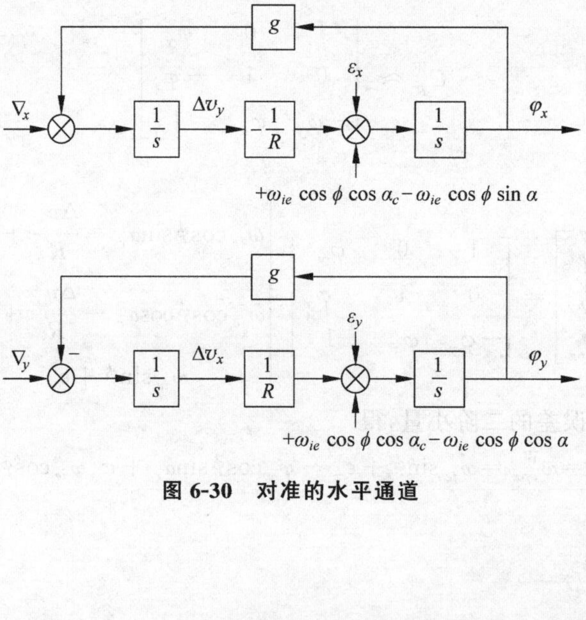

图 6-30 对准的水平通道

图 6-30 中，$\omega_{ie}\cos\phi\sin\alpha$ 和 $\omega_{ie}\cos\phi\cos\alpha$ 是基座具有的角速度，是未知的。$\omega_{ie}\cos\phi\sin\alpha_c$ 和 $\omega_{ie}\cos\phi\cos\alpha_c$ 是对陀螺的施矩量，如果两者相等，则平台跟踪地球旋转且保持水平，$\alpha=\alpha_c$，即游移方位角可以从陀螺的施矩量中求取。但 $\alpha_c=0$ 也是未知的，需对其进行估算。

α_c 估算是建立在水平对准基础上，不可能一次就精确地估算出来，只能逐步进行。假设 $\alpha_c=0$ 就是第一次估算，它可能不正确，要通过对水平回路修正后的测试来判断。

水平对准回路达到稳态后 $\dot{\varphi}_x=0,\dot{\varphi}_y=0$，在 $\alpha_c=0$ 条件下，有

$$\begin{cases}-\dfrac{K_2+1}{R}\Delta v_y-\omega_{ie}\cos\phi\sin\alpha+\varepsilon_x=0\\ \dfrac{K_2+1}{R}\Delta v_x-\omega_{ie}\cos\phi\cos\alpha+\varepsilon_y=0\end{cases}\tag{6-158}$$

其中加给两个陀螺力矩器的指令设为

$$\begin{cases}\omega_{cx}^p=-\dfrac{K_2+1}{R}\Delta v_y\\ \omega_{cy}^p=\dfrac{K_2+1}{R}\Delta v_x\end{cases}\tag{6-159}$$

由于施矩误差远大于陀螺漂移，所以略去陀螺漂移的影响，可近似为

$$\begin{cases}\omega_{cx}^p\approx\omega_{ie}\cos\phi\sin\alpha_c\\ \omega_{cy}^p\approx\omega_{ie}\cos\phi\cos\alpha_c\end{cases}\tag{6-160a}$$

得

$$\alpha_{c1}=\arctan\frac{\omega_{cx}^p}{\omega_{cy}^p}\tag{6-160b}$$

为了提高估算值的可靠度，减少测量误差的影响，可在一段时间内取平均值

$$\begin{cases}\bar{\omega}_{cx}^p=\dfrac{1}{n}\sum\limits_{i=1}^{n}\omega_{cxi}^p=-\dfrac{K_2+1}{R}\Delta\bar{v}_y\\ \bar{\omega}_{cy}^p=\dfrac{1}{n}\sum\limits_{i=1}^{n}\omega_{cyi}^p=\dfrac{K_2+1}{R}\Delta\bar{v}_x\end{cases}\tag{6-161}$$

式中，$\Delta\bar{v}_x=\dfrac{1}{n}\sum\limits_{i=1}^{n}\Delta v_{xi}$，$\Delta\bar{v}_y=\dfrac{1}{n}\sum\limits_{i=1}^{n}\Delta v_{yi}$

由式(6-160)知

$$\frac{(\bar{\omega}_{cx}^p)^2+(\bar{\omega}_{cy}^p)^2}{\omega_{ie}^2\cos^2\phi}\approx1\tag{6-162}$$

所以 α_{c1} 的可信程度可通过下式检验

$$0.875\leqslant\frac{\left(\dfrac{K_2+1}{R}\cdot\Delta\bar{v}_y\right)^2+\left(\omega_{ie}\cos\phi+\dfrac{K_2+1}{R}\cdot\Delta\bar{v}_x\right)^2}{\omega_{ie}^2\cos^2\phi}\leqslant1.25\tag{6-163}$$

若上式成立，则计算出的 α_{c1} 是可信的；若不成立，则必须重新测量和计算，直至式(6-163)

成立。

若 α_{c1} 经检验后可信，则 $\Delta\alpha=\alpha_{c1}-\alpha$ 已经很小（小角），因有

$$\begin{cases}-\dfrac{K_2+1}{R}\Delta v_y-\omega_{ie}\cos\phi\sin\alpha+\varepsilon_x=\dot{\varphi}_x\\ \dfrac{K_2+1}{R}\Delta v_x-\omega_{ie}\cos\phi\cos\alpha+\varepsilon_y=\dot{\varphi}_y\end{cases}\tag{6-164}$$

将 $\alpha_{c1}=\alpha+\Delta\alpha$ 代入上式，则得

$$\begin{cases}-\dfrac{K_2+1}{R}\Delta v_y+\omega_{ie}\cos\phi\cos\alpha_{c1}+\varepsilon_x=\dot{\varphi}_x\\ \dfrac{K_2+1}{R}\Delta v_x-\Delta\alpha\cdot\omega_{ie}\cos\phi\sin\alpha_{c1}+\varepsilon_y=\dot{\varphi}_y\end{cases}\tag{6-165}$$

水平回路达到稳态后，即 $\dot{\varphi}_x=0,\dot{\varphi}_y=0$，则

$$\Delta\alpha=\frac{\left(\dfrac{K_2+1}{R}\Delta v_y-\varepsilon_x\right)\cos\alpha_{c1}+\left(\dfrac{K_2+1}{R}\Delta v_x+\varepsilon_y\right)\sin\alpha_{c1}}{\omega_{ie}\cos\phi}\tag{6-166a}$$

忽略陀螺漂移的影响，可解出

$$\Delta\alpha\approx\frac{K_2+1}{R}\cdot\frac{\Delta v_y\cos\alpha_{c1}+\Delta v_x\sin\alpha_{c1}}{\omega_{ie}\cos\phi}\tag{6-166b}$$

为了增加计算的可靠性，再对 α_{c1} 作修正 $\hat{\alpha}_c=\alpha_{c1}-\Delta\bar{\alpha}$，由于修正量忽略了陀螺漂移的影响，由此引起的修正量误差为

$$\begin{aligned}\Delta(\Delta\alpha)&=\Delta\alpha_c-\Delta\alpha=\frac{K_2+1}{R}\cdot\frac{\Delta v_y\cos\alpha_{c1}+\Delta v_x\sin\alpha_{c1}}{\omega_{ie}\cos\phi}-\\&\quad\frac{\left(\dfrac{K_2+1}{R}\Delta v_y-\varepsilon_x\right)\cos\alpha_{c1}+\left(\dfrac{K_2+1}{R}\Delta v_x+\varepsilon_y\right)\sin\alpha_{c1}}{\omega_{ie}\cos\phi}\\&=\frac{\varepsilon_x\cos\alpha_{c1}-\varepsilon_y\sin\alpha_{c1}}{\omega_{ie}\cos\phi}\approx\frac{\varepsilon_x\cos\alpha-\varepsilon_y\sin\alpha}{\omega_{ie}\cos\phi}\\&=\frac{\varepsilon_E}{\omega_{ie}\cos\phi}\end{aligned}\tag{6-167}$$

由式(6-167)确定的游动方位角修正量误差即为方位对准误差。

第7章 Chapter 7

捷联式惯性导航系统

前面已经讲述了平台式惯性导航系统的原理、机械编排、误差分析和初始对准等内容。在本章中将介绍另一类惯性导航系统，也就是捷联式惯性导航系统。

在平台式惯性导航系统中，惯性平台成为系统结构的主体。其体积和质量约占整个系统的一半，而安装在平台上的陀螺仪和加速度计，却只占到平台质量的1/7左右。而且平台本身就是一个高精度结构十分复杂的机电控制系统。它需要的加工制造成本大约占整个系统的2/5。特别是由于结构复杂故障率较高，使惯性导航系统工作的可靠性受到很大的影响。正是由于这方面的考虑，在20世纪50年代发展平台式惯性导航系统同时，人们就开始了另一种惯性导航系统的研究，这就是捷联式惯性导航系统（Strapdown Inertial Navigation System，SINS），简称捷联惯性导航系统。

捷联（Strapdown）的意思是指用带子束住某物。在捷联式惯性导航系统中，没有电气机械平台，惯性仪表直接固联在载体上，用计算机来完成导航平台功能，因此，捷联式惯性导航系统也称无平台式惯性导航系统。但并非平台的概念在捷联式系统中不存在，它仅仅是用计算机建立一个数学平台来代替平台式惯性导航系统中的电气机械平台实体。有无电气机械平台，是平台式惯性导航系统与捷联式惯性导航系统的主要区别。用计算机建立数学平台是捷联式惯性导航系统的核心。

7.1 捷联式惯性导航系统工作原理

7.1.1 捷联式惯性导航系统原理结构和特点

捷联式惯性导航系统由惯性测量单元（IMU）、导航计算机和导航显示装置组成。图7-1是其原理结构图，其中陀螺仪和加速度计的组合体通常称为惯性组合。三轴陀螺仪和加速度计的指向安装时要保持严格正交，IMU直接安装在载体上时也要保持与载体坐标系完全一致。

捷联式惯性导航系统与平台式惯性导航系统在部件组成上基本是相同的，除了惯性组件外，也有控制显示组件和方式选择组件。

在研制捷联式惯性导航系统的过程中会遇到了两方面的技术难点。一是对惯性器件特别是陀螺仪的技术要求更加严格和苛刻，二是对计算机的计算速度和精度也提出了

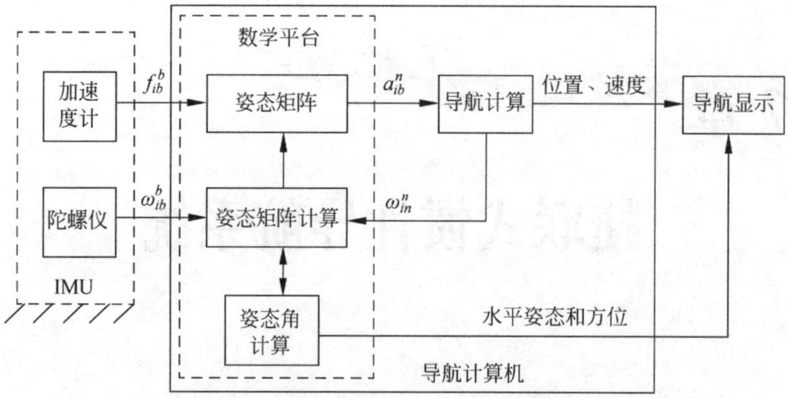

图 7-1　捷联式惯性导航系统原理结构图

相当高的要求。

由于实体平台对惯性器件所起的运动隔离作用已不复存在，惯性器件将不得不在相当恶劣的环境下工作。要求陀螺仪能测量小至 0.01°/h，大至 400°/s 的转动角速度，其动态量程达 10^8，又由于陀螺仪是在力平衡状态下工作，因此力矩器可能要承受相当大的施矩电流，造成过大的功率消耗以至会使陀螺漂移显著增大。此外，载体的运动冲击和振动也将严重影响惯性器件的性能。因此，要求用于捷联式系统的陀螺仪应具有很高的灵敏度和力矩刚度，并有相当宽的测量范围以及足够的抗冲击和耐旋转的能力。

由于工作条件恶劣，对陀螺仪和加速度计都必须建立相应的误差模型，并在工作中给以精确的补偿。另外，由于借助计算机实现了"数学平台"，因而所要求的软件比平台式系统多得多。特别是要实现实时运算，对运算精度和速度都有很高的要求。由于计算机性能的飞速提高，这方面的困难较之惯性器件的研制越来越容易解决。这也包括采用合理的算法在捷联系统中的应用。

综上所述，与平台式惯性导航系统相比，捷联式惯性导航系统有如下特点：

(1) 因为 IMU 直接固联在载体上，所以它们测量的是沿载体坐标系各轴的惯性直线加速度和绕载体各轴的旋转角速率。这一点与平台式惯性导航系统不同，在平台式惯性导航系统中，利用陀螺和加速度计的输出控制平台，即使平台坐标系稳定在导航坐标系。加速度计安装在平台上，因此加速度计能直接测得载体沿平台系(导航坐标系)各轴的加速度值；另外，由于电气机械平台稳定在导航坐标系内，当导航坐标系为地理坐标系时，平台各轴就可以直接输出载体的姿态角。在捷联式惯性导航惯性导航系统中，必须将加速度计的输出转换到导航坐标系中，然后再进行导航参数解算；而陀螺的输出，一方面是用于建立和修正数学平台(导航坐标系)，另一方面用于计算姿态角。由此可见，结构复杂的电气机械平台完全可由计算机的软件功能来取代。这就是捷联式系统的最主要的特点。

(2) 由于惯性仪表直接固联在载体上，因此，惯性仪表可以给出载体轴向的线加速度和角加速度，这些信息也是飞行控制系统所需要的。和平台式系统相比，捷联式系统可以提供更多的导航和编导信息。

(3) 省去了导航平台，整个系统的体积、质量和成本大大降低，可靠性提高。同时可以看出 IMU 对捷联式惯性导航系统而言是开环式的。仅起到了惯性传感信号输入的作用，不需要任何信号再对 IMU 进行反馈控制，所有的信号处理也都在计算机内实现，因此实现方便。

(4) 惯性仪表便于安装维护，也便于更换。惯性仪表也便于采用余度配置，提高系统的性能和可靠性。

(5) 惯性仪表固联在载体上，直接承受载体的振动和冲击，工作环境恶劣。也就是说，捷联式惯性导航系统中的惯性元件要具有更高的抗冲击和振动的性能。

(6) 惯性仪表特别是陀螺仪直接测量载体的角运动，如高性能歼击机最大角速率为 400°/s。而最低则能达到 0.01°/s。这样，陀螺的量程高达 10^8，这就对捷联陀螺有不同的指标要求。

(7) 平台式系统的陀螺仪安装在平台上，可以相对重力加速度和地球自转角速度任意定向来进行测试，便于误差标定。而捷联陀螺则不具备这个条件，因而装机标定比较困难，从而要求捷联陀螺有更高的参数稳定性。

(8) 在捷联式惯性导航系统中，计算机的计算量要远比平台式惯性导航系统大得多。对计算机的字长和运算速度要求也高得多。

通过以上分析可以看出，在惯性器件的误差、环境适应性及系统的计算量等方面，捷联式惯性导航系统远比平台式惯性导航系统要求苛刻，但是由于省去了复杂的机电平台，捷联式惯性导航系统具有结构简单、体积小、质量轻、成本低、维护简单及可靠性高等优势，还可以通过冗余度技术提高其容错能力。因此，随着如激光陀螺仪、光纤陀螺仪等固态惯性器件的出现，计算机技术的飞速发展和计算理论的日益完善，捷联式惯性导航系统的优越性日益凸显，甚至有文献称，未来捷联式惯性导航系统将取代平台式惯性导航系统。从发展趋势看，平台式惯性导航系统由于其自身的一些特性，在特定领域仍然存在应用的空间，而捷联式惯性导航系统将得更加广泛的应用。研制高性能的捷联式陀螺仪，对陀螺和加速度计的误差进行实施补偿，发展高精度的捷联惯导算法是目前捷联式惯性导航系统的主要关键技术；小型化、低成本是捷联式惯性导航系统的发展方向。

7.1.2 惯性元件的误差补偿原理

对实际的惯性器件中客观存在的误差源(如原理误差、结构误差、工艺误差等)，尤其是工作于捷联环境下的惯性器件，载体的复杂动态运动会激发出多种形式的误差。建立精确的惯性器件误差模型是实现有效误差补偿的依据，惯性器件误差补偿的结果将大大提高器件的测量精度，进而提高导航速度。因此，对惯性元件进行补偿与否成为影响系统高、低性能差别的主要因素。

惯性元件的动静态误差补偿工作须在确定了对应的误差模型的基础上进行。为了简化分析，将惯性元件的动、静态误差模型统称为加速度计的误差模型或陀螺的误差模型。在惯性元件的误差模型建立之后，这部分误差就已成为规律性的误差，就可通过计算机中的软件进行误差补偿，并将补偿后的信息作为参与惯性导航系统进行位置、速度和姿态解算的精确信息。

惯性元件的误差补偿原理如图 7-2 所示。

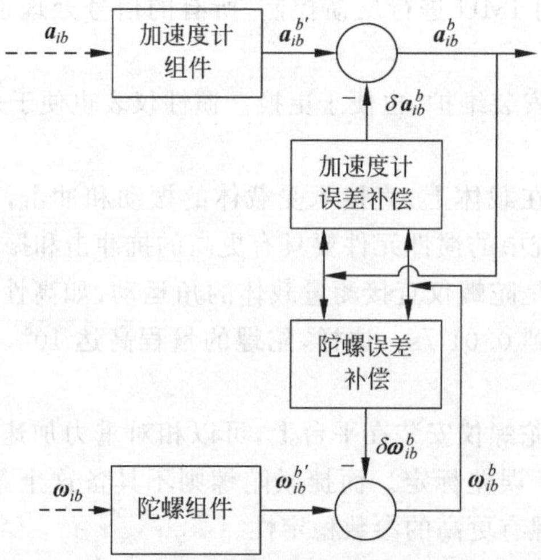

图 7-2 惯性元件的误差补偿原理

图 7-2 中，$\boldsymbol{a}_{ib}$，$\boldsymbol{\omega}_{ib}$ 为载体相对惯性空间运动的加速度及角速度量；$\boldsymbol{a}_{ib}^{b'}$，$\boldsymbol{\omega}_{ib}^{b'}$ 为沿载体坐标系表示的陀螺及加速度计输出的原始测量值；$\boldsymbol{a}_{ib}^{b}$，$\boldsymbol{\omega}_{ib}^{b}$ 为沿载体坐标系表示的误差补偿后的陀螺及加速度计输出值；$\Delta\boldsymbol{a}_{ib}^{b}$，$\Delta\boldsymbol{\omega}_{ib}^{b}$ 为由误差模型给出的陀螺及加速度计的估计误差(包括静态和动态误差项)。

经误差补偿，陀螺及加速度计的绝大部分动静态误差都可以得到补偿。

7.1.3 捷联式惯性导航系统算法

捷联式惯性导航系统可以认为是一个信息处理系统，捷联算法是指从惯性器件的输出到给出需要的导航和控制信息所必须进行的全部计算问题的计算方法。捷联式惯性导航系统以数学平台代替了平台式惯性导航系统中的物理平台，如何优化捷联算法，保证数学平台的求解精度和快速性就成了系统的首要问题。捷联算法计算的内容和要求，根据捷联式惯性导航系统的应用和功能要求的不同而存在差别，但一般来说，捷联算法流程图如图 7-3 所示。

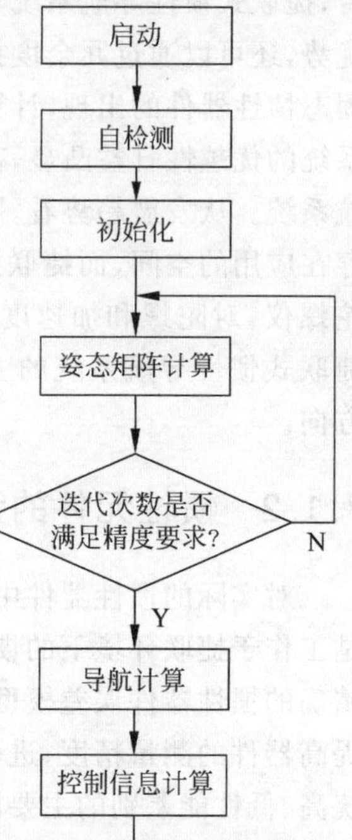

图 7-3 捷联式惯性导航系统算法流程

一般来说，它包括如下内容。

1) 系统的启动和自检测

系统启动之后，各部分的工作是否正常，要通过自检测程序加以检测，其中包括电源、惯性器件、计算机及计算机软件。通过自检测,发现有不正常,则发出警告信息。

2）系统的初始化

系统的初始化包括以下任务：

(1) 给定载体的初始位置和初始速度等初始信息。

(2) 数学平台的初始对准。这是一个确定姿态矩阵初始值的过程,是在导航计算机中通过初始对准程序来完成的。在物理概念上就是使“数学平台”的平台坐标系与导航坐标系相重合的过程。

(3) 惯性仪表的校准。主要是对陀螺仪的常值漂移、随机漂移、测量轴的失准角、标度因数以及温度、环境参数灵敏度等进行标定,对加速度计的标度因数、零位等参数进行标定。初始化过程中对惯性器件的校准是提高系统精度的重要保证。

3）惯性器件的误差补偿

这要通过专用的软件来实现。

4）姿态矩阵的计算

姿态矩阵的计算可以给出载体的姿态和为导航参数的计算提供必要的数据,是任何捷联式惯性导航系统算法中最基本、最重要的一部分。

5）导航计算

导航计算是将加速度计的输出,变换到导航坐标系,计算出载体的速度、位置等导航参数。

6）载体和控制信息的提取

包括载体的姿态信息、角速度和加速度等信息。这些信息可以从姿态矩阵元素和陀螺仪与加速度计的输出中提取。

捷联式惯性导航系统基本力学方程是两个矩阵微分方程(导航位置方程和姿态方程),载体的位置和状态都是在不断改变的,因此,在解两个矩阵微分方程时要求提供相应的位移角速率和姿态速率方程。位移角速率是通过相对地球的线速度求得的；导航参数中速度也是经此求得的。而要得到相对地球的速度,需要在导航计算机中消除有害加速度,这就需要建立速度微分方程。速度是把载体系中测量的加速度转换到导航坐标系(平台系)积分而获得的。

可见,除导航位置方程和姿态方程这些基本力学方程外,与之有关的力学方程还有位移角速率方程、姿态速率方程、速度方程及加速度分解计算。

7.2 捷联式惯性导航系统姿态矩阵更新计算

捷联式惯性导航系统中,为了对坐标进行转换,必须知道载体的姿态角,然后建立姿态矩阵。计算机按姿态矩阵建立的几何关系对加速度计的输出进行坐标转换。由于载体的姿态是变化的,因此,这个姿态矩阵也在不断变化,这就需要对姿态矩阵进行更新。

7.2.1 姿态矩阵与姿态角的计算

捷联式惯性导航系统中的姿态矩阵就是载体系 $Ox_by_bz_b$ 与导航坐标系(如地理系、游动系等)$Ox_ny_nz_n$ 之间的方向余弦矩阵 $\boldsymbol{T}_b^n$,这里导航坐标系就是(数学)平台系 $Ox_py_pz_p$。

如果载体既有航向角,又有俯仰角和倾斜角,则为全姿态状态,如图 7-4 所示。

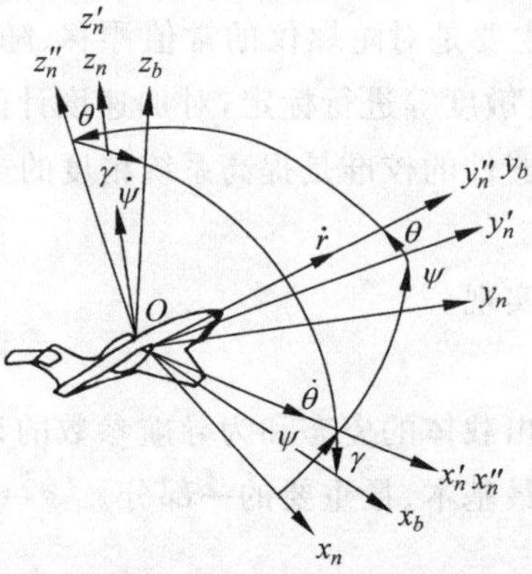

图 7-4 载体有航向角 ψ、俯仰角 θ 和倾斜角 γ 时导航系与载体系的关系

这时,载体的实际位置从起始 O 位置(载体系与导航系相重合)开始,分别绕 z_n 轴转 ψ(航向角),绕 x'转轴 θ(俯仰角),绕 y''转轴 γ(倾斜角)而得,即

$$Ox_ny_nz_n \xrightarrow[\text{转}\psi]{\text{绕}z_n} O'x'_ny'_nz'_n \xrightarrow[\text{转}\theta]{\text{绕}x'_n} O''x''_ny''_nz''_n \xrightarrow[\text{转}\gamma]{\text{绕}y''_n} Ox_by_bz_b$$

令

$$\boldsymbol{C}_b^n = \boldsymbol{T}_b^n = \begin{bmatrix} T_{11} & T_{12} & T_{13} \\ T_{21} & T_{22} & T_{23} \\ T_{31} & T_{32} & T_{33} \end{bmatrix} \tag{7-1}$$

根据坐标变换公式,有

$$\begin{aligned} \boldsymbol{T}_b^n &= \begin{bmatrix} \cos\psi & -\sin\psi & 0 \\ \sin\psi & \cos\psi & 0 \\ 0 & 0 & 1 \end{bmatrix} \begin{bmatrix} 1 & 0 & 0 \\ 0 & \cos\theta & -\sin\theta \\ 0 & \sin\theta & \cos\theta \end{bmatrix} \begin{bmatrix} \cos\gamma & 0 & \sin\gamma \\ 0 & 1 & 0 \\ -\sin\gamma & 0 & \cos\gamma \end{bmatrix} \\ &= \begin{bmatrix} \cos\psi\cos\gamma - \sin\psi\sin\theta\sin\gamma & -\cos\theta\sin\psi & \cos\psi\sin\gamma + \sin\psi\sin\theta\cos\gamma \\ \cos\gamma\sin\psi + \cos\psi\sin\theta\sin\gamma & \cos\varphi\cos\theta & \sin\psi\sin\gamma - \cos\psi\sin\theta\cos\gamma \\ -\sin\gamma\cos\theta & \sin\theta & \cos\theta\cos\gamma \end{bmatrix} \\ &= \begin{bmatrix} T_{11} & T_{12} & T_{13} \\ T_{21} & T_{22} & T_{23} \\ T_{31} & T_{32} & T_{33} \end{bmatrix} \end{aligned} \tag{7-2}$$

式中 $\boldsymbol{T}_b^n$ 的相应项为

$$\begin{cases} T_{11}=\cos\psi\cos\gamma-\sin\psi\sin\theta\sin\gamma \\ T_{12}=-\cos\theta\sin\psi \\ T_{13}=\cos\psi\sin\gamma+\sin\psi\sin\theta\cos\gamma \\ T_{21}=\cos\gamma\sin\psi+\cos\psi\sin\theta\sin\gamma \\ T_{22}=\cos\varphi\cos\theta \\ T_{23}=\sin\psi\sin\gamma-\cos\psi\sin\theta\cos\gamma \\ T_{31}=-\sin\gamma\cos\theta \\ T_{32}=\sin\theta \\ T_{33}=\cos\theta\cos\gamma \end{cases} \tag{7-3}$$

姿态矩阵的意义有两个：

(1) 说明了载体系与导航系(即设计的平台系)的几何关系。例如当已知沿载体系各轴的加速度值时，便可根据姿态矩阵，转换为沿导航系各轴的加速度，即

$$\begin{bmatrix} a_{nx} \\ a_{ny} \\ a_{nz} \end{bmatrix}=\boldsymbol{T}_b^n\begin{bmatrix} a_{bx} \\ a_{by} \\ a_{bx} \end{bmatrix} \tag{7-4}$$

(2) 当计算机建立了姿态矩阵后，载体的姿态角便可由 $\boldsymbol{T}_b^n$ 姿态矩阵的各元素内容得到

$$\psi=\arctan\left(\frac{T_{12}}{T_{23}}\right) \tag{7-5}$$

$$\theta=\arcsin(T_{32}) \tag{7-6}$$

$$\gamma=\arctan\left(\frac{T_{31}}{T_{33}}\right) \tag{7-7}$$

这里 ψ 为导航坐标系的平台航向，当导航坐标系为游动方位系时，载体的真航向角应为

$$\psi_{真}=\psi\pm\alpha \tag{7-8}$$

式中 α 为游动角。

由于俯仰角 θ 定义在[$-90°$,$+90°$]区间，因此，和反正弦函数主值一致，不存在多值问题。滚转角 γ 定义在[$-180°$,$+180°$]区间，航向角 ψ 定义在[$0°$,$360°$]区间，都存在多值问题。根据表 7-1 和表 7-2 可判断 γ 和 ψ 是落在哪一个象限内。

表 7-1 $\gamma_{真}$ 的判断

T_{33}	T_{31}	$\gamma_{真}$	象限
→0	+	90°	
→0	−	−90°	
+	+	$\gamma_{主}$	[0°,90°]
+	−	$\gamma_{主}$	[−90°,0°]
−	+	$\gamma_{主}+180°$	[90°,180°]
−	−	$\gamma_{主}-180°$	[−180°,−90°]

表 7-2 ψ 的判断

T_{23}	T_{12}	$\psi_{真}$	象限
→0	+	90°	
→0	−	−270°	
+	+	$\psi_{主}$	[0°,90°]
+	−	$\psi_{主}+360°$	[270°,360°]
−	+	$\psi_{主}+180°$	[90°,180°]
−	−	$\psi_{主}+180°$	[180°,270°]

实际飞行中，载体的姿态角 θ,γ,ψ 是不断变化的，因此，姿态矩阵 $\boldsymbol{T}_b^n$ 各元素也是不断变化的，需要不断更新（修正）。

7.2.2 姿态速率的计算

姿态速率 ω_{nb}^b 由角速率陀螺的测量值经过处理得到。由于陀螺直接固联于载体上，因此，陀螺测量的信号是载体轴相对惯性空间的转动角速率，以 ω_{ib}^b 表示。ω_{ib}^b 表示载体轴的绝对角速率，它应是如下运动的合成，即载体系相对导航系的转动角速率 ω_{nb}^b、导航系(n)相对地球系(e)的运动角速率 ω_{en}^b、地球系相对惯性系的运动角速率 ω_{ie}^b。这样，陀螺的输出应为

$$\omega_{ib}^b=\omega_{ie}^b+\omega_{en}^b+\omega_{nb}^b \tag{7-9}$$

则

$$\omega_{nb}^b=\omega_{ib}^b-(\omega_{ie}^b+\omega_{en}^b) \tag{7-10}$$

式中，ω_{en}^b 是由飞行速度 v 引起的位置角速率；ω_{ie}^b 为地球自转角速率在载体系上的投影。使用 $\boldsymbol{T}_b^n$ 的逆矩阵 $\boldsymbol{T}_n^b$，将这两个量由平台系(p)逆投影到载体系(b)上，则可得到 $\omega_{ie}^b,\omega_{en}^b$。

方向余弦矩阵 $\boldsymbol{T}_b^n$ 与 $\boldsymbol{T}_n^b$ 的关系为

若

$$\boldsymbol{T}_b^n=\begin{bmatrix} T_{11} & T_{12} & T_{13} \\ T_{21} & T_{22} & T_{23} \\ T_{31} & T_{32} & T_{33} \end{bmatrix}$$

则

$$\boldsymbol{T}_n^b=\begin{bmatrix} T_{11} & T_{21} & T_{31} \\ T_{12} & T_{22} & T_{32} \\ T_{13} & T_{23} & T_{33} \end{bmatrix}^{-1} \tag{7-11}$$

这样

$$\omega_{nb}^b=\omega_{ib}^b-[\boldsymbol{T}_b^n]^{-1}(\omega_{ie}^n+\omega_{en}^n) \tag{7-12}$$

或

$$\omega_{nb}^b=\omega_{ib}^b-\boldsymbol{T}_n^b(\omega_{ie}^n+\omega_{en}^n) \tag{7-13}$$

7.2.3 姿态矩阵的更新计算

$$\boldsymbol{T}_b^n(t)=\boldsymbol{T}_b^n(t_0)+\Delta\boldsymbol{T}_b^n(t) \tag{7-14}$$

$\Delta\boldsymbol{T}_b^n(t)$由 $\boldsymbol{T}_b^n$ 的微分方程求解。必须求得姿态矩阵 $\boldsymbol{T}_b^n$ 的变化率 $\dot{\boldsymbol{T}}_b^n$，即 $\boldsymbol{T}_b^n$ 的微分形式 $\dot{\boldsymbol{T}}_b^n$。这里不加推导，直接给出

$$\dot{\boldsymbol{T}}_b^n=\boldsymbol{T}_b^n\boldsymbol{\omega}_{nb}^b \tag{7-15}$$

由测出的载体初始姿态角 θ_0、γ_0、ψ_0 按 $\boldsymbol{T}_b^n$ 矩阵的内容计算建立初始姿态矩阵 $\boldsymbol{T}_b^n\big|_{t=0}$。

7.3 三通道捷联式惯性导航系统计算

7.3.1 垂直通道的解算

单独用垂直加速度计的输出计算载体的高度和垂直速度存在两个问题：一是垂直加速度计不能区分载体的垂直加速度和引力加速度(或重力加速度)；二是用垂直加速度进行积分得垂直速度，二次积分得载体高度，这样的系统是不稳定系统，它的误差积累是发散的，会越来越大。而用气压高度表或无线电高度表测量高度，由于存在迟滞性和受其他因素的影响，瞬时高度和垂直速度的精度不够高。于是，把外部高度信息与惯性高度进行组合，构成所谓混合高度系统来测量载体的高度和垂直速度。即要想利用垂直加速度来计算高度，除了采取措施补偿引力(或重力)加速度外，还引入外部高度信息(如气压高度或无线电高度)与惯性垂直通道信息进行综合，对系统进行阻尼才能实现。这与平台式系统中高度通道的不稳定和阻尼回路原理相同。

由于组合的形式和使用要求的不同，混合高度系统可分为二阶混合高度系统和三阶混合高度系统。目前载体上的混合高度系统多以大气数据系统测得的气压高度为外部高度信息源。

1. 二阶混合高度系统

图 7-5 是二阶混合高度系统原理方框图。在系统中，H 为惯性通道计算的高度，H_b 为气压高度。将这两种高度进行比较，差值以不同的比例(系数 k_1，k_2)进行反馈，对惯性速度和惯性加速度进行补偿。适当选取 k_1，k_2，就可以使该系统达到稳定。

所谓稳定，就是当系统有某一干扰信号加入时，经过一段时间后，系统能回到原来(或附近)的状态。这种系统最后产生的高度误差公式为

$$\Delta H(\infty)=\frac{\Delta f_z+k_2\cdot\Delta H_b}{k_2-\dfrac{2g_0'}{R'}} \tag{7-16}$$

式中，$\Delta H(\infty)$是稳态的混合高度误差；ΔH_b 是外部气压高度测量误差；g_0'是载体实际高度处的重力加速度；R'是载体离地心的实际距离，$R'=(R+H)$；Δf_z 是加速度综合

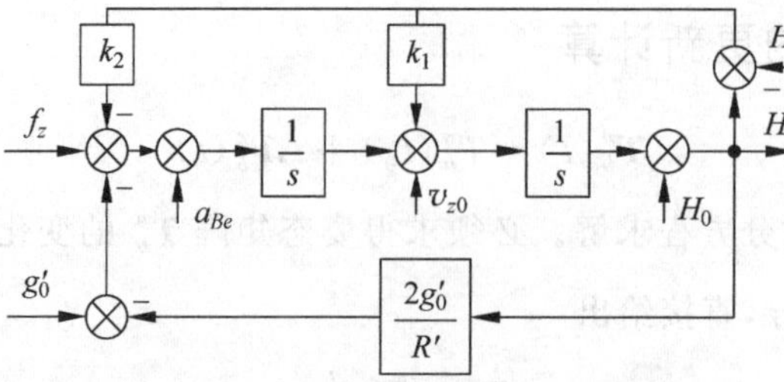

图 7-5 二阶混合高度系统原理方框图

误差(包括测量误差和标度系数误差)。

由式(7-16)看出,二阶混合高度系统的误差取决于加速度计的综合误差和外部高度信息源的误差。

2. 三阶混合高度系统

二阶混合高度系统的误差与加速度综合误差、外部高度信息源误差有关。如果能进一步补偿一部分误差源,则高度测量精度便可提高。为此,在二阶系统的基础上,引入一个积分环节与 k_2 并联,用该积分环节信号去补偿加速度综合测量误差 Δf_z。于是得图 7-6 所示的三阶混合高度系统。

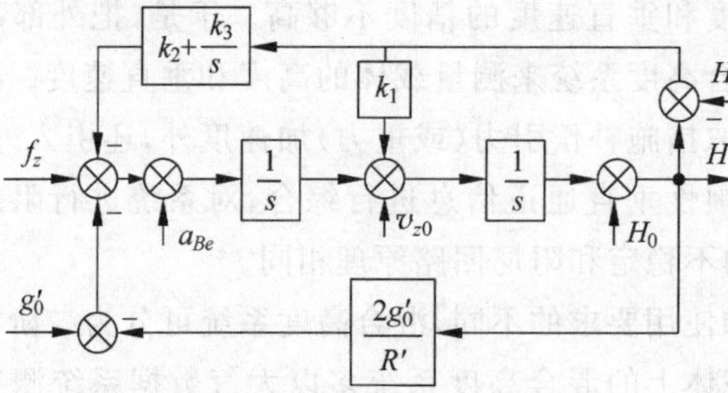

图 7-6 三阶混合高度系统

合理选取 k_1,k_2,k_3,一方面使系统达到稳定,另一方面可将加速度综合误差 Δf_z 的影响抵消。最后系统的稳态误差只取决于外部高度表的误差 ΔH_b,即

$$\Delta H(\infty)=\Delta H_b \tag{7-17}$$

3. 具有垂直速度反馈的三阶混合系统

为了补偿气压高度表的滞后效应,把计算的垂直速度 v_z 通过 k_4 环节,加到高度信息综合环节,将惯性高度 H 与 k_4 速度信息合在一起,再与外部高度信息 H_b 综合比较,其差值按上述三阶混合系统同样的反馈方法对系统进行补偿。具有速度反馈的三阶混合系统原理如图 7-7 所示。当初始垂直速度误差为零时,其稳态误差只取决于外部高度表的误差 ΔH_b。

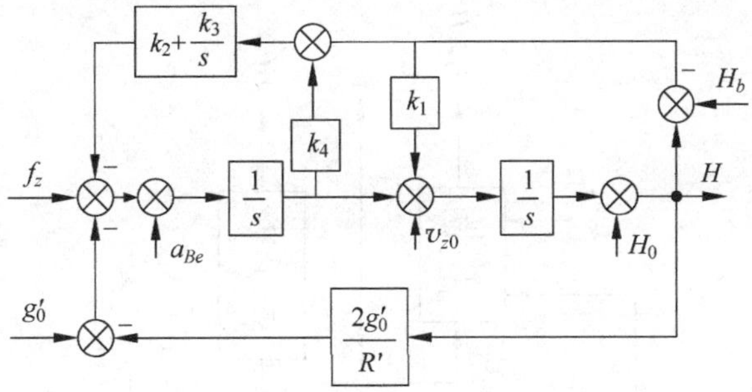

图 7-7 具有速度反馈的三阶混合系统

7.3.2 三通道捷联式惯性导航系统的计算

综合上述对捷联式惯性导航系统的分析与垂直通道的解算,可得出详细的捷联式惯性导航系统的计算原理方框图,如图 7-8 所示,可分为三部分：惯性传感器部分、数学平台部分、导航参数解算部分。

惯性传感器部分：一般包括三个线加速度计和三个速率陀螺,它们均直接固联于载体,保持严格正交,因此,所测得的信号是沿载体系各轴相对惯性空间的线加速度和转动角速率。

数学平台部分：建立姿态矩阵,并对加速度计测量值进行坐标转换；由陀螺输出信号及导航计算部分的信号进行姿态速率计算和姿态矩阵速率更新,并进行姿态参数解算。

导航参数解算部分：以游动方位系作基础进行导航参数解算,可认为是游动方位惯性导航系统中平台上的加速度计输出以后的解算部分。它的原理与游动方位惯性导航系统相应部分基本相同,可用来求解各种导航参数。

解算流程总结为：线加速度计测得载体各轴相对惯性空间的线加速度 $\boldsymbol{a}_{ib}^{n}$,经姿态矩阵 $\boldsymbol{T}_b^n$ 转换到导航坐标系(n)上,得到 $\boldsymbol{a}_{ib}^{n}$,$\boldsymbol{a}_{ib}^{n}$ 包含了有害加速度,消除有害加速度后得到载体相对地球的加速度 $\boldsymbol{a}_{en}^{n}$,进行第一次积分,得载体相对地球的速度 $\boldsymbol{v}_{en}^{n}$。经过位置角速率计算得$\boldsymbol{\omega}_{en}^{n}$,然后一方面进行位置更新(位置角速率修正),即先解姿态矩阵微分方程计算出 $\Delta\boldsymbol{T}_b^n|_t$,进而修正 $\boldsymbol{T}_b^n|_t$,$\boldsymbol{T}_b^n|_t=\boldsymbol{T}_b^n|_{t-1}+\Delta\boldsymbol{T}_b^n|_t$,再由 $\boldsymbol{T}_b^n$ 各元素解算出姿态角；另一方面,与游动方位惯性导航系统相同,进行位置更新,得出导航参数 λ,ϕ,H 等。

为对捷联式惯性导航系统的计算原理更加明了,以图 7-8 来说明捷联式惯性导航系统数学平台的功能。数学平台包括两部分内容：一是把加速度计沿载体系各轴的输出转换到导航坐标系,经过数学平台转换后,加速度计的输出就转换到导航计算坐标系上,导航计算机就可按平台式惯性导航系统解算原理计算载体的位置(经纬度)；二是建立和修正姿态矩阵,并计算出载体的姿态角。这样,数学平台实际上就代替了电气机械平台。

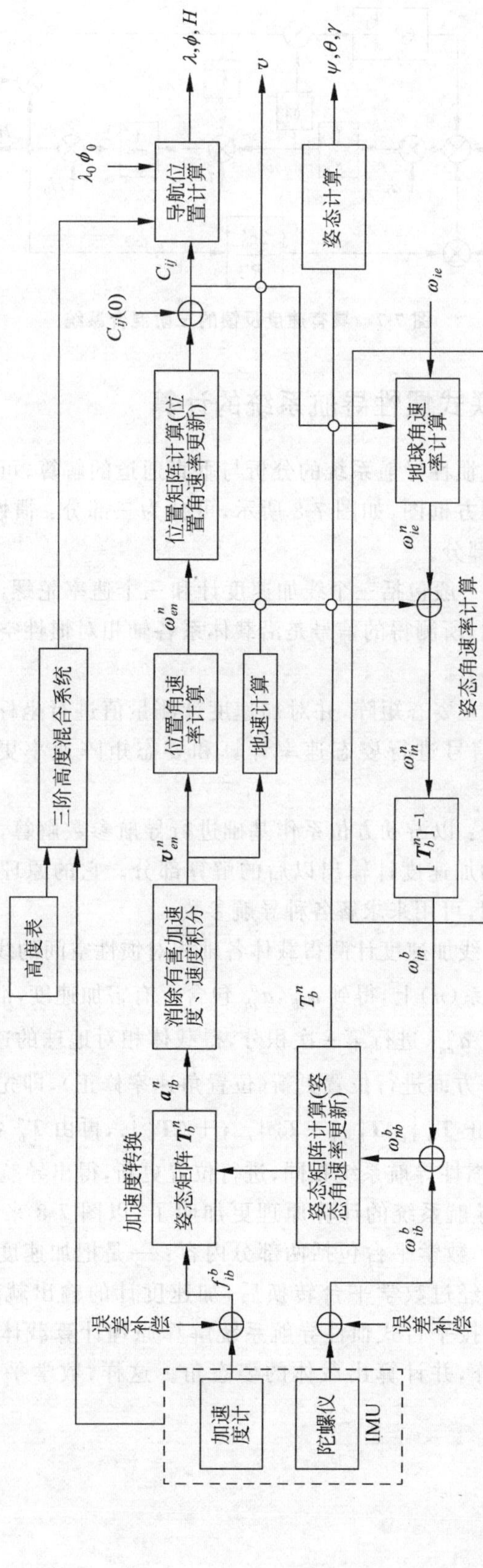

图 7-8 捷联式惯性导航系统的计算原理

7.4 捷联式惯性导航系统的误差

捷联式惯性导航系统与平台式惯性导航系统的主要区别在于平台的构造方式上，前者采用数学方式，后者采用物理方式，但在本质上两类系统是相同的。但是，捷联式惯性导航系统的一些特点，使它在性能上和平台式惯性导航系统有所不同。

在捷联式惯性导航系统中，由于惯性仪表直接安装在飞行器上，飞行器的动态环境，特别是飞行器的角运动，直接影响惯性仪表；在平台式惯性导航系统中，惯性仪表安装在平台上，平台对飞行器角运动的隔离作用，使飞行器的角运动对惯性仪表基本没有影响。在捷联式惯性导航系统中，惯性仪表直接承受飞行器的角运动，因此，惯性仪表的动态误差要比平台式系统大得多。在实际系统中，必须加以补偿。另外，在捷联式惯性导航系统中采用数学平台，即在计算机中通过计算来完成导航平台的功能，由于计算方法的近似和计算机的有限字长，因而必然存在着计算误差。其他导航计算，也存在着计算误差，但是导航计算的计算误差一般较小，且捷联式惯性导航系统和平台式惯性导航系统基本相同，因此，从计算误差来说，捷联式惯性导航系统和平台式惯性导航系统相比，多了数学平台的计算误差。

捷联式惯性导航系统通常考虑以下几种误差：

(1) 惯性仪表的安装误差和标度因子误差。

(2) 陀螺的漂移和加速度计的零位误差。

(3) 初始条件误差，包括导航参数和姿态航向的初始误差。

(4) 计算误差，主要考虑姿态航向系统的计算误差，也就是数学平台的计算误差。

(5) 飞行器的角运动所引起的动态误差。

可见，与平台式惯性导航系统相比，捷联式惯性导航系统增加了"数学平台"计算误差和机体角运动引起的动态误差这两个主要误差源。

惯性导航系统是一种自主式导航系统。它不需要任何人为的外部信息，只要给定导航的初始条件(如初始速度、位置等)，便可根据系统中的惯性敏感元件测量的比力和角速率通过计算机实时地计算出各种导航参数。由于"平台"是测量比力的基准，因此"平台"的初始对准就非常重要。对于平台式惯性导航系统，初始对准的任务就是要将平台调整在给定的导航坐标系的方向上。若采用游动方位系统，则需要将平台调水平，称为水平对准，并将平台的方位角调至某个方位角处，称为方位对准。对于捷联式惯性导航系统，由于捷联姿态矩阵起到了平台的作用，因此导航工作一开始就需要获得矩阵的初始值，以便完成导航的任务。显然，捷联式惯性导航系统的初始对准就是确定捷联矩阵的初始值。在静基座条件下，捷联式惯性导航系统的加速度计的输入量为 g^b，陀螺仪的输入量为地球自转角速率 ω_{ie}^b，因此 g^b 与 ω_{ie}^b，就成为初始对准的基准。将陀螺仪与加速度计的输出引入计算机，通过计算机就可以计算出捷联矩阵的初始值。

由以上分析可以看出，陀螺仪与加速度计的误差会导致初始对准误差，初始对准时飞行器的干扰运动也是产生对准误差的重要因素。因此滤波技术对捷联式系统尤其重要。由于初始对准的误差将会对捷联式惯性导航系统的工作造成难以消除的影响，因此研究初始对准时的误差传播方程也是非常必要的。

7.4.1 速度误差方程和位置误差方程

1. 速度误差

当不考虑任何误差时，根据比力方程式，速度的理想值为

$$\dot{v}^n = T_b^n f^b - (2\omega_{ie}^b + \omega_{en}^n) \times v^n + g^n \tag{7-18}$$

而实际系统总存在各种误差，所以，实际的速度计算值为

$$\dot{v}^c = \tilde{T}_b^n \tilde{f}^b - (2\omega_{ie}^c + \omega_{en}^c) \times v^c + g^c \tag{7-19}$$

式中

$$v^c = v^n + \Delta v^n$$
$$\omega_{ie}^c = \omega_{ie}^n + \Delta\omega_{ie}^n$$
$$\omega_{en}^c = \omega_{en}^n + \Delta\omega_{en}^n$$
$$g^c = g^n + \Delta g$$
$$\tilde{T}_b^n = \tilde{T}_n^n T_b^n = (\boldsymbol{I} - \tilde{\boldsymbol{\Phi}}^n) T_b^n$$
$$\tilde{f}^b = (\boldsymbol{I} + [\Delta\boldsymbol{K}_A])(\boldsymbol{I} + [\Delta\boldsymbol{A}]) f^b + \nabla^b$$

其中：

$\boldsymbol{\Phi}^n$ 为姿态误差角，$\boldsymbol{\Phi}^n = [\varphi_E \quad \varphi_N \quad \varphi_\xi]^{\mathrm{T}}$；

反对称矩阵 $\tilde{\boldsymbol{\Phi}}^n = \begin{bmatrix} 0 & -\varphi_\xi & \varphi_N \\ \varphi_\xi & 0 & -\varphi_E \\ -\varphi_N & \varphi_E & 0 \end{bmatrix}$；

$[\Delta\boldsymbol{K}_A]$为加速度计的刻度系数误差，$[\Delta\boldsymbol{K}_A] = \mathrm{diag}[\Delta K_{Ax} \quad \Delta K_{Ay} \quad \Delta K_{Az}]$；

$[\Delta\boldsymbol{A}]$为加速度计的安装误差角，$[\Delta\boldsymbol{A}] = \begin{bmatrix} 0 & \Delta A_z & -\Delta A_y \\ -\Delta A_z & 0 & \Delta A_x \\ \Delta A_y & -\Delta A_x & 0 \end{bmatrix}$；

$\boldsymbol{\nabla}^b$ 为加速度计的零偏误差，$\boldsymbol{\nabla}^b = [\nabla_x^b \quad \nabla_y^b \quad \nabla_z^b]^{\mathrm{T}}$。

用实际的速度计算值式(7-19)减去速度的理想值式(7-18)，并忽略 Δg 的影响和略去二阶小量，得误差

$$\Delta\dot{v}^n = -(\Phi^n \times) f^n + T_b^n([\Delta K_A] + [\Delta A]) f^b + \Delta v^n \times (2\omega_{ie}^n + \omega_{en}^n) + v^n \times (2\Delta\omega_{ie}^n + \Delta\omega_{en}^n) + \nabla^n \tag{7-20}$$

当取地理坐标系为导航坐标系时，有

$$\boldsymbol{\omega}_{ie}^n = \begin{bmatrix} 0 \\ \omega_{ie}\cos\phi \\ \omega_{ie}\sin\phi \end{bmatrix} \tag{7-21}$$

$$\Delta \boldsymbol{\omega}_{ie}^{n} = \begin{bmatrix} 0 \\ -\Delta\phi\omega_{ie}\sin\phi \\ \Delta\phi\omega_{ie}\cos\phi \end{bmatrix} \tag{7-22}$$

$$\Delta\boldsymbol{\omega}_{en}^{n} = \begin{bmatrix} -\dfrac{\Delta v_N}{R_m + H} + \Delta H \dfrac{v_N}{(R_m + H)^2} \\ \dfrac{\Delta v_E}{R_n + H} - \Delta H \dfrac{v_E}{(R_n + H)^2} \\ \dfrac{\Delta v_E}{R_n + H}\tan\phi + \Delta\phi \dfrac{v_E}{R_n + H}\sec^2\phi - \Delta h \dfrac{v_E \tan\phi}{(R_n + H)^2} \end{bmatrix} \tag{7-23}$$

$$\boldsymbol{\omega}_{en}^{n} = \begin{bmatrix} -\dfrac{v_N}{R_m + H} \\ \dfrac{v_E}{R_n + H} \\ \dfrac{v_E \tan\phi}{R_n + H} \end{bmatrix} \tag{7-24}$$

而姿态矩阵为

$$\boldsymbol{T}_b^n = \begin{bmatrix} T_{11} & T_{12} & T_{13} \\ T_{21} & T_{22} & T_{23} \\ T_{31} & T_{32} & T_{33} \end{bmatrix} \tag{7-25}$$

上述诸式代入式(7-20)，可得以分量形式表示的速度误差方程：

$$\begin{aligned} \Delta\dot{v}_E = & \varphi_\xi f_N - \varphi_N f_\xi + T_{11}(\Delta K_{Ax} f_x^b + \Delta A_z f_y^b - \Delta A_y f_z^b) + \\ & T_{12}(\Delta K_{Ay} f_y^b - \Delta A_z f_x^b + \Delta A_x f_z^b) + T_{13}(\Delta K_{Az} f_z^b + \Delta A_y f_x^b - \Delta A_x f_y^b) + \\ & \Delta v_E \frac{v_N \tan\phi - v_\xi}{R_n + H} + \Delta v_N \left(2\omega_{ie}\sin\phi + \frac{v_E}{R_n + H}\tan\phi\right) - \\ & \Delta v_\xi \left(2\omega_{ie}\cos\phi + \frac{v_E}{R_n + H}\right) + \Delta\phi \left[2\omega_{ie}(v_\xi \sin\phi + v_N \cos\phi) + \right. \\ & \left. \frac{v_E v_N}{R_n + H}\sec^2\phi\right] + \Delta H \frac{v_E v_\xi - v_E v_N \tan\phi}{(R_n + H)^2} + \nabla_E \end{aligned} \tag{7-26a}$$

$$\begin{aligned} \Delta\dot{v}_N = & \varphi_\xi f_E + \varphi_E f_\xi + T_{21}(\Delta K_{Ax} f_x^b + \Delta A_z f_y^b - \Delta A_y f_z^b) + \\ & T_{22}(\Delta K_{Ay} f_y^b - \Delta A_z f_x^b + \Delta A_x f_z^b) + \\ & T_{23}(\Delta K_{Az} f_z^b + \Delta A_y f_x^b - \Delta A_x f_y^b) - \\ & \Delta v_E \cdot 2\left(\omega_{ie}\sin\phi + \frac{v_E}{R_n + H}\tan\phi\right) - \Delta v_N \frac{v_\xi}{R_m + H} - \end{aligned}$$

$$\Delta v_\xi \frac{v_N}{R_m+H} - \Delta\phi\left(2v_E\omega_{ie}\cos\phi + \frac{v_E^2}{R_n+H}\sec^2\phi\right)+$$

$$\Delta H\left[\frac{v_N v_\xi}{(R_n+H)^2}+\frac{v_N^2\tan\phi}{(R_n+H)^2}\right]+\nabla_N \tag{7-26b}$$

$$\begin{aligned}\Delta\dot{v}_\xi = &\varphi_N f_E - \varphi_E f_N + T_{31}(\Delta K_{Ax} f_x^b + \Delta A_z f_y^b - \Delta A_y f_z^b)+\\ &T_{32}(\Delta K_{Ay} f_y^b - \Delta A_z f_x^b + \Delta A_x f_z^b)+\\ &T_{33}(\Delta K_{Az} f_z^b + \Delta A_y f_z^b - \Delta A_x f_y^b)-\\ &\Delta v_E \cdot 2\left(\omega_{ie}\cos\phi + \frac{v_E}{R_n+H}\right)+\Delta v_N\frac{2v_N}{R_m+H}-\\ &\Delta\phi\cdot 2v_E\omega_{ie}\sin\phi - \Delta H\left[\frac{v_N^2}{(R_m+H)^2}+\frac{v_E^2}{(R_n+H)^2}\right]+\nabla_\xi\end{aligned} \tag{7-26c}$$

其中

$$\begin{aligned}\nabla_E &= T_{11}\nabla_x^b + T_{12}\nabla_y^b + T_{13}\nabla_z^b\\ \nabla_N &= T_{21}\nabla_x^b + T_{22}\nabla_y^b + T_{23}\nabla_z^b\\ \nabla_\xi &= T_{31}\nabla_x^b + T_{32}\nabla_y^b + T_{33}\nabla_z^b\end{aligned}$$

$\nabla=[\nabla_x \quad \nabla_y \quad \nabla_z]^{\mathrm{T}}$ 为捷联加速度计(在载体系)的零偏误差,$\nabla=[\nabla_E \quad \nabla_N \quad \nabla_\xi]^{\mathrm{T}}$ 为捷联加速度计的零偏误差在导航系(地理系)的投影。

2. 位置误差

$$\Delta\dot{\phi} = \Delta v_N \frac{1}{R_m+H} - \Delta H\frac{v_N}{(R_m+H)^2} \tag{7-27a}$$

$$\Delta\dot{\lambda} = \Delta v_E \frac{\sec\phi}{R_n+H} + \Delta\phi\frac{v_E\tan\phi\sec\phi}{R_m+H} - \Delta H\frac{v_E\sec\phi}{(R_n+H)^2} \tag{7-27b}$$

$$\Delta\dot{H} = \Delta v_\xi \tag{7-27c}$$

7.4.2 姿态误差方程

参看图 7-8,因姿态角速率

$$\omega_{nb}^b = \omega_{ib}^b - \omega_{in}^b \tag{7-28}$$

其中,指令角速率 ω_{in}^b 根据系统解算出的导航解确定,带有一定的误差。

可以导出捷联式惯性导航的姿态误差方程的矢量形式

$$\dot{\boldsymbol{\Phi}} = \boldsymbol{\Phi}\times\boldsymbol{\omega}_{in}^n - (\Delta\boldsymbol{\omega}_{ib}^n - \Delta\boldsymbol{\omega}_{in}^n) \tag{7-29}$$

其中,当取地理坐标系 g 为导航坐标系 n 时,有

(1) $\boldsymbol{\omega}_{in}^{n}$ 为地理坐标系相对惯性空间运动的角速度在 n 系的投影,其表达形式为

$$\boldsymbol{\omega}_{in}^{n}=\begin{bmatrix} -\dfrac{v_N}{R_m+H} \\ \omega_{ie}\cos\phi+\dfrac{v_E}{R_n+H} \\ \omega_{ie}\sin\phi+\dfrac{v_E\tan\phi}{R_n+H} \end{bmatrix} \tag{7-30}$$

(2) $\Delta\boldsymbol{\omega}_{in}^{n}$ 是由计算机计算的地理坐标系相对惯性空间运动角速度的误差项,相当于是对上式的微分,即

$$\Delta\boldsymbol{\omega}_{in}^{n}=\begin{bmatrix} -\Delta v_N\dfrac{1}{R_m+H}+\Delta H\dfrac{v_N}{(R_m+H)^2} \\ -\Delta\phi\omega_{ie}\sin\phi+\Delta v_E\dfrac{1}{R_n+H}-\Delta H\dfrac{v_E}{(R_n+H)^2} \\ \Delta\phi\left(\omega_{ie}\cos\phi+\dfrac{v_E}{R_n+H}\sec^2\phi\right)+\Delta v_E\dfrac{\tan\phi}{R_n+H}-\Delta H\dfrac{v_E\tan\phi}{(R_n+H)^2} \end{bmatrix} \tag{7-31}$$

(3) $\Delta\boldsymbol{\omega}_{ib}^{n}$ 是由于数学平台存在误差角而导致的交联作用,则

$$\Delta\boldsymbol{\omega}_{ib}^{n}=\boldsymbol{T}_b^n([\Delta\boldsymbol{K}_G]+[\Delta\boldsymbol{G}])\boldsymbol{\omega}_{ib}^{b}+\varepsilon^n \tag{7-32}$$

其中

$$[\Delta\boldsymbol{K}_G]=\mathrm{diag}[\Delta K_{Gx}\quad \Delta K_{Gy}\quad \Delta K_{Gz}]$$

$$[\Delta\boldsymbol{G}]=\begin{bmatrix} 0 & \Delta G_z & -\Delta G_y \\ -\Delta G_z & 0 & \Delta G_x \\ \Delta G_y & -\Delta G_x & 0 \end{bmatrix}$$

ΔK_G 是陀螺的刻度系数误差,ΔG 是陀螺安装误差角,ε^n 为陀螺漂移角速率。所以式(7-29)式可写成

$$\dot{\boldsymbol{\Phi}}=\begin{bmatrix}\dot{\varphi}_E \\ \dot{\varphi}_N \\ \dot{\varphi}_\xi\end{bmatrix}=\boldsymbol{\Phi}\times\boldsymbol{\omega}_{in}^{n}+\Delta\boldsymbol{\omega}_{in}^{n}-\boldsymbol{T}_b^n([\Delta\boldsymbol{K}_G]+[\Delta\boldsymbol{G}])\boldsymbol{\omega}_{ib}^{b}-\varepsilon^n \tag{7-33}$$

式(7-33)即为捷联式惯性导航的姿态误差方程的矢量形式。

由式(7-33)式可以看出,捷联式惯性导航系统的姿态误差角 Φ 受指令角速度 ω_{in}^{n} 和陀螺漂移 ε^n 的影响,这一点和平台式惯性导航系统类似。除此之外,捷联式惯性导航系统的姿态误差角 Φ 还受运载体的角速度 ω_{ib}^{b} 影响,并且陀螺漂移引起姿态误差角向与陀螺漂移相反的方向增长,这一点与平台式惯性导航系统不同。

式(7-33)具体表达为

$$\dot{\varphi}_E=\varphi_N\left(\omega_{ie}\sin\phi+\frac{v_E\tan\phi}{R_n+H}\right)-\varphi_\xi\left(\omega_{ie}\cos\phi+\frac{v_E}{R_n+H}\right)-$$
$$\Delta v_E\frac{1}{R_n+H}+\Delta H\frac{v_N}{(R_n+H)^2}-$$
$$T_{11}(\Delta K_{Gx}\omega_{ibx}^b+\Delta G_z\omega_{iby}^b-\Delta G_y\omega_{ibz}^b)-$$
$$T_{12}(\Delta K_{Gy}\omega_{iby}^b-\Delta G_z\omega_{ibx}^b+\Delta G_x\omega_{ibz}^b)-$$
$$T_{13}(\Delta K_{Gz}\omega_{ibz}^b+\Delta G_y\omega_{ibx}^b-\Delta G_x\omega_{iby}^b)-\varepsilon_E \tag{7-34a}$$

$$\dot{\varphi}_N=-\varphi_E\left(\omega_{ie}\sin\phi+\frac{v_E\tan\phi}{R_n+H}\right)-\varphi_\xi\left(\frac{v_E}{R_n+H}\right)-$$
$$\Delta\phi\omega_{ie}\sin\phi+\Delta v_E\frac{1}{R_n+H}-\Delta H\frac{v_N}{(R_n+H)^2}-$$
$$T_{21}(\Delta K_{Gx}\omega_{ibx}^b+\Delta G_z\omega_{iby}^b-\Delta G_y\omega_{ibz}^b)-$$
$$T_{22}(\Delta K_{Gy}\omega_{iby}^b-\Delta G_z\omega_{ibx}^b+\Delta G_x\omega_{ibz}^b)-$$
$$T_{23}(\Delta K_{Gz}\omega_{ibz}^b+\Delta G_y\omega_{ibx}^b-\Delta G_x\omega_{iby}^b)-\varepsilon_N \tag{7-34b}$$

$$\dot{\varphi}_\xi=\varphi_E\left(\omega_{ie}\cos\phi+\frac{v_E}{R_n+H}\right)+\varphi_N\frac{v_E}{R_n+H}+$$
$$\Delta\phi\left(\omega_{ie}\cos\phi+\frac{v_E}{R_n+H}\sec^2\phi\right)+\Delta v_E\frac{\tan\phi}{R_n+H}-$$
$$\Delta H\frac{v_N\tan\phi}{(R_n+H)^2}-T_{31}(\Delta K_{Gx}\omega_{ibx}^b+\Delta G_z\omega_{iby}^b-\Delta G_y\omega_{ibz}^b)-$$
$$T_{32}(\Delta K_{Gy}\omega_{iby}^b-\Delta G_z\omega_{ibx}^b+\Delta G_x\omega_{ibz}^b)-$$
$$T_{33}(\Delta K_{Gz}\omega_{ibz}^b+\Delta G_y\omega_{ibx}^b-\Delta G_x\omega_{iby}^b)-\varepsilon_\xi \tag{7-34c}$$

式中

$$\varepsilon_E=T_{11}\varepsilon_x^b+T_{12}\varepsilon_y^b+T_{13}\varepsilon_z^b$$
$$\varepsilon_N=T_{21}\varepsilon_x^b+T_{22}\varepsilon_y^b+T_{23}\varepsilon_z^b$$
$$\varepsilon_\xi=T_{31}\varepsilon_x^b+T_{32}\varepsilon_y^b+T_{33}\varepsilon_z^b$$

$\boldsymbol{\varepsilon}^b=[\varepsilon_x \quad \varepsilon_y \quad \varepsilon_z]^{\mathrm{T}}$ 为捷联陀螺(在载体系)的漂移角速率;

$\boldsymbol{\varepsilon}=[\varepsilon_E \quad \varepsilon_N \quad \varepsilon_\xi]^{\mathrm{T}}$ 为捷联陀螺的漂移角速率在导航系(地理系)的投影。

7.4.3 误差传播特性

系统在静基座上的情况,即载体停留在地面静止不动的情况时,捷联式惯性导航系统和平台式惯性导航系统就有相同的误差特性。前面章节分析的结论完全适用于捷联式惯性导航系统中,本章不再做进一步分析。表 7-3 列出静基座捷联式惯性导航系统的误差传播特性。

表 7-3 静基座捷联式惯性导航系统的误差传播特性

误差源	系统误差							
	Δv_E	Δv_N	Δv_ξ	$\Delta\lambda$	$\Delta\phi$	φ_E	φ_N	φ_ξ
ε_E	振荡	振荡	振荡	常值	振荡	振荡	振荡	常值
εN	常值	振荡	振荡	积累	常值	振荡	振荡	振荡
ε_ξ	常值	振荡	振荡	积累	常值	振荡	振荡	振荡
Δ_E	振荡	振荡	振荡	常值	常值	常值	常值	常值
Δ_N	振荡	振荡	振荡	常值	常值	常值	常值	常值
$\varphi_E(0)$	振荡	振荡	振荡	振荡	振荡	振荡	振荡	振荡
$\varphi_N(0)$	振荡	振荡	振荡	常值	振荡	振荡	振荡	振荡
$\varphi_\xi(0)$	振荡	振荡	振荡	常值	振荡	振荡	振荡	振荡
$\Delta\lambda(0)$	振荡	振荡	振荡	常值	振荡	振荡	振荡	振荡
$\Delta\phi(0)$	振荡	振荡	振荡	振荡	振荡	振荡	振荡	振荡
$\Delta v_E(0)$	振荡	振荡	振荡	振荡	振荡	振荡	振荡	振荡
$\Delta v_N(0)$	振荡	振荡	振荡	振荡	振荡	振荡	振荡	振荡
$\Delta v_\xi(0)$	振荡	振荡	振荡	振荡	振荡	振荡	振荡	振荡

但是在飞行过程中，捷联式和平台式两种惯性导航系统在性能上会有明显的差别。这些差别主要有：

(1) 捷联式惯性导航系统惯性仪表的误差明显增加。前面已经提到过，载体的角运动产生严重的动态误差。捷联式陀螺大的施矩速率，使力矩器的标度系数误差大为增加。总之，由于惯性仪表固定在载体上，载体的动态环境造成惯性仪表很大的误差。

(2) 捷联式惯性导航系统对惯性仪表的地面校准比较困难，不像平台式惯性导航系统，可以通过对平台施加力矩使平台对于重力和地球自转角速度处在任意方位，以便把重力和地球自转角速度在惯性仪表输入轴向的分量和惯性仪表的输出相比较，从而确定惯性仪表的误差并进行纠正。而捷联式惯性导航系统由于惯性仪表固定在载体上，惯性仪表的校准只能是把仪表从载体上取下来在实验室内进行。使用过程中，可依靠仪表性能的稳定性，或者使用外部信息，在飞行过程中进行校准。

(3) 在捷联式惯性导航系统中，惯性仪表的误差可以看作是和载体固联的。如果惯性仪表的误差是常值，则在导航坐标系(如地理坐标系)轴向的等效惯性仪表误差就是载体角运动的函数，随着载体的运动在地理坐标系轴向的等效惯性仪表误差将是时间的函数。

由于捷联式惯性导航系统的上述特点，所以使捷联式惯性导航系统和平台式惯性导航系统在导航性能上会有明显的不同。尽管误差方程的形式基本相同，但是在飞行过程中，两类系统误差特性是不同的。捷联式惯性导航系统的误差传播特性随着飞行轨迹的不同而不同。

7.5 捷联式惯性导航系统的初始对准

初始对准的实现，对于捷联式惯性导航系统也是非常重要的。捷联式惯性导航系统初始对准原理与平台式一样，其目的都是为导航计算提供必要的初始条件。影响对准精度的因素是相同的，都要补偿陀螺与加速度计的误差。对准过程也分粗对准和精对准两个阶段。

捷联式惯性导航对准也使用了两个在空间不共线的矢量——地球旋转角速度$\boldsymbol{\omega}_{ie}$ 和重力加速度 $\boldsymbol{g}$ 作为参考基准量，这与平台式惯性导航自对准本质上是相同的。

不同之处在于，平台式惯性导航系统通过陀螺控制平台旋转消除失准角。捷联式惯性导航没有实体平台，载体的晃动干扰直接加给陀螺和加速度计，只能在计算机内修正所谓的"数学平台"。计算机通过对陀螺和加速度计的测量输出、滤波处理，解算出姿态矩阵和速度误差，并从速度误差中估计失准角。待失准角达到稳定后，用失准角估计值校正姿态矩阵，完成初始对准。这实际是解析对准。尽管其对准精度也取决于水平加速度计和东向陀螺，但因载体运动的干扰作用特别显著，因而对滤波技术的应用，比平台系统更为重要。至于具体的对准方案，多种多样，尤其是由于计算机软件的灵活性，其变化就更具多样性。

对准可以是自主的，也可以是受控的(使捷联式惯性导航系统的输出与某些外部系统的输出相一致)或这两种方法的结合。

7.5.1 粗对准

设载体坐标系的 Ox_b,Oy_b,Oz_b 分别指向载体的右、前、上方，导航坐标系 n 取东北天地理坐标系 g，则重力加速度和地球自转角速度在 n 系和 b 系内的分量有如下关系：

$$\boldsymbol{g}^b=\boldsymbol{T}_n^b\boldsymbol{g}^n \tag{7-35a}$$

$$\boldsymbol{\omega}_{ie}^b=\boldsymbol{T}_n^b\boldsymbol{\omega}_{ie}^n \tag{7-35b}$$

两边同时作转置

$$\begin{cases}(\boldsymbol{g}^b)^{\mathrm{T}}=(\boldsymbol{g}^n)^{\mathrm{T}}\boldsymbol{T}_b^n\\(\boldsymbol{\omega}_{ie}^b)^{\mathrm{T}}=(\boldsymbol{\omega}_{ie}^n)^{\mathrm{T}}\boldsymbol{T}_b^n\end{cases} \tag{7-36}$$

即

$$\begin{bmatrix}(\boldsymbol{g}^b)^{\mathrm{T}}\\(\boldsymbol{\omega}_{ie}^b)^{\mathrm{T}}\end{bmatrix}=\begin{bmatrix}(\boldsymbol{g}^n)^{\mathrm{T}}\\(\boldsymbol{\omega}_{ie}^n)^{\mathrm{T}}\end{bmatrix}\cdot\boldsymbol{T}_b^n \tag{7-37}$$

自主式初始对准过程中，载体停在地面上，忽略载体的晃动影响和陀螺及加速度计的测量误差，并根据地速为零时的比力方程式，有

$$\begin{cases}\omega_{ib}^b\approx\omega_{ie}^b\\f^b\approx-g^b\end{cases} \tag{7-38}$$

式中，ω_{ib}^b，f^b 为陀螺输出和加速度计的输出。

代入式(7-38)，得

$$\begin{bmatrix}-(\boldsymbol{f}^b)^{\mathrm{T}}\\(\boldsymbol{\omega}_{ib}^b)^{\mathrm{T}}\end{bmatrix}=\begin{bmatrix}(\boldsymbol{g}^n)^{\mathrm{T}}\\(\boldsymbol{\omega}_{ie}^n)^{\mathrm{T}}\end{bmatrix}\cdot\boldsymbol{T}_b^n \tag{7-39}$$

设对准时刻载体所在地纬度ϕ 准确已知，则

$$\begin{cases} \boldsymbol{g}^n = \begin{bmatrix} 0 \\ 0 \\ -g \end{bmatrix} \\ \boldsymbol{\omega}_{ie}^n = \begin{bmatrix} 0 \\ \omega_{ib}\cos\phi \\ \omega_{ie}\sin\phi \end{bmatrix} \end{cases} \tag{7-40}$$

将

$$\boldsymbol{T}_b^n = \begin{bmatrix} T_{11} & T_{12} & T_{13} \\ T_{21} & T_{22} & T_{23} \\ T_{31} & T_{32} & T_{33} \end{bmatrix}$$

$$\boldsymbol{f}^b = \begin{bmatrix} f_x^b \\ f_y^b \\ f_z^b \end{bmatrix}$$

$$\boldsymbol{\omega}_{ib}^b = \begin{bmatrix} \omega_{ibx}^b \\ \omega_{iby}^b \\ \omega_{ibz}^b \end{bmatrix}$$

代入式(7-39),得

$$\begin{bmatrix} -f_x^b & -f_y^b & -f_z^b \\ \omega_{ibx}^b & \omega_{iby}^b & \omega_{ibz}^b \end{bmatrix} = \begin{bmatrix} 0 & 0 & -g \\ 0 & \omega_{ie}\cos\phi & \omega_{ie}\sin\phi \end{bmatrix} \begin{bmatrix} T_{11} & T_{12} & T_{13} \\ T_{21} & T_{22} & T_{23} \\ T_{31} & T_{32} & T_{33} \end{bmatrix} \tag{7-41}$$

从式(7-41)可见,只要能够准确给出加速度计和陀螺的测量值 $\boldsymbol{f}^b$ 和 $\boldsymbol{\omega}_{ib}^b$,就可以计算出载体坐标系和导航系(当地地理坐标系)间的方向余弦矩阵——姿态矩阵 $\boldsymbol{T}_b^n$。姿态矩阵准确性,显然受到加速度计和陀螺测量值准确性的约束。

展开式(7-41),可解得姿态矩阵的元素

$$T_{31} \approx \frac{f_x^b}{g} \tag{7-42a}$$

$$T_{32} \approx \frac{f_y^b}{g} \tag{7-42b}$$

$$T_{33} \approx \frac{f_z^b}{g} \tag{7-42c}$$

$$T_{21} \approx \frac{1}{\omega_{ie}\cos\phi}(\omega_{ibx}^b - T_{31}\omega_{ie}\sin\phi) \tag{7-42d}$$

$$T_{22} \approx \frac{1}{\omega_{ie}\cos\phi}(\omega_{iby}^b - T_{32}\omega_{ie}\sin\phi) \tag{7-42e}$$

$$T_{23} \approx \frac{1}{\omega_{ie}\cos\phi}(\omega_{ibz}^{b} - T_{33}\omega_{ie}\sin\phi) \tag{7-42f}$$

由于姿态矩阵为单位正交阵，逆和转置相等，即

$$\begin{bmatrix} T_{11} & T_{12} & T_{13} \\ T_{21} & T_{22} & T_{23} \\ T_{31} & T_{32} & T_{33} \end{bmatrix}^{-1} = \begin{bmatrix} T_{11} & T_{12} & T_{13} \\ T_{21} & T_{22} & T_{23} \\ T_{31} & T_{32} & T_{33} \end{bmatrix} \tag{7-43}$$

对上式左端求逆，第一列诸元有如下关系

$$\begin{cases} T_{11} = T_{22}T_{33} - T_{23} - T_{32} \\ T_{12} = T_{23}T_{31} - T_{21} - T_{33} \\ T_{13} = T_{21}T_{32} - T_{22} - T_{31} \end{cases} \tag{7-44}$$

在实际系统中，惯性器件输出的是角增量和速度增量。设在 $T_m = t_m - t_{m-1}$ 时间段内陀螺输出的角增量为 $\Delta\theta_x(m)$，$\Delta\theta_y(m)$，$\Delta\theta_z(m)$，加速度计输出的速度增量为 $\Delta v_x(m)$，$\Delta v_y(m)$，$\Delta v_z(m)$。则式(7-42)姿态矩阵的元素可改写成

$$T_{31} \approx \frac{\Delta v_x(m)}{gT_m} \tag{7-45a}$$

$$T_{32} \approx \frac{\Delta v_y(m)}{gT_m} \tag{7-45b}$$

$$T_{33} \approx \frac{\Delta v_z(m)}{gT_m} \tag{7-45c}$$

$$T_{21} \approx \frac{1}{T_m\omega_{ie}\cos\phi}[\Delta\theta_x(m) - T_m T_{31}\omega_{ie}\sin\phi] \tag{7-45d}$$

$$T_{22} \approx \frac{1}{T_m\omega_{ie}\cos\phi}[\Delta\theta_y(m) - T_m T_{32}\omega_{ie}\sin\phi] \tag{7-45e}$$

$$T_{23} \approx \frac{1}{T_m\omega_{ie}\cos\phi}[\Delta\theta_z(m) - T_m T_{33}\omega_{ie}\sin\phi] \tag{7-45f}$$

粗对准的精度并不高，原因是忽略了晃动及惯性器件的测量误差影响，失准角一般在数角分至数十角分范围内，视晃动剧烈程度而定。

例 7-1 假定飞行器坐标系的初始位置和地球坐标系重合，在不存在仪表误差和外部干扰时，给出初始对准时方向余弦矩阵的表达式。

解 写出加速度计和陀螺的测量值为

$$\boldsymbol{f}^b = \begin{bmatrix} 0 \\ 0 \\ -g \end{bmatrix}$$

$$\boldsymbol{\omega}_{ie}^b = \begin{bmatrix} 0 \\ \omega_{ib}\cos\phi \\ \omega_{ie}\sin\phi \end{bmatrix}$$

将上述表达式代入式(7-41),经计算有

$$\boldsymbol{T}_b^n=\begin{bmatrix}1&0&0\\0&1&0\\0&0&1\end{bmatrix}$$

上式说明,计算机计算的飞行器坐标系和地理坐标系在初始对准后完全重合。加速度计和陀螺的输出都可以正确地转换为以地理坐标系表示的比力或角速度分量,可以进行导航更新和姿态矩阵更新。

例 7-2 由于加速度计和陀螺仪的仪表误差以及环境干扰线振动和角振动的影响,姿态矩阵 $\boldsymbol{T}_b^n$ 实际为

$$\boldsymbol{T}_b^n=\begin{bmatrix}1&-\gamma&\beta\\\gamma&1&-\alpha\\-\beta&\alpha&1\end{bmatrix}=1+\boldsymbol{\Phi}_c$$

$\boldsymbol{\Phi}_c=[\alpha\quad\beta\quad\gamma]^{\mathrm{T}}$ 为载体坐标系和地理坐标系对准的误差角,是一个小角度,其值的大小与加速度计陀螺的输出在地理坐标系中的分量有关。有表达式

$$\begin{cases}\alpha=-\dfrac{f_N}{g}\\[2ex]\beta=\dfrac{f_E}{g}\\[2ex]\gamma=-\dfrac{\varepsilon_E}{\omega_{ie}\cos\phi}+\tan\phi\cdot\dfrac{f_E}{g}\end{cases}$$

两坐标系的对准精度取决于上述姿态误差角,所以在初始对准时,如果有外部系统可以直接给出 $\boldsymbol{\Phi}_c$,并以上式装订在计算机中,也可以说完成了初始对准。如果是自对准,上式中的 f_E,f_N,ε_E 分别等效于加速度计和东向陀螺的输出信号,是一个随机信号,在粗对准过程中,一般都要通过代数的方法(多次平均或积分等)对误差角 $\boldsymbol{\Phi}_c$ 的各分量进行估算。为了提高对准精度,对加速度计和陀螺仪的误差进行补偿是必要的。

7.5.2 卡尔曼滤波法精对准

卡尔曼滤波是从一组有限的,包含噪声的,对物体位置的观察序列(可能有偏差)预测出物体的位置的坐标及速度。在很多工程应用(如雷达、计算机视觉)中都可以找到它的身影。同时,卡尔曼滤波也是控制理论以及控制系统工程中的一个重要课题。例如,对于雷达来说,人们感兴趣的是其能够跟踪目标。但目标的位置、速度、加速度的测量值往往在任何时候都有噪声。卡尔曼滤波利用目标的动态信息,设法去掉噪声的影响,得到一个关于目标位置的好的估计。这个估计可以是对当前目标位置的估计(滤波),也可以是对于将来位置的估计(预测),也可以是对过去位置的估计(插值或平滑)。

由于粗对准确定的姿态矩阵误差较大,所以与数学平台相对应而建立的实际导航坐标系 n' 与按要求建立的理想导航坐标系 n 存在偏差角,即为对准失准角 $\boldsymbol{\Phi}=[\varphi_E\quad\varphi_N\quad\varphi_\xi]^{\mathrm{T}}$,粗对准后都是小角,可看作 n 系至 n' 系的等效旋转矢量。

所以精对准的目的，是在粗对准的基础上精确估算平台误差角$\boldsymbol{\Phi}$，以得到更加准确的初始姿态矩阵。近年来，现代控制理论的一些方法在惯性导航系统中有了成功的应用，其中之一就是运用现代控制理论中的卡尔曼滤波进行惯性导航系统的初始对准。运用卡尔曼滤波的初始对准方法是在平台粗对准的基础上进行的。实施分为两步：第一步是运用卡尔曼滤波计算将惯性导航平台的初始误差角$\boldsymbol{\Phi}$估计出来，同时也尽可能地把惯性器件的误差(陀螺漂移和加速度计零位偏置)估计出来；第二步则是根据估计结果采用对陀螺施矩的方法将平台误差角消除掉，并对惯性器件的误差进行补偿。第二步是容易实现的，因此对平台误差角的估计是这种对准方法的关键。

精对准所要做的工作就是估计失准角，待失准角估计值达到稳态后，用此失准角估计值对最新得到的姿态矩阵作一次性修正，整个初始对准过程也就结束了。

自主式初始对准中，载体无移动，即有$v_E=v_N=v_\xi=0, f_E=f_N=0, f_\xi=g$。略去惯性器件的刻度系数误差和安装误差，则根据式(7-26)和式(7-34)，速度误差方程和姿态误差方程为

$$\Delta\dot{v}_E=-g\varphi_N+\Delta v_N\cdot 2\omega_{ie}\sin\phi-\Delta v_\xi\cdot 2\omega_{ie}\cos\phi+T_{11}\nabla_x^b+T_{12}\nabla_y^b+T_{13}\nabla_z^b \tag{7-46a}$$

$$\Delta\dot{v}_N=-g\varphi_E-\Delta v_E\cdot 2\omega_{ie}\sin\phi+T_{21}\nabla_x^b+T_{22}\nabla_y^b+T_{23}\nabla_z^b \tag{7-46b}$$

$$\Delta\dot{v}_\xi=\Delta v_E\cdot 2\omega_{ie}\sin\phi+T_{31}\nabla_x^b+T_{32}\nabla_y^b+T_{33}\nabla_z^b \tag{7-46c}$$

$$\dot{\varphi}_E=-\varphi_\xi\omega_{ie}\cos\phi+\varphi_N\omega_{ie}\sin\phi-T_{11}\varepsilon_{bx}^b-T_{12}\varepsilon_{by}^b-T_{13}\varepsilon_{bz}^b \tag{7-46d}$$

$$\dot{\varphi}_N=-\varphi_E\omega_{ie}\sin\phi-T_{21}\varepsilon_{bx}^b-T_{22}\varepsilon_{by}^b-T_{23}\varepsilon_{bz}^b \tag{7-46e}$$

$$\dot{\varphi}_\xi=\varphi_E\omega_{ie}\cos\phi-T_{31}\varepsilon_{Bx}^b-T_{32}\varepsilon_{By}^b-T_{33}\varepsilon_{Bz}^b \tag{7-46f}$$

由于惯性器件偏置量的重复性误差对系统精度的影响最大，所以，对准中仅将陀螺漂移和加速度计零偏的随机常数部分列入状态。取状态变量

$$\boldsymbol{X}=\begin{bmatrix}\Delta v_E & \Delta v_N & \Delta v_\xi & \varphi_E & \varphi_N & \varphi_\xi & \varepsilon_{bx}^b & \varepsilon_{by}^b & \varepsilon_{bz}^b & \nabla_x^b & \nabla_y^b & \nabla_z^b\end{bmatrix} \tag{7-47}$$

根据上述诸式可列出状态方程

$$\dot{\boldsymbol{X}}(t)=\boldsymbol{F}\boldsymbol{X}(t)+\boldsymbol{w}(t) \tag{7-48}$$

离散化后的状态方程为

$$\boldsymbol{X}_k=\boldsymbol{G}\boldsymbol{X}_{k-1}+\boldsymbol{W}_{k-1} \tag{7-49}$$

其中一步转移阵为定常阵

$$\boldsymbol{G}=\boldsymbol{I}+\boldsymbol{T}\boldsymbol{F}+\frac{\boldsymbol{T}^2}{2!}\boldsymbol{F}^2+\frac{\boldsymbol{T}^3}{3!}\boldsymbol{F}^3+\cdots \tag{7-50}$$

对准过程中以系统的速度输出作为量测量，而非移动基座条件下的速度输出即为速度误差，所以，在卡尔曼滤波的更新时间点t_k上，量测方程为

$$\boldsymbol{Z}_k=\boldsymbol{H}\boldsymbol{X}_k+\boldsymbol{V}_k \tag{7-51}$$

式中，$\boldsymbol{H}$的非零元为$H(1,1)=1, H(2,2)=1, H(3,3)=1$，$\boldsymbol{H}$的其余元均为零。$\boldsymbol{V}_k$是晃动引起的干扰速度。假设已由带阻数字滤波器对晃动引起的干扰速度作了适当抑制，滤波过程中近似将其看作白噪声序列，并假设其方差阵为$\boldsymbol{R}_k$。

等效系统噪声方差阵按下述三式计算

$$\begin{cases}\boldsymbol{Q}_k = T\boldsymbol{M}_1 + \dfrac{T^2}{2!}\boldsymbol{M}_2 + \dfrac{T^3}{3!}\boldsymbol{M}_3 + \cdots \\ \boldsymbol{M}_{i+1} = \boldsymbol{F}\boldsymbol{M}_i + (\boldsymbol{F}\boldsymbol{M}_i)^{\mathrm{T}}, \quad i = 1,2,3,\cdots \\ \boldsymbol{M}_1 = \boldsymbol{q}\end{cases} \tag{7-52}$$

对于式(7-51)和式(7-52)所示对象，可采用离散型卡尔曼滤波基本方程对误差作最优估计

$$\begin{cases}\boldsymbol{X}_k = \boldsymbol{G}\boldsymbol{X}_{k-1} + \boldsymbol{K}_k(\boldsymbol{Z}_k - \boldsymbol{H}\boldsymbol{G}\boldsymbol{X}_{k-1}) \\ \boldsymbol{K}_k = \boldsymbol{P}_{k/k-1}\boldsymbol{H}^{\mathrm{T}}(\boldsymbol{H}\boldsymbol{P}_{k/k-1}\boldsymbol{H}^{\mathrm{T}} + \boldsymbol{R}_k)^{-1} \\ \boldsymbol{P}_{k/k-1} = \boldsymbol{G}\boldsymbol{P}_{k-1}\boldsymbol{G}^{\mathrm{T}} + \boldsymbol{Q}_{k-1} \\ \boldsymbol{P}_k = (\boldsymbol{I} - \boldsymbol{K}_k\boldsymbol{H})\boldsymbol{P}_{k/k-1}(\boldsymbol{I} - \boldsymbol{K}_k\boldsymbol{H})^{\mathrm{T}} + \boldsymbol{K}_k\boldsymbol{R}_k\boldsymbol{K}_k^{\mathrm{T}}\end{cases} \tag{7-53}$$

7.6　捷联式惯性导航系统的动基座传递对准

机载导弹发射前，弹载捷联式惯性导航的初始化采用传递对准完成。传递对准是采用主惯性导航系统的输出信息对子惯性导航系统进行运动参数匹配，实现其初始对准的方式。与自对准相似，传递对准也分为粗对准和精对准。

粗对准过程中，火控系统用机载主惯性导航提供的姿态矩阵和速度、位置对子惯性导航装订，子惯性导航以装订值作为姿态矩阵的初始值并开始姿态解算和导航解算。子惯性导航与主惯性导航有一定距离。运载体的变形及子惯性导航系统的安装误差使装订值与子惯性导航系统的真实姿态矩阵不一致，可引起子惯性导航系统的失准角达到1°左右。失准角以此误差角为初值按误差方程确定的规律变化。

精对准的任务是采用卡尔曼滤波算法等方法估计出失准角的实时值，待估计值达到要求的精度后对实时计算的姿态矩阵做一次性修正。

卡尔曼滤波器的量测量由主、子惯性导航系统的同类输出量作比较后形成。传递对准的不同匹配方案是：用主、子惯性导航系统的速度输出构造量测量，则称传递对准采用速度匹配方案；由主、子惯性导航系统的角速度输出构造量测信息，则称传递对准采用角速度匹配方案。

根据主惯性导航系统是平台式还是捷联式，可选择的匹配方案有：位置、速度、姿态、角速度和加速度匹配对准方案。不同的匹配方案对传递对准的精度和收敛速度的影响不同。由于失准角需经过一定时间才能反映到速度误差上，反映到位置误差上的时间更长，所以位置匹配对准时间比速度匹配对准时间长，不适用于快速传递对准。加速度匹配方案中，杆臂效应难以精确补偿，残余误差被直接引入量测量，直接影响对准精度。

匹配量选取还取决于主惯性导航系统的类型，如主惯性导航系统为平台式惯性导航系统，则宜采用速度匹配方案；如主惯性导航为捷联式惯性导航系统，则可采用比平台式惯性导航更多的匹配量。

此处仅介绍速度、角速度和姿态信息匹配方案。

7.6.1 主、子惯性导航系统误差

主惯导精度比子惯导精度高，在主、子惯性导航误差悬殊较大的情况下，卡尔曼滤波器对子惯性导航的误差有较好的估计效果，而对主惯性导航误差的估计效果不明显。所以为降低卡尔曼滤波器的维数，减轻计算负担，提高计算速度，在卡尔曼滤波器设计中主惯性导航的误差不列入状态，而归并入量测误差中考虑。由于主惯性导航的误差是复杂的有色噪声，所以应对系统噪声阵和量测噪声阵作适当的调谐处理。

子惯性导航的导航坐标系选定后，相应的误差方程可根据式(7-26)和式(7-34)确定，但需作适当简化。由于子惯性导航的失准角对定位误差的影响很慢，子惯性导航的纬度输出仍较好地保持着装订时的精度；此外，惯性器件在构成系统前应作适当测试和标定，刻度系数误差及安装误差远比失准角的影响小，所以误差方程中可忽略上述误差的影响。为了简化计算，忽略地球的椭圆度。简化后的姿态误差方程和速度误差方程为

$$\begin{cases}\dot{\varphi}_E=\varphi_N\left(\omega_{ie}\sin\phi+\dfrac{v_E}{R+H}\tan\phi\right)-\varphi_\xi\left(\omega_{ie}\cos\phi+\dfrac{v_E}{R+H}\right)-\\ \qquad \Delta v_N\dfrac{1}{R+H}-\varepsilon_{BE}-\varepsilon_{WE}\\ \dot{\varphi}_N=-\varphi_E\left(\omega_{ie}\sin\phi+\dfrac{v_E}{R+H}\tan\phi\right)-\varphi_\xi\dfrac{v_N}{R+H}+\Delta v_E\dfrac{1}{R+H}-\varepsilon_{BN}-\varepsilon_{WN}\\ \dot{\varphi}_\xi=\varphi_E\left(\omega_{ie}\cos\phi+\dfrac{v_E}{R+H}\right)+\varphi_N\dfrac{v_N}{R+H}+\Delta v_E\dfrac{1}{R+H}\tan\phi-\varepsilon_{B\xi}-\varepsilon_{W\xi}\end{cases} \tag{7-54a}$$

$$\begin{cases}\Delta\dot{v}_E=-\varphi_N f_\xi+\varphi_\xi f_N+\Delta v_E\dfrac{v_N\tan\phi-v_\xi}{R+H}+\Delta v_N\left(2\omega_{ie}\sin\phi+\dfrac{v_E}{R+H}\tan\phi\right)-\\ \qquad \Delta v_\xi\left(2\omega_{ie}\cos\phi+\dfrac{v_E}{R+H}\right)+\nabla_E\\ \Delta\dot{v}_N=-\varphi_E f_\xi-\varphi_\xi f_E-\Delta v_E\cdot 2\left(\omega_{ie}\sin\phi+\dfrac{v_E}{R+H}\tan\phi\right)-\\ \qquad \Delta v_N\dfrac{v_\xi}{R+H}-\Delta v_\xi\dfrac{v_N}{R+H}+\nabla_N\\ \Delta\dot{v}_\xi=-\varphi_E f_N+\varphi_N f_E+\Delta v_E\cdot 2\left(\omega_{ie}\cos\phi+\dfrac{v_E}{R+H}\right)+\Delta v_N\dfrac{2v_N}{R+H}+\nabla_\xi\end{cases} \tag{7-54b}$$

上述诸式中，纬度ϕ，速度 v_E, v_N, v_ξ 及比力 f_E, f_N, f_ξ 均可由主惯性导航经火控系统提供；ε_{Bi} 和 $\Delta_i\,(i=E,N,\xi)$为在地理坐标系内陀螺的等效漂移和加速度计的等效偏置，由于对准时间较短，这些等效量可近似看作随机常值；$\varepsilon_{Wi}\,(i=E,N,\xi)$为陀螺角增量输出的随机游走，即有

$$\begin{cases}\dot{\varepsilon}_{Bi}=0\\ \dot{\nabla}_i=0\end{cases}\quad (i=E,N,\xi) \tag{7-55}$$

机载导弹一般悬挂在机翼下，由于空气动力及结构变形的影响，机翼相对机体产生角运动，描述这种挠曲角运动的模型至少为二阶，为了尽量降低卡尔曼滤波器的阶数，可近似取二阶模型。

设挠曲变形引起的弹体坐标系相对机体坐标系沿坐标轴的角变形为 λ_i，相应的变形角速度为 $\omega_{\lambda i}$，则二阶模型为

$$\begin{cases}\dot{\lambda}_i=\omega_{\lambda i}, \quad i=x,y,z\\ \dot{\omega}_{\lambda i}=-\beta^2\lambda_i-2\beta\omega_{\lambda i}+W_{\lambda i}\end{cases} \tag{7-56}$$

7.6.2 传递对准中的匹配量

传递对准中的匹配量即为卡尔曼滤波器中的量测量。

1. 速度匹配

基于速度匹配的传递对准采用主、子惯性导航解算的速度之差作为观测量，设主惯性导航的速度输出为 $v_{mE}^C, v_{mN}^C, v_{m\xi}^C$，子惯导的速度输出为 v_E^C, v_N^C, v_ξ^C，则速度匹配量为

$$\begin{cases}Z_1=v_E^C-v_{mE}^C=\Delta v_E-\Delta v_{mE}+V_1\\ Z_2=v_N^C-v_{mN}^C=\Delta v_N-\Delta v_{mN}+V_2\\ Z_3=v_\xi^C-v_{m\xi}^C=\Delta v_\xi-\Delta v_{m\xi}+V_3\end{cases} \tag{7-57}$$

2. 角速度匹配

假设弹体坐标系 b' 与载机的机体坐标系 b 一致，由挠曲变形引起的 b' 相对 b 的角运动矢量为

$$\boldsymbol{\lambda}^{b'}=\boldsymbol{\lambda}^b=[\lambda_x \quad \lambda_y \quad \lambda_z]^{\mathrm{T}} \tag{7-58}$$

设飞机的角速度为 $\boldsymbol{\omega}^b=[\omega_x \quad \omega_y \quad \omega_z]^{\mathrm{T}}$，捷联式主惯性导航陀螺组合测量得的角速度为 $\boldsymbol{\omega}_m^b$，假设主惯性导航陀螺的安装误差、刻度系数误差等都已得到很好校正，并且由于角速度匹配中载机必须做姿态机动，陀螺漂移在角速度输出中所占的比例完全可以忽略，所以

$$\boldsymbol{\omega}_m^b=\boldsymbol{\omega}^b \tag{7-59}$$

设子惯性导航陀螺组合的角速度输出为 $\boldsymbol{\omega}_s^{b'}$，显然

$$\boldsymbol{\omega}_s^{b'}=\boldsymbol{\omega}^{b'}+\boldsymbol{\omega}_\lambda^{b'}+\boldsymbol{\varepsilon}^{b'} \tag{7-60}$$

匹配量是主、子惯性导航陀螺组合角速度输出量之间的差值

$$\boldsymbol{Z}=\boldsymbol{\omega}_s^{b'}-\boldsymbol{\omega}_m^b=\boldsymbol{T}_b^{b'}\boldsymbol{\omega}^b+\boldsymbol{\omega}_\lambda^{b'}+\boldsymbol{\varepsilon}^{b'}-\boldsymbol{\omega}^b=-\tilde{\boldsymbol{\lambda}}\boldsymbol{\omega}^b+\boldsymbol{\omega}_\lambda^{b'}+\boldsymbol{\varepsilon}^{b'} \tag{7-61}$$

式中

$$\tilde{\boldsymbol{\lambda}} = \begin{bmatrix} 0 & -\lambda_z & \lambda_y \\ \lambda_z & 0 & -\lambda_x \\ -\lambda_y & \lambda_x & 0 \end{bmatrix} \tag{7-62}$$

展开上式，得角速度匹配量与误差量间的关系

$$\begin{cases} Z_1 = \omega_y \lambda_z - \omega_z \lambda_y + \omega_{\lambda x} + \varepsilon_x + V_1 \\ Z_2 = -\omega_x \lambda_z + \omega_z \lambda_x + \omega_{\lambda y} + \varepsilon_y + V_2 \\ Z_3 = \omega_x \lambda_y - \omega_y \lambda_x + \omega_{\lambda z} + \varepsilon_z + V_3 \end{cases} \tag{7-63}$$

卡尔曼滤波器估计出 $\hat{\lambda}_x, \hat{\lambda}_y, \hat{\lambda}_z$ 后，子惯性导航的姿态矩阵按下式确定为

$$\boldsymbol{T}_{b'}^{n} = \boldsymbol{T}_b^n \boldsymbol{T}_{b'}^{b} = \boldsymbol{T}_b^n [\boldsymbol{I} + \tilde{\boldsymbol{\lambda}}] \tag{7-64}$$

式中 $\boldsymbol{T}_b^n$ 为主惯性导航确定的姿态阵。

3. 姿态角匹配

设子惯性导航和主惯性导航确定的姿态阵分别为 $\boldsymbol{T}_{b'}^{n'}$ 和 $\boldsymbol{T}_b^n$，记

$$\boldsymbol{T}_{b'}^{n'} = \begin{bmatrix} T'_{11} & T'_{12} & T'_{13} \\ T'_{21} & T'_{22} & T'_{23} \\ T'_{31} & T'_{32} & T'_{33} \end{bmatrix} \tag{7-65}$$

由子惯性导航姿态阵确定的航向角、俯仰角及横滚角分别为

$$\begin{cases} \Psi_s = \Psi + \Delta\Psi \\ \theta_s = \theta + \Delta\theta \\ \gamma_s = \gamma + \Delta\gamma \end{cases} \tag{7-66}$$

而

$$T_{b'}^{n'} = T_n^{n'} T_b^n T_{b'}^b = [I - \tilde{\Phi}] \cdot T_b^n \cdot [I + \tilde{\lambda}] \approx T_b^n - (\tilde{\Phi}) T_b^n + T_b^n \tilde{\lambda} \tag{7-67}$$

展开上式，得

$$\begin{aligned}
T'_{11} &= T_{11} + T_{12}\varphi_\xi - T_{13}\varphi_N + T_{12}\lambda_z - T_{13}\lambda_y \\
T'_{12} &= T_{12} + T_{22}\varphi_\xi - T_{32}\varphi_N - T_{11}\lambda_z + T_{13}\lambda_x \\
T'_{13} &= T_{13} + T_{23}\varphi_\xi - T_{33}\varphi_N - T_{11}\lambda_y - T_{12}\lambda_x \\
T'_{21} &= T_{21} - T_{11}\varphi_\xi + T_{31}\varphi_E + T_{22}\lambda_z - T_{23}\lambda_y \\
T'_{22} &= T_{22} - T_{12}\varphi_\xi - T_{32}\varphi_E - T_{21}\lambda_z + T_{23}\lambda_x \\
T'_{23} &= T_{23} - T_{13}\varphi_\xi + T_{33}\varphi_E + T_{21}\lambda_y - T_{22}\lambda_x \\
T'_{31} &= T_{31} + T_{11}\varphi_N - T_{21}\varphi_E + T_{32}\lambda_z - T_{33}\lambda_y \\
T'_{32} &= T_{32} + T_{12}\varphi_N - T_{22}\varphi_E - T_{31}\lambda_z + T_{33}\lambda_x \\
T'_{33} &= T_{33} + T_{13}\varphi_N - T_{23}\varphi_E + T_{31}\lambda_y - T_{32}\lambda_x
\end{aligned}$$

根据式(7-5)～式(7-7)，有

$$\tan(\Psi + \Delta\Psi) = \frac{T'_{12}}{T'_{23}} = \frac{T_{12} + T_{22}\varphi_\xi - T_{32}\varphi_N - T_{11}\lambda_z + T_{13}\lambda_x}{T_{23} - T_{13}\varphi_\xi + T_{33}\varphi_E + T_{21}\lambda_y - T_{22}\lambda_x} \tag{7-68}$$

$$\tan(\gamma+\Delta\gamma)=\frac{T'_{31}}{T'_{33}}=\frac{T_{31}+T_{11}\varphi_N-T_{21}\varphi_E+T_{32}\lambda_z-T_{33}\lambda_y}{T_{33}+T_{13}\varphi_N-T_{23}\varphi_E+T_{31}\lambda_y-T_{32}\lambda_x} \tag{7-69}$$

$$\sin(\theta+\Delta\theta)=T'_{32}=T_{32}+T_{12}\varphi_N-T_{22}\varphi_E-T_{31}\lambda_z+T_{33}\lambda_x \tag{7-70}$$

讨论式(7-68)的右端分母项

$$\begin{aligned}&(T_{23}-T_{13}\varphi_\xi+T_{33}\varphi_E+T_{21}\lambda_y-T_{22}\lambda_x)^{-1}\\&=\frac{1}{T_{23}}-\frac{1}{T_{23}^2}(T_{33}\varphi_E-T_{13}\varphi_\xi+T_{21}\lambda_y-T_{22}\lambda_x)+\cdots\end{aligned} \tag{7-71}$$

式(7-71)代入式(7-68)，并取 $\tan(\Psi+\Delta\Psi)\approx\tan\Psi+(1+\tan^2\Psi)\Delta\Psi$，得

$$\begin{aligned}\tan\Psi+(1+\tan^2\Psi)\Delta\Psi=&\frac{T_{12}}{T_{23}}+\left(\frac{T_{22}}{T_{23}}+\frac{T_{12}T_{13}}{T_{23}^2}\right)\varphi_\xi-\frac{T_{32}}{T_{23}}\varphi_N-\frac{T_{12}T_{33}}{T_{23}^2}\varphi_E+\\&\left(\frac{T_{13}}{T_{23}}+\frac{T_{22}T_{12}}{T_{23}^2}\right)\lambda_x-\frac{T_{12}T_{21}}{T_{23}^2}\lambda_y-\frac{T_{11}}{T_{23}}\lambda_z\end{aligned} \tag{7-72}$$

由于

$$\tan\Psi=\frac{T_{12}}{T_{23}}$$

$$1+\tan^2\Psi=\frac{T_{12}^2+T_{23}^2}{T_{23}^2}$$

所以

$$\begin{aligned}\Delta\Psi=&\frac{T_{22}T_{23}+T_{12}T_{13}}{T_{12}^2+T_{23}^2}\varphi_\xi-\frac{T_{32}T_{23}}{T_{12}^2+T_{23}^2}\varphi_N-\frac{T_{12}T_{33}}{T_{12}^2+T_{23}^2}\varphi_E+\\&\frac{T_{13}T_{23}+T_{22}T_{12}}{T_{12}^2+T_{23}^2}\lambda_x-\frac{T_{12}T_{21}}{T_{12}^2+T_{23}^2}\lambda_y-\frac{T_{23}T_{11}}{T_{12}^2+T_{23}^2}\lambda_z\end{aligned} \tag{7-73}$$

同理可得

$$\Delta\gamma=\frac{T_{21}T_{33}-T_{23}T_{31}}{T_{31}^2+T_{33}^2}\varphi_E+\frac{T_{13}T_{31}-T_{11}T_{33}}{T_{31}^2+T_{33}^2}\varphi_N+\frac{T_{32}T_{31}}{T_{31}^2+T_{33}^2}\lambda_x+\lambda_y-\frac{T_{32}T_{33}}{T_{31}^2+T_{33}^2}\lambda_z \tag{7-74}$$

$$\Delta\theta=\frac{T_{12}}{\sqrt{1-T_{32}^2}}\varphi_N-\frac{T_{22}}{\sqrt{1-T_{32}^2}}\varphi_E-\frac{T_{31}}{\sqrt{1-T_{32}^2}}\varphi_z+\frac{T_{33}}{\sqrt{1-T_{32}^2}}\varphi_x \tag{7-75}$$

将主惯性导航的航向及姿态误差归并入量测误差中，则姿态角匹配量为

$$\begin{aligned}Z_1=\Psi_s-\Psi_m=&\frac{T_{22}T_{23}+T_{12}T_{13}}{T_{12}^2+T_{23}^2}\varphi_\xi-\frac{T_{32}T_{23}}{T_{12}^2+T_{23}^2}\varphi_N-\frac{T_{12}T_{33}}{T_{12}^2+T_{23}^2}\varphi_E+\\&\frac{T_{13}T_{23}+T_{22}T_{12}}{T_{12}^2+T_{23}^2}\lambda_x-\frac{T_{12}T_{21}}{T_{12}^2+T_{23}^2}\lambda_y-\frac{T_{23}T_{11}}{T_{12}^2+T_{23}^2}\lambda_z+V_1\end{aligned} \tag{7-76a}$$

$$Z_2=\gamma_s-\gamma_m=\frac{T_{21}T_{33}-T_{23}T_{31}}{T_{31}^2+T_{33}^2}\varphi_E+\frac{T_{13}T_{31}-T_{11}T_{33}}{T_{31}^2+T_{33}^2}\varphi_N+\frac{T_{32}T_{31}}{T_{31}^2+T_{33}^2}\lambda_x+\lambda_y-\frac{T_{32}T_{33}}{T_{31}^2+T_{33}^2}\lambda_z+V_2 \tag{7-76b}$$

$$Z_3=\theta_s-\theta_m=\frac{T_{12}}{\sqrt{1-T_{32}^2}}\varphi_N-\frac{T_{22}}{\sqrt{1-T_{32}^2}}\varphi_E-\frac{T_{31}}{\sqrt{1-T_{32}^2}}\varphi_z+\frac{T_{33}}{\sqrt{1-T_{32}^2}}\varphi_x+V_3 \tag{7-76c}$$

4. 姿态阵匹配

将主惯性导航姿态误差归并入量测误差中，则姿态阵匹配量为

$$Z_1=T'_{11}-T^m_{11}=-T_{12}\varphi_\xi-T_{13}\varphi_N+T_{12}\lambda_z-T_{13}\lambda_y+V_1 \tag{7-77a}$$

$$Z_2=T'_{12}-T^m_{12}=T_{22}\varphi_\xi-T_{32}\varphi_N-T_{11}\lambda_z+T_{13}\lambda_x+V_2 \tag{7-77b}$$

$$Z_3=T'_{13}-T^m_{13}=T_{23}\varphi_\xi-T_{33}\varphi_N-T_{11}\lambda_y-T_{12}\lambda_x+V_3 \tag{7-77c}$$

$$Z_4=T'_{21}-T^m_{21}=-T_{11}\varphi_\xi+T_{31}\varphi_E+T_{22}\lambda_z-T_{23}\lambda_y+V_4 \tag{7-77d}$$

$$Z_5=T'_{22}-T^m_{22}=-T_{12}\varphi_\xi+T_{32}\varphi_E-T_{21}\lambda_z+T_{23}\lambda_x+V_5 \tag{7-77e}$$

$$Z_6=T'_{23}-T^m_{23}=-T_{13}\varphi_\xi+T_{33}\varphi_E+T_{21}\lambda_y-T_{22}\lambda_x+V_6 \tag{7-77f}$$

$$Z_7=T'_{31}-T^m_{31}=T_{11}\varphi_N-T_{21}\varphi_E+T_{32}\lambda_z-T_{33}\lambda_y+V_7 \tag{7-77g}$$

$$Z_8=T'_{32}-T^m_{32}=T_{12}\varphi_N-T_{22}\varphi_E-T_{31}\lambda_z+T_{33}\lambda_x+V_8 \tag{7-77h}$$

$$Z_9=T'_{33}-T^m_{33}=T_{13}\varphi_N-T_{23}\varphi_E+T_{31}\lambda_y-T_{32}\lambda_x+V_9 \tag{7-77i}$$

式中，姿态阵各元可经火控系统由主惯性导航提供。

匹配量的选取，视机载主惯性导航的类型而定。如果主惯性导航是平台式系统，一般采用速度匹配，也可采用速度和方位同时匹配。这是由于平台式惯性导航系统不能准确给出角速度信息，测量平台环架角的同步器误差过大使姿态角精度很低，不宜采用角速度匹配和姿态信息匹配。如果主惯性导航是捷联式，所有的匹配方案都可采用。

表 7-4 列出了各种匹配方案的特点。对于超视距空-空导弹，载机捕获目标后锁定目标，与此同时必须完成对弹载子惯性导航的传递对准，对准过程中载机尽量避免角机动，如盘旋和俯仰运动，以免丢失目标。因而在这种应用场合，采用姿态角和速度作匹配量的对准方案是很合适的，一方面提高对准精度，另一方面缩短了对准时间。

表 7-4 几种匹配方案的比较

匹配方案	辅助机动	滤波计算量	速度估计效果	对准收敛速度
速度	盘旋或直线加速	小	好	慢
角速度	摇翼	小	差	快
姿态角	不需要	小	差	快
姿态阵	不需要	大	差	快
姿态角和速度	不需要	较大	好	快

匹配方案选定后，可根据匹配量列写出量测方程，根据式(7-54)～式(7-56)可列写出状态方程，从而设计出用于传递对准的卡尔曼滤波器。

传递对准过程中，当卡尔曼滤波器达到稳态后，估计出失准角$\boldsymbol{\Phi}=[\varphi_E \quad \varphi_N \quad \varphi_\xi]^{\mathrm{T}}$。

下面讨论姿态更新与失准角的关系。

失准角$\boldsymbol{\Phi}=[\varphi_E \quad \varphi_N \quad \varphi_\xi]^{\mathrm{T}}$为粗对准建立的实际导航坐标系$n'$与要求建立的理想导航坐标系$n$的偏差角。

经过粗对准它们都是小角，所以可看作n系至n'系的等效旋转矢量，这样，对于φ_E，φ_N，φ_ξ均为小角的情况，略去高阶小量后，有

$$\boldsymbol{T}_{n'}^{n}=\boldsymbol{I}+\tilde{\boldsymbol{\Phi}} \tag{7-78}$$

其中

$$\tilde{\boldsymbol{\Phi}}=\begin{bmatrix} 0 & -\varphi_\xi & \varphi_N \\ \varphi_\xi & 0 & -\varphi_E \\ -\varphi_N & \varphi_E & 0 \end{bmatrix} \tag{7-79}$$

所以

$$\boldsymbol{T}_b^n=\boldsymbol{T}_{n'}^{n}\boldsymbol{T}_b^{n'}=[\boldsymbol{I}+\tilde{\boldsymbol{\Phi}}]\boldsymbol{T}_b^{n'} \tag{7-80}$$

粗对准计算出姿态阵$\boldsymbol{T}_b^{n'}$后，用传递对准过程中观测出的稳态失准角$\boldsymbol{\Phi}=[\varphi_E \quad \varphi_N \quad \varphi_\xi]^{\mathrm{T}}$对$\boldsymbol{T}_b^{n'}$作一次性修正，从而获得精确的姿态阵$\boldsymbol{T}_b^n$。传递对准结束。

综上，捷联式惯性导航系统的初始对准，就是在满足环境条件和时间限制的情况下，以一定的精度给出从载体坐标系到导航坐标系的姿态矩阵并作一次性修正。

粗对准过程，将陀螺和加速度计的输出近似看作对地球旋转角速度$\boldsymbol{\omega}_{ie}$和重力加速度g的测量值，直接解算出姿态阵。这样处理实际上忽略了晃动干扰的影响，所以粗对准误差主要取决于晃动干扰的剧烈程度。

精对准阶段，即通过处理惯性仪表的输出信息，精校计算机计算的导航坐标系和真实导航坐标系之间的失调角，建立准确的初始变换矩阵。系统一方面根据粗对准确定的姿态阵和陀螺的实时输出解算出姿态阵，另一方面根据加速度计的输出解算出速度输出，由于载体无移动，此速度输出实际上是速度误差，它包含有姿态误差角信息，从中可估计出姿态误差角，待估计达到稳态后，用此估计值对姿态阵作修正，并以修正后的姿态阵作为导航解算的初始姿态阵，初始对准结束。

Chapter 8

第8章 惯性导航技术的应用

惯性技术在陆、海、空、天等各个领域都得到了广泛应用,不同的应用领域的使用环境和载体不同,对惯性器件及系统性能指标的要求差别很大。如大型舰船和潜艇等载体需要低动态、长航时的导航性能,而战略导弹等则需要高动态、短时间的导航性能,它们对惯性器件及惯性系统性能指标的要求可能相差几倍到几十倍;同样,在使用环境上,较平静的海上环境与超声速或高超声速飞行时惯性器件和系统所承受工作环境的变化范围也很大。因此,在研究、设计、制造、储存到使用前的各个阶段都需要对惯性器件和惯性系统进行测试和试验,以确保它们在工作中具有所需的性能和品质。

一般来说,惯性导航技术的应用可有以下几方面。

(1) 惯性测量系统:大地测量、海洋调查等。

(2) 运动体的定位定向与导航系统:航空器、航天器、航海器、机器人和车辆的定向与导航。

(3) 运动体的稳定与控制系统:①自动驾驶仪、姿态控制系统;②导弹滚转被动控制(陀螺舵);③射程修正系统;④轿车安全稳定系统;⑤带陀螺稳定器的高清摄像机等。

(4) 陀螺精密仪器或装置:①铁路检轨装置;②称重衡器(陀螺秤);③井孔勘探地下掘进用的陀螺测斜仪和陀螺经纬仪。

(5) 装置本身利用陀螺原理工作,如陀螺车等。

需要注意的是,定向系统中有两种情况:①利用陀螺定轴性的,所用陀螺的动量矩很大,陀螺轴的指向,不受陀螺仪的姿态变化而改变;②利用陀螺的测量性的,这时陀螺仪是一个角度或角速率传感器。这两种应用情况都可以用于飞机和轮船的导航定向系统、隧道等施工定向领域。

本章对其中的几个应用加以介绍。

8.1 大地测量

大地测量无论对于国防建设还是对于国民经济建设,其意义和作用都是极为重要的。采用传统的人工测量方法的效率很低。在20世纪70年代试验成功并发展起来的惯性测量技术,使大地测量实现了自动化和高效率。像我国这样一个地形复杂、海岸线漫长的国家,惯性测量技术更具有广阔的应用前景。

1. 惯性测量系统与惯性导航系统的异同

惯性测量系统由惯性导航系统发展而来，二者的工作原理基本相同，只是应用场合不同，因此对它们的要求亦有所不同。从位置测量精度看，惯性测量系统比惯性导航系统有更高的要求，在大地测量中，需要测出测点的水平位置和高程，通常二等测量的要求为每 100km 测线上的定位误差小于 5m。目前惯性导航系统的定位误差典型值为 1000～2000m/h。从速度测量精度看，惯性导航系统有很高的要求，速度误差典型值为 0.1～1m/s，而惯性测量系统则不要求。同惯性导航系统相比，惯性测量系统在提高精度方面，采取了以下措施。

(1) 对惯性系统的主要误差源进行初始校准和补偿。除了在实验室长时间测试这些误差之外，还必须通过基准测线上的动态测试，即在补偿主要误差之后，在野外试验中，系统能达到要求的定位精度。

(2) 采用现代控制理论中的最优估计方法即卡尔曼滤波技术，利用外界辅助的量测信号来发现惯性系统的速度或位置信号误差，然后在计算机中实时估计系统的主要误差值并加以补偿。如果惯性测量系统装在地面车辆或直升机上进行测量，最方便的外界量测信号是在车辆停车或直升机悬停时获得速度为零的信号，故每经过一段时间间隔要停车或悬停一次，以便进行实时误差估计和补偿。此称为“零速修正”。如果惯性测量系统装在船或飞机(直升机例外)上进行测量，则需要引入无线电导航或卫星导航的信号。

(3) 在测量后要对大面积测点数据进行最优平滑处理。最简单的方法是在测线上进行往返测量后，对数据进行平滑处理。考虑到地球有重力异常现象，这种处理就更为必要了。

采取了上述措施之后，惯性测量系统可以达到二等测量的精度要求，并且能够同时测出各个测点上的重力异常值。

(4) 提高惯性系统中陀螺仪和加速度计的精度。例如，目前精密惯性测量系统所采用的静电陀螺仪，其漂移率低于 1×10^{-4}°/h，而加速度计的测量误差小于 10^{-5} m/s^2。

1985 年，我国地质矿产部邀请美国利顿公司在北京地区进行惯性测量试验。测线选择在京密公路上，起始点在北京东郊的孙河镇(该处有一个国家级的一等测量控制点)，终点是密云水库的测量基准点。跑车试验结果表明，测量精度能够满足二等测量的精度要求，即每 100km 测线上的定位误差小于 5m。还表明，惯性测量方法的效率远比传统测量方法高，两个多小时就能测出 80km 以上的测线，包括 40 多个测点。

惯性测量技术在大地测量中获得成功应用之后，引起人们很大重视，并且不断开拓它的新用途。目前，惯性测量技术已经应用到地图地形绘制和输油管道选线等领域，使这些本来十分费时的复杂工作能由计算机承担，实现了自动化。

2. 惯性测量系统的典型测量过程

惯性测量系统的典型测量可分为四个步骤：起始对准及校准、起始点位置输入、测量工作状态和零速修正状态。

(1) 起始对准及校准。运载体(地面测量车或直升机)到达测线附近后，惯性测量系统开机工作，把当地大致的经、纬度(误差应小于 100m)和高程(误差应小于 15m)送入计算机，同时把地球参考椭球类别送入计算机，惯性测量系统将自动地进行初始对准。

(2) 起始点位置输入。系统完成初始对准后，运载体进到测线的起始点，这时应把当地坐标位置送入计算机。测线的起始点一般应选为已知的一等或二等测量控制点，它的坐标位置比较准确，可以作为参考位置信号送入惯性测量系统，在计算中进行位置修正。在计算机修正程序结束后即可开始测量。

(3) 测量工作状态。在测量过程中要进行零速修正并测定测点，通常测线的终点也是已知的测量控制点，在测线的中间还可能有若干个已知的测量控制点(图 8-1)。可以像在起始点那样，把各测量控制点的坐标位置应用计算机进行位置修正。这时计算机将把全部测点的位置数据进行误差平滑，最后给出平滑后的测量结果。

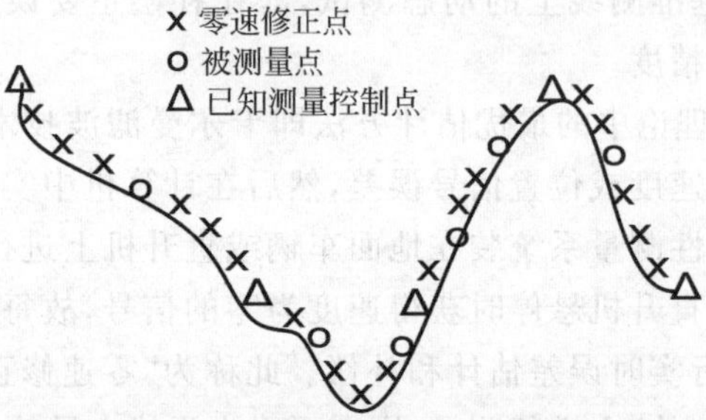

图 8-1 测线中的零速修正点和测量控制点

(4) 零速修正状态。零速修正是提高惯性测量系统测量精度的重要措施。地面测量车或直升机在行进中每隔 3～6min，停止不动或悬停 20～60s。这时运载体的速度和加速度均为零，但惯性测量系统的加速度输出却不为零，其原因之一是陀螺漂移而造成平台的水平倾斜，另一个原因是暂停地点的垂线偏差和加速度计本身的误差。因此，在运载体不动时，测量系统总存在一定的速度输出值，这就是零速误差。根据零速误差，采用卡尔曼滤波进行估计，推算出由此引起的水平位置和高程误差，并在系统中进行补偿。零速修正的原理如图 8-2 所示。由于采用零速修正，限制了惯性测量系统误差随时间而增长的特性，因而提高了水平位置和高程的测量精度。其效果可从图 8-3(a)与图 8-3(b)的对比中看出。

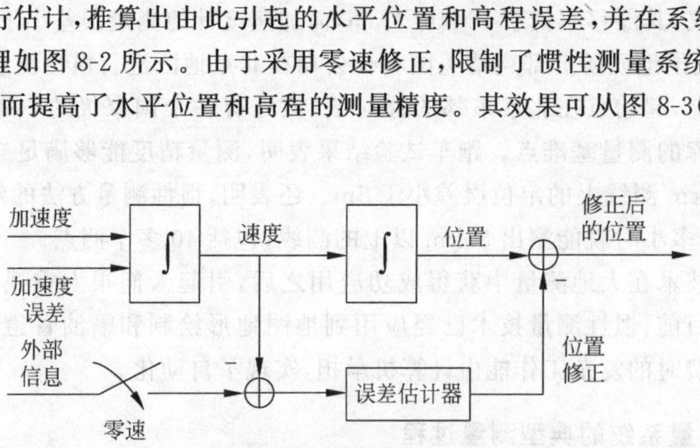

图 8-2 零速修正原理

分析结果表明，惯性测量系统位置误差与时间的一次幂、二次幂或还与时间的三次幂有关，随着零速修正间隔时间的增加，位置误差会显著增大。试验结果也表明，在

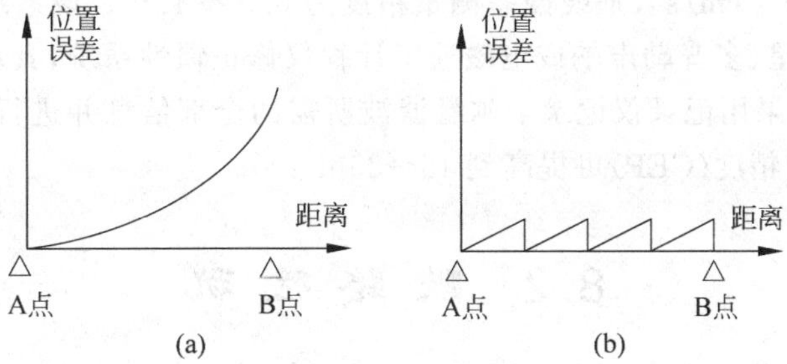

图 8-3 惯性测量系统误差特性及零速修正后误差特性

3～3.5min以后，位置精度就开始有明显下降。因此，从一次零速修正结束到下一次零速修正开始的最大间隔时间多选为3～4min。

3. 典型的惯性测量系统简介

惯性测量系统有很多形式，分别用于不同场合，其中比较典型的有以下几种。

1) 利顿自动测量系统 LASS

LASS是美国利顿公司研制的自动测量系统。它是一种水平稳定的惯性系统，惯性测量装置为四环式陀螺稳定平台，平台上装有两个二自由度液浮陀螺仪和三个液浮摆式加速度计。

该系统安装在吉普车或直升机上。可在北纬75°至南纬75°地区工作，工作半径约100km。采用零速修正，间隔时间小于3.5min，并且采用卡尔曼滤波对系统误差进行实时控制以及借助参考测量点对数据进行测后平滑处理，使该系统达到很高的测量精度。其测量误差的计算式如下：

$$水平位置误差(\text{RMS}) = 0.15 + D/10000\text{m}$$

$$高程误差(\text{RMS}) = 0.12 + D/20000\text{m}$$

式中，D为被测点离开已知测量控制点的距离。在测量路线中要求直线的二点距离小于总测量距离的1/3，最大的速度范围为280km/h。

2) APTS 航空测定地形剖面系统

该系统主要用于以下几方面：测量地形剖面以便确定河谷洪水范围；建立地形标准方框地图以及低凹区域的控制；绘制平坦的海岸区域1m等高线间隔地图。它安装在低空飞机上，每小时可测量200km。水平精度(CEP)为±3m，高度精度±15cm。

3) GEO-SPIN 大地标准精密惯性导航仪

GEO-SPIN是大地标准精密惯性导航仪，实为SPN/GEANS军用机惯性导航系统的改型，由美国霍尼韦尔(Honeywell)公司在1965年开始研制并于1978年开始批量生产。它是一种空间稳定的惯性系统，主要组成部件有惯性测量装置、电子线路、计算机、控制显示器和磁带记录仪等。惯性测量装置为四环式陀螺稳定平台，平台上装有两个静电陀螺仪和三个挠性加速度计。由于采用静电陀螺仪惯性敏感器，精度高。

该系统应用于大地测量和重力测量，可安装在汽车或直升机上，采用零速修正，间隔时间3～5min，每次停20～60s，其水平位置测量精度(CEP)为10～15cm，重力异常测量精度为$(1\sim2)\times10^{-3}\,cm/s^2$，垂线偏差测量精度为$0.5''\sim1.5''$。该系统亦可安装在测量船上，采用导航卫星、多普勒声呐或电磁速度计程仪修正惯性系统，其水平位置测量精度(CEP)为60m；如果用记录仪记录卡尔曼滤波所需的全部信息并进行测后处理和平滑，则其水平位置测量精度(CEP)可提高到15～25m。

8.2 铁路检轨

铁路轨道的横向水平和超高测量是轨道检查的一个基本项目。横向水平，是指在轨道的直线段两边铁轨沿着横向保持水平的程度；超高，是指在轨道的曲线段为获得转弯所需的向心力两边铁轨所设置的高度差。在轨道的直线段横向是否保持水平，在轨道曲线段超高设置是否恰当，不但影响轮轨接触点的磨损，而且关系到行车的安全，因此轨道横向水平和超高测量是非常重要的。

无论是轨道横向水平测量，还是轨道超高测量，所量测的参数都是铁轨两边的高度差h(见图8-4)。

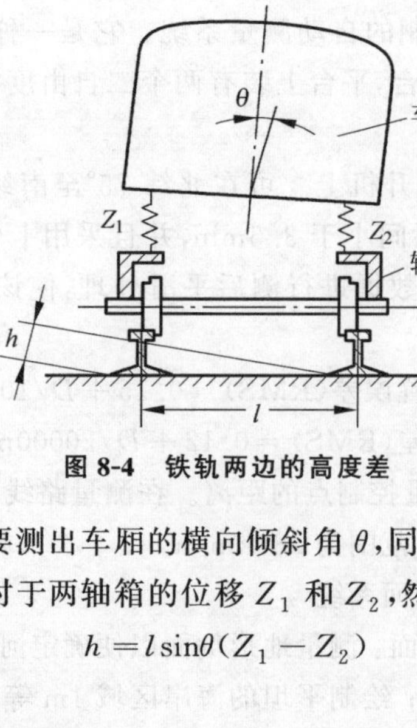

图8-4 铁轨两边的高度差

采用间接测量法时，需要测出车厢的横向倾斜角θ，同时应当考虑车厢与轴箱之间连接弹簧的影响，测出车厢相对于两轴箱的位移Z_1和Z_2，然后按照下式计算高度差，即

$$h=l\sin\theta(Z_1-Z_2) \tag{8-1}$$

式中，l为两边铁轨中心距。

早期的轨道车检查利用机械摆测量车厢倾斜角，但是当轨道检查车在转弯段行驶时，由于离心力影响，机械摆指示的是视垂线，无法测出车厢的倾斜角，所以这种装置只能测出轨道横向水平，无法测出曲线段超高值。

比较完善的一种测量装置是利用单轴陀螺稳定平台测量车厢的倾斜角。在平台上安装一个单自由度陀螺仪和一个加速度计，陀螺仪输入轴与平台稳定轴平行，陀螺仪输出轴上角度传感器的输出信号经放大器后控制平台稳定轴上的伺服电机，构成了平台的稳定回路，使平台保持稳定。加速度计输入轴与平台台面平行并与平台稳定轴垂直，加速度计输出轴上角度传感器的输出信号经放大器后控制陀螺仪输出轴上的力矩器，构成平台的修正回路，使平台保持水平。平台稳定回路和修正回路的工作原理已在前面章节作了说明。由于车厢横向倾斜时平台仍精确地保持水平稳定,故可精确地测得车厢的倾斜角。该倾斜角可由安装在平台稳定轴上的角度传感器测取。

轨道检查车在曲线段行驶时,加速度计将感受转弯的向心加速度,引起平台的错误修正而偏离水平位置,从而导致车厢倾斜角的测量误差,为了提高曲线段超高值的测量精度,可以采用补偿的办法。设行车速度为 v,转弯角速度为 ω,则向心加速度为

$$a = v\omega \tag{8-2}$$

可见,只要测出行车速度 v 和转弯角速度 ω,即可算出向心加速度 a。如果把向心加速度转换成电压信号,使它与加速度计输出的向心加速度电压信号大小相等,方向相反,并且该信号也送至陀螺仪输出轴上的力矩栅,则可起到与错误修正信号相抵消的效果,这样便实现了向心加速度误差的补偿。为此,在轨道检查车中还装有速度计和速率陀螺仪。速率陀螺仪的输入轴应当沿着当地垂线方向,以便精确测得转弯角速度,所以速率陀螺仪安装在平台上,且其输入轴与平台台面相垂直。另一方面,有了行车速度和转弯角速度信息,则可算出轨道曲线段的转弯半径为

$$R = \frac{v}{\omega} \tag{8-3}$$

目前,我国轨道检查车上使用了自行研制的惯性测量装置。其主要性能指标如下:

(1) 测量范围 $-150 \sim -1$mm 和 $1 \sim 150$mm;

(2) 最小分辨率 ± 1mm;

(3) 测量精度 4×10^{-2},$h>10$mm;

(4) 测量误差小于 1mm,$h\leqslant10$mm;

(5) 测量输出灵敏度 80mV/mm(根据用户要求可调);

(6) 测量频带宽度大于 40Hz。

8.3 车辆稳定系统

1. 汽车

车辆电子稳定控制系统(Electronic Stability Control,ESC)中利用惯性传感器、陀螺(角速度传感器)和两轴加速度计(线加速度传感器),测量车体回转的角速度、横向或纵向加速度或倾斜角,如图 8-5 所示。ESC 根据惯性传感器的信号,对某个车轮发出控制指令,以保证正常的安全行驶。

ESC 从功能上讲相当于 ABS(防抱死刹车系统)、EBD(电子制动力分配)、TCS(牵引力控制系统)、AYC(主动偏转控制)等多种功能的集合,它能自动更正转向过度与转向不足,并能比较驾驶员行驶方向的意图与汽车的实际方向,使汽车保持在正确路线上行驶。当探测到偏差时,ESC 对每个车轮执行独立制动,同时降低引擎扭矩,帮助驾驶员保持对汽车的控制。ESC 实际上是一种可分别或同时制动四个车轮的制动系统,这是技能再高的驾驶者也做不到的。

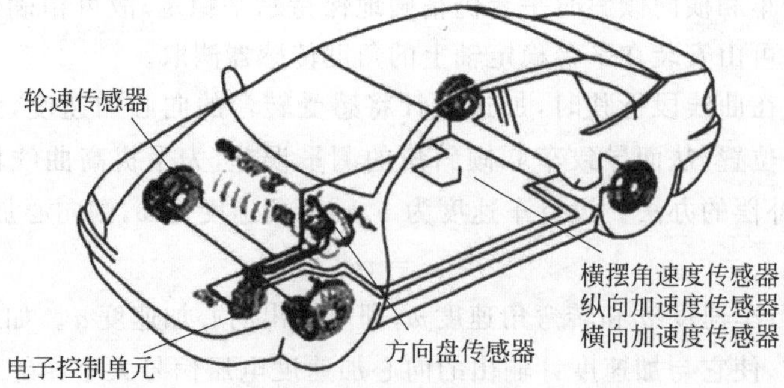

图 8-5　车辆稳定系统

ESC也被称为车辆动态控制(Vehicle Dynamic Control,VDC)或车身稳定控制(Vehicle Stability Control,VSC)、防侧翻稳定控制(Roll Stability Control,RSC)、动态稳定控制(Dynamic Stability Control,DSC)等。

2. 两轮自平衡电动车

两轮自平衡电动车(图 8-6)具有运动灵活、智能控制、操作简单、节省能源、绿色环保、转弯半径可为零等优点。适用于在狭小空间内运行,能够在大型购物中心、国际性会议或展览场所、体育场馆、办公大楼、大型公园及广场、生态旅游风景区、城市中的生活住宅小区等各种室内或室外场合中作为人们的中、短距离代步工具。

由于两轮自平衡电动车的两轮结构,使得它的重心在上、支点在下,故在非控制状态(或静态)下为不稳定系统。然而,两轮自平衡电动车实际上是一级直线式倒立摆和旋转式倒立摆的结合体,它的控制原理与倒立摆系统基本一致。更形象地说,两轮自平衡电动车的工作原理更像人行走的过程。对于人而言,当人体的重心向前倾斜并失去平衡时,人通过自身的感觉器官能够察觉到自己身体的倾斜(角度),于是他会做出一个反应——向前迈出一步来防止自己摔倒在地上。如果身体一直前倾,为了保持平衡,人就会一步又一步地往前走。因此,如果将两个由电机驱动的车轮看成人的双腿,再加上能够测量车体相对于水平面倾角大小和速度的惯性传感器,最后通过微处理器的控制便能够实现车体自平衡的效果。因而当人站在车上时,只要将身体带动车体一起往前倾(或后倾)就可以实现电动车载人前进(或后退)。

3. 自平衡独轮车

自平衡独轮车如图 8-7 所示,加速度计、倾斜传感器和陀螺仪如同人脑内耳平衡系统那样感应到地势的变化以及车和人运动状态的变化,并将产生的电压信号送入微处理器处理,通过放大电路再控制电机的运行,达到平衡和运动的目的。把身体向前倾斜就可以启动自平衡独轮车。速度则是由倾斜程度来控制的,想要加速则向前倾,减速则向后倾。

图 8-6 两轮自平衡电动车

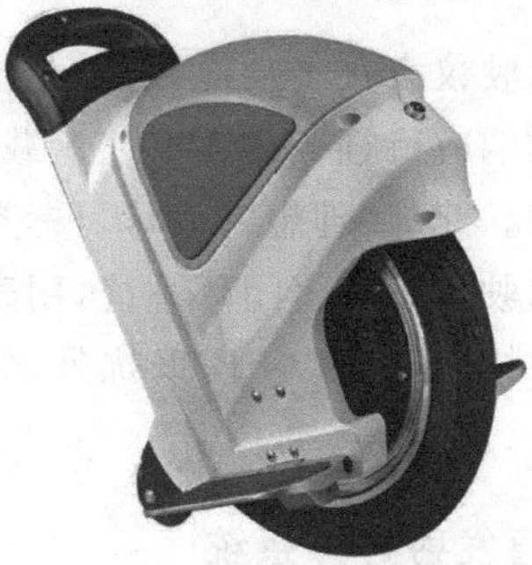

图 8-7 自平衡独轮车

8.4 摄像陀螺仪

在严苛的拍摄环境下，必须保持拍摄时的稳定性，使用庞大的稳定设备无疑是一种冒险，解决方法就是使用光学防抖的"隐形三脚架"——陀螺仪稳定器。陀螺仪稳定器的开发就是为了取代三脚架等笨重的稳定设备。陀螺仪稳定器长途运输方便，体积小，不会占用过多空间；可以安装到各种摄像/照相设备或双筒望远镜上；不用进行调试，可以马上投入使用，并可以持续稳定地运转。使用陀螺仪稳定设备，长焦镜头拍摄出的画面更清晰，近焦镜头拍摄出的画面更生动。

日常用的高清摄像机甚至是小型数码相机，相机抖动造成的模糊是手持拍摄时经常遇到的问题，借助光学防抖技术可减少这种现象。实现光学防抖的陀螺仪稳定器成为高端数码摄像机的标志。这是一套安装在镜头中的特殊部件。首先，摄像机中的水平和垂直陀螺传感器随时监测机身的抖动，摄像机的控制电路将抖动的电信号换算成具体的位移量，并驱动镜头中的可变角度透镜运动，将偏移的光路折射到原点。与中低端产品普遍使用的电子影像稳定器相比，光学稳定器不依赖 CCD 的周边像素，因此具有较大的防抖范围。其抖动检测和补偿响应非常快捷，能对不同频率的抖动做出有效补偿。同时，它也可以最大限度地发挥 CCD 传感器的成像能力，带来出色的高画质图像。

图 8-8 陀螺仪万向节

陀螺仪万向节，又称为摄像陀螺仪或陀螺仪稳定摄像机平台(图 8-8)，非常灵巧，用于稳定摄像机的水平/翻转取景，可用于飞机、无人机、航空器、舰船、车辆等。

8.5 自动驾驶仪

自动驾驶仪有很多功能，但其最基本的用途是改变运载体固有的自然运行行为，而产生期望的响应特性。这需要使运载体更具有预测性，而不易受到外部干扰和器件特性变化的影响。此外，理想的设计目标是使运载体的响应在整个工作范围内保持不变。

自动驾驶仪是一个闭环系统，用于稳定运载体选定或指令给定的飞行路线。对飞机和导弹这种情况，通过合理抵抗外部干扰、积极响应控制指令来保持一种响应和飞行路线。

1. 垂直发射导弹系统

这类武器在发射阶段可能没有制导信息，必须利用惯性测量值确定导弹的状态矢量。在这种情况下，制导指令从惯性测量值中产生。例如，导弹从发射箱或发射井出来后的初始发射机动期间，导弹状态只能由惯性测量值确定，其期望的最终状态经发射程序已编入导弹的控制系统。一开始，速度较低，只需要比后续飞行较少的冲量就能实现给定的方位变化。此时，能提供的气动升力也较低，这样，前面介绍的横向加速度自动驾驶仪设计可能难以利用这种现象。

在发射阶段，作用在垂直发射导弹上最大的力通常是助推发动机的推力，该推力必须相对于速度矢量作转动，以产生所需的横向加速度。转动弹体需要施加力矩的手段。由于可用的气动力矩很小，通常是使发动机的尾喷流横向偏转，以便对弹体施加控制力矩，进而控制导弹的飞行。在这个飞行阶段，当推力与弹道垂直（也就是导弹侧飞）时，横向加速度最大。

在这个飞行阶段，通常利用速度矢量操纵技术，使用一个姿态控制自动驾驶仪。通过使发动机尾喷流的偏转角与实际弹体角速率（由 IMU 的角速率敏感器测定）和指令给定角速率之差成正比，来使自动驾驶仪回路闭合。

如果高度没有限制，就可以用一个简单的姿态自动驾驶仪。但在某些情况下，姿态控制固有的弹道开环控制不大可能有效。这样就需要某种形式的弹道闭合控制，如速度矢量控制。

作为正常工作的一部分，IMU 会产生导弹速度矢量相对于选定惯性坐标系的估值。控制系统会产生一个速度方向指令。操纵回路的目的是产生一个指令信号，输入到前面讨论的姿态回路中。在这种情况下，姿态回路的正常功能是产生横向加速度指令（该指令与速度误差成正比），以便使速度误差减小为零。

2. 飞机

在过去的几十年里，商用和军用飞机在使用性能上取得了重要进展，尤其是在航程和控制复杂性方面。此外，惯性导航技术的发展对飞机的飞行产生了一些重要影响。例如，惯性导航系统的研制成功使传统的导航员失去了存在的意义。电传操纵技术和先进航空电子系统使飞机的灵活性大大提高。结果，有些作战飞机的手动控制难度提高了，尤其是那些所谓负稳定性飞机(其重心位于压力中心之前,产生一个负的静稳定裕度)。

自动控制设备的研发用于最大限度地降低飞行员的疲劳,减少飞行的单调性工作,从而使飞行员把精力集中在做飞行决定上。所说的自动驾驶仪的功能是在巡航飞行阶段,通过使飞机沿给定的方向保持在一定高度,使飞行路线保持稳定。当飞机转向新的高度和方位时,自动驾驶仪产生指令,确保飞机平稳地转到新的飞行路线。导弹和飞机的自动驾驶仪有一些不同,飞机采用滚转和偏航组合转弯,也就是所谓的“倾斜转弯”机动方式,而大部分战术导弹则采用直角坐标控制的侧滑转弯机动方式。

陀螺是这类自动驾驶仪的核心,这类自动驾驶仪用于图 8-9 所示的“巡航控制”中。图中俯仰通道陀螺敏感器检测飞机绕水平(俯仰)轴的运动,给升降舵提供指令信号,平衡检测的运动。这个通道也可以对预置的高度表(如气压装置或基于雷达的传感器)产生的信号做出响应,以确保设定的高度得到维持。

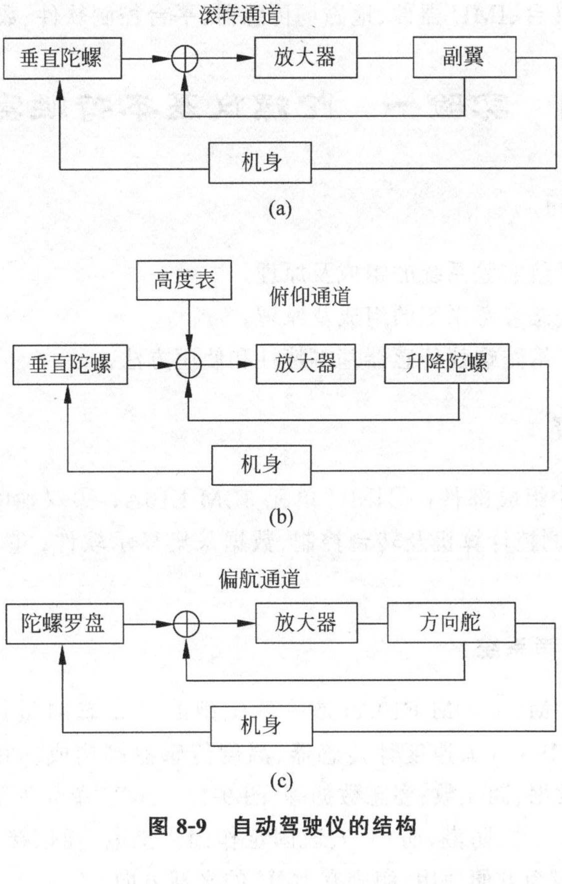

图 8-9 自动驾驶仪的结构

第9章 Chapter 9

惯性导航技术实验

实验环节主要研究关键传感器的特性及基本应用。实验平台采用上海紫航电子科技有限公司的双轴转台、IMU器件、地磁场传感器、平台控制软件、数据采集软件。

9.1 实验一 陀螺仪基本特性实验

9.1.1 实验目的

(1) 了解惯性导航实验系统的组成及原理。

(2) 了解航向姿态参考系统的组成及原理。

(3) 通过实验了解陀螺仪传感器基本特性和使用方法。

9.1.2 实验设备

实验设备的5个组成部件：①IMU单元3DM-E10A；②双轴电动转台；③数据采集、转台控制器；④测控计算机及转台控制、数据采集显示软件；⑤数据、控制线缆。下面详细介绍。

1. 航向姿态参考系统

惯性测量单元IMU(3DM-E10A)是一款微型的全姿态测量传感装置，它由三轴MEMS陀螺、三轴MEMS加速度计传感器、温度传感器等构成。3DM-E10A可提供的输出数据有：原始数据、四元数、姿态数据等(图9-1)。IMU单元外部由坚固的铝合金做外壳，具有保护内部部件、防潮、防湿、安装固定作用。供电、通信接口采用坚固、防尘防潮的航空插头。一般为方便使用，印刷有IMU的坐标方向。

现代IMU单元中，一般包含惯性敏感器件、微小信号放大器、数字信号处理器(DSP)、电源调理电路、接口电平转换电路等。惯性敏感元件将作用于其上的加速度、速率等转换为微小电压信号，经放大器放大后，传递到微处理器(DSP、MCU、FPGA等)，微处理器运行设定的程序对信号进行调理、滤波、缩放、融合等，最终将测量数据按通信协议串行化，通过接口输出。本实验中使用的IMU采用RS-232协议，通信速率115200bps，每

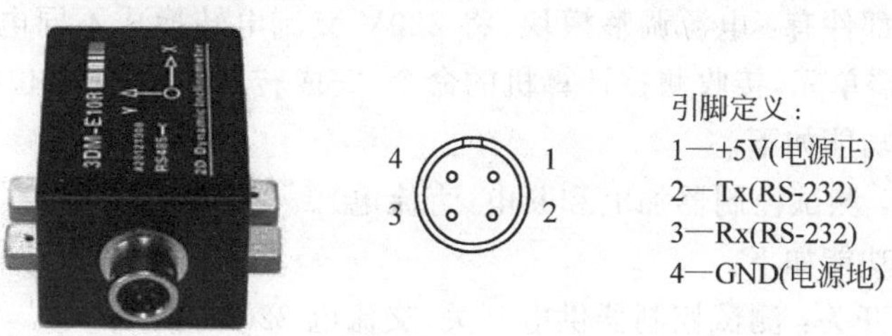

图 9-1 IMU 单元 3DM-E10A

帧数据包含 12 个参数，它们是：x、y、z 陀螺输出角速率值(Gyr_x、Gyr_y、Gyr_z)，x、y、z 三轴加速度计输出加速度值(Acc_x、Acc_y、Acc_z)，x、y、z 三轴磁阻输出磁场强度值(Mag_x、Mag_y、Mag_z)，三个姿态角滚动角(Roll)、俯仰角(Pitch)、偏航角(Yaw)。

2. 双轴电动转台

转台为实验系统的重要部分，具有两个驱动旋转轴，主要功能是提供精确的旋转速率、精确姿态角度。采用 UO 型铝合金框架结构，由外环俯仰轴框架(U 型)和内环滚转轴框架(O 型)组成相互垂直的二维旋转坐标系，通过精密电机驱动，在航向轴方向为固定底座，没有驱动装置。实验过程中一般的初始位置方向如图 9-2 所示。

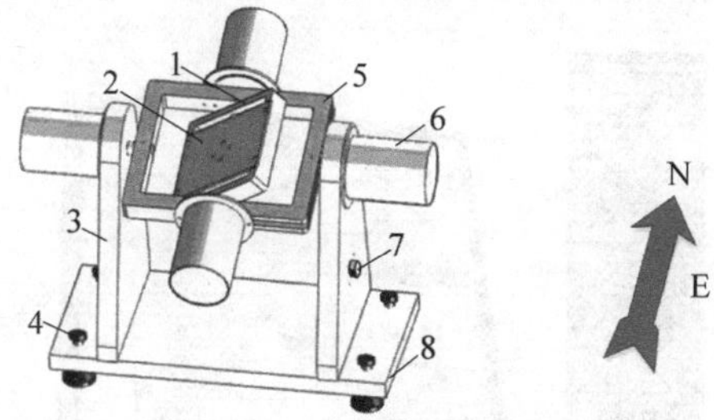

图 9-2 双轴电动转台结构

1—内框(滚转轴)；2—装载面；3—支撑架；4—底座螺钉；5—外框(俯仰轴)；6—保护罩；7—CZ1 线缆插座；8—转台底座

3. 电动转台控制器

电动转台控制器主要功能为执行控制计算机的指令，并输出电机的驱动信号，同时接收惯性单元的数据转送给测控计算机。其结构如图 9-3 所示。

(a) 前面板　　(b) 后面板

图 9-3 双轴电动转台控制器

控制器主要部件有：电源调整模块，将 220V 交流电转换成不同电子模块所需的直流电源；微处理器单元，接收测控计算机的命令，完成转台的定速、定位控制。

前面板按钮功能如下。

"启动"按钮：测试控制器加电和断电(直流电)。

后面板按钮功能如下。

"ON/OFF"开关：测试控制器供电开关(交流电 220V)；

"COM1"串口 1：通过 DL-232 线缆和测控计算机的 COM5 口连接；

"COM2"串口 2：通过 DL-232 线缆和测控计算机的 COM6 口连接；

"CZ1"插座：通过多芯控制、信号线缆与转台插座连接。

"AC 220"插座：交流 220V 输入插头。

4. 测控计算机及软件

测控计算机(图 9-4)是系统的主控计算机，主要完成两项功能：转台运动数据接收、显示、保存；转台运行参数的设定、运动过程的操作。专用测控软件都安装在该计算机系统中，包括双轴转台测控软件、航姿显示实验平台、MATLAB 软件、数据记录文件等。若计算机未配有 RS-232 接口，可采用 USB-RS232 协议转换卡扩展两个 RS-232 接口，定义为 COM5、COM6。

图 9-4 测控计算机

9.1.3 实验原理

1. 速率陀螺仪功能

速率陀螺仪也称角速率传感器，是用来测量载体旋转快慢的传感器。它在航空、航天、车辆、船舶等各领域都有大量的应用。按照常用陀螺仪的制作原理和结构，可以将其大致分为机械式陀螺仪、光学陀螺仪、微机械陀螺仪三类。其中，微机械陀螺仪是高新技术产物，具有体积小、功耗低等很多优势，目前在民用领域和国防领域都有广泛的应用场合。

2. 微机械陀螺仪基本原理

微机械陀螺仪(MEMS Gyroscope)主要有转子式、振动式微机械陀螺仪和微机械加速度计陀螺仪等三种。转子式的MEMS陀螺较为少见，振动式和微加速度计式的微机械陀螺仪的原理基本一致。目前，MEMS陀螺仪基本都是振动式的。

微机械陀螺的基本原理是利用哥氏力进行能量的传递，将谐振器的一种振动模式激励到另一种振动模式，后一种振动模式的振幅与输入角速度的大小成正比，通过测量振幅实现对角速度的测量。

哥氏加速度是动参系的转动与动点相对动参系运动相互耦合引起的加速度。哥氏加速度的方向垂直于角速度矢量和相对速度矢量。判断方法按照右手定则进行判断。

3. 陀螺仪零偏测试原理

通常，微机械陀螺仪的主要包括测量范围、标度因数、零偏、零漂、分辨率、带宽、非线性度等性能指标。其中陀螺仪的标度因数和零偏性能是关键参数。

设陀螺仪的标度因数为K_x，真实的角速度为ω_{xr}，陀螺仪测量角速度为ω_{x0}，陀螺仪零偏为b_{x0}，陀螺仪敏感轴的随机误差为δ_x，则

$$K_x\omega_{xr}+\delta_x=\omega_{x0}-b_x \tag{9-1}$$

由于随机误差相对较小，对计算可以忽略，假设标度因数$K_x=1$，则有

$$\omega_o=\omega_r+b \tag{9-2}$$

$$b=\omega_o-\omega_r \tag{9-3}$$

如果陀螺仪处于静态状态，$\omega_r=0$，则

$$b=\omega_o \tag{9-4}$$

9.1.4 实验步骤

1. 设备准备

(1) 连接好线缆，开启测控计算机电源，开启转台控制器电源。

(2) 单击“双轴微型转台测控软件”图标，打开转台控制软件操作界面(图9-5)。

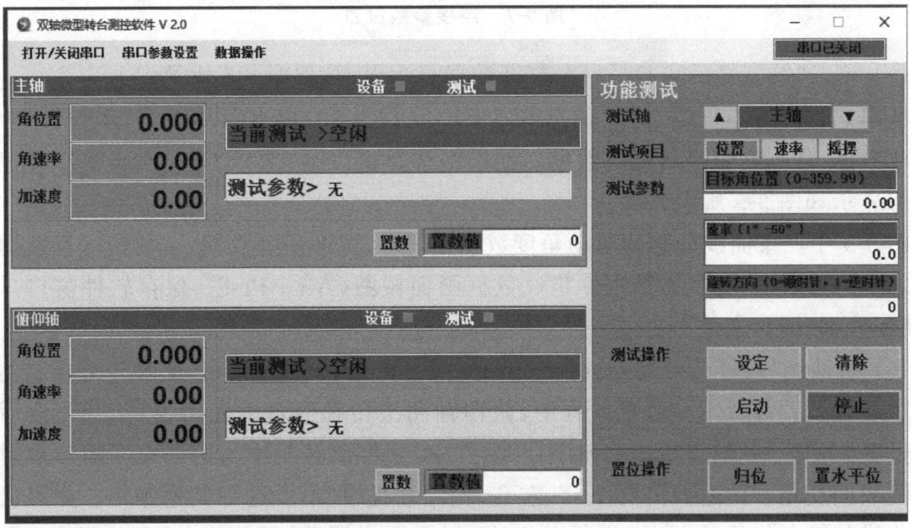

图9-5 控制软件操作界面

(3) 单击菜单栏“串口参数设置”弹出对话框,如图 9-6 所示。

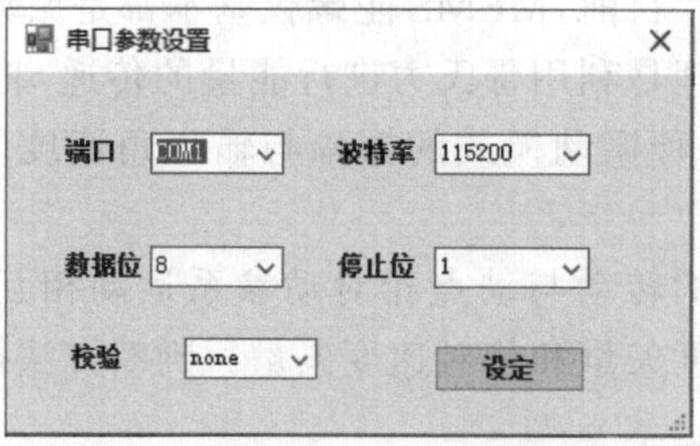

图 9-6 “串口参数设置”界面

端口号设置为:COM5;波特率设置为:115200;数据位:8;停止位:1;校验:none。设置好后,单击“设定”按钮完成转台控制软件的串口配置。

(4) 单击菜单栏“打开/关闭串口”,在下拉菜单中选择“Connect”选项,连接测控计算机与双轴转台控制器,如图 9-7 所示。

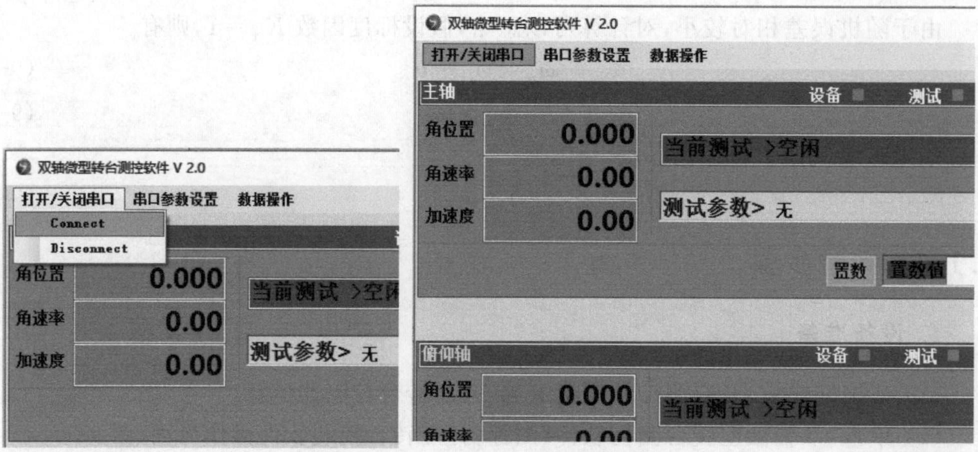

图 9-7 连接参数设置

(5) 单击“航姿显示实验平台”,打开数据显示界面,如图 9-8 所示。

在串口选择文本框中选择“COM6”,步长设置为 50,单击菜单栏 ⇨ 运行键,软件开始接收数据,数据窗口显示实时数据。在模型选择窗口中,选择“英式战斗机”,数据及模型姿态显示如图 9-9 所示。

图 9-9 中三条曲线分别为滚动角度数据(x 轴),俯仰角度数据(y 轴),以及航向角度数据,此时是系统初始状态数据。将此数据画面截图(Alt+PrtSc,保存软件窗口),保存为“航姿数据”图片文件。

(6) 切换到“双轴转台测控软件”,单击右下角“置水平位”按钮,此时转台控制器自动寻找水平位置。寻找水平位置过程中,俯仰轴和滚转轴会自动先后各转 1 圈,然后回归水平位置。切换到“航姿显示实验平台”软件中,观察滚转角度与俯仰角度随转台运转过程中的数据变化。此过程需要 1min 左右,置位过程中,不要进行其他操作。如果已明确数据曲线与转台位置的关系,进行下一步,如果还未明确,可再进行“置水平位”操作一

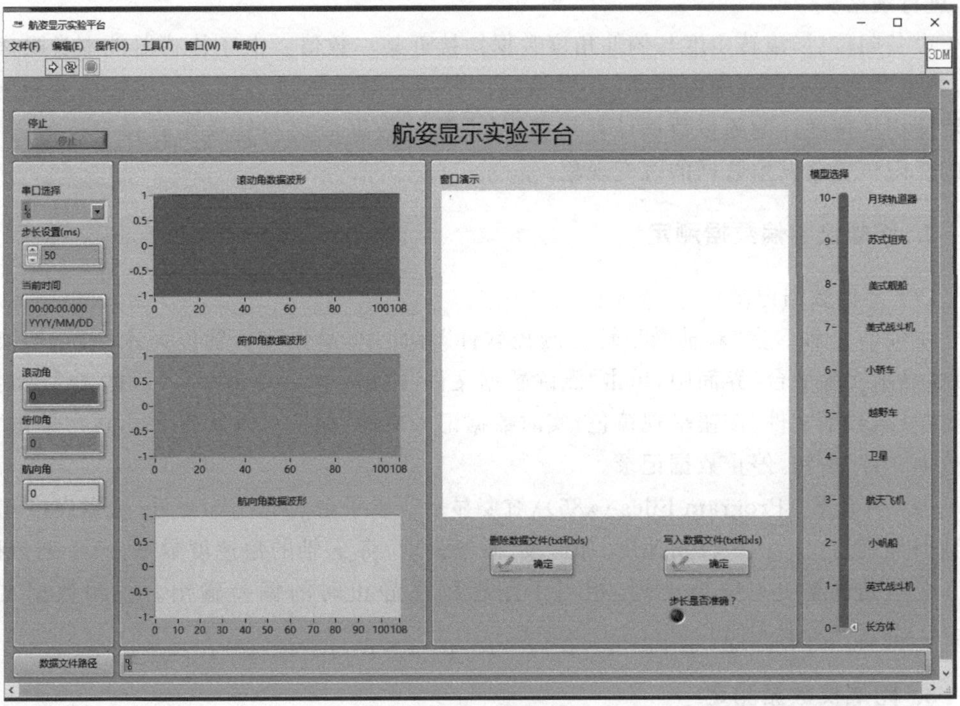

图 9-8　数据显示界面

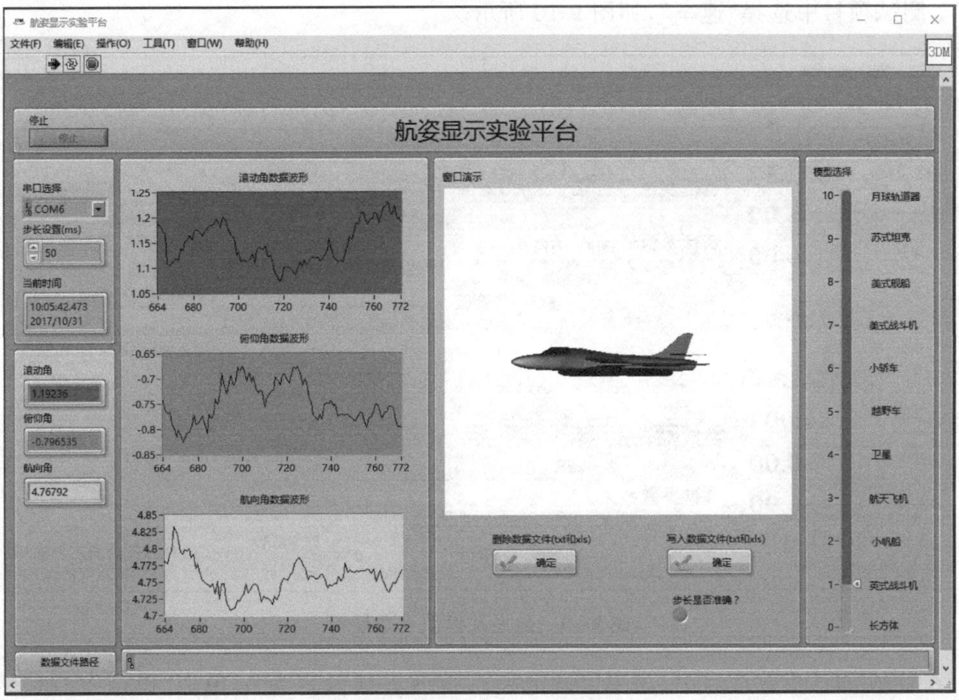

图 9-9　数据及模型姿态显示

次，进行观察。

设备归位后，滚转角度与俯仰角度数据均接近某一数值。由于传感器件本身噪声较大，测量数据在一定范围内波动，获得精确位置需要对数据进行滤波。滚转角度和俯仰角度使用加速度计的测量数据计算后获得，曲线的数据应该与转台实际位置近似，在计算的极限位置会发生数据的跳变现象。

2. 陀螺仪零偏数据测定

(1) 零偏数据记录。

主轴即 x 轴。在“双轴微型转台测控软件”界面中，操作转台置位为水平后，切换到“航姿显示实验平台”界面中，单击“删除数据文件”按钮；然后单击“写入数据文件”按钮，此时“写入数据文件”按钮呈现黄色，实时数据记入文件，保持写入状态 20s，再次单击“写入数据文件”按钮，停止数据记录。

(2) 打开 F:\Program Files (x86)\航姿显示实验平台\data\data. xls 数据表格，前 9 列数据分别为：x，y，z 轴角速度、加速度、磁场强度，将 x 轴的角速度数据（第 1 列数据）前 5 个写到表格 9-1 中第 1 列，相当于陀螺仪在静止时的偏差输出。关闭数据文件“data. xls”（一定要关闭）。

3. 陀螺仪数据测定

(1) 返回“双轴微型转台测控软件”界面，在功能测试区域的测试轴选项框中选择“主轴”；测试项目中选择“速率”，如图 9-10 所示。

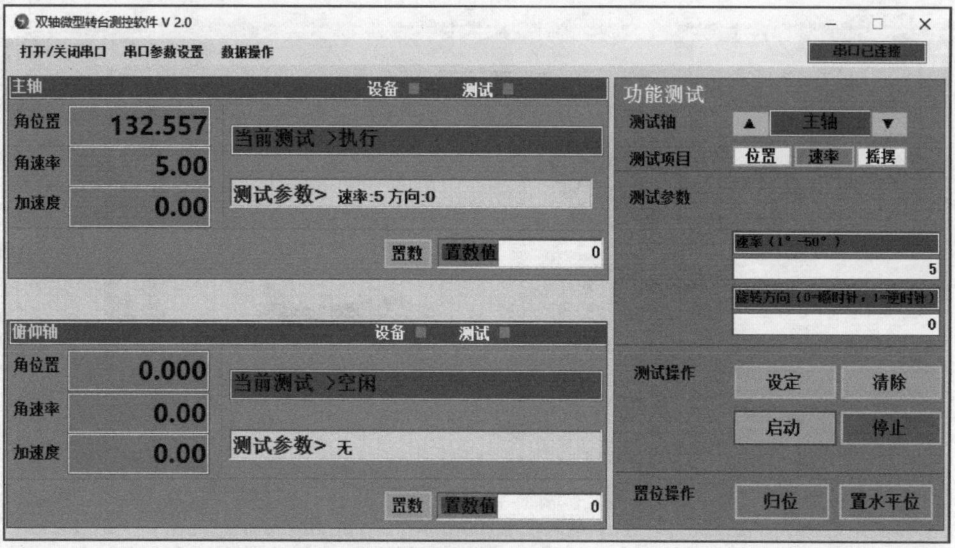

图 9-10 数据及模型姿态显示

(2) 在测试参数项目中，速率值设定为 5，旋转方向设定为 0，单击“设定”按钮，然后单击启动，此时转台以 5°/s 的速率顺时针转动。在“航姿显示实验平台”界面中，单击“删除数据文件”按钮；然后单击“写入数据文件”按钮，保持写入状态 20s，再次单击“写入数据文件”按钮,停止数据记录。

(3) 打开 F:\Program Files (x86)\航姿显示实验平台\data\data. xls 数据表格文件,将 x 轴的角速度数据(第 1 列数据)前 5 个写到表格 9-1“转台设定速率”为 5 的对应列中,相当于陀螺仪在匀速 5°/s 的运动下输出。关闭数据文件(一定要关闭)。

(4) 重复第(2)~(3)步,分别测量并记录设定速率为 10、20、30、40 的陀螺仪输出值,并将数据填入相应的列中。

(5) 计算陀螺仪 x 轴输出数据平均值,并填入表格;计算陀螺仪角速度弧度值,并填入表格;计算角速度误差,并填入表格。

(6) 比较设定角度与计算倾角的一致性,并分析误差规律及原因。

9.1.5 实验数据处理

1. 航姿数据画面

将实验置初始位置后保存的画面“航姿数据”,贴列在上面空白处,并读取数据:滚转角数据________°,俯仰角数据________°,航向角数据________°。

2. 数据计算

弧度数平均值:

$$\bar{\omega}_x = \sum_{k=1}^{n} \omega_x k / n \tag{9-5}$$

角速度换算:

$$\omega_c = \bar{\omega}_x \times 180/\pi \tag{9-6}$$

角速度误差:

$$e_\omega = \omega_s - \omega_c \tag{9-7}$$

表 9-1 所示为陀螺仪数据输出表。

表 9-1 陀螺仪数据输出表

	转台设定速率 ω_s/(°/s)					
	0(零偏)	5	10	20	30	40
x 轴角速度输出数据 1(ω_{x1})						
x 轴角速度输出数据 2(ω_{x2})						
x 轴角速度输出数据 3(ω_{x3})						
x 轴角速度输出数据 4(ω_{x4})						
x 轴角速度输出数据 5(ω_{x5})						
x 轴角速度输出数据均值($\bar{\omega}_x$)						
计算角速度 ω_c						
角速度误差 e_ω						

3. 误差分析

(1) 使用Excel软件绘制误差-量程曲线,将结果粘贴在此处。分析误差原因,如何进一步减小误差?

(2) 实验中数据采样周期为________ms,零偏为________°/s;使用速度积分获得位置信息,60s后积分误差为________°/s。

9.1.6 实验总结

9.2 实验二 加速度计基本特性实验

9.2.1 实验目的

(1) 了解惯性导航实验系统的组成及原理。

(2) 了解航向姿态参考系统的组成及原理。

(3) 通过实验了解加速度传感器基本特性和使用方法。

9.2.2 实验设备

实验设备的5个组成部件:①航向姿态参考系统(MAHRS)3DM-E10A;②双轴电动转台;③采集控制器;④测控计算机及软件;⑤连接线缆。

9.2.3 实验原理

1. 加速度计功能及种类

加速度计是测量运载体线加速度的仪表。在惯性导航系统中,加速度计是最基本的敏感元件之一。

加速度计由检测质量(质量块)、支承、电位器、弹簧、阻尼器和基座组成,检测质量(块)受支承的约束只能沿一条轴线移动,这个轴常称为输入轴或敏感轴。常用的加速度计有:重锤式加速度计、液浮摆式加速度计、挠性摆式加速度计、振弦式加速度计、微机械加速度计、摆式积分陀螺加速度计等。

2. 加速度计原理

如图9-11所示,设基座加速度为a,弹簧恢复力为$F_t = K\Delta s$,质量块加速度a',这里

$a=a'$。根据牛顿定律：

$$F_t = ma' \tag{9-8}$$

由于 $a=a'=F_t/m=K\Delta s/m$，则

$$a = K'\Delta s \tag{9-9}$$

这里 $k'=K/m$ 是一个常值，Δs 是质量块相对基座的移动长度，可以通过线性位移检测装置测量得到，如采用线性电位计等。

3. 微机械加速度计

微机械加速度计又称硅加速度计，它感测加速度的原理与一般的加速度计相同。其结构见图 9-12。

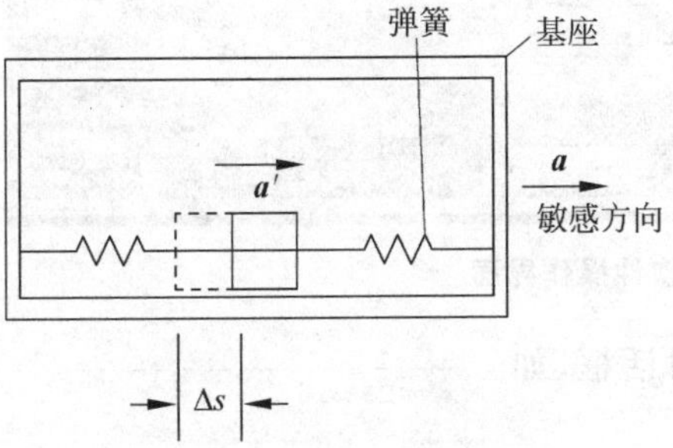

图 9-11 加速度传感器原理

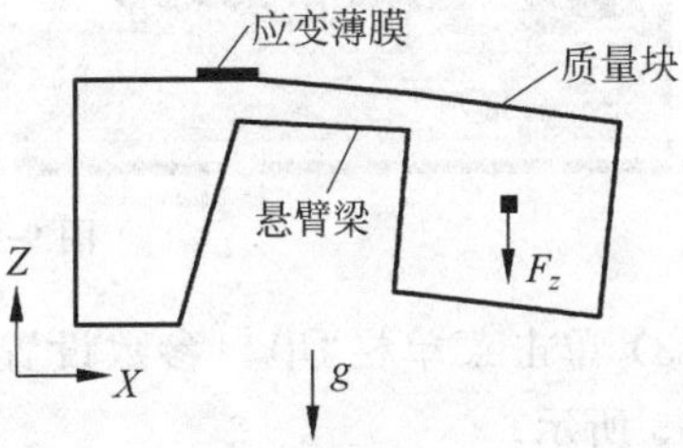

图 9-12 微机械加速度计原理图

硅制检测质量(块)由单挠性臂或双挠性臂支承，在挠性臂处采用离子注入法形成压敏电阻。在重力场中，当有加速度 g 输入时，检测质量受到惯性力 F 的作用产生偏转，并在挠性臂上产生应力，使得压敏电阻的电阻值发生变化，从而提供一个正比于输入加速度 g 的输出信号。加速度计有加速度 a 运动时，这个加速度与重力加速度叠加，产生额外的形变。

4. 加速度计测量值与重力加速度分量

加速度计测量输出的是其敏感轴上的加速度值，如图 9-13 所示，在静态时，作用在加速度传感器的力只有重力，设其倾角为 α，则在传感器敏感轴上的重力分量 F_x 为

$$F_x = G\sin\alpha \tag{9-10}$$

敏感轴加速度分量

$$a_x = g\sin\alpha \tag{9-11}$$

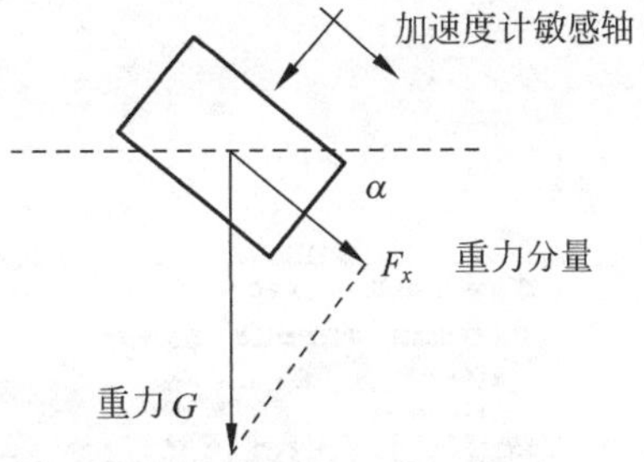

图 9-13 重力分量计算

如果倾角 α 已知，则相应的重力加速度分量就可以求出，作为理论值可以和加速度计的输出进行比对，验证正确性。

9.2.4 实验步骤

1. 设备准备

(1) 连接好线缆，开启测控计算机电源，开启转台控制器电源。

(2) 单击“双轴微型转台测控软件”图标，打开转台控制软件操作界面，如图 9-14 所示。

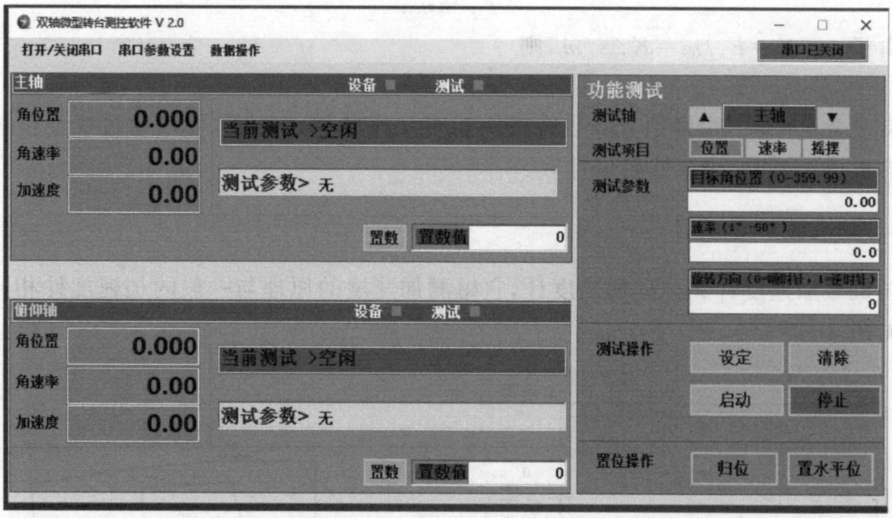

图 9-14　控制软件操作界面

(3) 单击菜单栏“串口参数设置”弹出对话框，如图 9-15 所示。

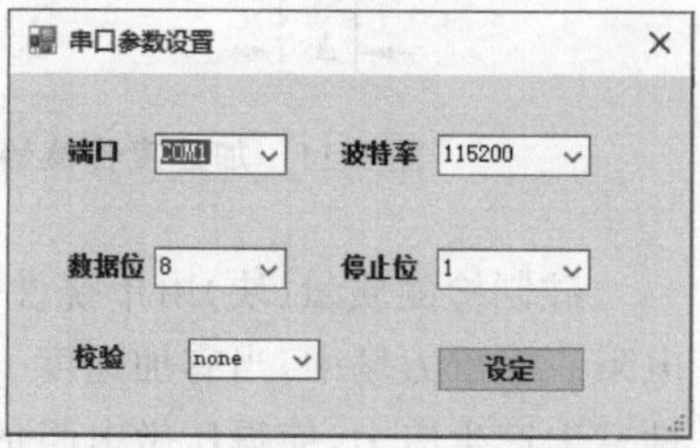

图 9-15　“串口参数设置”界面

端口号设置为：COM5；波特率设置为：115200；数据位：8；停止位：1；校验：none。设置好后，单击“设定”按钮完成转台控制软件的串口配置。

(4) 单击菜单栏“打开/关闭串口”，在下拉菜单中选择“Connect”选项，连接测控计算机与双轴转台控制器，如图 9-16 所示。

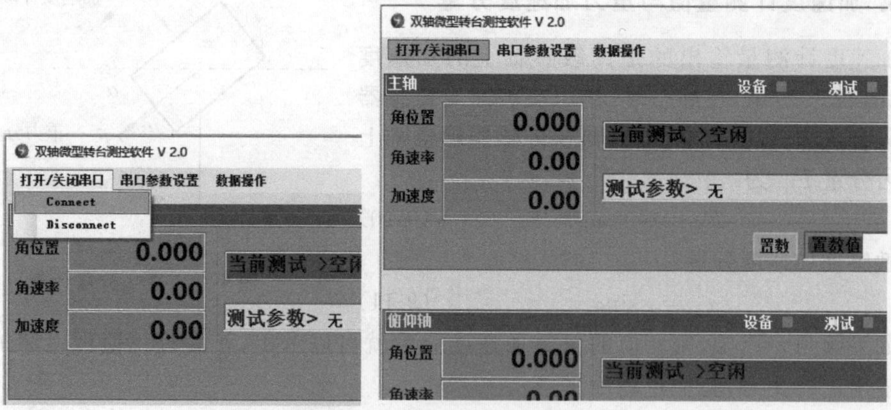

图 9-16　连接参数设置

(5) 单击右下角“置水平位”按钮，此时转台控制器自动寻找水平位置，并保持在水平位置，此过程需要 1min 左右，置位过程中，不要进行其他操作。

(6) 单击“航姿显示实验平台”，打开数据显示界面，如图 9-17 所示。

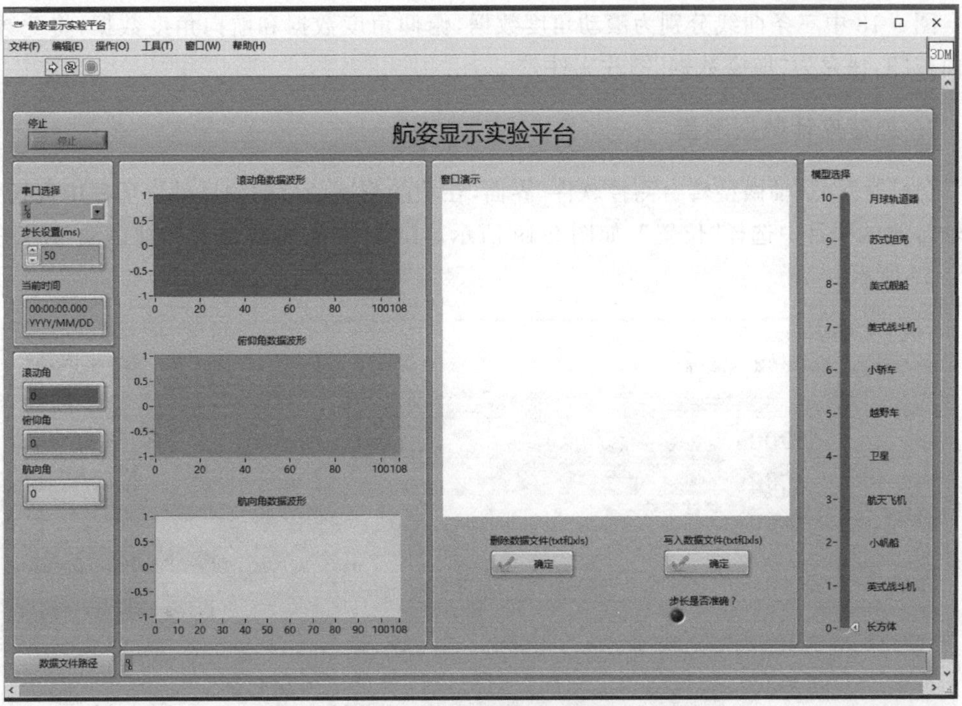

图 9-17　数据显示界面

(7) 在串口选择文本框中选择 COM6,单击菜单栏运行键,软件开始接收数据。在模型选择窗口中,选择“英式战斗机”,数据及模型姿态显示如图 9-18 所示。

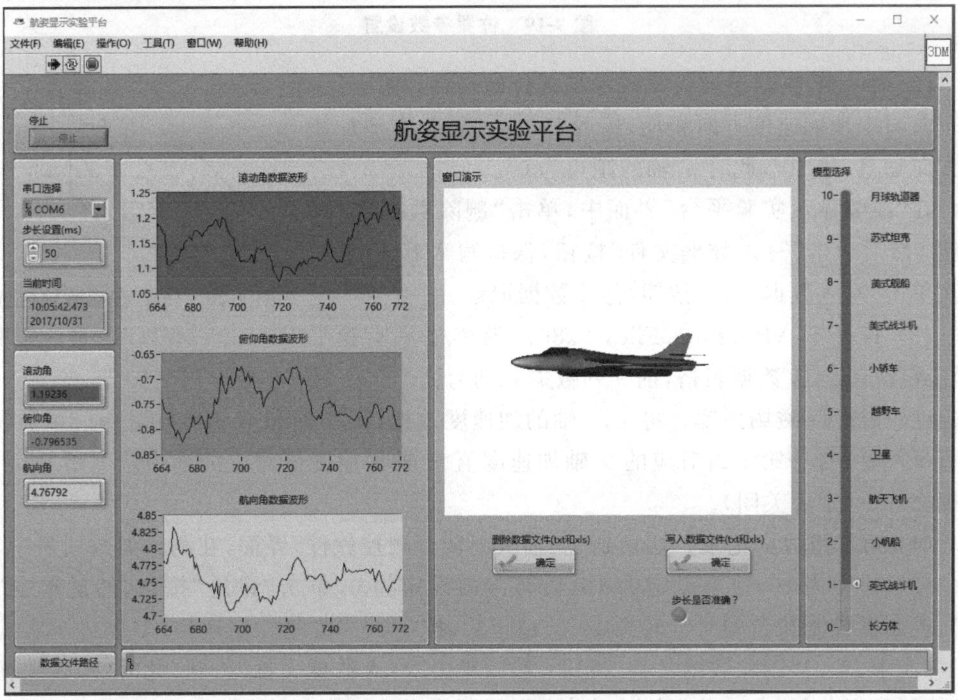

图 9-18　数据及模型姿态显示

图 9-18 中三条曲线分别为滚动角度数据，俯仰角度数据和航向角度数据，将此数据画面截图，保存为“航姿数据”图片文件。

2. 加速度计数据测量

(1) 返回“双轴微型转台测控软件”界面，在功能测试区域的测试轴选项框中选择“俯仰轴”，测试项目中选择“位置”，如图 9-19 所示。IMU 在实验转台俯仰轴运动示意图如图 9-20 所示。

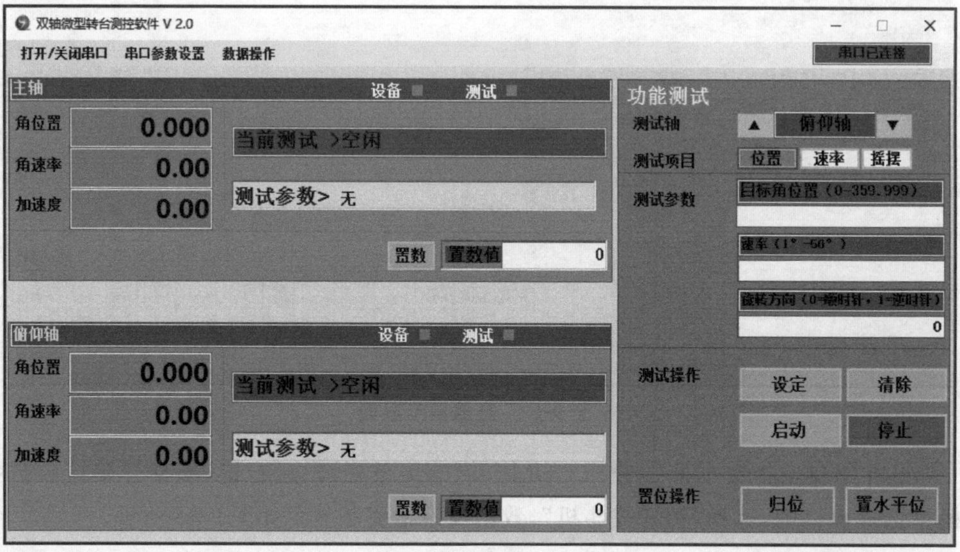

图 9-19　位置参数设置

(2) 第一组数据记录。完成水平置位的转台，相当于 z 轴正向与本地加速度方向相反，接近 180°；x 轴与本地加速度方向垂直，呈 90°，此时 x 轴的倾角为 0°。

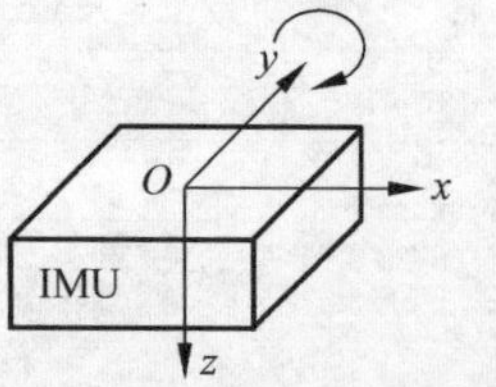

图 9-20　IMU 在实验转台俯仰轴运动的示意图

在“航姿显示实验平台”界面中，单击“删除数据文件”按钮；然后单击“写入数据文件”按钮，保持写入状态 20s，再次单击“写入数据文件”按钮，停止数据记录。

(3) 打开 F:\Program Files (x86)\航姿显示实验平台\data\data. xls 数据表格，前 9 列数据分别为：x，y，z 轴角速度、加速度、磁场强度。将 x，z 轴的加速度数据(第 4 列和第 6 列数据)前 10 个取平均值写入表 9-2 中第 1 组对应的 x 轴加速度值、z 轴加速度值对应的列中。关闭 data. xls 数据文件(一定要关闭)。

(4) 第二组数据记录。切换到“双轴微型转台测控软件”界面，在测试参数项目中，目标角位置设定为 10，速率设定为 10，旋转方向设定为 0，单击“设定”按钮，然后单击“启动”，控制器控制转台顺时针转到 10°。稳定后，按“停止”按钮。切换到“航姿显示实验平台”界面中，单击“删除数据文件”按钮；然后单击“写入数据文件”按钮，此时“写入数据文件”按钮呈现黄色，实时数据记入文件，保持写入状态 20s，再次单击“写入数据文件”按钮,停止数据记录。打开 F:\Program Files (x86)\航姿显示实验平台\data\data.xls 数据表格文件,将 x,z 轴的加速度数据(第 4 列和第 6 列数据)前 10 个取平均值写入表 9-2 中第 2 组对应的 x 轴加速度值、z 轴加速度值对应的列中。关闭 data.xls 数据文件(一定要关闭)。

(5) 置水平位置,按照步骤(4),分别测量置位角度为 30°、60°、90°情况下的数据。

(6) 计算加速度 a_c、倾角 α_c、倾角误差；注意计算时,需要辨别数据的正负。

(7) 比较置位角度与计算倾角的一致性,并分析误差原因。

9.2.5 实验数据处理

1. 航姿数据画面

将实验置初始位置后保存的画面“航姿数据”粘贴在上面空白处,并读取数据:

滚转角: ________°,俯仰角: ________°,航向角: ________°。

2. 数据计算

按照以下各式计算,将结果填入表 9-2。

$$a_c=\sqrt{a_x^2+a_z^2} \tag{9-12}$$

$$\alpha_c=\arcsin(a_x/a_c) \tag{9-13}$$

$$e_\alpha=\alpha_s-\alpha_c \tag{9-14}$$

表 9-2 加速度计数据

组别	转台置位角度 $\alpha_s/(°)$	x 轴加速度值 a_x	z 轴加速度值 a_z	计算加速度 a_c	计算倾角 $\alpha_c/(°)$	倾角误差 $e_\alpha/(°)$
1	0	9.01	−970.1			
2	10					
3	30					
4	60					
5	90					

3. 误差分析

使用 Excel 软件绘制误差-量程曲线,将结果粘贴在此处。分析误差原因,如何进一步减小误差?

9.2.6 实验总结

9.3 实验三 电子罗盘实验

9.3.1 实验目的

了解磁传感器的原理和主要性能指标，了解地磁场的概念，熟悉两轴地磁场强度计算磁航向角的基本方法，提高实际操作能力和解决问题的能力。

9.3.2 实验仪器

实验设备的5个组成部件：①航向姿态参考系统(MAHRS)3DM-E10A；②双轴电动转台；③采集控制器；④实验控制机；⑤连接线缆。

9.3.3 实验原理

1. 地磁场

地球是一个巨大的磁体，磁力线起始于南极附近的一个点，终止于北极附近的一个点，也就是两个磁极。地磁场强度为0.5～0.6Gs(高斯)，磁力线与地球表面平行的水平分量总指向地磁北极，我国古代就是根据这一原理发明了指南针。地磁场方向和大小比较稳定，可以作为地球表面坐标系水平方向的参考。

2. 磁阻传感器

磁阻传感器就是把磁场引起敏感元件磁性能的变化转换成电信号，以这种方式来检测相应物理量的器件。模块3DM-E10A中有三个正交安装的x、y、z磁阻传感器，用于测量x、y、z轴向的磁场强度，见图9-21。

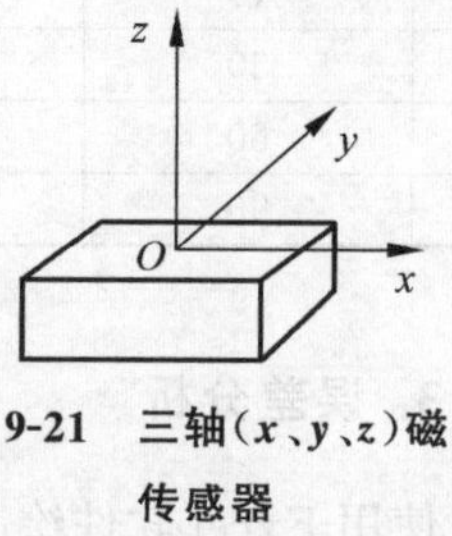

图9-21 三轴(x、y、z)磁阻传感器

3. 基于磁阻的电子罗盘

电子罗盘是一种重要的导航工具，能够实时提供运动载体的航向和姿态，主要是基于磁阻效应，根据地磁场的大小来确定方向。随着数字处理及加工工艺的发展和提高，目前，基于磁阻的磁传感器件体积和功耗大大减小，性能却得到了有效提升，由磁阻传感

器芯片与微处理器芯片构成的电子罗盘系统，在各领域得到了大量的应用。

4. 测量原理

实验台使用3DM-E10A型地磁传感器，设三轴磁阻三个方向敏感到的磁场强度为 h_x，h_y 和 h_z，而地球表面三个方向的磁场强度为 H_x，H_y 和 H_z。考虑罗盘坐标系与地球坐标系的关系，做出示意图9-22，N-S 表示地球北极轴线，N'-S'表示磁极南北极轴，磁南北极与地球南北极两轴线在地球平面中，其夹角 β 称为磁偏角，ϕ 表示俯仰角，θ 表示翻滚角，α 为前进方向和当地磁子午线的夹角。电子罗盘就是根据测得的 h_x、h_y、h_z、ϕ、θ 求出航向角 α。

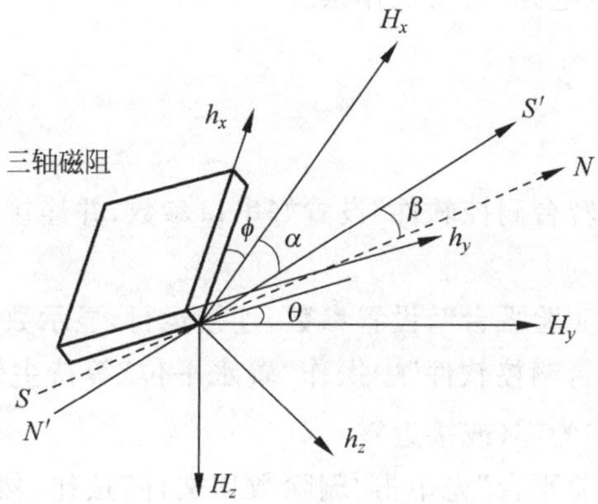

图 9-22 测量原理示意图

根据坐标投影关系，当测得 h_x、h_y、h_z、ϕ、θ 时，折算到地球平面磁场强度 H_x 和 H_y 的计算公式为

$$H_x = h_x\cos\phi + h_y\sin\theta\sin\phi - h_z\cos\theta\sin\phi \tag{9-15}$$

$$H_y = h_y\cos\theta + h_z\sin\theta \tag{9-16}$$

一旦求出 H_x 和 H_y 分量，就可以计算罗盘前进方向与当地磁子午线的夹角

$$\text{angle} = \arctan\left(\frac{H_y}{H_x}\right) \tag{9-17}$$

考虑到当地磁偏角 β 时，航向角为

$$\alpha = \text{angle} + \beta \tag{9-18}$$

每个地区的磁偏角 β 一般是一个定值，北京地区的磁偏角为5.83°(W)，表示偏西。

9.3.4 实验内容与步骤

1. 实验内容

(1) 记录 x、y、z 轴磁阻输出，并记录俯仰角 pitch、滚动角 roll、航向角 yaw 曲线。

(2) 根据记录的数据，计算磁航向角 angle 和航向角 α（查本地磁偏角 β）。

(3) 将计算结果和 MAHRS 输出的航向角比对。

2. 实验准备

(1) 将航向姿态参考系统模块的连接线插头插入转台上的对应插座,实现航向姿态参考系统模块的信号和电源的有线连接。

(2) 将转台的连接线插头插入采集控制器,实现转台及航向姿态参考系统模块的信号和电源的有线连接。

(3) 将采集控制器信号线插头插入实验终端,实现采集控制器与实验终端的信号的有线连接。

(4) 打开采集控制器电源。

(5) 打开实验控制机电源,启动操作系统。

3. 实验步骤

实验台操作:

(1) 运行“双轴微型转台测控软件”设置好串口参数,并连接设备,主轴与俯仰轴指示灯点亮。

(2) 运行“航姿显示实验平台”,设置参数,连接运行,显示数据和图形。

(3) 在“双轴微型转台测控软件”中操作“置水平位”等待主轴、俯仰轴归于零位。使得滚动角 θ 和俯仰角 ϕ 均为零(或接近零)。

(4) 在“航姿显示实验平台”先单击“删除数据文件”按钮,然后单击“写入数据文件”按钮将此时的数据记录到 data. txt 和 data. xls 中。

(5) 运行 MATLAB 软件,在菜单栏里打开 F:\Program Files (x86)\航姿显示实验平台\data\angle_caculate. m 文件,单击运行按钮,运行 angle_caculate. m 文件,画出三条曲线,其中“三轴角速率、加速度、磁力计”曲线如图 9-23 所示。

关注右侧三幅图像: max_x、max_y、max_z,分别是磁阻传感器在上一个时段所采集的数据。如果是一条波动的曲线,则磁阻传感器能够采集数据;如果曲线平直,则说明数据传输不正常。(在“航姿显示实验平台”中,停止数据采集,然后在实验平台上,将 3DM-E10A 的模块数据线接头拔插一下,可恢复数据正常传输,然后需要按步骤(4)重新记录一组数据。)

(6) 数据记录。

运行 angle_calculate. m 文件,在 MATLAB 窗口中获得 mag_x、mag_y、mag_z 的平均数值,填写到表 9-3 中。

运行 s_calculate. m 文件,在 MATLAB 窗口中,获得 acc_x、acc_z 平均值,填写到表 9-3 中。

读取指南针数据,填写到表 9-3 中。

将数据记录到 1-1 位置。

(7) 参照指南针,顺时针旋转移动转台 15°,重复步骤(4)和(5)测得一组新数据,粘贴新数据到数据记录 1-2 位置。

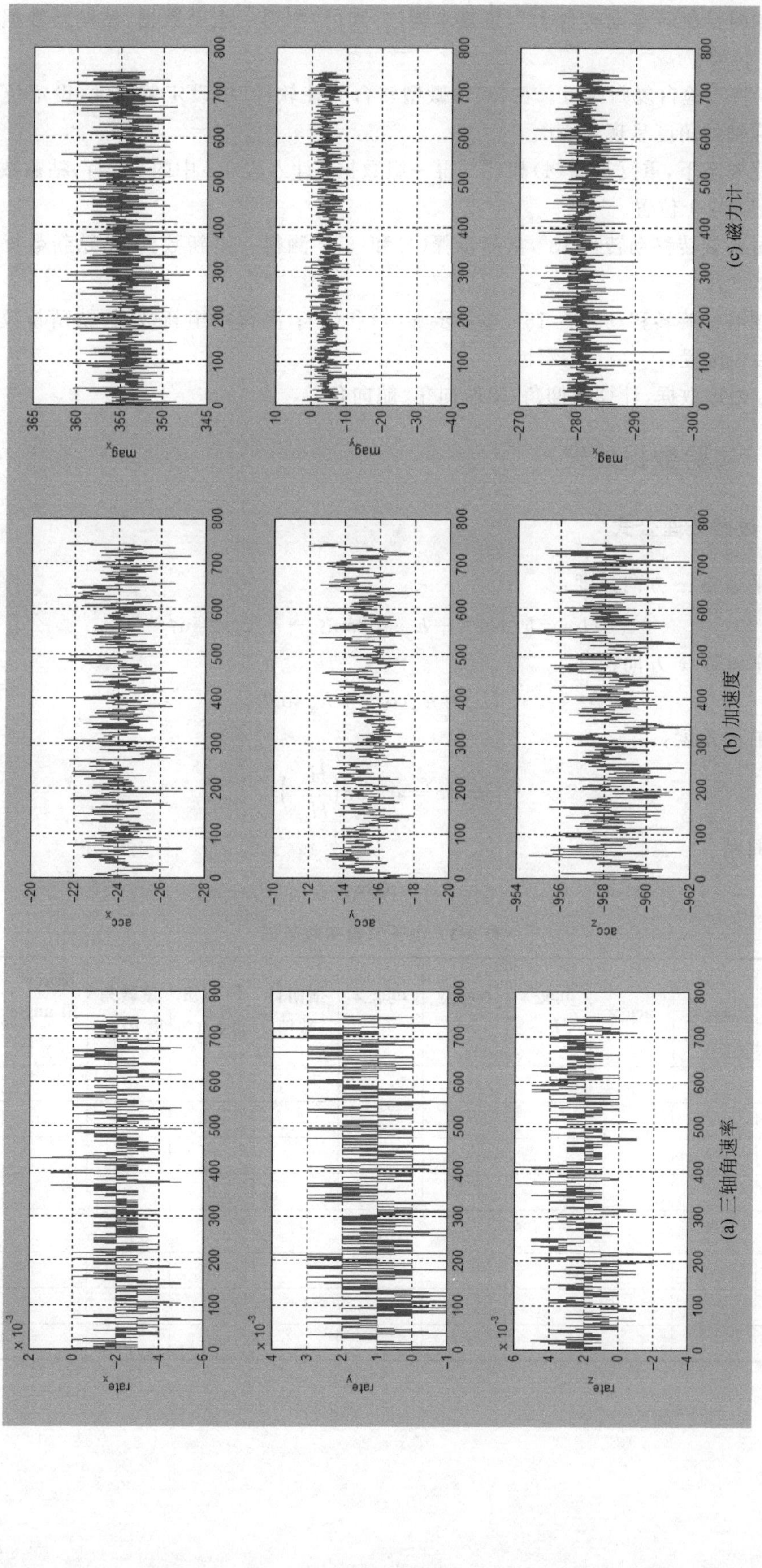

(a) 三轴角速率 (b) 加速度 (c) 磁力计

图 9-23 传感器输出数据

再顺时针旋转移动转台 15°,重复步骤(4)和(5)测得一组新数据,粘贴新数据到数据记录 1-3 位置。

(8) 将实验台复归原位。在"双轴微型转台测控软件"中设定俯仰轴,设定位置 30°,使得俯仰轴的角度呈现为 30°。

在此姿态下,重复步骤(4)和(5),得一组数据;计入表 9-3 中的 2-1 行,粘贴数据曲线到数据记录 2-1 位置。

顺时针旋转移动转台 15°,重复步骤(4)和(5);测得一组新数据,粘贴新数据到数据记录 2-2 位置。

再顺时针旋转移动转台 15°,重复步骤(4)和(5);测得一组新数据,粘贴新数据到数据记录 2-3 位置。

(9) 处理数据,计算俯仰角、磁航向角、航向角。

9.3.5 实验数据处理

1. 数据处理公式

水平地磁 x 方向强度:

$$H_x = h_x \cos\phi + h_y \sin\theta \sin\phi - h_z \cos\theta \sin\phi \tag{9-19}$$

水平地磁 y 方向强度:

$$H_y = h_y \cos\theta + h_z \sin\theta \tag{9-20}$$

磁航向角度:

$$\text{angle} = \arctan\left(\frac{H_y}{H_x}\right) \tag{9-21}$$

航向角:

$$\alpha = \text{angle} + \beta \tag{9-22}$$

表 9-3 电子罗盘实验数据

组别	acc_x	acc_z	mag_x h_x	mag_y h_y	mag_z h_z	指南针数值	俯仰角度 ϕ/(°)	滚转角度 θ/(°)	磁航向角 angle /(°)	航向角 α/(°)
示例							0	0		
1-1							0	0		
1-2							0	0		
1-3							0	0		
					⋮					
2-1							30	0		
2-2							30	0		
2-3							30	0		

2. 误差分析

分析两次姿态不同的情况下，经过磁阻计和加速度计辅助计算的航向角的角度与指南针测量的角度是否近似一致，分析误差原因。

9.3.6 实验总结

9.4 实验四 捷联式惯性导航系统定向实验

9.4.1 实验目的

了解近地坐标系统、坐标变换方法、捷联式惯性导航系统姿态计算。

9.4.2 实验仪器

实验设备的 5 个组成部分：①航向姿态参考系统(MAHRS)3DM-E10A；②双轴电动转台；③采集控制器；④实验控制机；⑤连接线缆。

9.4.3 实验原理

1. 常用坐标系

使用惯性器件测量运动对象的姿态，在获得传感器信息后，需要将信息转换为参考坐标系的对应角度信息。在各种应用场合中，需要设立不同的参考坐标系以方便应用。由于地球是旋转的椭球体，各种参考坐标系之间存在相互转换关系。

常用的从微观到宏观参考坐标系有如下几个：

(1) 传感器坐标系($Ox_s y_s z_s$)。

传感器中敏感部件在传感器外壳中，外壳通常有工装结构，如圆孔、椭圆孔、椭圆半孔。当把敏感部件视为点，敏感部件与外壳的相对位置、相对角度适用传感器坐标系。

(2) 载体坐标系($Ox_b y_b z_b$)。

当把传感器视为点，传感器固定在运动对象上，如飞机、汽车、轮船、导弹、卫星等，相对于运动载体的相对位置、角度适用载体坐标系。

(3) 地平坐标系($Ox_t y_t z_t$)。

当把空中对象视为点，载体所在位置高度，平行地表的平面构成地平坐标系。其中一轴为当地垂线方向，另两轴构成的平面与地平面平行。

(4) 地理坐标系($OEN\xi$)。

当把地面对象视为点,研究半球内的运动时,通常以地球表面某点为原点,以地球北(南)极、东构成的坐标系。通常研究以地表运动体周围一定范围的运动体位置、姿态关系,并以较近的地球极点、东向、地心与该点连线指向天顶为三个坐标轴。

(5) 地球坐标系($Ox_e y_e z_e$)。

研究载体全球内的运动时,建立的一个公认的坐标系统。以格林尼治子午线、赤道、地球椭球面为参考,建立的坐标体系。以经度、纬度、高程标定目标载体的参考位置。

(6) 地心惯性坐标系($Ox_i y_i z_i$)。

研究地球运动、引力、特征时建立的一种坐标系,通常用于理论计算。

以上坐标系,视惯性器件的应用选定,一般根据所研究运动体对象的作用范围来适当取用。

2. 姿态矩阵及角度计算

本实验研究载体坐标系与导航坐标系的转换关系,即载体坐标系 $Ox_b y_b z_b$ 与 $Ox_n y_n z_n$ 之间的角度转换关系。这里 $Ox_n y_n z_n$ 选择地理坐标系 $OEN\xi$,其与 $Ox_e y_e z_e$ 的换算为角度的加减关系,比较容易换算为公认的坐标体系。

使用惯性器件进行姿态测量,由于惯性器件测得的信息为位置的增量信息,需要知道运动体初始位置,并对测量数据进行积分运算获得位置信息。以下是姿态计算的步骤。

(1) 已知某飞机在 $OEN\xi$ 初始角为(0,0,0),机头正北向,机身与地球表面平行,俯仰角和滚转角为 0°。

(2) 经过一段时间飞行,在 t_0 时刻,其姿态角变为($\alpha_0,\beta_0,\gamma_0$),此时的姿态矩阵为

$$
\begin{aligned}
\boldsymbol{T}_{0b}^{n} &= \begin{bmatrix} T_{11} & T_{12} & T_{13} \\ T_{21} & T_{22} & T_{23} \\ T_{31} & T_{32} & T_{33} \end{bmatrix} \\
&= \begin{bmatrix} \cos\gamma_0 & \sin\gamma_0 & 0 \\ -\sin\gamma_0 & \cos\gamma_0 & 0 \\ 0 & 0 & 1 \end{bmatrix} \begin{bmatrix} \cos\beta_0 & 0 & -\sin\beta_0 \\ 0 & 1 & 0 \\ \sin\beta_0 & 0 & \cos\beta_0 \end{bmatrix} \begin{bmatrix} 1 & 0 & 0 \\ 0 & \cos\alpha_0 & \sin\alpha_0 \\ 0 & -\sin\alpha_0 & \cos\alpha_0 \end{bmatrix} \\
&= \begin{bmatrix} \cos\beta_0\cos\gamma_0 & \sin\alpha_0\sin\beta_0\cos\gamma + \cos\alpha_0\sin\gamma_0 & -\cos\alpha_0\sin\beta_0\cos\gamma_0 + \sin\alpha_0\sin\gamma_0 \\ -\cos\beta_0\sin\gamma_0 & -\sin\alpha_0\sin\beta_0\sin\gamma_0 + \cos\alpha_0\cos\gamma_0 & \cos\alpha_0\sin\beta_0\sin\gamma_0 + \sin\alpha_0\cos\gamma_0 \\ \sin\beta_0 & -\sin\alpha_0\cos\beta_0 & \cos\alpha_0\cos\beta_0 \end{bmatrix}
\end{aligned}
\tag{9-23}
$$

(3) 在 t_1 时刻,测得载体陀螺仪在坐标系的 Z、X、Y 轴上的角速度为 $\omega_{z1},\omega_{x1},\omega_{y1}$。在导航系固定地球表面,如果忽略地球自情况下,近似认为测量的数据是载体在 $Ox_b y_b z_b$ 中的数据。

$$\boldsymbol{\omega}_{n_b}^{b}=\begin{bmatrix}\omega_{z1}\\ \omega_{x1}\\ \omega_{y1}\end{bmatrix} \tag{9-24}$$

(4) 在姿态矩阵的角度增量计算：

$$\Delta\boldsymbol{T}_{0b}^{n}=\boldsymbol{T}_{0b}^{n}\boldsymbol{\omega}_{n_b}^{b}\Delta t \tag{9-25}$$

(5) t_1 姿态矩阵更新计算

$$\boldsymbol{T}_{1b}^{n}=\boldsymbol{T}_{0b}^{n}+\Delta\boldsymbol{T}_{0b}^{n} \tag{9-26}$$

(6) t_1 姿态角计算

$$\alpha_1=\arctan\left(-\frac{T_{12}}{T_{22}}\right) \tag{9-27a}$$

$$\beta_1=\arcsin(T_{32}) \tag{9-27b}$$

$$\gamma_1=\arctan\left(-\frac{T_{31}}{T_{33}}\right) \tag{9-27c}$$

其方向可根据姿态矩阵相关元素的符号判定。

将新的姿态矩阵 $\boldsymbol{T}_{1b}^{n}$ 保存为 $\boldsymbol{T}_{0b}^{n}$，至此一个周期的采样计算完成。

以上计算方法是原理性的，实际应用中，由于地球惯性系的影响、传感器的测量误差、积分计算的累积误差以及计算的精度误差等，造成计算结果有一定的误差。为了消除误差，除了提高传感器的性能(会增加成本)之外，使用其他类型的传感器进行信息补偿也是有效的方案。

9.4.4 实验内容与步骤

实验台操作：

(1) 运行“双轴微型转台测控软件”设置好串口参数，并连接设备，主轴与俯仰轴指示灯点亮。

(2) 运行“航姿显示实验平台”，设置参数，连接运行，显示数据和图形。

(3) 在“双轴微型转台测控软件”中操作“置水平位”等待主轴、俯仰轴归于零位。使得和俯仰角均为零(接近零)。

(4) 切换到“航姿显示实验平台”，如图 9-24 所示。

设置步长参数为 500ms，单击“删除数据文件”按钮，单击“写入数据文件”按钮，开始记录数据。

(5) 返回“双轴微型转台测控软件”界面，在功能测试区域，在测试轴选项框中，选择“主轴”；在测试项目中选择“速率”。在测试参数项目中，速率值设定为 10，旋转方向设定为 0，单击“设定”按钮，然后单击“启动”按钮，此时转台滚转轴以 10°/s 的速率顺时针转动。

(6) 如图 9-25 所示，在功能测试区域的测试轴选项框中选择“俯仰轴”；在测试项目中选择“速率”。在测试参数项目中，速率值设定为 5，旋转方向设定为 0，单击“设定”按钮。在主轴角接近 0°时，单击“启动”按钮，此时转台俯仰轴以 5°/s 的速率顺时针转动。

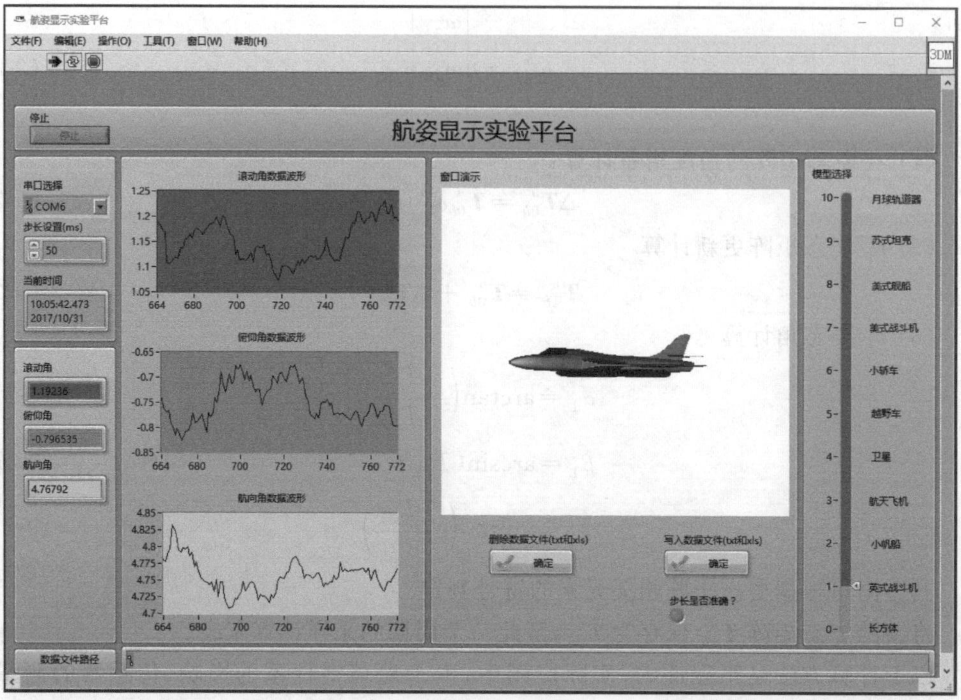

图 9-24 航姿显示

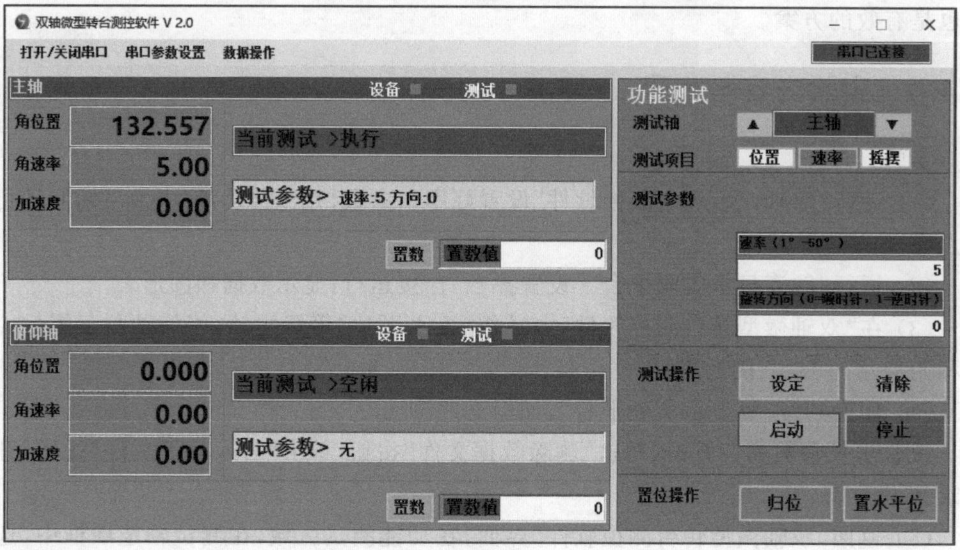

图 9-25 测试参数设置

(7) 切换到"航姿显示实验平台"，再记录数据 10s。停止记录数据。打开 F:\Program Files (x86)\航姿显示实验平台\data\data. xls 数据表格文件。并根据第一列数据、第 2 列数据定位到俯仰轴启动起始点，并确定 t_0 时间及数据。下一次的数据为 t_1，t_2，…，以此类推。

(8) 使用加速度数据确定滚转轴、俯仰轴的初始角。计算 $\boldsymbol{T}_{0b}^{n}$；根据时间间隔 Δt，ω_{x1}，ω_{y1} 计算新姿态矩阵 $\boldsymbol{T}_{1b}^{n}$；根据新矩阵计算姿态角 β,γ；更新姿态矩阵。

(9) 计算 5 个周期的数据，将计算数据与实际位置进行比较，分析误差。实际位置为初始值＋转台数据设定转速×Δt。

9.4.5 实验数据处理

1. 数据记录计算

将记录的数据和计算的结果分别填入表 9-4 和表 9-5 中。

表 9-4 数据记录

	时刻/ms	加速度计 a_x	加速度计 a_y	加速度计 a_z	测量角速度 ω_x	测量角速度 ω_y
1	$t_0=0$					
2	$t_1=$					
3	t_2					
⋮						

表 9-5 计算数据

	实际角度 俯仰角 β/(°)	实际角度 滚转角 γ/(°)	$\boldsymbol{T}_{0b}^{n}$	$\boldsymbol{T}_{1b}^{n}$	计算俯仰角 β/(°)	计算滚转角 γ/(°)
1						
2						
3						
⋮						

2. 误差分析

9.4.6 实验总结

参考文献

[1] 苏中，李擎，李旷振，等．惯性技术[M]．北京：国防工业出版社，2010.

[2] 邓志红，付梦印，张继伟，等．惯性器件与惯性导航系统[M]．北京：科学出版社，2012.

[3] 秦永元．惯性导航[M]．2版．北京：科学出版社，2014.

[4] 王新龙．惯性导航基础[M]．西安：西北工业大学出版社，2013.

[5] 高钟毓．惯性导航系统技术[M]．北京：清华大学出版社，2012.

[6] 周乃新，杨亚非．惯性导航原理实验教程[M]．哈尔滨：哈尔滨工业大学出版社，2015.

[7] 马特维耶夫．捷联式惯性导航系统设计原理[M]．贾福利，等译．北京：国防工业出版社，2017.

[8] 陈永冰，钟斌．惯性导航原理[M]．北京：国防工业出版社，2007.

[9] 苏中，马晓飞，赵旭，等．自主定位定向技术[M]．北京：国防工业出版社，2015.

[10] 刘基余．GPS卫星导航定位原理与方法[M]．2版．北京：科学出版社，2008.

[11] 吴德伟．导航原理[M]．北京：电子工业出版社，2015.

[12] 李久顺．捷联惯性导航系统误差抑制及补偿方法研究[D]．哈尔滨：哈尔滨工程大学，2018.

[13] Hesch J A, Kottas D G, Bowman S L, et al. Consistency Analysis and Improvement of Vision-aided Inertial Navigation[J]. IEEE Transactions on Robotics, 2014, 30(1): 158-176.

[14] Draper C S. Origins of Inertial Navigation[J]. Journal of guidance control & dynamics, 2015, 4(5): 449-463.

[15] Li M, Mourikis A I. Vision-aided inertial navigation with rolling-shutter cameras [J]. International Journal of Robotics Research, 2014, 33(11): 1490-1507.

[16] 张炎华，王立端，战兴群，等．惯性导航技术的新进展及发展趋势[J]．中国造船，2008，49(s1)：134-144.

[17] 李荣冰，刘建业，曾庆化，等．基于MEMS技术的微型惯性导航系统的发展现状[J]．中国惯性技术学报，2004，12(6)：88-94.

[18] 杜小菁，翟峻仪．基于MEMS的微型惯性导航技术综述[J]．飞航导弹，2014(9)：77-81.

[19] 刘生攀，王文举，饶兴桥．单轴旋转捷联惯性导航系统误差分析与转位方案研究[J]．兵工学报，2018，39(9)：88-94.

[20] 张崇猛，蔡智渊，舒东亮，等．船舶惯性导航技术应用与展望[J]．舰船科学技术，2012(6)：5-10.

[21] 陈旭光，杨平，陈意．MEMS陀螺仪零位误差分析与处理[J]．传感技术学报，2012(5)：72-76.

[22] 陈剑，孙金海，李金海，等．惯性系统中加速度计标定方法研究[J]．微电子学与计算机，2012(8)：136-139.

[23] Munguía, R. A GPS-aided inertial navigation system in direct configuration[J]. Journal of Applied Research and Technology, 2014, 12(4): 803-814.

[24] Meyer D, Larsen M. Nuclear magnetic resonance gyro for inertial navigation[J]. Gyroscopy & Navigation, 2014, 5(2): 75-82.

[25] Gouwanda D, Gopalai A A. A robust real-time gait event detection using wireless gyroscope and its application on normal and altered gaits[J]. Medical Engineering & Physics, 2015, 37(2): 219-225.

[26] Guan Y, Gao S, Jin L, et al. Design and vibration sensitivity of a MEMS tuning fork gyroscope with anchored coupling mechanism[J]. Microsystem Technologies, 2016, 22(2): 247-254.

[27] Yin S, Huang Z. Performance Monitoring for Vehicle Suspension System via Fuzzy Positivistic C-Means Clustering Based on Accelerometer Measurements [J]. Mechatronics IEEE/ASME

Transactions on,2015,20(5):1-8.
[28] Lefvre H C. 光纤陀螺仪[M]. 张桂才,王巍,译. 北京:国防工业出版社,2004.
[29] 周军,葛致磊,施桂国,等. 地磁导航发展与关键技术[J]. 宇航学报,2008(5):7-12.
[30] 刘赟. 捷联惯性导航传递对准技术研究[D]. 哈尔滨:哈尔滨工程大学,2018.
[31] 张增平. 单通道阻尼用微机械陀螺仪[M]. 北京:北京邮电大学出版社,2018.
[32] 章燕申,张春熹,蒋军彪,等. 光电子学与光学陀螺仪[M]. 北京:清华大学出版社,2017.
[33] 李冬航. 卫星导航标准化研究[M]. 北京:电子工业出版社,2016.
[34] 全伟. 惯性/天文/卫星组合导航技术[M]. 北京:国防工业出版社,2011.
[35] 刘锡祥,程向红. 捷联式惯性导航系统初始对准理论与方法[M]. 北京:科学出版社,2020.
[36] 覃方君,陈永冰,查峰,等. 船用惯性导航[M]. 北京:国防工业出版社,2018.
[37] 张百强. 中短程捷联惯导/GNSS 导航系统关键技术研究[D]. 北京:中国科学院大学,2017.
[38] 韩健. 基于捷联惯性/星敏感器的全自主导航方法[D]. 哈尔滨:哈尔滨工业大学,2017.